Utiliser une calculatrice TI en physique et chimie

Saisir un nombre avec une puissance de dix

Exemple de saisie : Pour écrire $2{,}6 \times 10^{-6}$, on tape :

[2] [•] [6] [2nde] [EE ,] [(−)] [6]

Attention à ne pas confondre la touche du signe moins (nombre négatif) [(−)] avec la touche de soustraction [−].

Exemple d'affichage : `2.6E-6`

Calculer avec les puissances de dix

```
2.898E-3/(5500+2
73)
       5.019920319E-7
```

Par exemple, le calcul $\dfrac{2{,}898 \times 10^{-3}}{5\,500 + 273}$ correspond à l'affichage ci-contre.

Le résultat affiché s'écrit $5{,}019920319 \times 10^{-7}$.

Dans ce type de calcul, il ne faut pas oublier les parenthèses au dénominateur.

Calculer un logarithme ou une puissance de dix

Exemple de saisie : Pour calculer $\log(4{,}3 \times 10^{-5})$, on tape :

[log] [4] [•] [3] [2nde] [EE ,] [(−)] [5] [)] [entrer]

```
log(4.3E-5)
     -4.366531544
```

Pour calculer $10^{-2{,}8}$, on tape :

[2nde] [10^x log] [(−)] [2] [•] [8] [)] [entrer]

```
10^(-2.8)
   1.584893192E-3
```

Activer l'affichage en mode scientifique avec trois chiffres significatifs

– Entrer dans les réglages par la touche [mode].

– Avec les flèches du clavier, sélectionner **Sci** (pour scientifique),

puis **Float 2** (pour 2 décimales) et valider chaque étape par la touche [entrer].

– Pour sortir : [2nde] [quitter mode].

```
NORMAL SCI ING
FLOTT 0 1 2 3 4 5 6 7 8 9
RADIAN DEGRE
FONC PAR POL SUITE
RELIE NONRELIE
SEQUENTIEL SIMUL
REEL a+bi re^θi
PLEIN HORIZ G-T
```

Rappeler le dernier résultat numérique affiché

– Appuyer sur les touches [2nde] et [ans (−)], puis sur [entrer].

– Le dernier résultat numérique s'affiche ; il peut être utilisé dans un calcul.

```
Ans
        6.29E-4
```

Mettre une valeur numérique en mémoire, puis la rappeler

Pour stocker une valeur dans la mémoire :

– Entrer la valeur à stocker (ici, la vitesse de la lumière dans le vide c = 299 792 458 $m \cdot s^{-1}$).

– Appuyer sur les touches [sto→], puis sur [alpha] [draw C prgm] [entrer].

```
299792458→C
      299792458
```

On peut choisir d'autres lettres comme étiquettes de mémoire. Cela permet de stocker par exemple les valeurs des constantes souvent utilisées.

– Pour rappeler la valeur en mémoire, il suffit de taper la lettre correspondante : [alpha] [draw C prgm] [entrer].

La valeur s'affiche ; elle peut être utilisée dans un calcul.

```
C
      299792458
```

Utiliser une calculatrice CASIO en physique et chimie

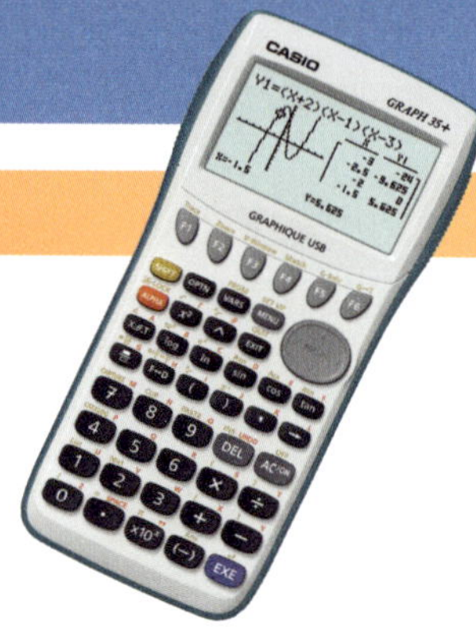

Saisir un nombre avec une puissance de dix

<u>Exemple de saisie :</u> Pour écrire **$2,6 \times 10^{-6}$**, on tape :

[2] [•] [6] [x10^x] [(−)] [6]

Attention à ne pas confondre la touche du signe moins (nombre négatif) [(−)]

avec la touche de soustraction [−].

<u>Exemple d'affichage :</u> 2.6E-6

Calculer avec les puissances de dix

Par exemple, le calcul $\dfrac{2,898 \times 10^{-3}}{5\,500 + 273}$ correspond à l'affichage ci-contre.

```
2.898E-3÷(5500+273)
        5.019920319E-07
▶MAT
```

Le résultat affiché s'écrit $5,019920319 \times 10^{-7}$.

Dans ce type de calcul, il ne faut pas oublier les parenthèses au dénominateur.

Calculer un logarithme ou une puissance de dix

<u>Exemple de saisie :</u> Pour calculer **$\log(4,3 \times 10^{-5})$**, on tape :

[log] [4] [•] [3] [x10^x] [(−)] [5] [EXE]

```
log 4.3E-5
        -4.366531544
```

Pour calculer $10^{-2,8}$, on tape :

[SHIFT] [log] (10^x) [(−)] [2] [•] [8] [EXE]

```
10^-2.8
        1.584893192E-03
```

Activer l'affichage en mode scientifique avec trois chiffres significatifs

– Entrer dans les réglages par les touches [SHIFT] [MENU] (SET UP).

– Avec les flèches du clavier, sélectionner **Display** puis **Sci** [touche [F2]]

(pour scientifique), puis [3] (pour 3 chiffres significatifs) et valider par la touche [EXE].

```
Angle        :Deg       ↑
Complex Mode:Real
Coord        :On
Grid         :Off
Axes         :On
Label        :Off
Display      :Sci3
Fix  Sci  Norm  Eng
```

– Pour sortir : [SHIFT] [EXIT] (QUIT) ou [EXE].

Rappeler le dernier résultat numérique affiché

– Appuyer sur les touches [SHIFT] et [(−)] (Ans), puis sur [EXE].

– Le dernier résultat numérique s'affiche ; il peut être utilisé dans un calcul.

```
Ans
        6.29E-04
```

Mettre une valeur numérique en mémoire, puis la rappeler

<u>Pour stocker une valeur dans la mémoire :</u>

– Entrer la valeur à stocker (ici, la vitesse de la lumière dans le vide c = 299 792 458 m·s^{-1}).

```
299792458→C
        299792458
```

– Appuyer sur les touches [→], puis sur [ALPHA] [ln] (C) [EXE].

On peut choisir d'autres lettres comme étiquettes de mémoire. Cela permet de stocker par exemple les valeurs des constantes souvent utilisées.

– Pour rappeler la valeur en mémoire, il suffit de taper la lettre correspondante : [ALPHA] [ln] (C) [EXE].

La valeur s'affiche ; elle peut être utilisée dans un calcul.

```
C
        299792458
```

Physique Chimie

TS

Enseignement de spécialité

Sous la direction de

Thierry DULAURANS
Lycée Fernand-Daguin à Mérignac

André DURUPTHY
Lycée Paul-Cézanne à Aix-en-Provence

Michel BARDE
Lycée Marcel-Pagnol à Marseille

Nathalie BARDE
Lycée Saint-Charles à Marseille

Jean-Philippe BELLIER
Lycée Michel-Montaigne à Bordeaux

Vincent BESNARD
Lycée Montesquieu à Bordeaux

Marc BIGORRE
Lycée des Graves à Gradignan

Julien CALAFELL
Lycée Bellevue à Toulouse

Éric DAINI
Lycée Paul-Cézanne à Aix-en-Provence

Maryline DAINI-D'INCAN
Lycée Maurice-Janetti
à Saint-Maximin-la-Sainte-Baume

Marie des Neiges DE FLAUGERGUES
Lycée du Grésivaudan à Meylan

Magali GIACINO
Lycée Paul-Cézanne à Aix-en-Provence

Nicolas LESCURE
Lycée Michel-Montaigne à Bordeaux

Vanina MONNET
Lycée Michel-Montaigne à Bordeaux

Bruno POUDENS
Lycée des Graves à Gradignan

Isabelle TARRIDE
Lycée Val de Durance à Pertuis

hachette
ÉDUCATION

Remerciements

- Nous remercions vivement les enseignants qui ont accepté de participer à la **relecture critique** du manuscrit : Aline Chaillou, Alexandra Chauvin, Sébastien Gomes, Hervé Lauret, Laurent Le Floch et Caroline Luc.
- Nous remercions Larry Rome, la direction de la communication du CEA, le CSTB, le BIAP en Belgique, Denis Harvard de la Montagne de Musica et Memoria, la FNAC, Benoit Beckers et Nicoletta Borgia pour leurs aimables autorisations.
- Nous remercions l'administration du **lycée des Graves à Gradignan** et du **lycée Paul-Cézanne à Aix-en-Provence** de nous avoir accueillis pour la réalisation des photographies d'expériences, et le personnel de laboratoire de tous nos lycées pour nous avoir aidé dans la mise au point des expériences.
- Nous remercions également les sociétés Jeulin et Sciencéthic pour leurs prêts de matériel.

Couverture : Pierre-Antoine Rambaud (Parbleu !)
Maquette intérieure : Frédéric Jély
Composition : CMB graphic et Nicolas Piroux (p. 6-7, 62-63 et 124-125)
Suivi éditorial : Patricia Lamy
Schémas : Patrick Hanequand (chapitres 1, 2, 3, 7, 8 et 9)
et Jean-Luc Maniouloux (chapitres 4,5 et 6)
Infographies :
Christian Couvert (p. 14 à 17, 22, 23, 25, 30, 32, 112, 114, 183)
Antoine Dagan (p. 12, 33, 44, 80, 106, 130, rabat VI)
Jean-Louis Goussé (p. 150, 175)
Photographies d'expériences : Alain Béguerie (chapitres 4, 5 et 6)
et Philippe Burlot (chapitres 1, 2, 3, 7, 8 et 9)
Recherche iconographique : Michèle Kerneïs
Illustrations : Jean-Louis Goussé
Photogravure : Nord Compo

www.hachette-education.com

ISBN : 978-2-01-135580-5

Sommaire

À la découverte

Les 3 thèmes du programme sont présentés dans 3 couleurs différentes.

Les prérequis nécessaires sont résumés à chaque début de thème.

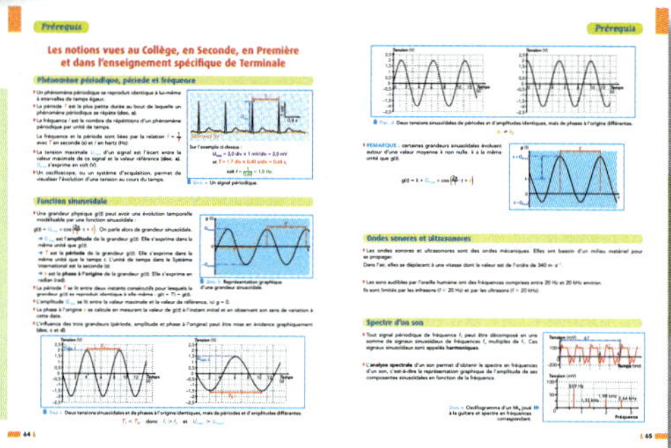

Les chapitres

→ La **page d'ouverture** présente la problématique et les mots-clés abordés.

Les mots-clés

→ L' *Analyse et synthèse de documents scientifiques* s'appuie sur des documents issus de sources diverses.

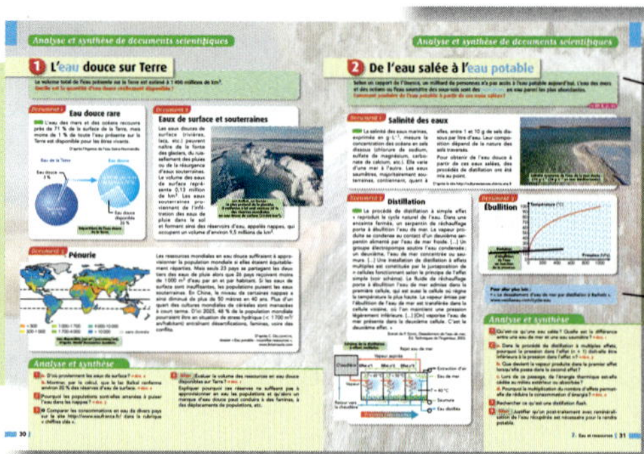

Une problématique

Des sources permettant d'aller plus loin

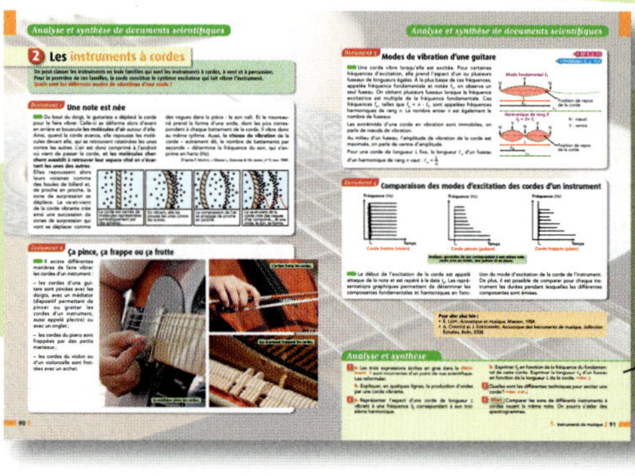

Un questionnement avec une question **Bilan**

de votre manuel

→ La **Pratique expérimentale** permet des manipulations variées et contextualisées.

Le contexte du TP

Le déroulement des manipulations

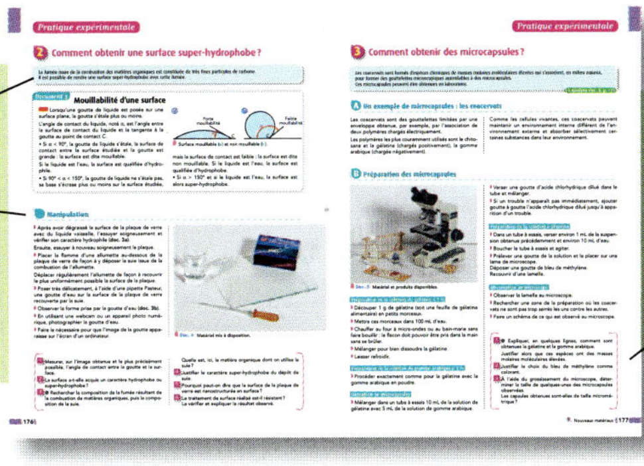

Le questionnement

→ La **Résolution de problèmes scientifiques** constitue un entraînement autour de problèmes divers.

La solution du premier problème est rédigée.

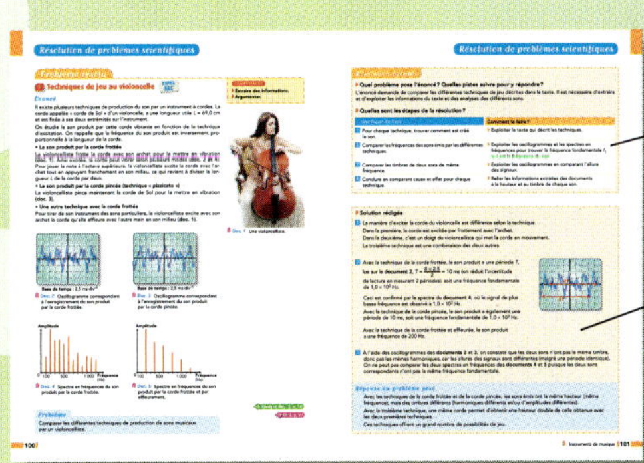

Pistes de résolution

Solution rédigée

Plusieurs problèmes suivent, comprenant parfois des documents.

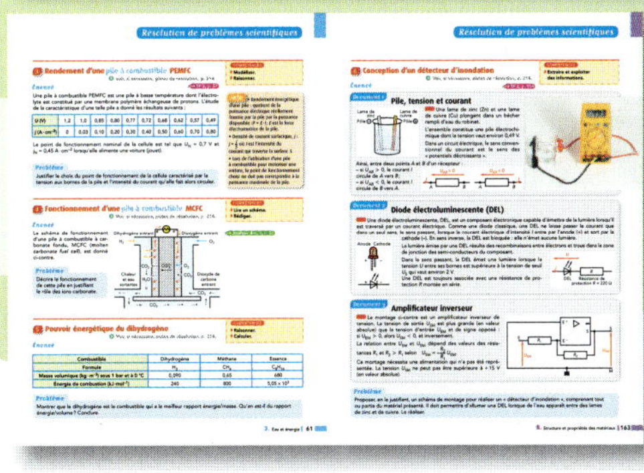

À la fin de l'ouvrage

- **Des Pages Bac** présentent un choix de sujets de Bac.
- **13 Fiches** exposent les principales méthodes à acquérir.
- **Des Pistes de résolution** apportent une aide à la résolution des problèmes scientifiques.
- **Un Lexique** permet de retrouver rapidement les mots-clés, leur définition et les activités qui s'y rapportent.

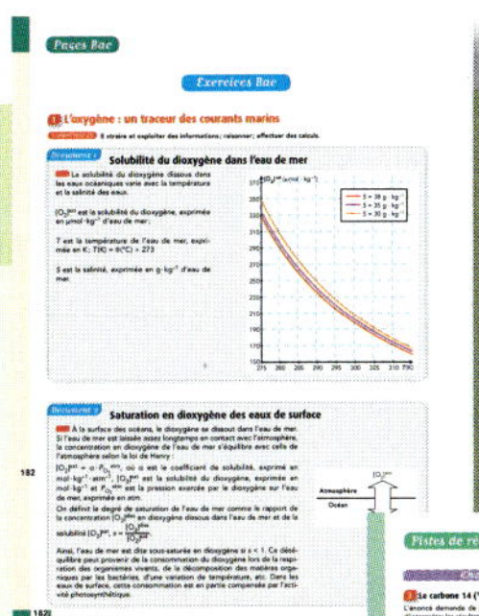

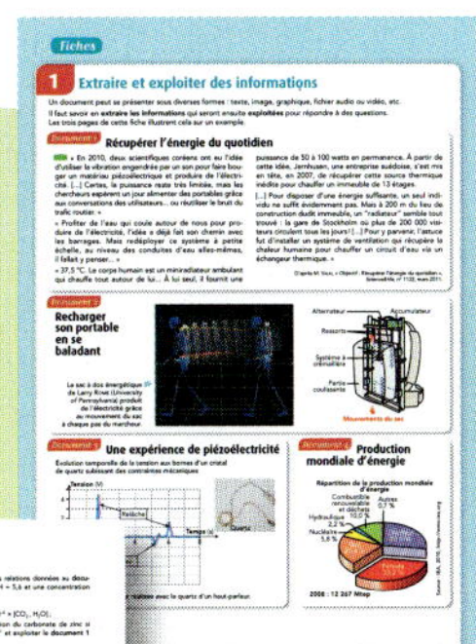

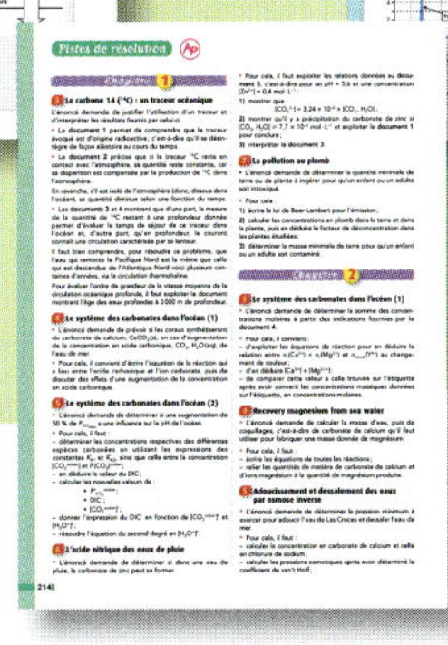

Thème 1 L'eau

Sommaire

Quels rôles l'eau joue-t-elle dans notre environnement ? (Voir chapitre 1.)

Quelles sont les ressources en eau douce réellement disponibles sur Terre ? (Voir chapitre 2.)

Quelles énergies peut-on extraire de l'eau ? (Voir chapitre 3.)

Prérequis

Les notions vues au Collège, en Seconde, en Première et dans l'enseignement spécifique de Terminale

Mélange stœchiométrique

- Un mélange est stœchiométrique si les quantités initiales des réactifs sont dans les proportions des nombres stœchiométriques des réactifs.

  Ainsi, pour la réaction d'équation :

$$a\,A + b\,B \longrightarrow c\,C + d\,D$$

- Un mélange initial tel que $\frac{n_0(A)}{a} = \frac{n_0(B)}{b}$ est stœchiométrique.

Dosages

- **Doser** une espèce chimique en solution, c'est déterminer sa quantité de matière dans cette solution.
- Pour cela, on peut réaliser un titrage en faisant réagir un volume connu et précis de la solution contenant cette espèce (appelée **réactif titré**), avec une quantité connue d'une autre espèce (appelée **réactif titrant**).
- La réaction chimique mise en jeu est appelée **réaction** de **titrage**.
- L'**équivalence** est atteinte lorsqu'on a réalisé un **mélange stœchiométrique des réactifs**, c'est-à-dire lorsqu'on a versé exactement la quantité de réactif titrant permettant de consommer la totalité du réactif titré.
- Dans certains cas, l'équivalence peut être repérée par un changement de teinte **d'un indicateur de fin de réaction**.

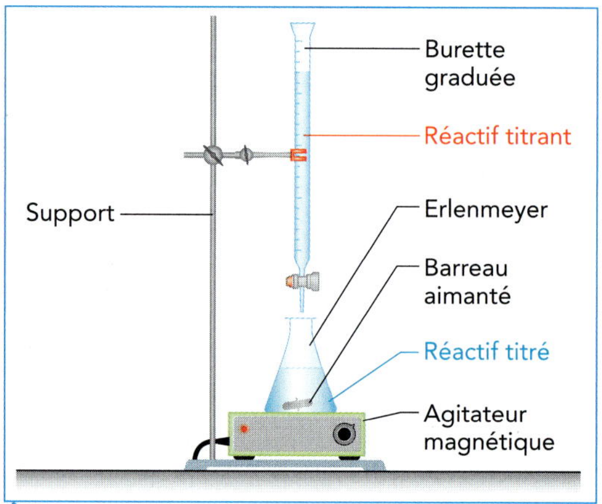

Doc. a

- **Exemple** : dans une solution, la quantité de matière de diiode, $I_2(aq)$, réactif titré, peut être déterminée grâce à l'ajout d'un réactif titrant : les ions thiosulfate, $S_2O_3^{2-}(aq)$. L'équation de la réaction de titrage s'écrit :

$$I_2\,(aq) + 2\,S_2O_3^{2-}(aq) \longrightarrow 2\,I^-(aq) + S_4O_6^{2-}(aq)$$

À l'équivalence :

$$n_i(I_2) = \frac{n_E(S_2O_3^{2-})}{2}$$

Réactions acido-basiques

- Un **acide** est une espèce chimique capable de **céder** au moins un proton H^+.
- Une **base** est une espèce chimique capable de **capter** au moins un proton H^+.
- Un **couple acide/base**, HA / A^-, est défini par la demi-équation acido-basique : $HA \rightleftharpoons A^- + H^+$
- Une réaction qui met en jeu un transfert de protons H^+ entre ses réactifs est appelée réaction acido-basique. Le transfert est réalisé de l'acide HA_1 d'un couple acide / base vers la base A_2^- d'un autre couple acide / base :

$$HA_1 + A_2^- \rightleftharpoons A_1^- + HA_2$$

- Par définition : $\mathbf{pH = -\log[H_3O^+]}$, soit $\mathbf{[H_3O^+] = 10^{-pH}}$
- Un couple acide base AH / A^- est caractérisé par une **constante d'acidité K_A** définie par :

$$K_A = [H_3O^+]\cdot\frac{[A^-]}{[AH]}$$

soit : $\mathbf{pH = pK_A + \log\frac{[A^-]}{[AH]}}$, avec $\mathbf{pK_A = -\log K_A}$.

D'où les domaines de prédominance :

$[AH] > [A^-]$	$[AH] = [A^-]$	$[A^-] > [AH]$	
AH prédomine	pK_A	A^- prédomine	pH

Réactions d'oxydoréduction

- Un **réducteur** est une espèce chimique capable de **céder** au moins un électron e^-.
- Un **oxydant** est une espèce chimique capable de **capter** au moins un électron e^-.
- Deux espèces Ox et Red sont dites conjuguées et forment un **couple redox** Ox/Red si elles peuvent être reliées par la **demi-équation redox** :

$$\mathrm{Ox} + n\,e^- \underset{\text{Oxydation}}{\overset{\text{Réduction}}{\rightleftharpoons}} \mathrm{Red}$$

- Une réaction qui met en jeu un transfert d'électrons e^- entre ses réactifs est une réaction d'oxydoréduction, ou réaction redox. Son équation est établie en combinant les demi-équations redox de façon à ce que les électrons n'apparaissent pas dans le bilan :

$$n_2 \times (\mathrm{Ox}_1 + n_1\,e^- \rightleftharpoons \mathrm{Red}_1)$$
$$n_1 \times (\mathrm{Red}_2 \rightleftharpoons \mathrm{Ox}_2 + n_2\,e^-)$$
$$\overline{n_2\,\mathrm{Ox}_1 + n_1\,\mathrm{Red}_2 \longrightarrow n_2\,\mathrm{Red}_1 + n_1\,\mathrm{Ox}_2}$$

- Établir une demi-équation redox, exemple du couple $Cr_2O_7^{2-}(aq)$ / $Cr^{3+}(aq)$:

1. Débuter l'écriture de la demi-équation redox par l'oxydant qui doit gagner un ou plusieurs électrons pour être réduit en son réducteur conjugué :

$$\mathrm{Ox} + n\,e^- \rightleftharpoons \mathrm{Red}$$
$$Cr_2O_7^{2-}(aq) + n\,e^- \rightleftharpoons Cr^{3+}(aq)$$

2. Assurer, ou vérifier, la conservation des éléments autres que hydrogène et oxygène, ici l'élément chrome :

$$\mathbf{Cr_2}O_7^{2-}(aq) + n\,e^- \rightleftharpoons \mathbf{2\ Cr^{3+}}(aq)$$

3. Assurer la conservation de l'élément oxygène avec des molécules d'eau H_2O (molécules constituant le solvant) : $H_2O\ (\ell)$

$$Cr_2O_7^{2-}(aq) + n\,e^- \rightleftharpoons 2\ Cr^{3+}(aq) + 7\ H_2O\ (\ell)$$

4. Assurer la conservation de l'élément hydrogène avec des ions hydrogène $H^+(aq)$:

$$Cr_2O_7^{2-}(aq) + n\,e^- + 14\ H^+(aq) \rightleftharpoons 2\ Cr^{3+}(aq) + 7\ H_2O\ (\ell)$$

5. Assurer la conservation de la charge avec des électrons :

$$Cr_2O_7^{2-}(aq) + n\,e^- + 14\ H^+(aq) \rightleftharpoons 2\ Cr^{3+}(aq) + 7\ H_2O(\ell)$$
$$-2 - n + 14 = +2 \times 3 \text{ soit } n = 6.$$

On obtient ainsi :

$$\mathbf{Cr_2O_7^{2-}(aq) + 6\ e^- + 14\ H^+(aq) \rightleftharpoons 2\ Cr^{3+}(aq) + 7\ H_2O(\ell)}$$

Fonctionnement d'une pile

- Les piles et les accumulateurs sont des générateurs électrochimiques qui comportent deux conducteurs, les électrodes, au contact d'un milieu conducteur, l'électrolyte.

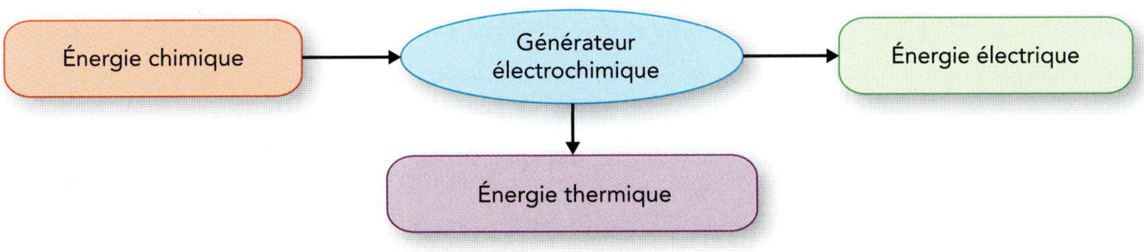

- La réaction de fonctionnement d'une pile est une réaction rédox. La nature des réactions qui se produisent alors aux électrodes est liée à leur polarité : il se produit une oxydation à l'anode et une réduction à la cathode.

Prérequis

Énergie et puissance électriques

En courant continu, la puissance électrique $\mathcal{P}$ d'un appareil électrique traversé par un courant électrique d'intensité I, lorsque la tension entre ses bornes vaut U, est telle que :

$$\mathcal{P} = U \cdot I$$

W — $\mathcal{P}$; V — U ; A — I

L'énergie $\mathcal{E}$ consommée ou produite par cet appareil de puissance $\mathcal{P}$ est liée à sa durée de fonctionnement Δt par la relation :

$$\mathcal{E} = \mathcal{P} \cdot \Delta t$$

J — $\mathcal{E}$; W — $\mathcal{P}$; s — Δt

Caractéristiques d'appareils électriques

- **Récepteur** :

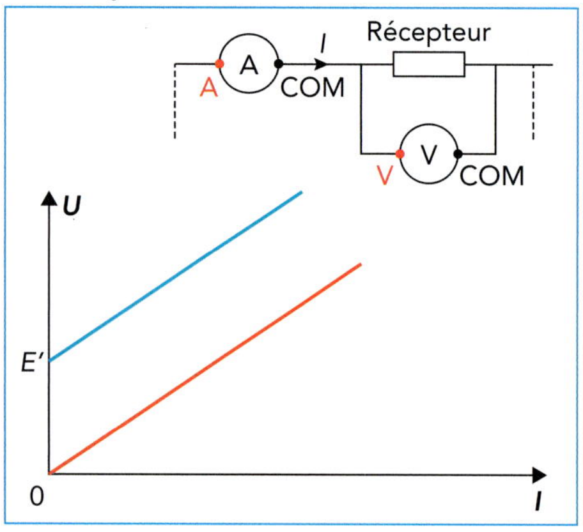

Conducteur ohmique : $U = R \cdot I$
Électrolyseur : $U = E' + r \cdot I$

- **Générateur** :

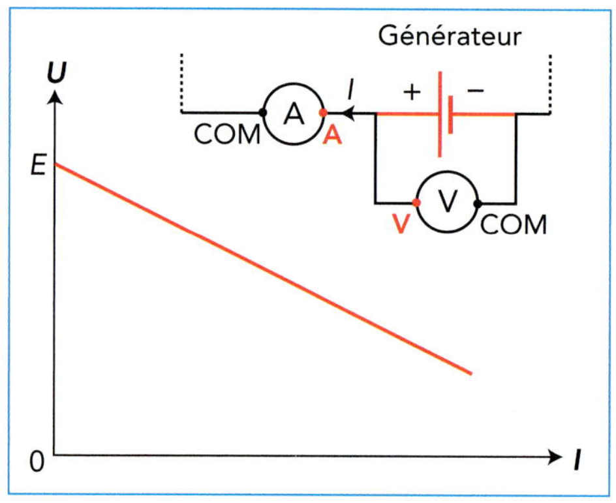

Générateur : $U = E - r \cdot I$

Réactions nucléaires spontanées

- Lors d'une **désintégration radioactive**, un noyau père se désintègre spontanément en émettant un noyau fils, une particule et du rayonnement gamma.
- L'**activité d'un échantillon radioactif** est le nombre de noyaux ayant subi la désintégration par seconde.

Elle s'exprime en **becquerel** (Bq) : 1 Bq = 1 désintégration/s.

Pression hydrostatique

- Dans un liquide, à la profondeur z, la pression P est donnée par : $\mathbf{P = P_{atm} + \rho \cdot g \cdot z}$
  - P_{atm} est la pression à la surface du liquide ;
  - P et P_{atm} s'expriment en pascal (Pa) ;
  - ρ est la masse volumique du liquide, elle s'exprime en kilogramme par mètre cube ($kg \cdot m^{-3}$) ;
  - g est l'intensité de la pesanteur, elle s'exprime en newton par kilogramme ($N \cdot kg^{-1}$) ;
  - z s'exprime en mètre (m).
- La **différence de pression** entre deux points d'un liquide dépend de la **différence de profondeur** entre ces points : $\mathbf{P_2 - P_1 = \rho \cdot g \cdot (z_2 - z_1)}$
- La **solubilité** d'un gaz dans un liquide augmente avec la pression.
- **Unité officielle de pression :** le pascal (Pa).
- **Unités usuelles de pression :** le bar (bar) ; 1 bar = 10^5 Pa ; l'atmosphère (atm) ; 1 atm = 101 325 Pa.

Chapitre 1

Eau et environnement

Le glacier Perito Moreno, en Patagonie (Argentine).

Sur Terre, où règne des conditions particulières de température et de pression, l'eau existe sous trois états. Liquide dans les océans, solide dans la glace des icebergs, l'eau est sous forme de gaz dans l'atmosphère.

Quels rôles l'eau joue-t-elle dans notre environnement ? Quelles sont les pollutions qui la menacent ?

Mots-clés

DISSOLUTION — CONCRÉTION — TRACEURS CHIMIQUES

mers, océans — CLIMAT — ÉROSION — *pluies acides*

SURVEILLANCE ET LUTTE CONTRE LES POLLUTIONS

1 Mers et océans, réservoirs d'eau sur Terre

La Terre est la seule planète du système solaire recouverte en grande partie d'eau. Cette eau est en perpétuel mouvement, favorisé par le rayonnement solaire.
Comment les échanges se font-ils entre les différentes zones de la Terre ? Quelles en sont les conséquences ?

Document 1 Zones de la Terre

On peut partager la Terre en cinq zones interdépendantes :
- l'**atmosphère** : couche gazeuse qui enveloppe la Terre ;
- la **lithosphère** : croûte rocheuse externe de la Terre ;
- l'**hydrosphère** : zone occupée par l'eau, quel que soit son état physique ;
- la **pédosphère** : couche la plus superficielle de la croûte terrestre, c'est la zone formée par l'effritement des roches ;
- la **biosphère** : ensemble des zones peuplées d'êtres vivants.

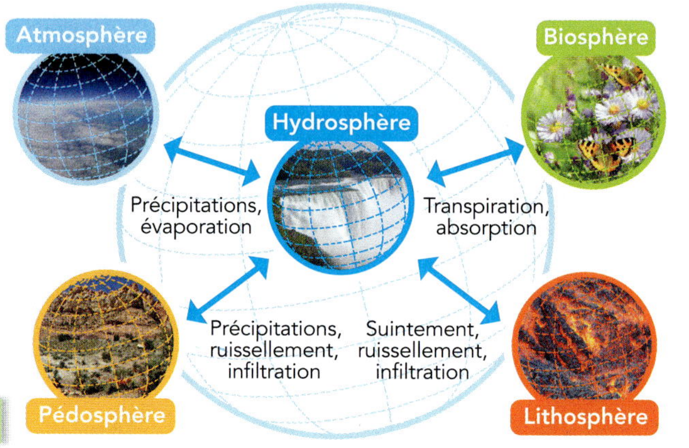

Interactions de l'hydrosphère avec les autres zones de la Terre.

Document 2 Réserves en eau de la Terre

Terre (surface totale) :	**510×10^6 km^2**
Mers et océans (surface totale)	361×10^6 km^2
Hydrosphère (volume d'eau) :	**1409×10^6 km^3**
Mers et océans	1370×10^6 km^3
– océan Pacifique	715×10^6 km^3
– océan Atlantique	318×10^6 km^3
– mer Méditerranée	$3,7 \times 10^6$ km^3
– mer du Nord	$0,054 \times 10^6$ km^3
Calottes glacières et glaciers	29×10^6 km^3
Eaux souterraines	$9,5 \times 10^6$ km^3
Eaux de surface (rivières, lacs, etc.)	$0,13 \times 10^6$ km^3
Humidité des sols	$0,065 \times 10^6$ km^3
Eau atmosphérique	$0,013 \times 10^6$ km^3
Eau biosphérique	$0,0006 \times 10^6$ km^3

Extrait de C. Bliefert et R. Perraud, *Chimie de l'environnement : Air, eau, sols, déchets*, De Boeck, 2009.

Document 3 Cycle de l'eau sur Terre

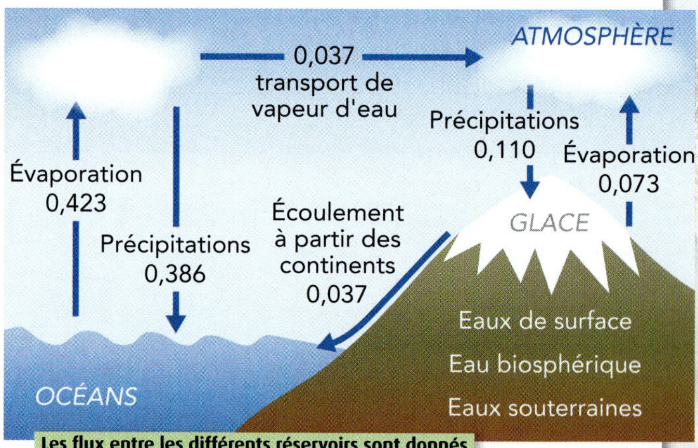

Les flux entre les différents réservoirs sont donnés en millions de km^3 par an.

Extrait de C. Bliefert et R. Perraud, *Chimie de l'environnement : Air, eau, sols, déchets*, De Boeck, 2009.

Analyse et synthèse

1 **a.** Comparer le volume d'eau contenue dans l'hydrosphère à celui de l'océan Pacifique. → *doc. 2*

b. Comparer le volume d'eau des mers et des océans à celui des calottes glacières et des glaciers.

2 Quel pourcentage de la surface de la Terre est recouvert par les réservoirs d'eau salée ? → *doc. 2*

Quel pourcentage du volume de l'hydrosphère occupent-ils ? → *doc. 2*

3 **a.** Qu'appelle-t-on « eau biosphérique » ? → *doc. 1*

b. Quel pourcentage de l'hydrosphère occupe-t-elle ? → *doc. 2*

4 **Bilan** **a.** Décrire les diverses transformations subies par l'eau pour passer de l'atmosphère à la surface de la Terre et inversement. → *doc. 1 et 3*

b. En s'aidant éventuellement du lexique, donner les définitions des termes **érosion**, **dissolution**, **concrétion**. Rédiger un texte en utilisant ces termes afin de décrire comment l'eau contribue au façonnage de la pédosphère et de la lithosphère.

2 Dissolution des espèces : les pluies acides

Presque toutes les espèces chimiques participent à des cycles et circulent entre l'atmosphère, l'hydrosphère, la pédosphère, etc. Ces transferts s'accompagnent de pollutions souvent dues, aux activités humaines.
Comment les échanges d'eau, et donc d'espèces solubles dans l'eau, se font-ils ?

→ TP 1, p. 18 → Problème 6, p. 27

Document 1 Émissions soufrées

L'atmosphère, l'hydrosphère, la lithosphère et la biosphère sont des réservoirs de soufre. Dans l'atmosphère, les émissions d'espèces soufrées peuvent être naturelles ou anthropiques. Parmi ces espèces, le dioxyde de soufre est majoritaire.

Extrait de C. Bliefert et R. Perraud, *Chimie de l'environnement : Air, eau, sols, déchets*, De Boeck, 2009.

Émissions mondiales d'espèces soufrées, exprimées en équivalent SO_2 (en 10^6 t/an).

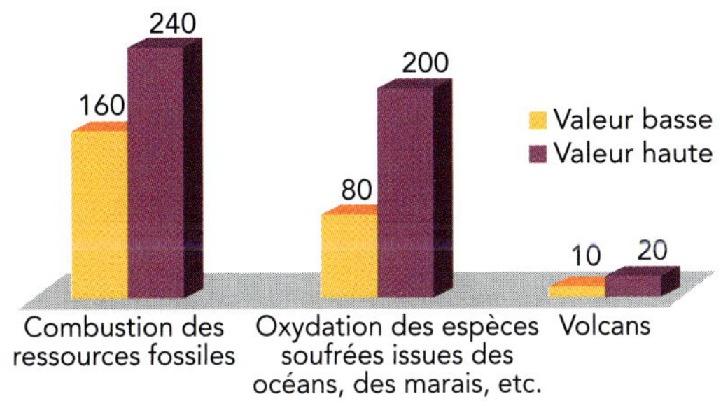

Document 2 Acidité des pluies

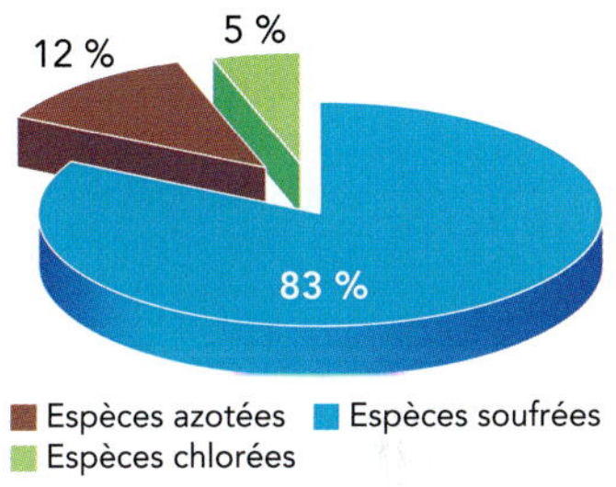

Espèces contribuant à l'acidité des pluies.

Document 3 Réactions chimiques

Le dioxyde de soufre, $SO_2(g)$, est présent dans l'atmosphère en grandes quantités.

L'activité volcanique ou les processus biologiques produisent du sulfure de dihydrogène, $H_2S(g)$. Les océans émettent du sulfure de diméthyle, $(CH_3)_2S$, du sulfure de carbonyle, SCO, ou du disulfure de carbone, CS_2. Ils peuvent tous être oxydés en dioxyde de soufre.

La **dissolution** du dioxyde de soufre dans l'eau produit de l'acide sulfureux, $H_2SO_3(aq)$. Cet acide réagit avec l'eau pour former des ions hydrogénosulfite, $HSO_3^-(aq)$. Ces derniers réagissent avec l'eau pour conduire aux ions sulfite, $SO_3^{2-}(aq)$.

Le dioxyde de soufre peut aussi être oxydé en trioxyde de soufre. La dissolution du trioxyde de soufre produit de l'acide sulfurique, $H_2SO_4(aq)$, qui réagit avec l'eau pour donner des ions hydrogénosulfate, $HSO_4^-(aq)$; ces derniers réagissent avec l'eau pour former les ions sulfate $SO_4^{2-}(aq)$.

L'oxydation du dioxyde de soufre produit aussi des ions sulfate.

Document 4 Acido-basicité

Un acide, HA, est une espèce chimique capable de céder au moins un proton, H^+. Il réagit avec l'eau selon la réaction acido-basique :

$$HA(aq) + H_2O(\ell) \rightleftharpoons A^-(aq) + H_3O^+(aq)$$

Document 5 Carottages glaciaires

Les mesures réalisées dans les carottes glaciaires au Groënland ont montré une diminution de la concentration en sulfates dans l'hémisphère Nord depuis le début des années 80. Cela reflète les mesures prises par certaines nations pour limiter les émissions industrielles de dioxyde de soufre.

D'après V. Masson-Delmotte et J. Chappellaz, « Au cœur de la glace, les secrets du climat », *La Météorologie*, n° 37, mai 2002.

Pour aller plus loin :
- Les pluies acides, www.inra.fr/audiovisuel/films/environnement/pluie_acide

Analyse et synthèse

1 Écrire les équations de toutes les réactions citées dans le document 3.

2 **a.** Que sont les émissions anthropiques de dioxyde de soufre ? En évaluer le pourcentage. → *doc. 1*

b. Pourquoi ces émissions tendent-elles à décroître ?

3 @ Quels gaz azotés et quel acide chloré participent à la formation des pluies acides ?

4 **Bilan** Comment les échanges entre les différentes zones de la Terre contribuent-ils à la formation des pluies acides ? Quelles peuvent être les conséquences des pluies acides ?

3 Courants océaniques, régulateurs du climat

Les eaux profondes des océans, comme les eaux de surface, se déplacent et créent des courants marins.
Quelles sont les causes de ces courants et quel est leur rôle dans la régulation du climat ?

→ TP 2, p. 19 → Problème 1, p. 22

Document 1 Circulation thermohaline

La circulation thermohaline est la circulation permanente de l'eau des océans de la planète. Elle est due aux écarts de température et de salinité des masses d'eau. Les différences de densité qui en résultent (l'eau froide est plus dense que l'eau chaude et l'eau salée est plus dense que l'eau douce) contribuent à l'apparition des courants. Les eaux froides et salées de l'Atlantique Nord plongent et alimentent les courants profonds. Elles se mélangent aux eaux froides de l'Antarctique qui plongent au niveau de la mer de Weddell. Réchauffées sous les Tropiques, ces eaux refont surface au niveau des océans Indien et Pacifique, quelques siècles plus tard, puis remontent vers l'Atlantique Nord grâce, par exemple, au *Gulf Stream*.

Par ces échanges, l'océan régule le climat, car il stocke l'énergie solaire de la zone équatoriale et la transporte vers d'autres latitudes où elle est transférée à l'atmosphère.

D'après le site www.ifremer.fr

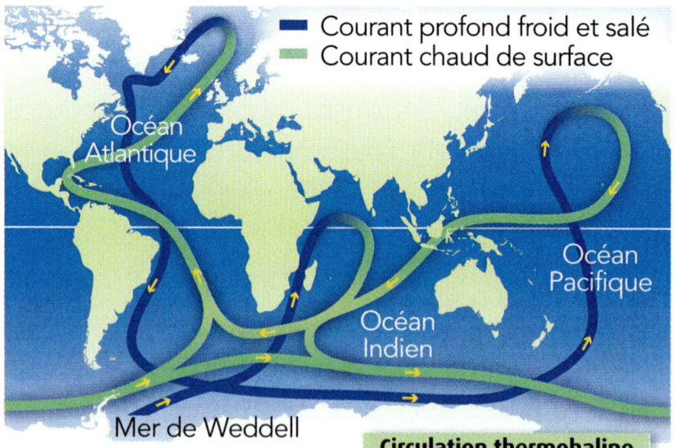

Circulation thermohaline des océans.

Document 2 Température et densité

La température de surface des océans est élevée dans les zones tropicales et diminue à mesure que la latitude augmente. Les océans sont chauffés en surface par le rayonnement solaire, mais celui-ci ne pénètre pas profondément. Les océans absorbent plus d'énergie thermique près de l'équateur que près des pôles. Ce déséquilibre contribue, associé aux vents, à l'apparition des courants marins.

Dans les régions polaires, les eaux liquides de surface sont très salées, car le sel, non piégé par la glace, se concentre dans l'eau liquide des océans, sous la banquise.

Température des eaux des océans, en degré Celsius.

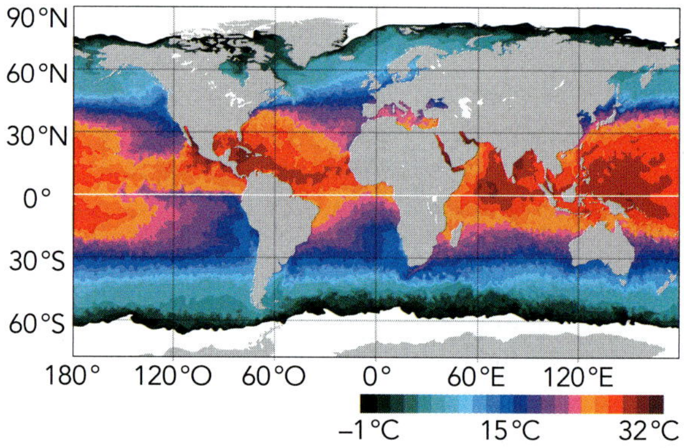

D'après Naval Oceanography Portal - *Navy Coupled Ocean Data Assimilation.*

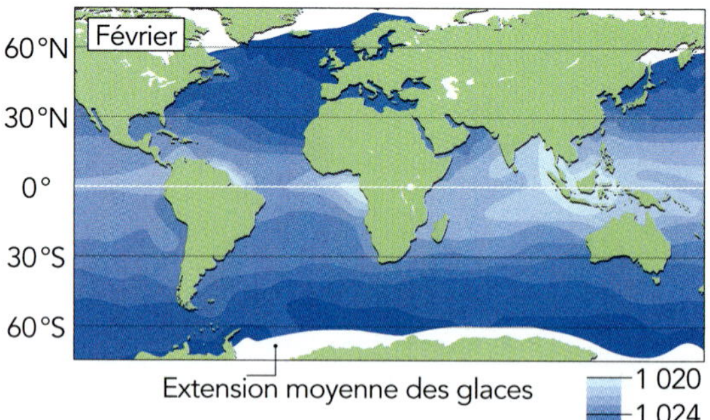

Densité de l'eau de mer en surface (kg·m⁻³)

D'après le site http://planet-terre.ens-lyon.fr

Analyse et synthèse

1 Quelles sont les causes de la circulation thermohaline ? → *doc. 1*

2 **a.** Justifier que la densité de l'eau augmente avec la salinité, ainsi que celle des eaux polaires de surface.
b. Pourquoi les eaux froides et salées de l'Atlantique Nord plongent-elles en profondeur ?

3 **Bilan** @ Qu'est-ce que le *Gulf Stream* ? Quel est son rôle comme régulateur du climat ? Quelles pourraient être les conséquences de sa disparition ?

Pour aller plus loin :
- L'équation d'état de l'eau de mer http://lecalve.univ-tln.fr/oceano/fiches/fiche3C.htm
- *Impacts of Climate Change on the Oceans* http://www.educapoles.org/multimedia/animation_detail/impacts_of_climate_change_on_the_oceans/

4 Les traceurs chimiques

Les traceurs chimiques sont devenus ces dernières années des outils essentiels en océanographie.
Que sont les traceurs chimiques et que permettent-ils d'étudier ?

→ Problèmes 2 et 3, p. 24 et 25

Document 1

Différents traceurs

De nombreux éléments chimiques transitent par les océans.

Cette dynamique peut être suivie grâce à des mesures de très faibles quantités d'espèces chimiques appelées traceurs.

Ils permettent d'étudier les déplacements des masses d'eaux dans l'océan profond et d'établir des échelles de temps.

Deux types de traceurs sont étudiés : les traceurs naturels (ions silicate, phosphate, nitrate, dioxygène, etc.) et les traceurs transitoires apportés par l'homme (fréon, tritium, carbone, etc.).

Document 2

Un traceur : le tritium

Dans les années 60, suite aux essais nucléaires, la quantité de tritium ^3H dans l'atmosphère a augmenté. Le tritium a ensuite diffusé dans les eaux de surface lors des échanges entre l'atmosphère et l'océan. Entraîné par les courants plongeants, il s'est retrouvé en profondeur.

Les documents ci-contre présentent le résultat de deux mesures de tritium effectuées dans l'Atlantique Nord à 10 ans d'intervalle. Dans ces documents, le tritium est repérable par les couleurs orange, jaunes et vertes.

D'après G. OSTLUND, *Tritium Laboratory*, Miami.

Mesure 1 du tritium

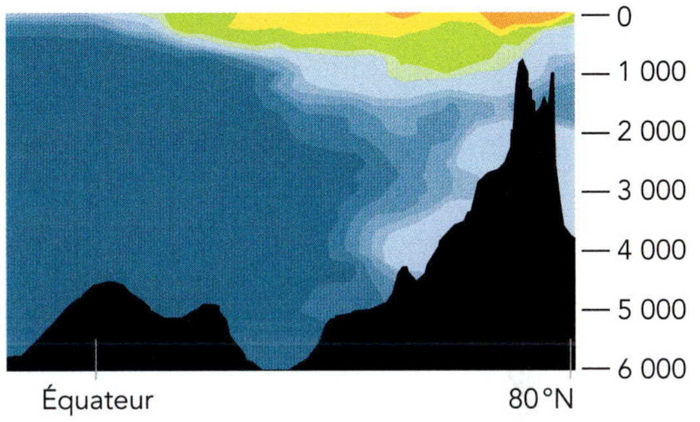

Mesure 2, dix ans après

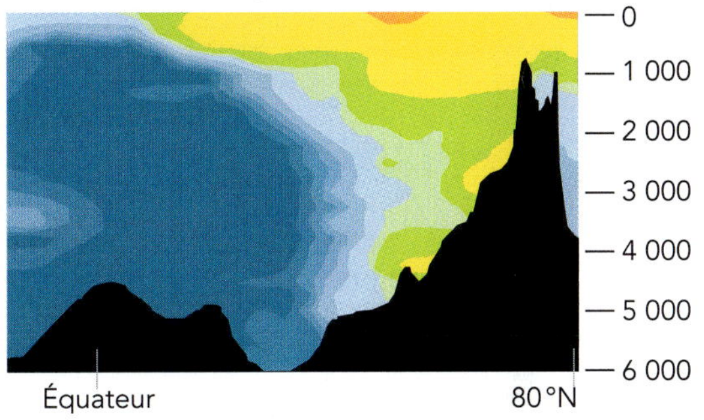

Document 3

Les CFC

Les mesures des concentrations en fréons (chlorofluorométhane, CFC-11), gaz libérés depuis plus d'un demi-siècle par les bombes aérosols et les fluides réfrigérants, permettent de mettre en évidence un flux d'eaux profondes en Atlantique Nord et une vitesse d'advection d'environ 1 $cm \cdot s^{-1}$.

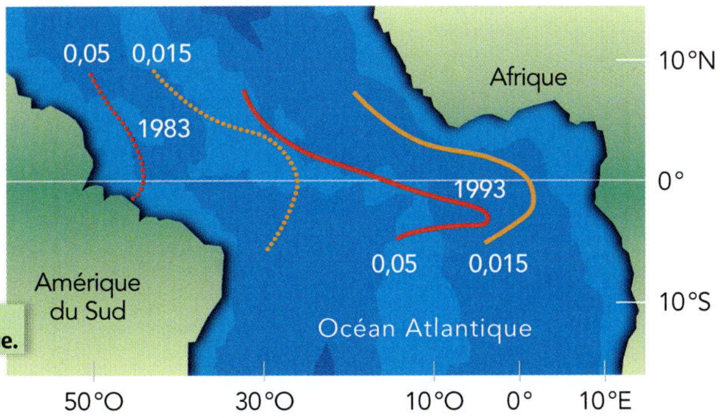

Comparaison des isolignes de 0,05 pmol/kg et 0,015 pmol/kg entre 1983 (traits en pointillé) et 1993 (traits continus) dans la zone équatoriale de l'Atlantique.

D'après données recueillies entre 1600 et 1800 m de profondeur. Document transmis par le Laboratoire d'océanographie dynamique et de Climatologie, Paris.

Pour aller plus loin :
- « Comprendre l'océan », http://wwz.ifremer.fr/lpo
- « Trajectoire d'une particule dans l'océan », http://la.climatologie.free.fr/ocean/trajectoire-particule-dans-ocean.gif

Analyse et synthèse

1 @ Que sont les traceurs naturels ? les fréons ?

2 **a.** Le tritium est émetteur β^-. Écrire son équation de désintégration.
Comment suivre son avancée ?
b. Décrire le déplacement du traceur tritium. → *doc. 2*

3 **a.** Définir les termes advection et isoligne. → *doc. 3*
b. Dans quelle direction se dirige le flux de fréons ?

4 **Bilan** Définir un traceur chimique, puis expliquer comment l'étude des traceurs permet d'analyser la circulation océanique.

5 Pollution aux plastiques : le 8e continent

C'est par millions de tonnes que les matières plastiques sont aujourd'hui produites, puis rejetées après usage.
Comment les déchets plastiques se retrouvent-ils dans l'environnement ?

Document 1 Les déchets plastiques

Annuellement, plus de 260 millions de tonnes de matières plastiques sont produites. Après usage, la moitié est mise en décharge ou brûlée, 20 % sont transformés en biens à longue durée de vie, 5 % sont recyclés et 25 % sont rejetés dans l'environnement. Les plastiques représentent ainsi plus de 80 % des déchets océaniques.

Sur le plan écologique, ce problème n'a pas été jugé inquiétant pendant des décennies, du fait de la grande inertie chimique des *polymères* et de leur supposée non-toxicité. Pourtant, les animaux marins, qui ne différencient pas les matières plastiques de leur nourriture, en meurent. De plus, par *photodégradation*, une bouteille plastique peut se fractionner en des particules très petites (jusqu'à 20 µm). Certains organismes marins les ingèrent alors comme du plancton.

Plusieurs millions d'animaux sont affectés par les déchets plastiques. Plus de 85 % des espèces de tortues marines en avalent. Les oiseaux marins ont en moyenne 0,6 g de déchets plastiques dans leur estomac.

Document 2 La gyre du Pacifique Nord

À des milliers de kilomètres des côtes, la *gyre* du Pacifique Nord, piège les détritus. Ce continent de déchets, dont certains estiment la surface à 4 fois celle de la France, concentre plus de 5 kg de fragments de matières plastiques par km². Ceux-ci ont une taille moyenne d'un millimètre et on les retrouve jusqu'à 30 m de profondeur. Une zone similaire a été découverte dans l'Atlantique Nord.

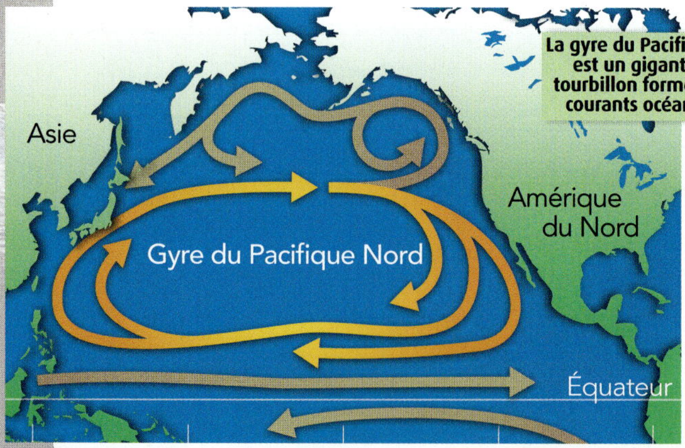

La gyre du Pacifique Nord est un gigantesque tourbillon formé par les courants océaniques.

Document 3 Les additifs

Divers additifs sont ajoutés lors de la fabrication d'un polymère afin d'en améliorer les propriétés. Les phtalates, utilisés pour assouplir les matières plastiques, troubleraient la fécondité masculine. L'hydrure de tributylétain, un stabilisateur, agirait comme une hormone sexuelle. Le bisphénol A, utilisé comme antioxydant, est un *perturbateur endocrinien*.

En outre, un grand nombre de polluants organiques persistants présents dans l'eau de mer, comme les PCB, se concentrent dans les matières plastiques.

Les particules plastiques peuvent alors présenter des concentrations en polluants *hydrophobes* plus d'un million de fois supérieures à l'eau de mer environnante. Ces *xénobiotiques*, difficilement biodégradables, s'accumulent dans les tissus des animaux et contaminent la chaîne alimentaire.

D'après Y. SCIAMA, « Les océans malades du plastique », *Science & Vie*, n° 1103, août 2009.

Analyse et synthèse

1 @ Rechercher le sens des mots ou expressions indiqués en italique dans les documents 1, 2 et 3.

2 Pourquoi dit-on que les polymères sont chimiquement inertes ? Quelle conséquence cette assertion a-t-elle eu sur la gestion de leur pollution ? → *doc. 1*

3 a. @ Que sont les PCB ? Quels en sont les dangers ?
b. Justifier qu'ils sont hydrophobes et qu'ils se concentrent dans les matières plastiques.

4 Pourquoi les matières plastiques peuvent-elles être dangereuses pour l'homme et l'environnement ? → *doc. 3*

5 **Bilan** Sous quelle forme trouve-t-on majoritairement les matières plastiques dans les océans ? Quel phénomène en est responsable ? Pourquoi se concentrent-elles dans des zones particulières des océans ?

6 Pollution au pétrole : *Deepwater horizon*

Au large des côtes, les transports maritimes pétroliers ou les plateformes pétrolières sont à l'origine de pollutions comme les marées noires. Quel rôle jouent les courants marins dans la dispersion du pétrole répandu ?

→ TP 3, p. 20

Document 1 Le *Loop Current*

Le *Loop Current* est un courant océanique chaud du Golfe du Mexique. Il pénètre par la péninsule du Yucatan en formant une boucle anticyclonique et repart par le détroit de Floride pour former le *Gulf Stream*.

En surface, le *Loop Current* peut atteindre des vitesses de l'ordre du mètre par seconde. Des tourbillons (*eddies*) cycloniques frontaux se forment en marge de ce courant. Une à deux fois par an, des tourbillons anticycloniques peuvent également se détacher. Avec une vitesse de rotation de l'ordre du mètre par seconde et un diamètre de près de 500 km, ils apparaissent le plus souvent à la fin de l'été. Ils migrent ensuite vers l'ouest à faible vitesse et dérivent à la vitesse de 3 km par jour en moyenne.

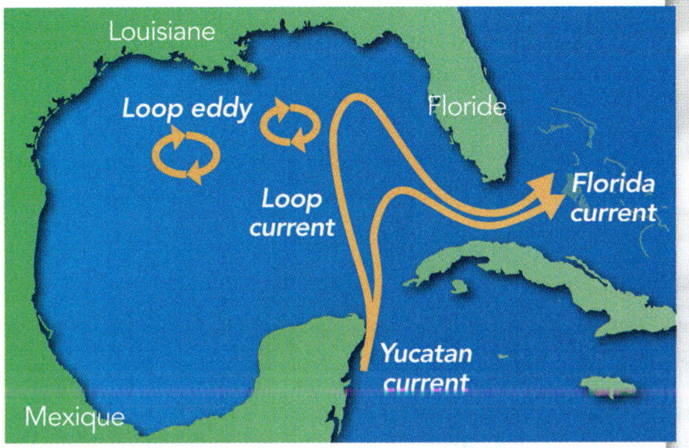

D'après le site www.mercator-ocean.fr

Document 2 Marée noire

La plateforme pétrolière *Deepwater Horizon* a explosé le 20 avril 2010 dans le golfe du Mexique et a engendré une gigantesque marée noire avec près de 800 millions de litres de pétrole répandus. Le 1er mai, la surface de la nappe de pétrole fut évaluée à 1 500 km^2. Début juin, elle dépassait les 24 000 km^2. C'est seulement le 19 septembre 2010 que la fuite fut déclarée jugulée.

Propagation de la nappe de pétrole

Fin mai 2010, une partie de la nappe de pétrole issue de la plateforme a été entraînée par le *Loop Current* et a fait craindre que la pollution ne rejoigne le *Gulf Stream*. Mais des tourbillons formés à proximité du *Loop Current* ont évité un étalement important de la nappe en piégeant le pétrole en leur centre. Le pétrole s'est alors fragmenté, puis s'est dégradé naturellement. La Floride fut épargnée, mais la pollution toucha les côtes au sud-est de la Louisiane, au niveau de Barataria Bay, une baie presque fermée.

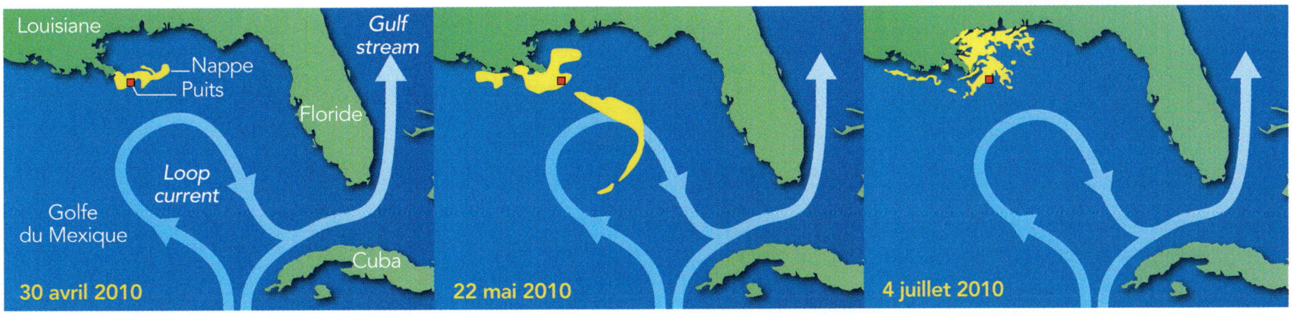

D'après le site www.usatoday.com/news/nation/oil-spill-map.htm

Pour aller plus loin :
« Pollution des eaux », http://www.cedre.fr/

Analyse et synthèse

1 **a.** Quelles propriétés des hydrocarbures expliquent que le pétrole a été piégé dans les tourbillons ?

b. @ Rechercher quels ont été les moyens mis en œuvre pour contenir ou disperser la nappe de pétrole.

2 **Bilan** **a.** Quelle a été l'une des craintes majeures lors du déplacement de la nappe de pétrole ? Pourquoi ?

b. Pourquoi les côtes de la Louisiane ont-elles été touchées par le pétrole libéré ?

Pratique expérimentale

1 Dosage du dioxyde du soufre

→ Analyses doc. 1 et 2, p. 12 et 13

Le dioxyde de soufre anthropique est principalement émis par les industries et les centrales thermiques. Les combustibles fossiles, tels que le fuel ou le charbon, contiennent du soufre qui se transforme en dioxyde de soufre lors de leur combustion. C'est un gaz irritant, traceur de la pollution industrielle. Soluble dans l'eau, il contribue à l'acidification des eaux de pluie par formation d'acide sulfurique. Il est donc important d'évaluer la concentration en dioxyde de soufre d'une eau.

A Préparation d'une solution de dioxyde de soufre

Une solution aqueuse de dioxyde de soufre est obtenue au laboratoire par dissolution de dioxyde de soufre gazeux. Ce gaz est produit lors de la combustion d'une masse $m(\text{S}) = 1{,}00$ g de soufre dans un excès de dioxygène et dissous dans un volume d'eau suffisant pour obtenir 1,00 L de solution[1].

B Étude qualitative

Expérience 1

- Dans un tube à essais contenant quelques millilitres de la solution de dioxyde de soufre préparée en A, ajouter, goutte à goutte et en agitant, une solution de permanganate de potassium de concentration $C_1 = 10\ \text{mmol}\cdot\text{L}^{-1}$. Observer **(doc. 1)**.

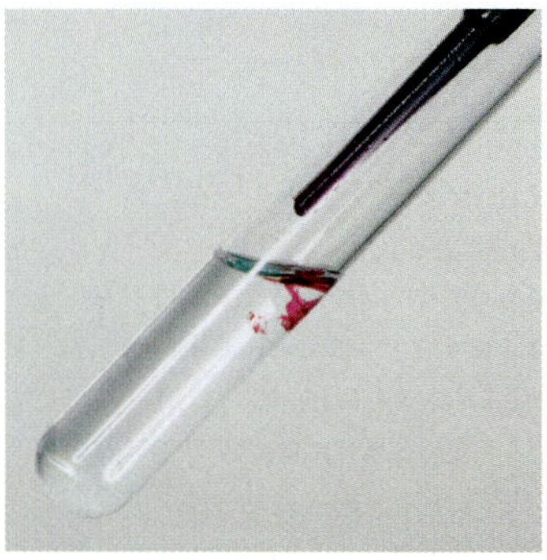

Doc. 1 Ajout de la solution de permanganate de potassium à la solution de dioxyde de soufre.

- Poursuivre cette introduction tant que la décoloration est très rapide.
- Identifier les espèces présentes dans ce mélange :
  – prélever quelques gouttes du mélange et les introduire dans une solution d'hydroxyde de sodium, $\text{Na}^+(\text{aq}) + \text{HO}^-(\text{aq})$. Observer, puis comparer l'aspect du tube à essais à celui présenté au **document 2** ;
  – verser dans le mélange restant, quelques gouttes d'une solution de chlorure de baryum, $\text{Ba}^{2+}(\text{aq}) + 2\text{Cl}^-(\text{aq})$. Observer.

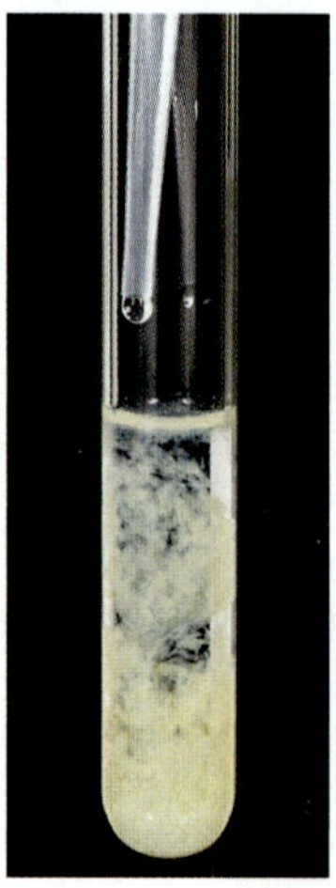

Doc. 2 Précipité d'hydroxyde de manganèse, Mn(OH)_2, obtenu par ajout d'une solution de sulfate de manganèse (II), $\text{Mn}^{2+}(\text{aq}) + \text{SO}_4^{2-}(\text{aq})$, dans une solution d'hydroxyde de sodium, $\text{Na}^+(\text{aq}) + \text{HO}^-(\text{aq})$.

1 Pourquoi peut-on affirmer qu'une réaction se produit lors de l'ajout de la solution de permanganate de potassium ?

2 Identifier les espèces produites lors de cette réaction en utilisant les résultats des tests d'identification effectués.

3 La réaction qui se produit est une réaction d'oxydoréduction.
Identifier le couple relatif au dioxyde de soufre, $\text{SO}_2(\text{aq})$, et celui relatif à l'ion permanganate, $\text{MnO}_4^-(\text{aq})$. En déduire l'équation de la réaction.

Expérience 2

Dans un tube à essais contenant quelques millilitres de la solution de dioxyde de soufre préparée en A, ajouter la solution de permanganate de potassium jusqu'à la recoloration du mélange réactionnel.

4 Pourquoi la solution ne se décolore-t-elle plus lorsque l'on poursuit l'addition de permanganate ?

5 Justifier que cette réaction peut être utilisée comme support d'un titrage.

C Étude quantitative

- Élaborer un protocole expérimental pour déterminer la concentration en dioxyde de soufre de la solution préparée en A.
- Le mettre en œuvre après discussion avec le professeur.

6 À l'aide de l'équation établie à la question **3** et en utilisant un tableau d'avancement, exprimer, en fonction de la quantité de permanganate de potassium versée, la quantité de dioxyde de soufre contenue dans la prise d'essai.

7 En déduire la concentration en dioxyde de soufre de la solution préparée en A.

8 Comparer la quantité de soufre contenue dans 1,00 L de la solution préparée en A à celle contenue dans le soufre ayant servi à la préparation. Discuter l'écart constaté.

1. Il est également possible de préparer 1,0 L de cette solution en dissolvant 3,94 g de sulfite de sodium, Na_2SO_3, dans l'acide chlorhydrique à $1{,}0 \times 10^{-1}\ \text{mol}\cdot\text{L}^{-1}$.

2 Le moteur des courants océaniques

→ Analyse doc. 3, p. 14
→ Problème 1, p. 22

Dans les océans, les eaux de surface plongent en profondeur, alors que les eaux profondes remontent à la surface ou se déplacent horizontalement. Un ensemble de paramètres constitue le moteur de ces circulations océaniques.

A Rôle de la température et de la salinité de l'eau

Expérience 1

Doc. 3 La goutte d'encre est déposée près de la glace.

- Disposer une lampe à incandescence au-dessus de l'une des faces d'un aquarium rempli d'eau **(doc. 3)** et attendre que l'eau se réchauffe du côté de la lampe.
- Déposer, à la surface de l'eau et du côté opposé à la lampe, un morceau de glace de taille raisonnable.
- Verser une goutte d'encre dans l'eau à proximité du morceau de glace. Observer.

1 Comment met-on en évidence le courant qui s'établit dans l'aquarium ? Dans quel sens s'établit-il ?

2 En utilisant les informations de l'**Analyse et synthèse de documents scientifiques 3**, p. 14, expliquer cette circulation d'eau.

3 Pourquoi les océans participent-ils très efficacement à une atténuation du déséquilibre thermique entre les différentes régions de la Terre ?

Expérience 2

Doc. 4 Les icebergs sont constitués d'eau douce à l'état solide, flottant sur de l'eau liquide, sursaturée en sel en surface.

- Préparer une solution d'eau salée. En verser une partie dans deux béchers et, avec le reste, fabriquer des glaçons d'eau salée colorée avec de l'encre.
- Fabriquer aussi des glaçons d'eau douce colorée.
- Dans deux autres béchers, verser de l'eau douce.
- Déposer un glaçon d'eau douce colorée dans un bécher d'eau salée, puis un autre dans un bécher d'eau douce. Recommencer avec deux glaçons d'eau salée dans les deux autres béchers. Observer.

4 Décrire chacune des quatre observations.

5 En utilisant les informations de l'**Analyse et synthèse de documents scientifiques 3**, p. 14, expliquer la circulation d'eau dans les océans.

6 Cette circulation est qualifiée de circulation *thermohaline* ; expliquer.

B Rôle de la force de Coriolis, due à la rotation de la Terre

Expérience 3

- Sur un disque horizontal tournant à vitesse constante, lancer un mobile glissant sans frottement (par exemple un glaçon) en direction de l'axe de rotation.
- Observer le mouvement de l'objet dans le référentiel fixe du laboratoire, supposé galiléen.

7 **a.** La trajectoire du mobile est-elle rectiligne dans le référentiel du laboratoire ?

b. Préciser le sens de la déviation du mobile en fonction du sens de rotation du disque.

c. @ Rechercher ce qu'est la force de Coriolis. Commenter les observations expérimentales.

8 **a.** @ Qu'est-ce que le *Gulf Stream* ?

b. Pour un observateur placé au pôle Nord, la Terre tourne dans le sens trigonométrique. Expliquer le mouvement vers l'est des eaux chaudes du *Gulf Stream*.

3 Les agents dispersants

Analyse doc. 6, p. 17
Analyse doc. 3, p. 151

Lors d'une marée noire, il est nécessaire d'éviter que la nappe d'hydrocarbures entraînée par les courants n'atteigne les côtes. Une possibilité est de l'éparpiller dans toute la colonne d'eau au-dessus de laquelle elle surnage. On utilise des dispersants : *ils forment des micelles dans lesquelles sont piégées les gouttelettes de pétrole ; la nappe est fractionnée, mise en suspension dans l'eau, puis disséminée grâce aux courants.* Ces espèces chimiques sont des tensioactifs.

A Tension superficielle

On appelle tension superficielle les forces s'exerçant sur les molécules situées à la surface d'un liquide. Ces forces sont perpendiculaires à cette surface et dirigées vers l'intérieur du liquide.

Expérience 1

- Dans un cristallisoir rempli d'eau additionnée de quelques millilitres de détergent (liquide vaisselle), plonger un cadre métallique rectangulaire rigide muni, en son centre, d'un fil de coton. Ressortir le cadre et observer **(doc. 5)**.
- Percer en un point le film transparent, puis noter la position du fil.

Expérience 2

- Recommencer l'expérience avec un cadre circulaire muni de deux fils **(doc. 6)**. Percer le film transparent entre les fils *AB* et *AC*, puis observer.
- Recommencer à nouveau l'expérience, mais en perçant le film entre le fil *AB* et l'anneau, puis entre le fil *AC* et l'anneau. Observer.

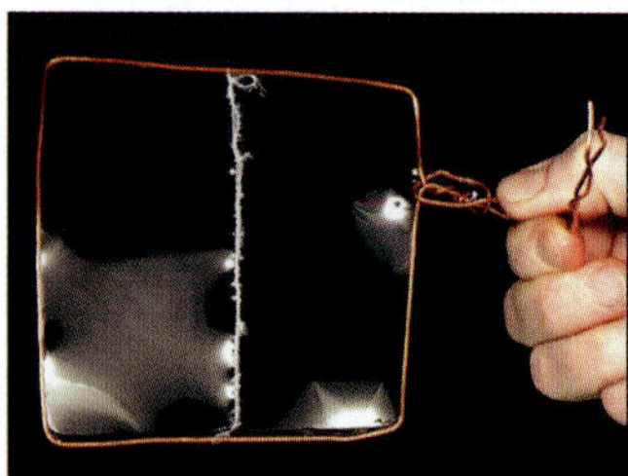

Doc. 5 Film d'eau savonneuse dans un cadre rectangulaire.

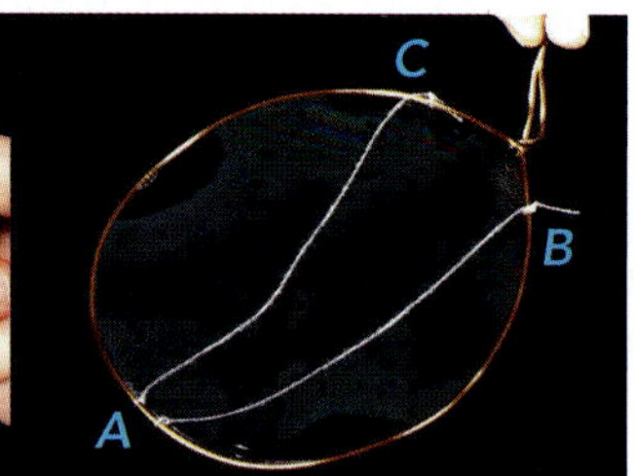

Doc. 6 Film d'eau savonneuse dans un anneau.

1 Expliquer, en termes de forces qui s'appliquent sur le(s) fil(s), le placement de celui (ceux)-ci.

2 Les molécules d'un liquide, en contact avec l'air ou avec un autre liquide non miscible, peuvent être modélisées par le fil des deux expériences. Schématiser les expériences et représenter par un vecteur unique $\vec{F}$ les forces de tension superficielle.

3 Dans le cas de l'eau, quelles sont les interactions responsables de la cohésion des molécules dans le liquide ? Expliquer l'existence des forces de tension superficielle.

B Action des tensioactifs

Expérience 3

- Sur une plaque de verre, déposer délicatement une goutte d'eau, puis une goutte d'un mélange d'eau et de détergent. Observer la forme des gouttes.

Expérience 4

- Remplir une coupelle d'eau et déposer délicatement un petit trombone métallique à sa surface. Observer.
- Recommencer l'expérience en remplaçant l'eau par le mélange d'eau et de détergent. Observer.

4 Interpréter les observations en termes de surface de contact avec le milieu extérieur et de valeur des forces de tension superficielle.

5 Quelle est l'action d'un tensioactif sur la surface de contact avec le milieu extérieur ?
Quelle est son influence sur la valeur des forces de tension superficielle ?

C Dispersion d'une nappe d'huile

Expérience 5

- Dans deux béchers, introduire 100 mL d'eau et 5 mL d'huile. Dans l'un d'eux, ajouter quelques gouttes de liquide vaisselle. Agiter vigoureusement les deux mélanges. Observer.
- Dans le bécher ne contenant pas de détergent, essayer de récupérer l'huile à la petite cuillère.

6 Quel est le rôle du détergent ?

7 @ Les composés tensioactifs sont des espèces chimiques amphiphiles ayant à la fois une tête hydrophile et une chaîne hydrophobe (schéma ci-dessous). Expliquer, par des schémas, la phrase en italique de l'introduction.

8 D'après le résultat de l'expérience 5, justifier que soit privilégiée, lors d'une marée noire, l'utilisation de dispersants plutôt que la récupération directe.

4 Le système des carbonates dans les océans

Problèmes 4 et 5, p. 26

L'eau de mer est un milieu dans lequel le dioxyde de carbone, $CO_2(aq)$, les ions hydrogénocarbonate, $HCO_3^-(aq)$, et les ions carbonate, $CO_3^{2-}(aq)$, sont en équilibre permanent. On peut déterminer expérimentalement le rôle joué par ces équilibres dans la régulation de l'acidité des océans.

Expérience 1

- Mesurer le pH d'une eau minérale non gazeuse et d'une eau minérale gazeuse.

Expérience 2

- Dans deux béchers de 200 mL, verser 50 mL d'eau et ajouter quelques gouttes de bleu de bromothymol.
- Réaliser le montage ci-dessous **(doc. 7)**.

Doc. 7 Réalisation du montage.

- Dans l'erlenmeyer, introduire 2 g de carbonate de calcium, $CaCO_3(s)$. Remplir l'entonnoir tulipe avec 5 mL d'acide chlorhydrique, $H_3O^+(aq) + Cl^-(aq)$, à 5 $mol \cdot L^{-1}$.
- Plonger le bulleur dans l'un des deux béchers.
- Ouvrir le robinet et vider le contenu de l'entonnoir ; refermer le robinet. Observer.
- À l'aide d'un pH-mètre, mesurer le pH de l'eau dans chaque bécher.

Expérience 3

- Dans un tube à essais, verser 5 mL d'eau de chaux.
- Dans l'erlenmeyer, introduire environ 4 g de carbonate de calcium, $CaCO_3(s)$. Remplir l'entonnoir tulipe avec 5 mL de la solution d'acide chlorhydrique.
- Introduire le bulleur dans le tube à essais.
- Ouvrir le robinet et vider le contenu de l'entonnoir ; refermer le robinet. Observer.

Expérience 4

- Maintenir le bulleur dans le tube à essais.
- Ajouter dans l'entonnoir tulipe 15 mL d'acide chlorhydrique. Ouvrir le robinet, vider le contenu et refermer le robinet. Observer.

Expérience 5

- Dans un bécher, introduire 50 mL d'une solution tampon carbonate. Mesurer son pH.
- Dans un second bécher, introduire 50 mL d'une solution de soude dont le pH est identique à celui de la solution tampon.
- Réaliser, avec les deux béchers, l'expérience 2.
- Mesurer les pH finaux dans les deux béchers.

1 Écrire l'équation de la réaction qui se produit entre l'acide chlorhydrique et le carbonate de calcium.

2 **a.** En réagissant avec l'eau, le dioxyde de carbone dissous, $CO_2, H_2O(aq)$, établit un équilibre avec les ions hydrogénocarbonate, $HCO_3^-(aq)$.
Écrire l'équation de la réaction.

b. Justifier l'acidité des solutions étudiées dans les expériences 1 et 2.

c. Cette réaction a lieu lors des échanges entre l'atmosphère et l'hydrosphère ; expliquer.

3 **a.** L'eau de chaux est une solution saturée d'hydroxyde de calcium, $Ca^{2+}(aq) + 2\,OH^-(aq)$.
Écrire les équations des deux réactions conduisant au précipité de carbonate de calcium.

b. Ces réactions ont lieu lors des échanges entre la lithosphère et l'atmosphère ; expliquer.

4 **a.** Le dioxyde de carbone dissous, $CO_2, H_2O(aq)$, et les ions carbonate, $CO_3^{2-}(aq)$, participent à un équilibre avec les ions hydrogénocarbonate, $HCO_3^-(aq)$.
Écrire l'équation de la réaction.

b. L'hydrogénocarbonate de calcium, $Ca(HCO_3)_2(s)$, est nettement plus soluble dans l'eau que le carbonate de calcium. Expliquer les observations de l'expérience 4.

5 Quel est l'intérêt de la solution tampon ?

6 Le « tampon carbonate » a été réalisé en mélangeant 75,0 mL d'une solution de carbonate de sodium à 0,50 $mol \cdot L^{-1}$ avec 50,0 mL d'une solution d'hydrogénocarbonate de sodium à 0,50 $mol \cdot L^{-1}$.
Écrire les équations des réactions qui se produisent entre le dioxyde de carbone introduit et les ions carbonate, d'une part, et la soude, d'autre part.

Problème résolu

1 L'origine des courants

COMPÉTENCES
- Extraire des informations.
- Exploiter un schéma.
- Utiliser un modèle.

Énoncé

Analyse doc. 3, p. 14

Les océans sont soumis à différentes forces dont les forces d'interaction gravitationnelle, dues à l'attraction de la Terre, de la Lune et du Soleil, les forces de frottement du fluide, les forces pressantes et la force de Coriolis.

Pour simplifier, on considère que les forces de frottement peuvent être négligées au large des côtes et que les forces d'interaction gravitationnelle ont peu d'influence sur la circulation océanique.

La force de Coriolis est liée à la rotation de la Terre autour de l'axe des pôles et s'exerce perpendiculairement au mouvement d'un système en déplacement. Les courants sont déviés vers la droite du mouvement dans l'hémisphère Nord et vers la gauche du mouvement dans l'hémisphère Sud. La valeur de la force de Coriolis augmente avec la latitude ; elle est nulle à l'équateur.

Les forces pressantes sont dues à des différences de la pression hydrostatique **(doc. 1)**.

Les eaux froides et/ou très salées sont plus denses que les eaux chaudes et/ou peu salées : les eaux ne sont donc pas homogènes **(doc. 2)**.

Sous l'effet du vent, des phénomènes de pompage provoquent un mouvement ascendant (convergence) ou descendant (divergence) des eaux de mer **(doc. 3)**. L'amplitude des bosses ou des creux, appelée topographie dynamique des océans, dépend aussi de la densité des eaux. Le niveau des eaux n'est donc pas horizontal **(doc. 4)**.

Ces différences d'homogénéité et d'horizontalité entraînent l'apparition de forces pressantes horizontales orientées des hautes pressions vers les basses pressions.

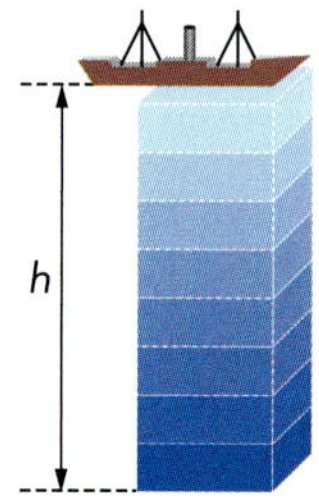

Doc. 1 La pression hydrostatique, P, augmente avec la profondeur, h.

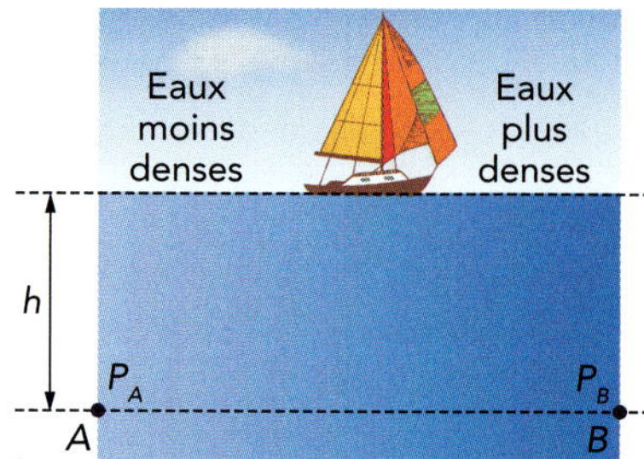

Doc. 2 La colonne d'eau au-dessus du point A est moins dense que la colonne d'eau au-dessus du point B.

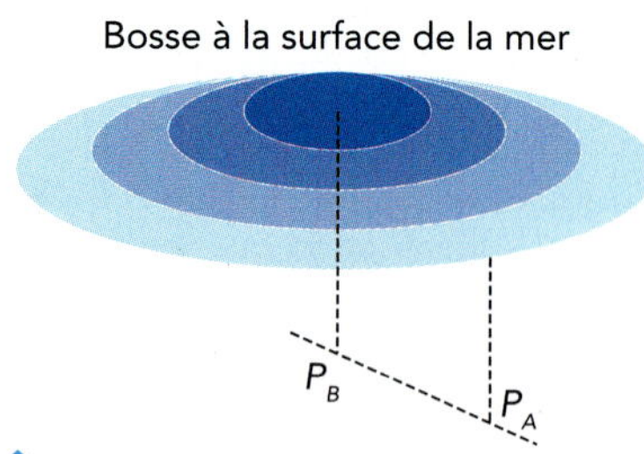

Doc. 3 Les empilements d'eau créent un gradient de pression.

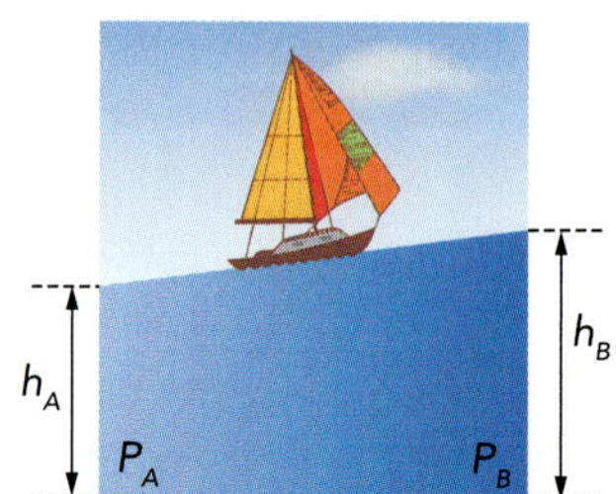

Doc. 4 La pression en un lieu donné dépend des différences de niveaux de la surface des eaux.

Problème

L'image ci-dessous **(doc. 5)** modélise la topographie de la surface de la mer dans une zone de l'Atlantique Sud. La hauteur moyenne de la surface est exprimée en mètre par rapport au géoïde (surface qui correspondrait exactement à la surface des océans si ceux-ci étaient au repos).

Après avoir analysé les textes et les schémas fournis, établir, en justifiant soigneusement la réponse, le sens des courants de surface dans l'Atlantique Sud.

D'après C.P. Summerhayes & S.A. Thorpe, *Oceanography*, Momson Publishing, 1996.

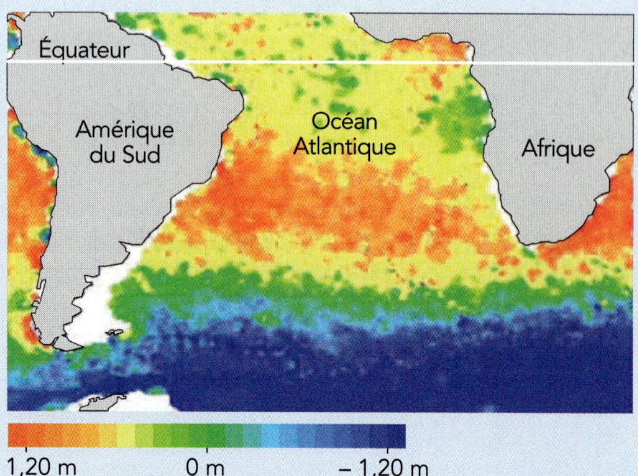

Doc. 5 Topographie de la surface de la mer, d'après une image satellite (*Topex-Poseidon*).

Résolution possible

Étape 1 : lire et comprendre les documents

Rechercher les mots-clés et les définir

- **Forces de frottement du fluide :** il s'agit des forces dues à la viscosité de l'eau.
- **Forces d'interaction gravitationnelle :** ce sont les forces exercées par la Terre, le Soleil et la Lune sur les océans.
- **Force de Coriolis :** elle est due à la rotation de la Terre et s'exerce perpendiculairement au mouvement ; elle influence la trajectoire des courants.

  La trajectoire est déviée sur la droite dans l'hémisphère Nord (**a**) et sur la gauche dans l'hémisphère Sud (**b**) :

- **Forces pressantes :** elles sont dues à des différences de la pression hydrostatique (de l'eau). La pression augmente avec la profondeur et avec la densité : en un point donné, la pression qui s'exerce est d'autant plus grande que la colonne d'eau située au-dessus est plus lourde. Les forces pressantes sont horizontales et orientées des hautes pressions vers les basses pressions.

Analyser les schémas et les annoter

Dans les trois schémas, $P_B > P_A$, donc :

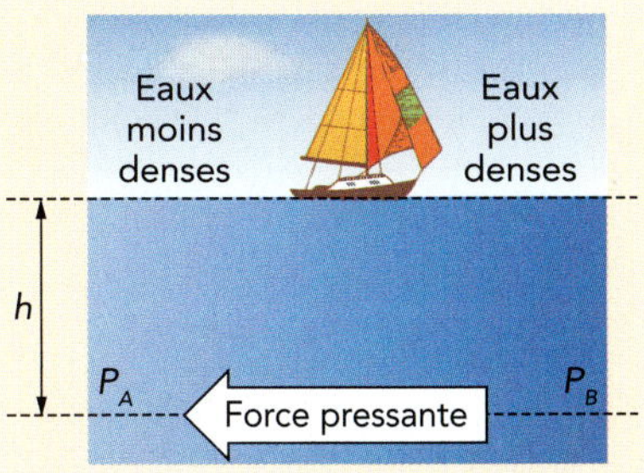

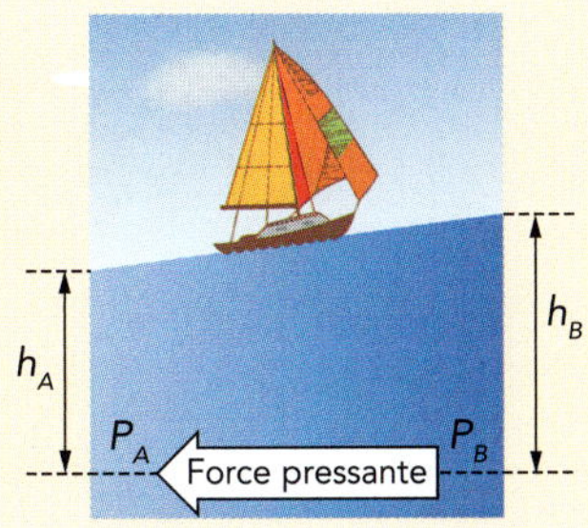

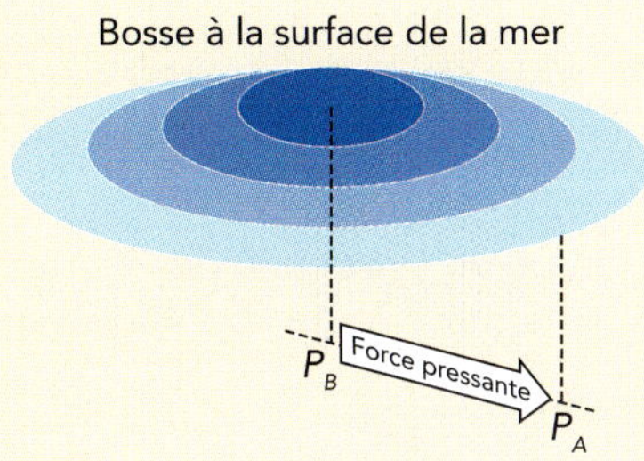

Étape 2 : dégager la problématique

Former et hiérarchiser une liste de questions

- Que nous apprend la topographie de la surface de la mer ?
- Dans le problème posé, quel est le lien entre la hauteur des océans et l'établissement de courants ?
- La localisation dans le sud de la zone étudiée a-t-elle une importance pour répondre au problème ?
- Quel est le lien entre la situation géographique de cette zone et les forces citées dans le document ?
- Quelles forces ont une action dans l'établissement des courants des eaux de surface ?

Formuler la question implicite

Quelles sont les forces exercées dans la zone Atlantique Sud et comment influencent-elles le sens du courant ?

Étape 3 : bâtir le raisonnement

Identifier les données nécessaires

Les forces de frottement du fluide peuvent être négligées.

Les forces d'interaction gravitationnelle ont peu d'influence sur la circulation océanique. Les deux forces à prendre en compte sont donc la **force de Coriolis** et la **force pressante**.

Faire le lien entre les données

La force pressante, orientée des hautes vers les basses pressions, donne la direction des courants.

La force de Coriolis indique qu'ils sont déviés vers la gauche, par rapport au sens du courant, dans cette zone de l'hémisphère Sud.

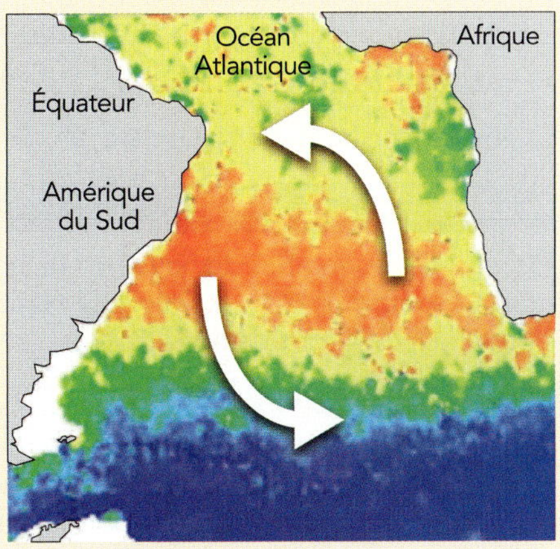

Étape 4 : répondre au problème posé

Les flèches blanches indiquent le sens des courants et sont orientées des hautes pressions (en rouge) vers les basses pressions.

Problèmes à résoudre

2 Un traceur d'eaux souterraines

D'APRÈS BAC

COMPÉTENCES
- Extraire des informations.
- Exploiter une relation.
- Effectuer des calculs.

Énoncé

→ Analyses doc. 1 et 4, p. 12 et 15

Les eaux souterraines contiennent des espèces dissoutes. La détermination de la quantité de certains de ces solutés peut fournir des renseignements sur l'âge des eaux souterraines, c'est-à-dire sur leur temps de transfert souterrain depuis leur point d'infiltration jusqu'à l'aquifère dans lesquelles elles sont contenues.

Les techniques de datation basées sur la décroissance radioactive du carbone 14 ne peuvent être utilisées pour des eaux dont le temps de résidence excède 35 000 ans.

En revanche, le chlore 36 (^{36}Cl), avec une demi-vie de $3{,}01 \times 10^5$ ans, est un traceur intéressant pour l'estimation de l'âge des eaux des grands bassins sédimentaires et des carottes glaciaires. Le chlore 36 est un traceur historique, dont la forte concentration est liée à l'utilisation des bombes thermonucléaires dans les années 1963-1964.

Lessivé par les précipitations, il retourne à la pédosphère. Dans les eaux de surface, il est ainsi renouvelé et sa concentration dans ces eaux peut être supposée constante. Ce n'est pas le cas lorsqu'il pénètre dans la lithosphère après infiltration des eaux souterraines.

Le temps de résidence de ces eaux peut alors être estimé à partir de la décroissance radioactive de ce radioélément.

Problème

Estimer l'âge des eaux souterraines non renouvelées d'un aquifère ne contenant plus que 38 % du nombre de noyaux de chlore 36 trouvés dans les eaux de surface.

Info La **demi-vie**, notée $t_{1/2}$, est la durée au bout de laquelle le nombre de noyaux radioactifs est divisé par deux. Elle est caractéristique du radioélément considéré.

La **radioactivité** est un phénomène naturel au cours duquel des noyaux atomiques instables se désintègrent. Si on appelle N_0 le nombre de noyaux radioactifs à l'instant $t = 0$ et $N(t)$, le nombre de noyaux radioactifs restant à un instant t, $N(t)$ décroît exponentiellement au cours du temps selon la loi :

$$N(t) = N_0 \cdot e^{-\lambda t}$$

avec $\lambda = \dfrac{\ln 2}{t_{1/2}}$, constante de radioactivité.

Résolution possible

Quel problème pose l'énoncé ? Quelles pistes suivre pour y répondre ?

- L'énoncé demande de trouver l'âge des eaux souterraines, c'est-à-dire la durée qui s'est écoulée depuis l'infiltration des eaux de surface contenant du chlore 36 jusqu'à leur arrivée dans l'aquifère.
- Le temps **t** à calculer est celui de l'expression: $N(t) = N_0 \cdot e^{-\lambda t}$.
- N_0 est le nombre de noyaux de chlore 36 présents dans les eaux de surface, à l'instant $t = 0$, date de l'infiltration. À la date t, il ne reste que 38 % des noyaux radioactifs N_0.
- La définition de la demi-vie $t_{1/2}$ du chlore 36 (^{36}Cl) est fournie dans l'énoncé.

Quelles sont les étapes de la résolution ?

Une façon de faire	Comment le faire ?
1 Exprimer le nombre de noyaux radioactifs $N(t)$ des eaux souterraines en fonction du nombre de noyaux radioactifs N_0 des eaux de surface.	Utiliser le fait qu'il ne reste plus que 38 % de noyaux de chlore 36 dans les eaux souterraines.
2 Exprimer le rapport $\dfrac{N(t)}{N_0}$ en fonction de t et $t_{1/2}$.	Utiliser la loi de décroissance radioactive et l'expression de la constante λ.
3 En utilisant les expressions établies aux questions 1 et 2, calculer le temps t écoulé depuis l'infiltration des eaux.	Isoler le temps t en passant au logarithme népérien et en utilisant la valeur de la demi-vie du chlore 36.

3 Le carbone 14 (^{14}C) : un traceur océanique

Voir, si nécessaire, pistes de résolution, p. 214.

COMPÉTENCES
- Extraire des informations.
- Utiliser un modèle.
- Effectuer des calculs.

Énoncé

Analyses doc. 3 et 4, p. 14 et 15

Document 1

Le carbone 14 ($^{14}_{6}C$) est un isotope instable du carbone 12 ($^{12}_{6}C$). C'est un émetteur β^- qui se désintègre spontanément en azote, N.

Sa demi-vie est de 5 568 ans.

Document 2

Le carbone 14 est produit en permanence dans la haute atmosphère par des réactions entre les noyaux d'azote, $^{14}_{7}N$, et des neutrons cosmiques, $^{0}_{1}n$. Une fois produit dans l'atmosphère, le carbone 14 est oxydé en dioxyde de carbone, $^{14}CO_2$, qui suit alors le cycle du carbone, comme le dioxyde de carbone $^{12}CO_2$.

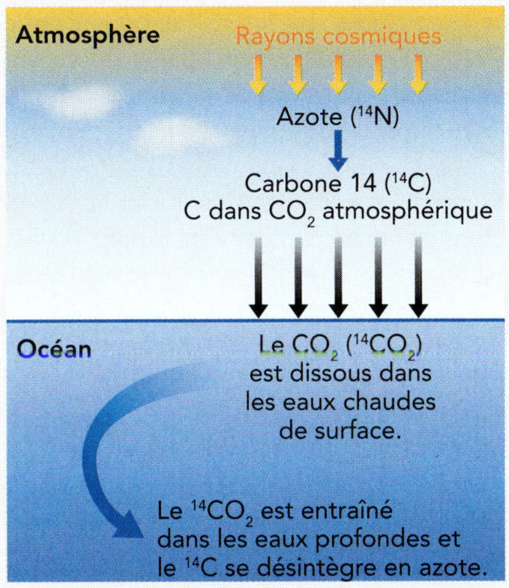

En l'absence de perturbation naturelle ou anthropique, la production de ^{14}C dans l'atmosphère est compensée par sa désintégration : sa quantité est donc constante. Si du ^{14}C évolue en système fermé (en étant isolé de l'atmosphère), il n'est plus renouvelé et sa quantité diminue selon la loi exponentielle $N(t) = N_0 \cdot e^{-\lambda t}$.

Données

N_0, nombre de noyaux radioactifs à l'instant $t = 0$;
$N(t)$, nombre de noyaux radioactifs restant à un instant t ;
$\lambda = \frac{\ln 2}{t_{1/2}}$, constante de radioactivité.

Document 3

Le carbone 14, produit dans l'atmosphère, diffuse lentement dans les profondeurs de l'océan par rapport à sa demi-vie.

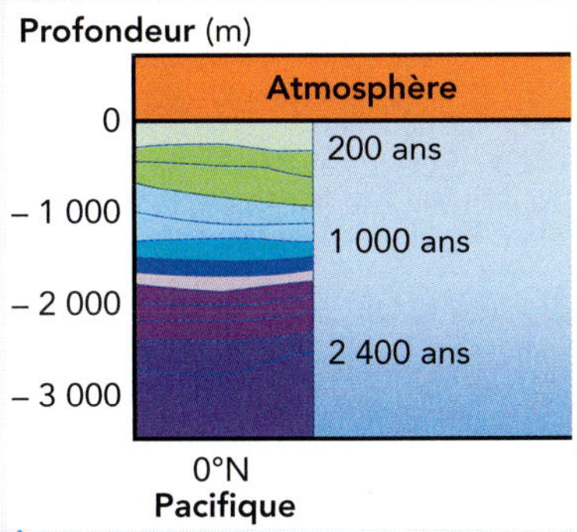

Âges des eaux profondes du Pacifique, déterminés à l'aide du carbone 14, si les courants océaniques étaient ralentis.

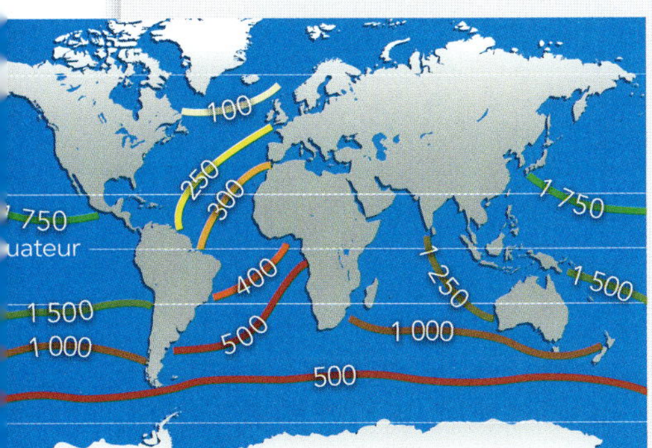

Âges des eaux profondes (3 000 m de profondeur), exprimés en année et déterminés à l'aide du carbone 14.

Document 4

La circulation thermohaline fait plonger vers 3 000 m de profondeur les eaux de l'Atlantique. Elles sont transportées vers le Pacifique, où elles remontent en surface pour revenir vers l'Atlantique.

Problème

Expliquer comment la datation au carbone 14 permet :
- de mettre en évidence la circulation thermohaline ;
- de calculer l'âge des eaux ;
- d'évaluer la vitesse moyenne de la circulation océanique profonde.

Déterminer l'ordre de grandeur de cette vitesse sachant que le périmètre de la Terre à l'équateur vaut $4{,}0 \times 10^4$ km.

Résolution de problèmes scientifiques

Problèmes à résoudre

4 Le système des carbonates dans l'océan (1)

Voir, si nécessaire, pistes de résolution, p. 214.

Compétences
- Extraire des informations.
- Raisonner.
- Effectuer des calculs.

Énoncé

TP 4, p. 21

Le dioxyde de carbone atmosphérique se dissout dans les océans et devient l'acide carbonique, CO_2, H_2O(aq). Il réagit avec l'eau, car il est l'acide du couple CO_2, H_2O(aq) / HCO_3^-(aq). L'ion hydrogénocarbonate ainsi formé réagit à son tour avec l'eau, car il est l'acide du couple HCO_3^-(aq) / CO_3^{2-}(aq). L'acide carbonique et l'ion carbonate réagissent ensemble selon un équilibre chimique. La solubilité du dioxyde de carbone dans l'eau de mer diminue lorsque la température augmente ou lorsque la pression P_{CO_2} du dioxyde de carbone dans l'air diminue. Ainsi, les eaux froides de l'Atlantique Nord ont tendance à absorber du dioxyde de carbone ; puis, lorsque ces eaux refont surface dans les eaux chaudes du Pacifique et de l'océan Indien, grâce à la circulation thermohaline, elles ont tendance à le libérer dans l'atmosphère.

Les coraux fabriquent leur squelette à partir des ions carbonate, CO_3^{2-}(aq), et calcium, Ca^{2+}(aq), dissous dans l'eau de mer, selon la réaction d'équation :

$$CO_3^{2-}(aq) + Ca^{2+}(aq) \rightleftharpoons CaCO_3(s)$$

Ce solide se forme si, dans l'eau de mer, $[CO_3^{2-}]\cdot[Ca^{2+}] \geqslant 4{,}47 \times 10^{-7}$.

Dans les océans, la concentration $[Ca^{2+}]$ peut être considérée comme constante.

Récif de corail.

Problème

Quel est l'effet d'une augmentation importante de la concentration en dioxyde de carbone de l'atmosphère sur le squelette des coraux ?

5 Le système des carbonates dans l'océan (2)

Voir, si nécessaire, pistes de résolution, p. 214.

Compétences
- Extraire des informations.
- Effectuer des calculs.

Énoncé

TP 4, p. 21

Du fait de l'activité humaine, la concentration atmosphérique en dioxyde de carbone, CO_2^{atm}, augmente. Une grande partie est piégée dans les océans. Le flux de dioxyde de carbone entre l'eau et l'atmosphère dépend de la différence entre la pression du dioxyde de carbone atmosphérique ($P_{CO_2}{}^{atm}$) et celle dans l'eau de mer ($P_{CO_2}{}^{océan}$). On dit que l'état d'équilibre est atteint lorsque $P_{CO_2}{}^{atm} = P_{CO_2}{}^{océan}$.
La pression partielle en CO_2 de l'eau de mer est reliée à la concentration en dioxyde de carbone dissous par la relation $[CO_2{}^{océan}] = \alpha \cdot P_{CO_2}{}^{océan}$, où α est la constante de Henry. Par ailleurs, dans les océans, le dioxyde de carbone dissous est en équilibre avec les ions hydrogénocarbonate et carbonate (**doc. ci-contre**).
On utilise la grandeur DIC (carbone inorganique dissous) :

$$DIC = [CO_2{}^{océan}] + [HCO_3^-] + [CO_3^{2-}]$$

Lorsque la pression $P_{CO_2}{}^{atm}$ augmente de 50 %, le DIC augmente de 5 %.

Dans l'eau de mer, les différents équilibres sont les suivants :

$$CO_2{}^{atm} \rightleftharpoons CO_2{}^{océan}$$
$$CO_2{}^{océan} + 2\,H_2O(\ell) \rightleftharpoons HCO_3^-(aq) + H_3O^+(aq)$$
$$HCO_3^-(aq) + H_2O(\ell) \rightleftharpoons CO_3^{2-}(aq) + H_3O^+(aq)$$

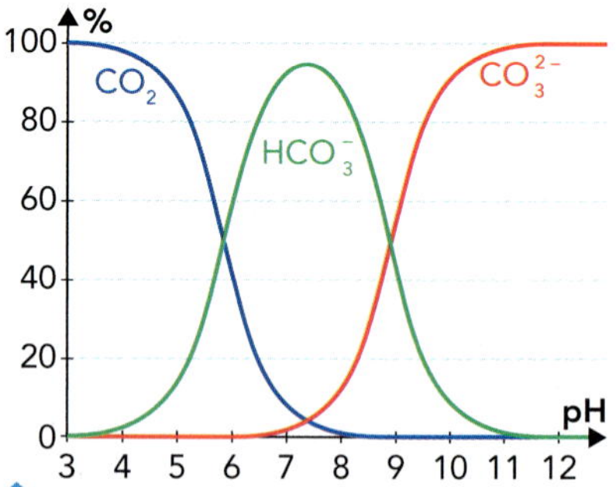

Variation, en fonction du pH, des rapport $[CO_2{}^{océan}]$ / DIC, $[HCO_3^-]$ / DIC, $[CO_3^{2-}]$ / DIC dans une eau salée à 35 g·L^{-1}, à 25 °C, sans échange avec l'atmosphère.

Données : $pH_{océan} = 8{,}0$;
$\alpha = 2{,}803 \times 10^{-2}$ mol·L^{-1}·bar^{-1} ;
$P_{CO_2}{}^{atm} = 3{,}80 \times 10^{-4}$ bar ;
$K_{A_1} = \dfrac{[HCO_3^-]\cdot[H_3O^+]}{[CO_2{}^{océan}]} = 1{,}392 \times 10^{-6}$;
$K_{A_2} = \dfrac{[CO_3^{2-}]\cdot[H_3O^+]}{[HCO_3^-]} = 1{,}189 \times 10^{-9}$.

Problème

Déterminer la valeur du pH de l'eau de mer si la pression $P_{CO_2}{}^{atm}$ augmentait de 50 %. En déduire comment l'océan réagirait-il à une augmentation de la concentration en CO_2 de l'atmosphère.

6 L'acide nitrique des pluies

D'APRÈS BAC

Voir, si nécessaire, pistes de résolution, p. 214.

COMPÉTENCES
- Extraire des informations.
- Analyser.

Énoncé

Analyse doc. 2, p. 13

Document 1

Le pH d'une eau de pluie « propre » est compris entre 5,0 et 5,6. Cette acidité naturelle est due pour l'essentiel au dioxyde de carbone dissous, noté $CO_2, H_2O(aq)$. Il forme, avec l'ion hydrogénocarbonate, le couple acido-basique $CO_2, H_2O(aq) / HCO_3^-(aq)$. L'ion hydrogénocarbonate forme, avec l'ion carbonate, le couple $HCO_3^-(aq) / CO_3^{2-}(aq)$.

La concentration $[CO_2, H_2O]$ dans l'eau de pluie est environ égale à $1{,}2 \times 10^{-5}$ mol·L^{-1}.

Document 2

Les gaz azotés anthropogéniques sont issus majoritairement de la combustion des combustibles fossiles. Ce sont des polluants de l'air. Parmi les composés oxygénés de l'azote, notés NO_x, on trouve le dioxyde d'azote, NO_2.

En présence de dioxygène et d'eau, le dioxyde d'azote conduit à l'acide nitrique. Cette réaction contribue à l'acidification des eaux de pluie : le pH de ces eaux baisse et peut atteindre 4,0 à 4,5. On parle alors de pluie acide.

Document 3

Le zinc est un métal réducteur qui s'oxyde en milieu acide suivant une réaction mettant en jeu les couples d'oxydoréduction $Zn^{2+}(aq) / Zn(s)$ et $H_3O^+(aq) / H_2(g)$. L'évolution de l'avancement de cette réaction au cours du temps est représentée sur le graphe ci-contre.

À l'instant $t = 0$ s, on verse une solution acide, dont la concentration en ions oxonium est $[H_3O^+] = 0{,}5$ mol·L^{-1}, sur de la grenaille de zinc récemment fabriquée (expérience 1) et sur de la grenaille de zinc de fabrication ancienne (expérience 2).

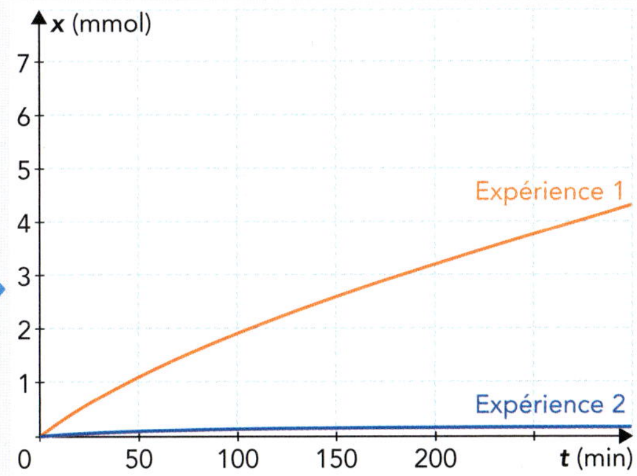

Document 4

Les pluies s'écoulant des toits sont en général recueillies par des gouttières en zinc.

En milieu humide, le zinc ancien est recouvert d'une mince couche de carbonate de zinc qui lui donne un aspect patiné.

Document 5

Pour les couples acide-base des composés carbonés, on peut écrire les relations suivantes, à 25 °C :

$$K_{A_1} = \frac{[HCO_3^-]\cdot[H_3O^+]}{[CO_2, H_2O]} = 4{,}27 \times 10^{-7}$$

$$K_{A_2} = \frac{[CO_3^{2-}]\cdot[H_3O^+]}{[HCO_3^-]} = 4{,}79 \times 10^{-11}$$

Lorsque le carbonate de zinc précipite dans les gouttières, on peut écrire l'inégalité suivante :

$$[Zn^{2+}]\cdot[CO_3^{2-}] \geqslant 1{,}0 \times 10^{-11}$$

Problème

Expliquer la longévité des gouttières en zinc des toitures en considérant qu'au voisinage du métal zinc, après réaction avec un acide, $[Zn^{2+}] = 0{,}4$ mol·L^{-1} et que le pH des eaux de pluie vaut 5,6.

Problèmes à résoudre

COMPÉTENCES
- Extraire des informations.
- Effectuer des calculs.
- Valider.

7 La pollution au plomb

Voir, si nécessaire, pistes de résolution, p. 214.

Énoncé

Document 1 **Le plomb : un métal dangereux**

Le plomb est un polluant majeur. L'intoxication au plomb conduit à des retards d'apprentissage et des symptômes cliniques tels que l'anémie, des troubles digestifs, de la fatigue, un sommeil agité, etc. En cas d'intoxication chronique ou aiguë, peuvent survenir des troubles neuromoteurs, des cancers, une paralysie, etc. Le seuil légal de danger, ou quantité maximale tolérée, est, en France, de 100 μg de plomb par litre de sang (il était de 400 $\mu g \cdot L^{-1}$ en 1976).

L'intoxication au plomb est particulièrement dangereuse pour les jeunes enfants, car 40 à 50 % du plomb ingéré passe dans leur sang (contre 5 à 10 % pour un adulte).

En bord de mer, une pollution au plomb du sol peut contaminer les plantes, l'eau, les animaux marins, etc. Les enfants qui fréquentent ces zones encourent un risque sanitaire principalement dû à l'ingestion de terre ou de sable pollué (d'après l'Institut de Veille Sanitaire). Enfants et adultes peuvent également être contaminés par la consommation de fruits de mer (oursins, par exemple).

Le sable dans lequel joue cet enfant est-il pollué par du plomb ?

Document 2 **Dosage par spectroscopie d'émission atomique**

Afin de doser le plomb dans un échantillon de terre, on peut utiliser une technique de spectroscopie d'émission atomique. Une masse de 1,0 g de terre, sèche et tamisée à 2,0 mm, est d'abord broyée finement grâce à un broyeur à lames en tungstène, puis minéralisée dans 20,0 mL d'eau régale (mélange 1/3 d'acide nitrique et 2/3 d'acide chlorhydrique) dans un four à micro-ondes, pendant deux heures. Après élimination du solide restant (de la silice notamment), la phase liquide, contenant les métaux dissous, est nébulisée dans un plasma d'argon à 6 000 °C environ. Les métaux, à l'état atomique ou ionisés, sont alors excités. Lorsqu'ils arrivent à l'extrémité du plumeau, ils se désexcitent en émettant de la lumière. On obtient un spectre de raies d'émission des différents métaux contenus dans l'échantillon. En sélectionnant la longueur d'onde adéquate, on peut sélectionner le métal à doser. L'intensité I de la radiation émise, à la longueur d'onde choisie, suit une loi de type Beer-Lambert. Le résultat de l'analyse est exprimé en milligramme de plomb par gramme de terre sèche ($mg \cdot g^{-1}$).

Il est également possible de déterminer un « facteur de bioconcentration » dans les plantes, c'est-à-dire d'établir la proportion de plomb qui passe de la terre à la plante. Pour cela, on réalise la même analyse (broyage, minéralisation et dosage) sur 500 mg de plante sèche.

En lessivant la terre avec différentes solutions aqueuses, on peut évaluer la proportion de plomb susceptible de passer dans l'eau de mer, par exemple.

Document 3 **Quelques données**

Volume de sang moyen pour un adulte : 5 L; pour un enfant : 3 L.

Le profil spectral du plomb présente un maximum d'émission pour λ = 220,35 nm.

Pour λ = 220,35 nm, la constante de proportionnalité de la loi de Beer-Lambert est $k = 9\,200\ L \cdot mg^{-1}$.
Des échantillons de terre et de plante ont été prélevés sur un ancien site métallurgique. Le plomb présent a été dosé par la méthode décrite dans le document 2. Pour λ = 220,35 nm, l'intensité de la raie d'émission pour l'échantillon de terre est I = 1 115 960 et celle pour l'échantillon de plante est I = 115 000.

Remarque : I est donnée sans unité, car il s'agit du rapport entre l'intensité émise par l'échantillon et l'intensité émise par un étalon de référence non contaminé au plomb.

Problème

Un enfant ou un adulte peuvent-ils être intoxiqués au plomb par ingestion de terre ou consommation de plantes, sur l'ancien site métallurgique où ont été prélevés les échantillons ?

Chapitre 2

Eau et ressources

Plateau de l'Adrar, en Mauritanie.

L'accès à l'eau est un problème majeur du XXIe siècle. Que l'eau soit destinée à la consommation, à l'assainissement ou à l'agriculture, son approvisionnement est insuffisant dans de nombreux pays. En 2008, l'OCDE a estimé qu'en 2030, plus de 5 milliards de personnes n'auront sans doute pas accès à un système d'assainissement décent.

Quelles sont les ressources en eau douce réellement disponibles sur Terre ?

Mots-clés

RESSOURCES — HYDRATES DE GAZ — EAU POTABLE — *traitement des eaux*

Analyse et synthèse de documents scientifiques

1 L'eau douce sur Terre

Le volume total de l'eau présente sur la Terre est estimé à 1 400 millions de km^3.
Quelle est la quantité d'eau douce réellement disponible ?

Document 1 Eau douce rare

L'eau des mers et des océans recouvre près de 71 % de la surface de la Terre, mais moins de 1 % de toute l'eau présente sur la Terre est disponible pour les êtres vivants.

D'après l'Agence de l'eau Seine-Normandie.

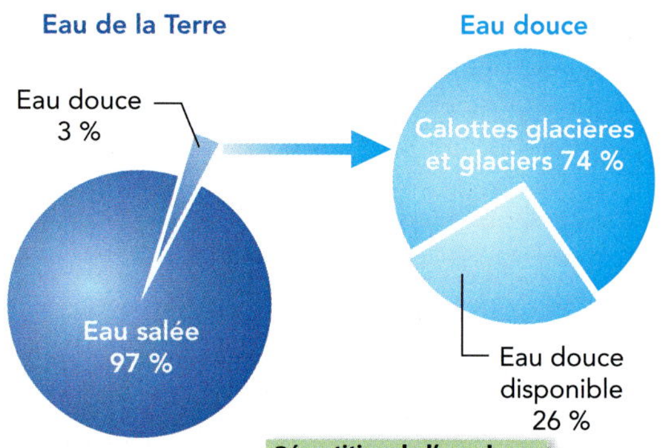

Répartition de l'eau douce de la Terre.

Document 2 Eaux de surface et souterraines

Les eaux douces de surface (rivières, lacs, etc.) peuvent naître de la fonte des glaciers, du ruissellement des pluies ou de la résurgence d'eaux souterraines. Le volume des eaux de surface représente 0,13 million de km^3. Les eaux souterraines proviennent de l'infiltration des eaux de pluie dans le sol et forment ainsi des réservoirs d'eau, appelés nappes, qui occupent un volume d'environ 9,5 millions de km^3.

Lac Baïkal, en Russie : le plus profond de la planète. Il renferme à lui seul environ 20 % des réserves mondiales en eau douce de surface (23 000 km^3).

Document 3 Pénurie

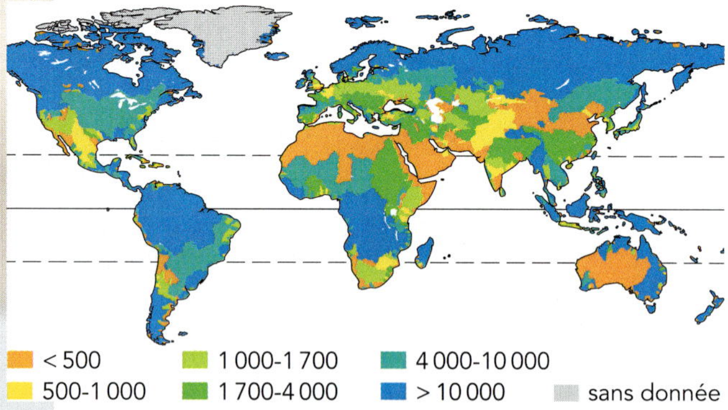

Eau disponible (en m^3/personne/an). D'après *World Ressources Institute*.

Les ressources mondiales en eau douce suffiraient à approvisionner la population mondiale si elles étaient équitablement réparties. Mais seuls 23 pays se partagent les deux tiers des eaux de pluie alors que 26 pays reçoivent moins de 1 000 m^3 d'eau par an et par habitant. Si les eaux de surface sont insuffisantes, les populations puisent les eaux souterraines. En Chine, le niveau de certaines nappes a ainsi diminué de plus de 50 mètres en 40 ans. Plus d'un quart des cultures mondiales de céréales sont menacées à court terme. D'ici 2025, 48 % de la population mondiale pourraient être en situation de stress hydrique (< 1 700 m^3/an/habitant) entraînant désertifications, famines, voire des conflits.

D'après C. Deluzarche, dossier « Eau potable : nouvelles ressources », www.linternaute.com

Analyse et synthèse

1 **a.** D'où proviennent les eaux de surface ? → *doc. 2*
b. Montrer, par le calcul, que le lac Baïkal renferme environ 20 % des réserves d'eau de surface. → *doc. 2*

2 Pourquoi les populations sont-elles amenées à puiser l'eau dans les nappes ? → *doc. 3*

3 @ Comparer les consommations en eau de divers pays sur le site http://www.eaufrance.fr/ dans la rubrique « chiffres clés ».

4 **Bilan** Évaluer le volume des ressources en eau douce disponibles sur Terre ? → *doc. 1*
Expliquer pourquoi ces réserves ne suffisent pas à approvisionner en eau les populations et qu'alors un manque d'eau douce peut conduire à des famines, à des déplacements de populations, etc.

2 De l'eau salée à l'eau potable

Selon un rapport de l'Unesco, un milliard de personnes n'a pas accès à l'eau potable aujourd'hui. L'eau des mers et des océans ou l'eau saumâtre des sous-sols sont des ressources en eau parmi les plus abondantes.
Comment produire de l'eau potable à partir de ces eaux salées ?

→ TP 1, p. 36

Document 1 Salinité des eaux

La salinité des eaux marines, exprimée en $g \cdot L^{-1}$, mesure la concentration des océans en sels dissous (chlorure de sodium, sulfate de magnésium, carbonate de calcium, etc.). Elle varie d'une mer à l'autre. Les eaux saumâtres, majoritairement souterraines, contiennent, quant à elles, entre 1 et 10 g de sels dissous par litre d'eau. Leur composition dépend de la nature des sols traversés.

Pour obtenir de l'eau douce à partir de ces eaux salées, des procédés de distillation ont été mis au point.

D'après le site http://culturesciences.chimie.ens.fr

Salinité moyenne de l'eau de la mer Morte : 270 $g \cdot L^{-1}$ (38 $g \cdot L^{-1}$ en mer Méditerranée).

Document 2 Distillation

Le procédé de distillation à simple effet « reproduit le cycle naturel de l'eau. Dans une enceinte fermée, un serpentin de réchauffage porte à ébullition l'eau de mer. La vapeur produite se condense au contact d'un deuxième serpentin alimenté par l'eau de mer froide. [...] Un groupe électropompe soutire l'eau condensée ; un deuxième, l'eau de mer concentrée ou saumure. [...] Une installation de distillation à effets multiples est constituée par la juxtaposition de *n* cellules fonctionnant selon le principe de l'effet simple (voir schéma). Le fluide de réchauffage porte à ébullition l'eau de mer admise dans la première cellule, qui est aussi la cellule où règne la température la plus haute. La vapeur émise par l'ébullition de l'eau de mer est transférée dans la cellule voisine, où l'on maintient une pression légèrement inférieure. [...] [On] vaporise l'eau de mer présente dans la deuxième cellule. C'est le deuxième effet. »

Extrait de P. Danis, *Dessalement de l'eau de mer*, Éd. Techniques de l'Ingénieur, 2003.

Schéma de la distillation à effets multiples.

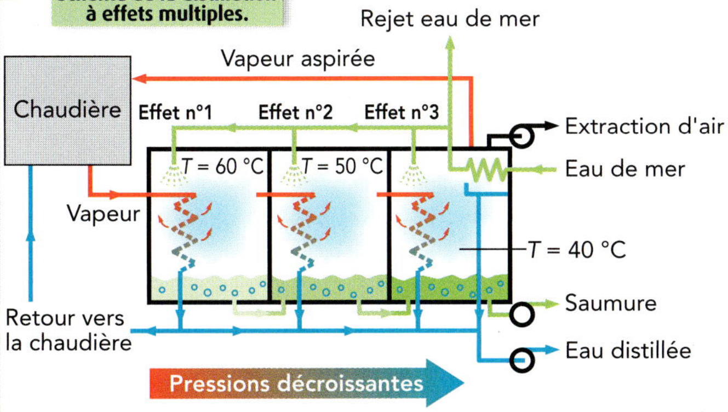

Document 3 Ébullition

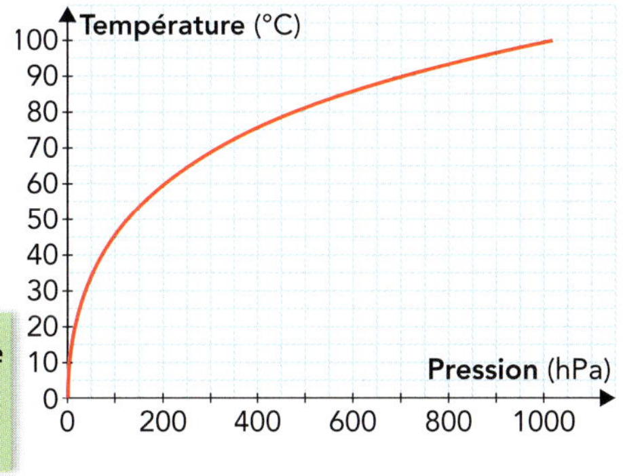

Évolution de la température d'ébullition de l'eau en fonction de la pression.

Pour aller plus loin :
- « Le dessalement d'eau de mer par distillation à Barheïn », www.veoliaeau.com/cycle-eau

Analyse et synthèse

1 Qu'est-ce qu'une eau salée ? Quelle est la différence entre une eau de mer et une eau saumâtre ? → *doc. 1*

2 **a.** Dans le procédé de distillation à multiples effets, pourquoi la pression dans l'effet (n + 1) doit-elle être inférieure à la pression dans l'effet n ? → *doc. 3*

b. Que devient la vapeur produite dans le premier effet lorsqu'elle passe dans le second effet ?

c. Lors de ce passage, de l'énergie thermique est-elle cédée au milieu extérieur ou absorbée ?

d. Pourquoi la multiplication du nombre d'effets permet-elle de réduire la consommation d'énergie ? → *doc. 2*

3 Rechercher ce qu'est une distillation *flash*.

4 **Bilan** Justifier qu'un post-traitement avec reminéralisation de l'eau récupérée est nécessaire pour la rendre potable.

3 Production d'eau potable et écologie

La production mondiale d'eau dessalée s'élève actuellement à 47×10^6 m^3/jour, soit 0,45 % de la consommation quotidienne en eau douce. La distillation permet la production d'eau douce par chauffage de l'eau salée.
Quelle est l'empreinte écologique de cette technique ? Existe-t-il d'autres procédés ?

→ TP 1, p. 36 → Problème 5, p. 45

Document 1 Osmose inverse

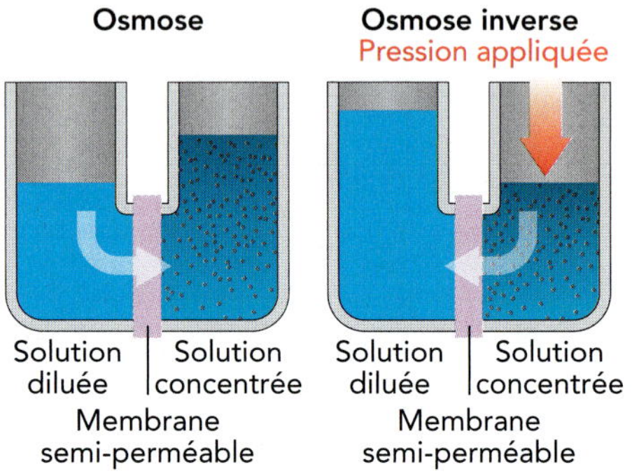

L'osmose tend à harmoniser les concentrations de deux solutions par transfert d'eau. Dans le procédé d'osmose inverse, la mise sous pression de l'eau de mer, sous 80 bars environ, provoque le transfert de l'eau à travers la membrane semi-perméable. On obtient de l'eau pure dans un compartiment et une solution d'eau salée très concentrée dans l'autre.

Document 2 Usines de dessalement

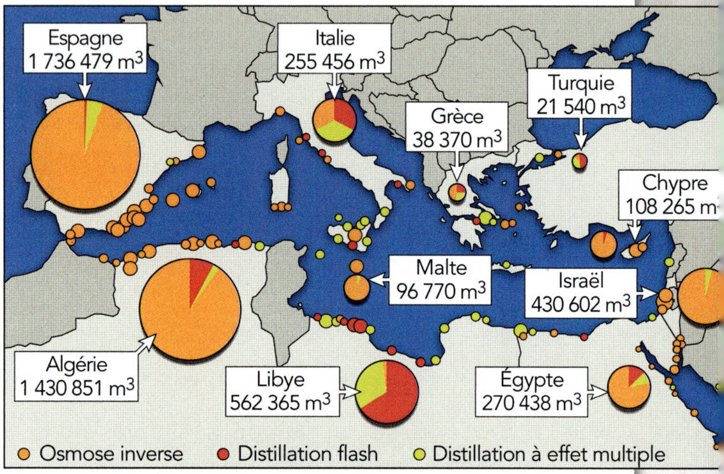

Usines de dessalement produisant plus de 1 000 m^3 par jour d'eau douce sur le pourtour de la Méditerranée.

D'après le site www.larecherche.fr

Document 3 Bilan environnemental du dessalement

Les usines de dessalement rejettent des quantités importantes de saumure. Si la température du concentré évacué par le procédé d'osmose inverse n'est pas plus grande que celle de l'eau de mer, elle est de 5 à 15 °C supérieure dans le cas des unités de distillation. Par ailleurs, pour chaque mètre cube d'eau potable produit, le procédé d'osmose inverse rejette 1 m^3 de saumure, alors que les unités de distillation en rejettent 9. Avec l'osmose inverse, la saumure est deux fois plus concentrée en sel que l'eau de mer, et 10 à 15 % fois plus avec la distillation. En outre, dans les deux cas, les rejets contiennent des résidus chimiques comme les composés chlorés, utilisés pour limiter la contamination biologique de l'eau, ou le cuivre, issu de l'usure des installations. On estime à 300 kg par jour l'ensemble des rejets de cuivre de toutes les usines à distillation de la mer Méditerranée.

Ces usines sont essentiellement alimentées par des énergies fossiles. Or, les combustibles fossiles présentent pour l'environnement l'inconvénient d'émettre des polluants atmosphériques, du dioxyde de carbone, des oxydes de soufre et d'azote et des particules solides. Pour produire 1 m^3 d'eau, une usine MED (distillation multi-effets) consomme 7,5 kW·h. Plus des trois-quarts de cette énergie sert à préchauffer l'eau de mer. Le second procédé est l'osmose inverse. Celui-ci réduit aujourd'hui la consommation totale d'une usine à 4 à 5,5 kW·h par mètre cube d'eau produite.

D'après S. LATTEMANN, « Le dessalement est-il écologique ? », *La Recherche*, n° 421, juil.-août 2008.

Analyse et synthèse

1 **a.** Quel est le risque majeur lié au rejet de saumures dans les mers ? → *doc. 3*

b. La salinité moyenne de la Méditerranée est de 38 g·L^{-1}. Pour chaque procédé, évaluer la masse de sel rejeté par m^3 d'eau douce produite.
Quel procédé affecte le moins l'écosystème ? → *doc. 3*

c. Quels autres conséquences ces rejets ont-ils ?

2 **Bilan** Pourquoi les usines de dessalement ont-elles une empreinte énergétique plus défavorable que les procédés par osmose inverse ?

4 Le traitement des eaux

Afin de respecter les normes de qualité, le traitement des eaux superficielles est obligatoire et celui des eaux souterraines est souvent nécessaire. Quels sont les traitements réalisés ?

→ TP 2 à 4, p. 37 à 39

Document 1 Étapes du traitement de l'eau

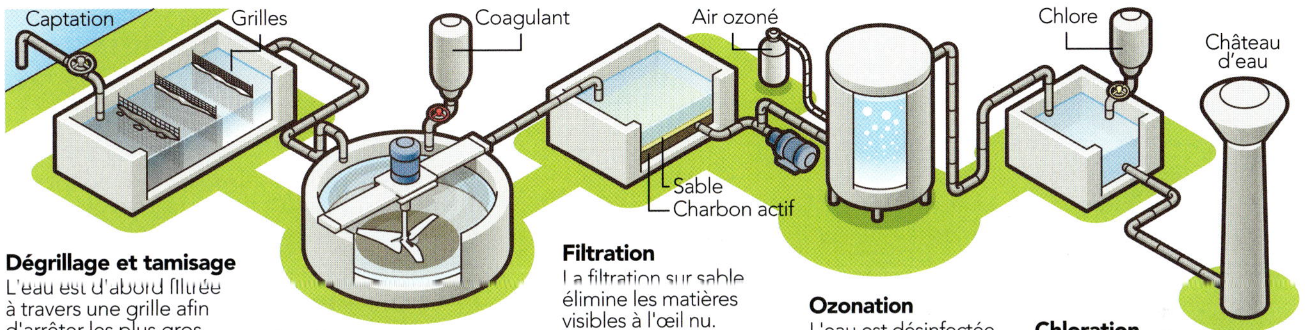

Dégrillage et tamisage
L'eau est d'abord filtrée à travers une grille afin d'arrêter les plus gros déchets, puis elle passe dans des tamis à mailles fines retenant des déchets plus petits.

Floculation et décantation
Un coagulant est ajouté à l'eau pour rassembler en flocons les déchets (poussières, particules de terre, etc.) qui se déposent au fond du bassin.

Filtration
La filtration sur sable élimine les matières visibles à l'œil nu.
Les filtres à charbon actif retiennent les micropolluants, comme les pesticides. La filtration sur membranes est une filtration encore plus poussée.

Ozonation
L'eau est désinfectée grâce à l'ozone, qui a une action bactéricide et antivirus. Ce gaz améliore également la couleur et la saveur de l'eau.

Chloration
Du chlore est ajouté à la sortie de l'usine de production et sur différents points du réseau de distribution afin d'éviter le développement de bactéries.

D'après le site www.veoliaeau.com/cycle-eau/

Document 2 Filtration et désinfection de l'eau

D'après L. SIGG et col., *Chimie des milieux aquatiques*, Dunod, 2006.

« Le charbon actif est élaboré à partir de différents types de matières premières : charbon, tourbe, lignite, noix de coco, etc. Lors de la montée en température (500 à 800 °C), le produit acquiert une structure microporeuse importante : de 1000 à 1500 m^2 de surface développée par gramme de charbon. Le charbon actif agit par adsorption. [...] Les membranes de filtration sont capables de retenir des micro-organismes et des particules de très petite taille et même des molécules.

La désinfection au chlore (dichlore gazeux ou hypochlorite de sodium) est simple à mettre en œuvre. L'acide hypochloreux (HOCl) étant un désinfectant plus efficace que l'ion hypochlorite (ClO^-), *la désinfection doit être mise en œuvre en milieu acide*. Une correction du pH est ensuite nécessaire avant mise en distribution de l'eau. [...] L'ozone est un désinfectant puissant, capable d'éliminer les virus. »

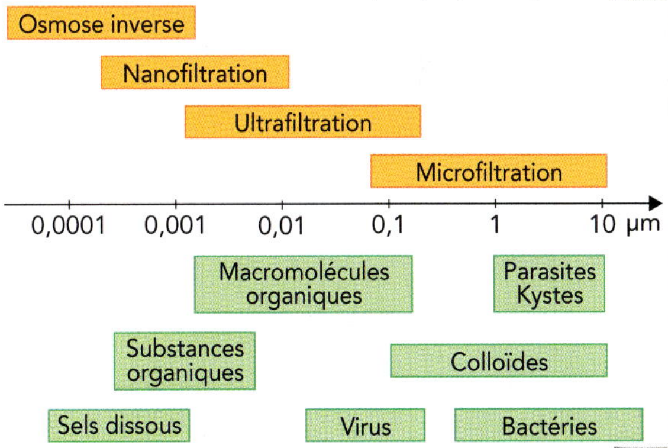

Extrait de E. JESTIN, « La production et le traitement des eaux destinées à l'alimentation et à la préparation de denrées alimentaires », Agence de l'eau Seine-Normandie, 2011.

En savoir plus : http://www.sante.gouv.fr/resultats-du-controle-sanitaire-de-la-qualite-de-l-eau-potable.html

Analyse et synthèse

1 a. @ Qu'est-ce qu'une adsorption ?
b. Quel est l'intérêt de filtrer sur membranes ? → *doc. 1 et 2*

2 a. Justifier la phrase en italique du document 2.
b. Pour des pH < 7,5, le dichlore, Cl_2, réagit avec l'eau pour donner l'acide hypochloreux et des ions chlorure. Écrire l'équation de cette réaction d'oxydoréduction.

3 La présence d'ions ammonium, NH_4^+, dans les eaux favorise la prolifération bactérienne. L'action du dichlore ou de l'ozone élimine ces ions.
Écrire les équations des réactions mises en jeu.
Données
Couples redox mis en jeu :
Cl_2 / Cl^- ; $HClO / Cl_2$; O_3 / O_2 ; N_2 / NH_4^+.

4 Bilan a. Citer les traitements subis par une eau brute.
b. @ Rechercher les normes de potabilité de l'eau.

5 Métaux : polluants ou ressources minérales ?

Les métaux sont transportés par les eaux pluviales ou les eaux usées, depuis les sols jusqu'aux océans. Ils peuvent parcourir de grandes distances sans subir de dégradations et peuvent ainsi s'accumuler dans l'environnement.
Sont-ils une source de pollution ou une ressource minérale d'intérêt économique ?

→ Problème 4, p. 44

Document 1 — Dépôts métalliques sur le fond des mers

Comme tous les éléments, les métaux participent à des cycles. Quelques métaux lourds sont dissous dans les eaux (tableau ci-contre), mais de nombreux autres forment des composés peu solubles dans l'eau. Ainsi, d'importants dépôts de minéraux (par exemple, des nodules de manganèse) ont eu lieu sur de grandes étendues du fond des mers.

D'après C. Bliefert et R. Perraud, *Chimie de l'environnement*, De Boeck, 2009.

Élément	Dissous ($\mu g \cdot L^{-1}$)	En suspension ($mg \cdot L^{-1}$)
Pb	0,1	12,5 à 50
Cd	0,08	0,15 à 0,6
Cr	2	40 à 160
Cu	0,2	10 à 40
Ni	0,2	15 à 60
Hg	< 0,23[1] < 0,04[2]	0,1 à 0,4
Zn	0,2	50 à 200

1 Inorganique. 2 Organique.

Pollution en métaux lourds des eaux fluviales françaises.

Document 2 — Pollution

« À des doses importantes, [les métaux] peuvent se révéler très nocifs. La pollution métallique des milieux aquatiques [...] a tendance à se concentrer dans les organismes vivants. Les effets toxicologiques varient suivant le métal et sa forme chimique. [...] De façon générale, les troubles les plus fréquents sont d'ordre respiratoire, digestif, nerveux ou cutané. Certains métaux sont également considérés comme cancérigènes : arsenic, nickel, chrome. »

Extrait de « Prévention des risques et lutte contre les pollutions », Ministère de l'écologie, du développement durable, des transports et du logement, 2011.

Document 3 — Les nodules polymétalliques

« Les nodules polymétalliques font partie des nombreuses ressources minières sous-marines [...] [Ils sont] formés d'hydroxydes de manganèse et de fer plus ou moins cristallisés. [...] Diverses études ont montré que le Ni et le Cu sont, soit adsorbés aux oxydes de Mn, soit incorporés dans leur réseau cristallin, remplaçant ainsi les sites Mn^{2+}. [...] Le problème de la *genèse* des nodules est loin d'être résolu. Le manganèse semble provenir du lessivage des *basaltes* et essentiellement des phénomènes hydrothermaux observés le long des *rides médio-océaniques*. Les hydroxydes métalliques en provenance de la matière vivante [contenant] du cuivre et du nickel [pourraient] être incorporés aux concrétions manganésifères. »

Extrait de « Nodules polymétalliques », Ifremer, www.ifremer.fr

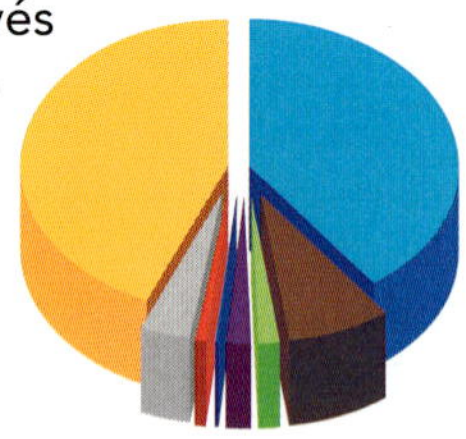

Analyse chimique des nodules en éléments (pourcentage massique).

Champ de nodules polymétalliques dans le Pacifique : ils reposent sur le fond entre 4 000 et 6 000 m de profondeur. Ils ne sont toujours pas exploités aujourd'hui.

Analyse et synthèse

1 @ **a.** Rechercher les origines anthropiques de la pollution des eaux par les métaux lourds.

b. Rechercher, dans l'arrêté du 25 janvier 2010 et/ou du 6 février 2007, sur le site www.legifrance.gouv.fr, les normes de qualité environnementales de quelques métaux lourds dans les eaux de surface et/ou celles destinées à la consommation humaine.

Comparer alors quelques valeurs à celles du tableau du **document 1**.

2 **a.** Pour une exploitation annuelle française estimée à 1,5 million de tonnes de nodules, quelle masse de métaux (Mn, Fe, Ni, Cu, Co, Ti, Al) pourrait-on recueillir ? Quel en serait l'intérêt économique ? → *doc. 3*

b. @ Sur le site de l'Ifremer, rechercher quelles pourraient être les conséquences environnementales de l'exploitation des nodules.

3 **Bilan** Pourquoi les éléments métalliques présents dans les eaux font-ils l'objet d'autant d'attention ?

6 Les hydrates de gaz, ressources du futur

La pénurie annoncée des ressources fossiles rend nécessaire une transition vers les énergies renouvelables, mais aussi la recherche de nouvelles sources d'énergie.
Quelle place occupent les ressources énergétiques issues de la mer ?

→ Problème 6, p. 46

Document 1 Une cage d'eau

« Les hydrates de gaz naturel ont l'apparence et la consistance de la glace. Ce sont des molécules de gaz (comme le méthane) entourées par un réseau de molécules d'eau disposées en cage, d'où le nom de clathrate. »

Extrait du site www.Ifremer.fr

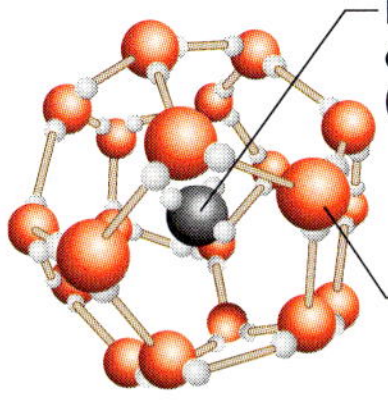

La molécule de méthane est enfermée dans une cage 5^{12}.

Autres types de cages.

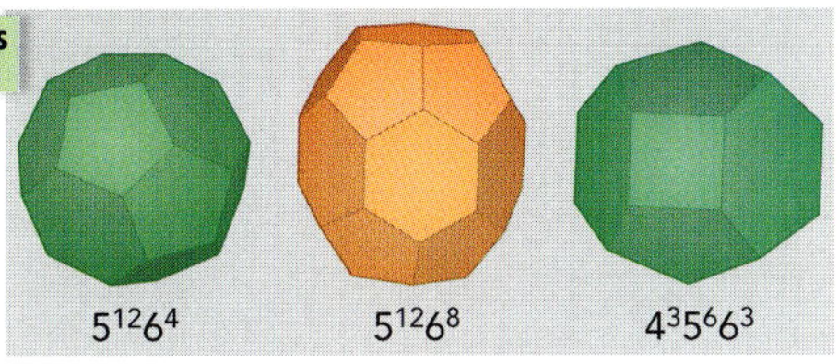

La cage 5^{12} est formée de 12 faces pentagonales. La cage $5^{12}6^2$ a 12 faces pentagonales et 2 faces hexagonales. Il existe trois autres types de cages : $5^{12}6^4$, $5^{12}6^8$, $4^35^66^3$.

Document 2 Une ressource énergétique

« Dans la nature, [les hydrates de gaz] sont stables dans certaines conditions de température et de pression. Un volume unitaire d'hydrate peut libérer 160 volumes de méthane durant sa décomposition. [...] Ces poches de gaz constituent *un fabuleux trésor énergétique*, deux fois l'équivalent de méthane des réserves prouvées de charbon, pétrole et gaz réunis.

Le service géologique américain (USGS) a en effet récemment estimé à 20 millions de km^3 la quantité de méthane présente sous forme d'hydrate dans les fonds marins et les sols gelés arctiques. »

Extrait de « Les hydrates de gaz naturel », Ifremer, www.ifremer.fr

Les techniques d'extraction actuelles ne permettent pas une exploitation rentable des gisements, mais des pilotes expérimentaux sont en cours d'étude.

Pour aller plus loin :
- www.ifremer.fr/exploration/enjeux/hydrate/index.htm

Document 3 Hydrates et climat

Les hydrates sont stables à des températures très basses et à des pressions élevées. Dès que leur température ou leur pression est modifiée, ils se décomposent.

Des chercheurs estiment qu'une baisse du niveau marin ou un réchauffement de l'océan profond pourraient libérer des quantités massives de méthane dans l'atmosphère et entraîner un emballement du climat.

Échantillon d'hydrate de gaz métastable. Le méthane libéré s'enflamme à l'approche d'une allumette (source : Ifremer).

Analyse et synthèse

1 @ Quelle est l'étymologie du mot « clathrate » ? Pourquoi les hydrates de gaz sont-ils nommés ainsi ? → *doc. 1*

2 Quelles liaisons s'établissent entre les molécules d'eau ? Entre les molécules d'eau et de méthane ?

3 **a.** Que signifie « métastable » ?

b. Pourquoi une baisse du niveau marin pourrait-il conduire à une décomposition des hydrates de gaz ?

c. Expliquer l'influence d'un réchauffement climatique sur la dissociation des hydrates de gaz. → *doc. 3*

d. Quels sont les risques associés à la libération de méthane du point de vue de l'effet de serre ? → *doc. 3*

4 **Bilan** Si la consommation mondiale de gaz naturel restait stable à 3000 milliards de m^3 par an, pourquoi les hydrates de gaz pourraient-ils constituer un fabuleux trésor énergétique ?

1 L'eau : des océans au robinet

Les eaux salées, ainsi que beaucoup d'eaux douces naturelles, ne sont pas potables. Elles peuvent contenir des espèces minérales ou organiques indésirables et nuisibles pour la santé. Plusieurs traitements existent pour les purifier.

→ Analyses doc. 2 et 3, p. 31 et 32
→ Problème 5, p. 45

Doc. 1 Calanque de Sugiton, près de Marseille (13). La mer Méditerranée a une salinité d'environ 38 $g \cdot L^{-1}$.

A Distillation sous pression réduite

- Préparer une solution d'eau salée à 38 $g \cdot L^{-1}$: la solution obtenue a la même concentration en chlorure de sodium que l'eau de la Méditerranée **(doc. 1)**.
- Verser 100 mL de solution dans un ballon de 250 mL.
- Réaliser le montage de distillation ci-contre : l'allonge à vide est reliée à la trompe à eau fixée sur le robinet. Ouvrir le robinet et chauffer le ballon.
- Lorsque les vapeurs arrivent en tête de colonne, relever la valeur de la température affichée par le thermomètre.
- Lorsque le volume de liquide récupéré est environ de 40 mL, cesser le chauffage. Laisser refroidir.
- Élaborer un protocole expérimental pour vérifier la nature du distillat, puis le mettre en œuvre.

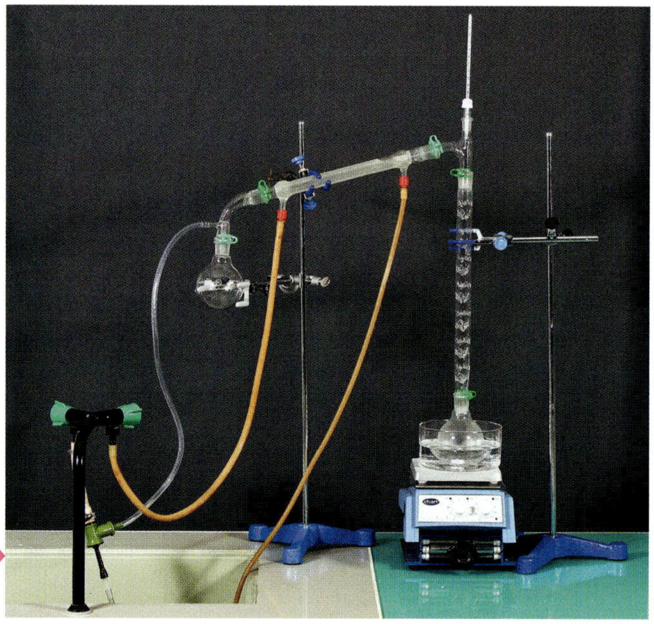

Doc. 2 Montage de distillation sous pression réduite. L'étanchéité doit être assurée pour garantir une diminution de la pression à l'intérieur du montage.

B Osmose

- Dans un entonnoir tulipe dont l'extrémité du tube est momentanément bouchée, verser du sirop coloré (sirop de menthe, par exemple) **(doc. 3a)**.
- Fixer, avec un élastique, une membrane plastique du type de celle utilisée pour la conservation des confitures.
- Retourner l'entonnoir tulipe sur un bécher rempli d'eau distillée **(doc. 3b)**.
- Repérer le niveau initial du sirop avec un marqueur.
- Laisser le système évoluer et observer.

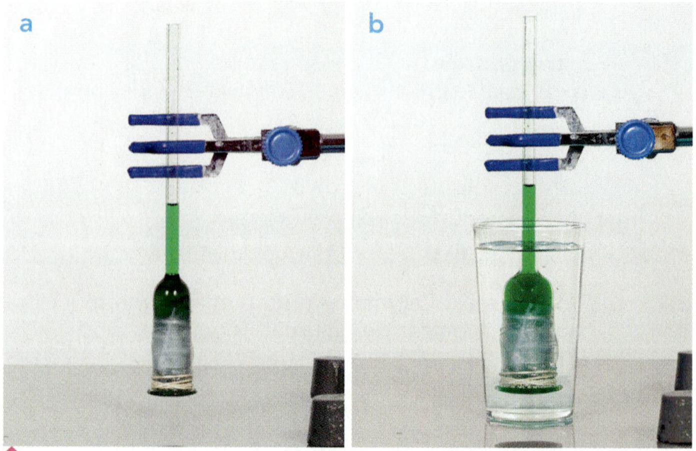

Doc. 3 Montage utilisé pour étudier la pression osmotique. Dispositif : avant immersion (a) ; juste après immersion (b).

1 Schématiser et légender les deux montages.

2 Commenter les observations en s'appuyant également sur les **Analyses et synthèses de documents scientifiques 2** et **3**, p. 31 et 32.

2 Le dosage du dioxygène dissous

Le dioxygène de l'air se dissout dans l'eau. Dans les eaux de rivières ou les eaux usées, il est alors consommé par la faune et la flore ou des polluants organiques. Il est nécessaire d'en déterminer sa concentration pour savoir si une eau est potable. Différents procédés permettent d'évaluer cette concentration.

→ Analyse doc. 4, p. 33

A Réactions

⚠ Observer les pictogrammes et les mentions de sécurité sur les étiquettes des flacons des réactifs et agir en conséquence.

▸ Placer, au-dessus d'un cristallisoir (en vue d'un débordement), un erlenmeyer de 250 mL rempli à ras bord d'eau du robinet. Introduire dans l'erlenmeyer 2,0 g de chlorure de manganèse (II), $MnCl_2(s)$, 7 pastilles d'hydroxyde de sodium, NaOH(s) (soit environ 1,5 g), et quelques grains de pierre ponce. Fermer avec un bouchon en évitant de laisser de l'air à l'intérieur et agiter vigoureusement. Observer. Laisser reposer 30 minutes.

1 Dans un premier temps, les ions manganèse (II) réagissent avec les ions hydroxyde pour donner de l'hydroxyde de manganèse (II), $Mn(OH)_2(s)$.
Écrire l'équation de cette réaction, notée (1).

2 Le dioxygène dissous dans l'eau oxyde ensuite lentement l'hydroxyde de manganèse (II) en hydroxyde de manganèse (III).
Écrire l'équation de cette réaction, notée (2), sachant que les couples mis en jeu sont $Mn(OH)_3(s)/Mn(OH)_2(s)$ et $O_2(aq)/H_2O(\ell)$.

B Titrage

Première étape

▸ Verser la totalité du mélange, obtenu au bout de 30 minutes, dans un erlenmeyer de 400 mL.

▸ Ajouter avec précaution 10 mL d'acide sulfurique, H_2SO_4, concentré, puis 3 g d'iodure de potassium. Boucher et agiter jusqu'à dissolution du précipité.

Seconde étape

▸ Prélever un volume V_0 = 50,0 mL du mélange et l'introduire dans un erlenmeyer contenant un barreau aimanté.

▸ Dans une burette graduée introduire une solution S_1 de thiosulfate de sodium, $2\ Na^+(aq) + S_2O_3^{2-}(aq)$, de concentration $C_1 = 5{,}00 \times 10^{-3}\ mol \cdot L^{-1}$.

▸ Faire couler, sous agitation, la solution S_1 dans l'erlenmeyer. Lorsque la solution dans l'erlenmeyer est jaune pâle, y ajouter une petite quantité d'empois d'amidon ou de thiodène.

▸ Continuer l'ajout jusqu'à décoloration totale. Noter le volume V_1 de solution S_1 ainsi versée.

▸ Recommencer cette manipulation pour confirmer la valeur précédente et noter le volume versé V'_1.

3 Dans la première étape, les ions oxonium, H_3O^+, libérés par l'acide sulfurique transforment l'hydroxyde de manganèse (III) en ion manganèse (III). Écrire l'équation de cette réaction, notée (3).

4 Les ions iodure, $I^-(aq)$, introduits en excès, réagissent alors avec les ions manganèse (III) pour former des ions manganèse (II) et du diiode, $I_2(aq)$. Écrire l'équation de cette réaction d'oxydoréduction, notée (4).

5 À l'aide des équations précédentes et en dressant éventuellement des tableaux d'avancement, montrer que les quantités de dioxygène dissous, $n(O_2)$, et d'ions manganèse (III), $n(Mn^{3+})$, produits lors de la réaction (3), sont liées par la relation :

$$n(Mn^{3+}) = 4\, n(O_2)$$

6 Montrer ensuite que les quantités de diiode, $n(I_2)$, formées, lors de la réaction (4) et celle d'ions manganèse (III), $n(Mn^{3+})$, sont liées par la relation :

$$n(Mn^{3+}) = 2\, n(I_2)$$

7 Écrire l'équation de la réaction de titrage, notée (5), sachant que les couples redox mis en jeu sont :

$$I_2(aq)/I^-(aq) \quad \text{et} \quad S_4O_6^{2-}(aq)/S_2O_3^{2-}(aq)$$

8 En déduire que les quantités d'ions thiosulfate versées jusqu'à décoloration, $n(S_2O_3^{2-})$, et de diiode présentes sont liées par la relation :

$$n(S_2O_3^{2-}) = 2\, n(I_2)$$

9 En déduire une relation entre $n(O_2)$, C_1 et V_1.

10 Calculer la concentration en dioxygène dissous, $[O_2]$, exprimée en $mol \cdot L^{-1}$, puis en $mg \cdot L^{-1}$, dans l'échantillon de 50,0 mL.

11 Quelle qualité possède l'eau du robinet dosée, pour le dioxygène dissous **(doc. 4)** ?

$[O_2]$ dissous ($mg \cdot L^{-1}$)	Qualité	Usages
> 7	excellente	potable (tout usage)
7-5	bonne	potable (industrie, alimentaire, baignade, pisciculture)
5-3	moyenne	non potable (irrigation)
3-1	mauvaise	non potable (navigation, eaux de refroidissement)
< 1	très mauvaise	non potable (navigation, eaux de refroidissement)

Doc. 4 Qualité des eaux.

Pratique expérimentale

3 L'indice permanganate

Analyse doc. 4, p. 33

Les matières organiques, présentes dans l'eau et issues des échanges entre la biosphère et l'hydrosphère, peuvent être une source de pollution très importante. Si l'eau est indispensable à la vie, elle est aussi l'un des principaux vecteurs des maladies. Le risque microbiologique est un paramètre essentiel à prendre en compte. Il est donc nécessaire d'évaluer cette pollution.

Les matières organiques présentes dans l'eau, lorsque celle-ci est rejetée sans traitement **(doc. 5)**, proviennent des déchets domestiques, agricoles ou industriels.

Leur présence peut favoriser l'apparition de nombreuses maladies (gastro-entérite, choléra, paludisme, etc.) et leur décomposition peut entraîner l'asphyxie de la faune aquatique.

L'indice permanganate permet d'évaluer la pollution d'une eau par les matières organiques.

A Principe de la méthode

L'indice permanganate d'une eau correspond à la masse d'oxygène, O, consommée par les matières organiques oxydables contenues dans 1,0 L de cette eau. Il est exprimé en milligramme par litre.

Étape 1

Un échantillon d'eau est oxydé en milieu acide, pendant 10 minutes à ébullition, par une solution de permanganate de potassium en excès.

Étape 2

L'excès d'ions permanganate est entièrement réduit par une solution d'oxalate de sodium en excès.

Étape 3

L'excès d'ions oxalate est à nouveau dosé, « en retour », par la solution de permanganate de potassium.

B Protocole opératoire

- Dans un erlenmeyer, introduire un volume V_{eau} de 100,0 mL d'eau à analyser et 20 mL d'acide sulfurique de concentration 2,2 mol · L^{-1}.
- Après avoir adapté un réfrigérant à air sur l'erlenmeyer, porter le mélange à ébullition.
- Ajouter un volume V_1 = 20,0 mL d'une solution S_1 de permanganate de potassium, $K^+(aq) + MnO_4^-(aq)$, de concentration $C_1 = 2{,}0 \times 10^{-3}$ mol · L^{-1}.
- Porter à **ébullition douce** pendant 10 minutes.
- Enlever le réfrigérant, puis ajouter un volume V_2 = 20,0 mL d'une solution S_2 d'oxalate de sodium, $2\,Na^+(aq) + C_2O_4^{2-}(aq)$, de concentration $C_2 = 5{,}0 \times 10^{-3}$ mol · L^{-1}.

Doc. 5 L'épandage de lisier de porc est une technique de fertilisation des sols.

- Lorsque la solution est décolorée, ajouter progressivement, à chaud et à l'aide d'une burette graduée, la solution S_1.

Cesser l'ajout lorsque la teinte rosée persiste pendant plus de 30 secondes.

Noter alors le volume V_E de solution S_1 versé (appelé volume équivalent).

1 Écrire les demi-équations redox relatives aux couples $MnO_4^-(aq)/Mn^{2+}(aq)$ et $CO_2(aq)/C_2O_4^{2-}(aq)$. En déduire l'équation de la réaction entre les ions permanganate et oxalate en milieu acide.

2 **a.** Établir les tableaux d'avancement pour les réactions des étapes 2 et 3, en notant :
– n_1 la quantité d'ions permanganate introduite dans l'erlenmeyer ;
– n_0 la quantité d'ions permanganate ayant réagi avec les matières organiques ;
– n_2 la quantité d'ions oxalate introduite en excès ;
– n_E la quantité d'ions permanganate versée pour $V = V_E$.

b. Montrer que $n_0 = n_1 - \frac{2}{5} n_2 + n_E$.

c. En déduire que $n_0 = n_E$, puis calculer n_0.

3 **a.** En déduire la quantité n_e d'électrons utilisée pour oxyder les matières organiques.

b. Calculer alors la quantité, puis la masse d'oxygène, O, qui réagiraient avec ces électrons selon la demi-équation $O + 2\,e^- = O^{2-}$.

c. En déduire l'indice permanganate de l'échantillon.

4 La législation française précise que, pour une eau destinée à la consommation humaine, « l'oxydabilité au permanganate de potassium, mesurée après 10 minutes en milieu acide, à chaud, doit être inférieure à 5 mg · L^{-1} en oxygène ».

L'échantillon testé peut-il être consommé par l'homme ?

4 Titrage colorimétrique des ions chlorure

L'arrêté du 6 février 2007, publié au *Journal officiel* de la République française, fixe la concentration maximale en ions chlorure des eaux destinées à la consommation humaine à 250 mg·L^{-1}. Il est donc indispensable de pouvoir déterminer la concentration en ions chlorure dans une eau de consommation.

→ Analyse doc. 4, p. 33 → Problème 1, p. 40

A Expériences préliminaires

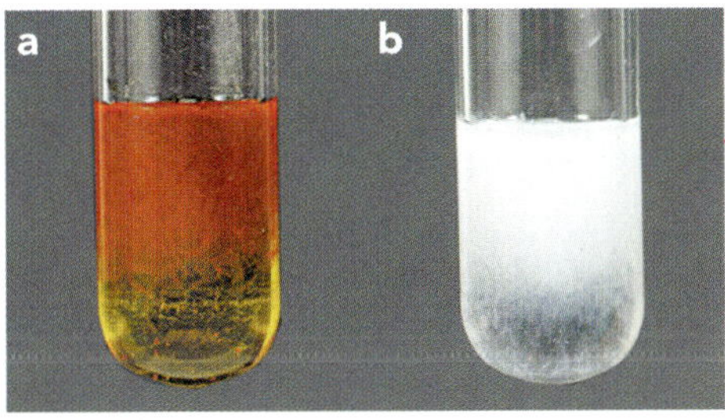

Doc. 6 Le chromate d'argent est rouge (a); le chlorure d'argent est blanc (b).

- Dans un tube à essais a, introduire 1,0 mL d'une solution de chromate de potassium, $2\,K^+(aq) + CrO_4^{2-}(aq)$, à $1{,}0 \times 10^{-2}$ mol·L^{-1}, puis ajouter quelques gouttes d'une solution de nitrate d'argent, $Ag^+(aq) + NO_3^-(aq)$, à $1{,}0 \times 10^{-2}$ mol·L^{-1}. Observer **(doc. 6a)**.
- Dans un tube à essais b, introduire 1,0 mL d'une solution de chlorure de sodium, $Na^+(aq) + Cl^-(aq)$, à $1{,}0 \times 10^{-2}$ mol·L^{-1}, puis ajouter quelques gouttes de la solution de nitrate d'argent. Observer **(doc. 6b)**.
- Dans un tube à essais c, introduire 1,0 mL de solution de chromate de potassium et 1,0 mL de la solution de chlorure de sodium, puis ajouter goutte à goutte la solution de nitrate d'argent. Observer.

1 Écrire les équations des réactions se produisant dans les tubes a et b.

2 Quel précipité se forme en premier dans le tube c? Qu'observe-t-on si on continue à ajouter la solution de nitrate d'argent?

3 Quel précipité est le plus soluble dans l'eau?

- Dans un bécher A, introduire un volume V_1 = 5,0 mL de la solution de chlorure de sodium et un volume V = 4,0 mL de la solution de nitrate d'argent.
- Dans un bécher B, introduire un volume V_1 = 5,0 mL de la solution de chlorure de sodium et un volume V' = 6,0 mL de la solution de nitrate d'argent.
- Dans chaque bécher, verser un volume V_0 = 0,5 mL de la solution de chromate de potassium. Agiter. Observer.

4 Avant l'ajout de la solution de chromate de potassium, déterminer lequel des deux réactifs est en excès dans chaque bécher.

5 Justifier l'utilisation d'ion chromate comme indicateur de fin de réaction lors du titrage des ions chlorure par les ions argent.

B Titrage dans une eau

DÉMARCHE D'INVESTIGATION

L'eau de St-Yorre

Doc. 7 Composition de l'eau de St-Yorre.

- À partir des résultats précédents, proposer un protocole expérimental pour déterminer la concentration C_1 en ions chlorure d'une eau de St-Yorre. On utilisera une solution de chromate de potassium de concentration C = 0,050 mol·L^{-1} et la solution de nitrate d'argent précédente.
- Après accord du professeur, effectuer le titrage.

6 Noter la valeur du volume versé à l'équivalence, noté V_E.

7 Écrire l'équation de la réaction de titrage.

8 **a.** Déterminer la concentration C_1 en ions chlorure dans l'eau de St-Yorre.

b. Calculer la concentration massique $t(Cl^-)$ des ions chlorure, en g·L^{-1}.

Donnée : $M(Cl)$ = 35,5 g·mol^{-1}.

c. Mettre en commun les résultats des n groupes de la classe. Calculer la moyenne $t_{moy}(Cl^-)$, l'écart type σ_{n-1} et chercher l'incertitude associée à cette moyenne, à un niveau de confiance de 95 %. Exprimer le résultat sous la forme d'un encadrement.

d. Les normes préconisent une concentration massique maximale de 250 mg·L^{-1} en ions chlorure pour une eau de consommation quotidienne. Peut-on alors consommer l'eau de St-Yorre? Si oui, dans quelle condition?

L'eau du robinet

Vérifier la concentration massique d'une eau de robinet. On effectuera le titrage sur 100 mL d'eau.

Problème résolu

1 Les lagunes salicoles : lieu de vie des artémias

COMPÉTENCES
- Mobiliser ses connaissances.
- Extraire des informations.
- Calculer.

Énoncé

On souhaite déterminer la concentration en ions chlorure de l'eau d'une lagune salicole. La méthode utilise les ions argent par formation d'un précipité blanc avec les ions chlorure selon la réaction d'équation $Ag^+(aq) + Cl^-(aq) \rightarrow AgCl(s)$.

La manipulation, appelée titrage, s'effectue en présence d'un indicateur d'adsorption, la dichlorofluorescéine.

On dilue 20 fois le prélèvement d'eau effectué dans une lagune salicole et on prélève un volume $V_1 = 10{,}0$ mL de cette solution. On verse progressivement une solution de nitrate d'argent de concentration $C = 5{,}00 \times 10^{-2}$ mol·L^{-1}, en présence de dichlorofluorescéine. Le changement de couleur du mélange réactionnel a lieu pour un volume versé de nitrate d'argent $V_E = 17{,}1$ mL.

Donnée :
$M(\text{Cl}) = 35{,}5$ g·mol^{-1}.

Document 1

« DITTMAR (chimiste allemand), a analysé 77 échantillons d'eau de mer prélevés par le Challenger pendant son tour du monde (1873-1876). Il en a déduit en 1884 une loi, dite loi de DITTMAR :

Dans l'eau de mer, quelle que soit la salinité, à condition qu'elle ne soit pas trop faible, les proportions relatives des principaux constituants sont pratiquement constantes et le dosage de l'un d'eux donne la teneur des autres et aussi la salinité.

La salinité (S) [en g·L^{-1}] est, d'après la loi de DITTMAR, proportionnelle à la chlorinité (Cl). Nous considérons actuellement que (S) = 1,806655 × (Cl).

La chlorinité est déterminée en précipitant les halogènes par du nitrate d'argent. »

Extrait de J.-P. GIRARDOT, *Capteurs et instrumentation utilisés en océanographie physique*, Laboratoire de physique des océans, Université de Brest, 2002.

Document 2

Petit crustacé de 8 à 15 mm, l'*Artemia salina* vit dans les lacs salés, les lagunes salicoles et les marais salants.

Paramètres de maintenance :
- pH : 7,8 à 9,5 ;
- température : 10 °C à 28 °C ;
- salinité minimale : 30 g·L^{-1}.

D'après le site www.invertebia.fr

Document 3

Lorsque les ions chlorure sont entièrement consommés, l'indicateur est entièrement adsorbé par le précipité blanc qui prend soudain une teinte rougeâtre prononcée. La fluorescéine et la dichlorofluorescéine conviennent toutes deux.

D'après J. MENDHAM, R.C. DENNEY, J. BARNES, M. THOMAS, *Analyse quantitative de Vogel*, De Boeck, 2006.

Problème

En s'aidant des documents, indiquer si les artémias peuvent survivre dans la lagune salicole étudiée.

Résolution possible

Quel problème pose l'énoncé ? Quelles pistes suivre pour y répondre ?

- L'énoncé demande de déterminer si la salinité est suffisante pour permettre le développement des artémias, donc de déterminer la concentration massique en ions chlorure.
- Le **document 1** donne la relation entre la concentration massique en ions chlorure et la salinité.
- Le **document 2** donne la salinité minimale d'une eau dans laquelle les artémias peuvent vivre.
- Le **document 3** indique que le changement de teinte du mélange réactionnel correspond à la consommation totale des ions chlorure par les ions argent.

Quelles sont les étapes de la résolution ?

Une façon de faire	Comment le faire ?
1 Déterminer la relation entre la quantité initiale d'ions chlorure et la quantité d'ions argent versés lorsque l'équivalence est atteinte.	Recopier l'équation de la réaction proposée dans l'énoncé et dresser un tableau d'avancement.
2 Calculer la concentration molaire en ions chlorure de l'eau salée diluée, puis la concentration massique.	Exprimer les quantités de matière des réactifs en fonction des concentrations et des volumes des solutions.
3 En déduire la concentration massique en ions chlorure de la lagune salicole.	Prendre en compte la dilution préalable de l'eau de la lagune étudiée.
4 Calculer la salinité de la lagune et conclure.	Utiliser la loi de DITTMAR.

Solution rédigée

1 On dresse un tableau d'avancement de la réaction :

Équation de la réaction		$Ag^+(aq)$ +	$Cl^-(aq)$ →	$AgCl(s)$
État du système	**Avancement (mol)**	**Quantités de matière (mol)**		
État initial	$x = 0$	$n_i(Ag^+)$	$n_i(Cl^-)$	0
État intermédiaire	x	$n_i(Ag^+) - x$	$n_i(Cl^-) - x$	x
État final	x_{max}	$n_f(Ag^+) = n_i(Ag^+) - x_{max}$	$n_f(Cl^-) = n_i(Cl^-) - x_{max}$	x_{max}

Lorsque les ions argent ont entièrement consommé les ions chlorure, les réactifs ont été introduits dans les proportions stœchiométriques, donc :

$$n_f(Ag^+) = n_f(Cl^-) = 0 \text{ mol}, \quad \text{donc } \mathbf{x_{max} = n_i(Ag^+) = n_i(Cl^-)} \quad (1).$$

2 La solution aqueuse de nitrate d'argent a une concentration $C = 5{,}00 \times 10^{-2}$ mol·L^{-1} ; le volume versé est $V_E = 17{,}1$ mL.

La solution diluée de volume $V_1 = 10{,}0$ mL a une concentration C_1 inconnue en ions chlorure.

D'après (1) : $C \cdot V_E = C_1 \cdot V_1$

La concentration molaire en ions chlorure, Cl^-, dans la solution diluée est donc donnée par la relation :

$$C_1 = \frac{C \cdot V_E}{V_1} = \frac{5{,}00 \times 10^{-2} \times 17{,}1}{10{,}0}$$

soit : $\mathbf{C_1 = 8{,}55 \times 10^{-2}}$ **mol·L^{-1}**.

Déterminons la concentration massique t_1 en ions chlorure de la solution diluée d'eau du marais :

$$t_1 = C_1 \times M_{Cl}$$

soit : $t_1 = 8{,}55 \times 10^{-2} \times 35{,}5$.

Ainsi : $\mathbf{t_1 = 3{,}04}$ **g·L^{-1}**.

3 L'eau du marais est vingt fois plus concentrée. Soit t_0 sa concentration en ions chlorure : $t_0 = 20 \times t_1$;

d'où : $\mathbf{t_0 = 60{,}7}$ **g·L^{-1}** .

4 La salinité est donnée par la relation de DITTMAR : (S) = 1,806 655 × (Cl), soit ici (S) = 1,806 655 × t_0 ;

donc : **(S) = 110 g·L^{-1}**.

Réponse au problème posé

Les artémias peuvent se développer si (S) > 30 g·L^{-1}. Cette lagune salicole permet donc la survie des artémias.

Problèmes à résoudre

2 Dosage spectrophotométrique des ions nitrate d'une eau

COMPÉTENCES
- Extraire des informations.
- Calculer.
- Raisonner.

Énoncé

Document 1

Art. 1er. – Les limites et références de qualité des eaux destinées à la consommation humaine, à l'exclusion des eaux conditionnées, sont définies en annexe I du présent arrêté.

MINISTÈRE DE LA SANTÉ ET DES SOLIDARITÉS

Arrêté du 11 janvier 2007 relatif aux limites et références de qualité des eaux brutes et des eaux destinées à la consommation humaine mentionnées aux articles R. 1321-2, R. 1321-3, R. 1321-7 et R. 1321-38 du code de la santé publique

6 février 2007 — JOURNAL OFFICIEL DE LA RÉPUBLIQUE FRANÇAISE — Texte 17 sur 121

PARAMÈTRES	LIMITES DE QUALITÉ	UNITÉS	NOTES
Nitrates (NO_3^-).	50	mg/L	La somme de la concentration en nitrates divisée par 50 et de celle en nitrites divisée par 3 doit rester inférieure à 1.

Document 2

Protocole expérimental du dosage des ions nitrate dans une eau

A – Dans un ballon de 150 mL muni d'un réfrigérant à eau et placé sous une hotte, introduire V_0 = 5,0 mL d'eau polluée, une dizaine de copeaux de cuivre (200 mg environ) et 5 mL d'acide sulfurique concentré. Les ions nitrate sont le réactif limitant. Chauffer à 80 °C pendant une heure. Après refroidissement, filtrer le contenu du ballon et le transvaser dans un erlenmeyer maintenu dans un bain eau-glace. Verser, avec précaution, 25 mL environ d'une solution concentrée d'ammoniac. L'ammoniac est en excès. Transférer le mélange dans une fiole jaugée de 100 mL et compléter avec de l'eau distillée.

On appelle S_{eau} la solution bleue obtenue.

B – Dans une fiole jaugée de 50,0 mL, dissoudre 250 mg de sulfate de cuivre (II) pentahydraté, $CuSO_4, 5H_2O$(s), dans une solution d'ammoniac notée S' : on appelle S_0 cette solution.

À partir de S_0, réaliser dans des fioles jaugées de 10,0 mL, trois solutions filles notées S_1, S_2, S_3, telles que :

S_i	S_1	S_2	S_3
S_0 (volume en mL)	7,5	5,0	2,5
S' (volume en mL)	2,5	5,0	7,5

C – La mesure de l'absorbance des solutions S_0, S_1, S_2 et S_3 à λ_0 = 610 nm, donne :

S_i	S_0	S_1	S_2	S_3
Absorbance A	1,208	0,906	0,599	0,310

Extrait de T. BARILERO, A. DELEUZE, H.-M. EMOND, H.-M. SOYER, *Travaux pratiques de chimie tout prêts*, Rue d'Ulm, 2009.

Document 3

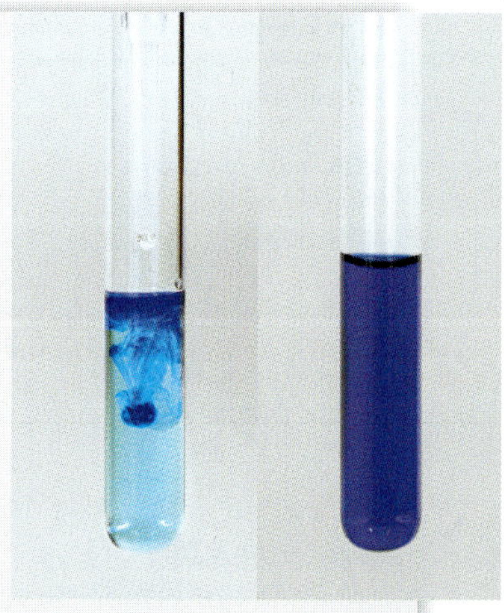

Lorsque l'on verse une solution d'ammoniac, NH_3 (aq), dans une solution contenant des ions Cu^{2+}(aq), on observe que la solution prend une coloration bleue intense due à la formation d'un ion complexe de formule $Cu(NH_3)_4^{2+}$(aq), appelé ion tétraamminecuivre (II).

Document 4

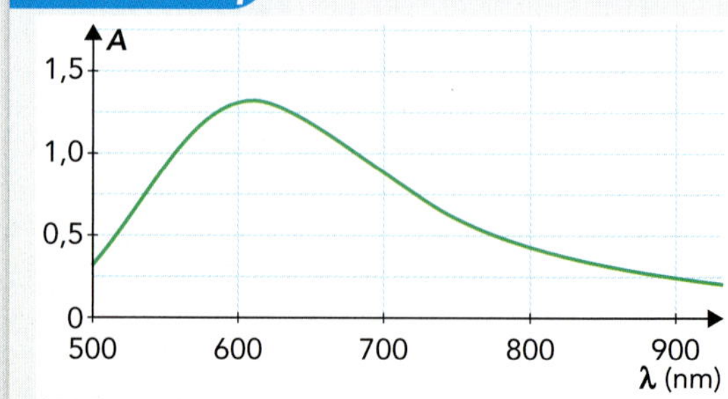

Spectre d'absorption d'une solution de complexe tétraamminecuivre (II) de concentration 20 mmol · L^{-1}.

Problème

Une expérience a permis de mesurer l'absorbance de la solution S_{eau} : A_{eau} = 0,366. L'eau est-elle potable ?

Données
Couples oxydant/réducteur :
NO_3^-(aq) / NO (g) ; Cu^{2+}(aq) / Cu (s).

Résolution possible

Quel problème pose l'énoncé ? Quelles pistes suivre pour y répondre ?

- L'énoncé demande de déterminer si l'eau étudiée est conforme à la législation au niveau de sa teneur en ions nitrate. Relier la concentration de la solution étudiée par spectrophotométrie à celle des ions nitrate de l'eau polluée constitue une piste pour résoudre ce problème.

Quelles sont les étapes de la résolution ?

Une façon de faire	Comment le faire ?
1 Exploiter, de façon quantitative, la réaction entre le métal cuivre et les ions nitrate.	À l'aide des demi-équations d'oxydoréduction écrire l'équation de la réaction. Établir un tableau d'avancement et relier les quantités d'ions nitrate et d'ions cuivre (II).
2 Utiliser la loi de Beer-Lambert pour déterminer la concentration de la solution S_{eau} en ions $Cu(NH_3)_4^{2+}(aq)$.	Déterminer les concentrations C_i en ions $Cu(NH_3)_4^{2+}(aq)$, des solutions S_0, S_1, S_2 et S_3. Tracer le graphique $A = f(C_i)$ et en déduire la concentration en ions $Cu(NH_3)_4^{2+}(aq)$ de S_{eau}.
3 Déterminer la quantité d'ions nitrate présente dans V_0, puis dans un litre d'eau polluée et en déduire la masse correspondante pour conclure.	Déterminer la quantité d'ions Cu^{2+} formés dans le ballon. À l'aide de la relation établie à la question **1**, déterminer la quantité, puis les concentrations molaire et massique des ions nitrate. Conclure.

3 Les ions calcium et magnésium d'une eau minérale

COMPÉTENCES
- Calculer.
- Valider.

Voir, si nécessaire, pistes de résolution, p. 214.

Énoncé

- En milieu basique, les ions éthylènediaminetétraacétate, EDTA, notés Y^{4-}, réagissent avec les ions calcium, $Ca^{2+}(aq)$, et magnésium, $Mg^{2+}(aq)$, contenus dans l'eau minérale pour former des ions complexes très stables et incolores selon les réactions d'équation :

$$Ca^{2+}(aq) + Y^{4-}(aq) = [CaY]^{2-}(aq) \quad \text{et} \quad Mg^{2+}(aq) + Y^{4-}(aq) = [MgY]^{2-}(aq).$$

- Le noir ériochrome T (ou NET) est bleu à pH = 10. On le note $In^{3-}(aq)$.

En présence d'ions calcium $Ca^{2+}(aq)$ et magnésium $Mg^{2+}(aq)$, le NET forme deux complexes, $[CaIn]^-(aq)$ ou $[MgIn]^-(aq)$ de couleur rose, selon les réactions d'équation **(doc. 1)** :

$$Mg^{2+}(aq) + In^{3-}(aq) = [MgIn]^-(aq) \quad \text{et} \quad Ca^{2+}(aq) + In^{3-}(aq) = [CaIn]^-(aq).$$

Ces complexes sont moins stables que ceux formés avec l'EDTA.

- On prélève un volume V_1 = 20,0 mL d'eau minérale Hépar **(doc. 2)** que l'on introduit dans un erlenmeyer. On ajoute quelques gouttes de noir ériochrome T (ou NET) et une solution tampon permettant de maintenir le pH de la solution à 10,0. On verse une solution d'EDTA de concentration molaire $C_2 = 5{,}0 \times 10^{-2}$ mol·L^{-1}. On observe un changement de couleur de la solution (passage du rose au bleu) pour un volume versé d'EDTA égal à V_{2E} = 7,4 mL.

Données

Masses molaires atomiques : $M(Ca) = 40{,}1$ g·mol^{-1} ; $M(Mg) = 24{,}3$ g·mol^{-1}.

Problème

Comparer la valeur de la somme des concentrations massiques des ions calcium et magnésium dans l'eau d'Hépar et l'indication de l'étiquette.

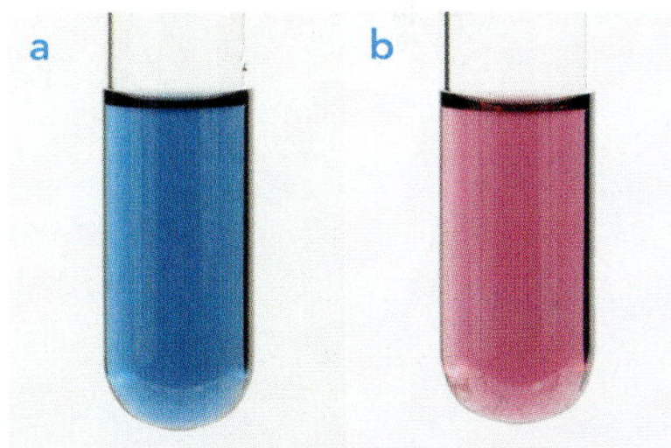

Doc. 1 Le NET est bleu (a) ; il vire au rose en présence d'ions calcium ou magnésium (b).

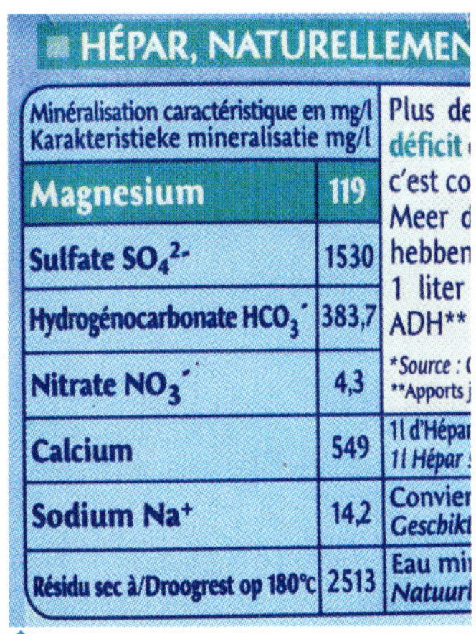

Doc. 2 Étiquette d'eau minérale Hépar.

Problèmes à résoudre

4 Recovery magnesium from sea water

Voir, si nécessaire, pistes de résolution, p. 214.

Énoncé

Analyse doc. 5, p. 34

COMPÉTENCES
- Pratiquer une langue vivante étrangère.
- Calculer.
- Faire preuve d'esprit critique.
- Argumenter.

Document 1

« Because there are six million tons of magnesium present as Mg^{2+} in every cubic mile of sea water [1 cubic mile = 4,168 181 × 10^9 m^3], the sea can furnish an almost limitless amount of this element. The recovery magnesium from sea water **(doc. 2)** provides an excellent illustration of the *stepwise* production of a *chemical*. The process begins with the precipitation of the insoluble magnesium hydroxide $Mg(OH)_2$. The only thing needed for this step is a ready supply of an inexpensive base (a source of OH^- ions), a need *fulfilled* nicely by seashells, which contain calcium carbonate $CaCO_3$. Heating the calcium carbonate converts it to lime which then reacts with water to give calcium hydroxide, the base used in the precipitation. The solid magnesium hydroxide is isolated by filtration and then neutralized by another inexpensive chemical, hydrochloric acid. When the water is evaporated, solid hydrated magnesium chloride is left. After dying, it is melted (at 708°C) and then electrolysed in a *huge* steel pot that serves as the cathode. Graphite bars serve as the anodes. As the molten magnesium forms, it is removed. The chlorine produces in the electrolysis is recycled into the process by reacting it with hydrogen to produce hydrochloric acid. »

Extrait de M. D. JOESTEN et J. L. WOOD, *World of chemistry*, Saunders college Publication, 1996. *DR*

Vocabulary : *stepwise* : par étapes ; *chemical* : produit chimique ; *to fulfil* : remplir ; *huge* : très grand.

Document 2

Began in 1940, recovery of magnesium from sea water is relatively simple chemically but it requires large quantities of energy. A study made by the "US Bureau of Mine" entitled "Energy Use Patterns in Metallurgical and Non-metallic Mineral Processing" considers that the process consumes 416 MJ/kg of magnesium produced.

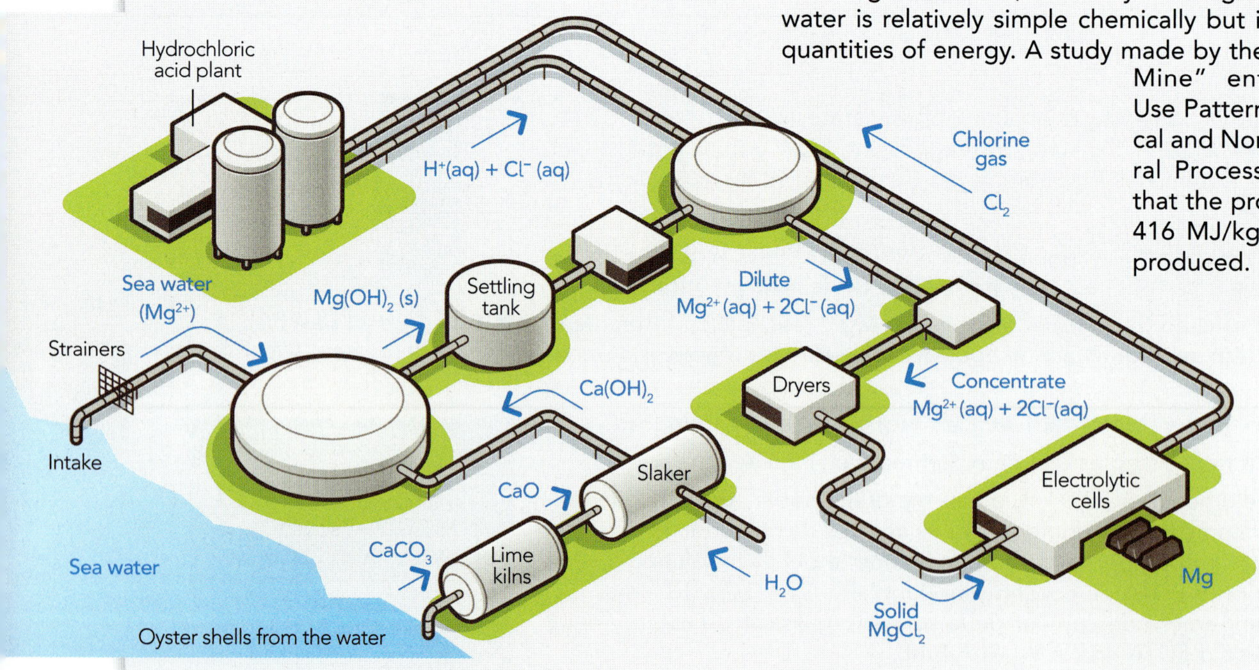

Problèmes

1. Décrire les diverses réactions chimiques ou électrochimiques mises en jeu dans ce procédé et écrire leurs équations.
2. La production mondiale de magnésium est de l'ordre de 7,5 × 10^6 tonnes par an. La totalité de cette production peut-elle être assurée par ce seul procédé, à partir d'eau de mer et de coquillages ?

5 Adoucissement et dessalement

COMPÉTENCES
- **Extraire des informations.**
- **Calculer.**

Voir, si nécessaire, pistes de résolution, p. 214.

Énoncé

Analyse doc. 3, p. 32

Document 1

« On appelle l'osmose, la migration des molécules de solvant à travers une paroi semi-perméable, d'une solution vers une solution plus concentrée **(fig. a)**. Le bécher de la **figure b** contient de l'eau pure, tandis que le sac et le tube auquel il est attaché contiennent une solution aqueuse de sucre [ou d'ions] [...] Au début de l'expérience, les liquides dans le bécher et dans le tube sont au même niveau. Avec le temps, la solution s'élève dans le tube **(fig. c.)**. Il arrive un moment où la pression exercée par cette colonne de solution contrebalance la pression de l'eau traversant la membrane pour se rendre vers la solution et l'on ne note plus alors de flux net de molécules. Lorsque l'équilibre est atteint, la pression créée par la colonne de solution est appelée pression osmotique π. »

Extrait de J.-C. KOTZ et P. TREICHER Jr , *Chimie des solutions*, De Boeck, 2006.

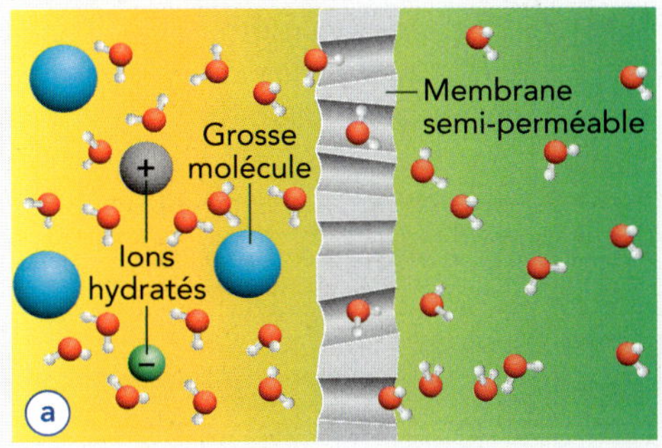

En exerçant une pression supérieure à la pression osmotique, on empêche l'osmose de se produire. Le flux de solvant est dirigé en sens inverse du flux osmotique, c'est-à-dire de la solution vers le solvant : c'est le phénomène d'osmose inverse **(fig. d)**.

D'après S. ZUMDAHL, *Chimie des solutions*, De Boeck, 1997.

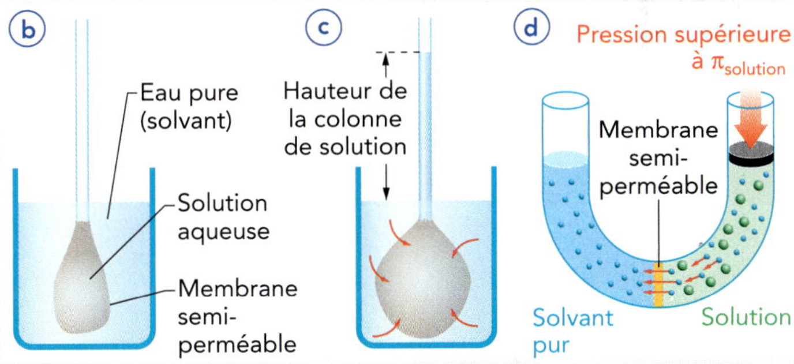

Document 2

La pression osmotique π et la concentration C en soluté ionique de la solution sont liés par la loi de van't Hoff : $\pi = i \cdot C \cdot R \cdot T$, avec :

- π, pression osmotique en kPa (1 atm = 101 325 Pa);
- i, coefficient de van't Hoff;
- C, concentration molaire, en $mol \cdot L^{-1}$;
- $R = 8{,}314\ J \cdot mol^{-1} \cdot K^{-1}$, constante gaz parfait;
- T, température en kelvin (K) avec $T(K) = \theta(°C) + 273$.

Le rapport entre la quantité de matière de particules en solution et la quantité de matière de soluté dissous est appelé coefficient de van't Hoff :

$$i = \frac{\text{quantité de particules en solution}}{\text{quantité de soluté dissous}}$$

On peut calculer la valeur théorique de i pour un sel, à partir du nombre d'ions qui apparaissent dans sa formule. Pour le sulfate de potassium, K_2SO_4 : i = 3.

Document 3

Plus une eau contient des ions calcium et magnésium, plus elle est dure. Le degré hydrotimétrique (ou TH) est l'unité de mesure de la dureté d'une eau.

Un degré français (1 f) correspond à la dureté d'une solution contenant 10 $mg \cdot L^{-1}$ de carbonate de calcium, $CaCO_3$.

Dureté	Normes	Adoucissement
faible	TH $\leqslant$ 15 f	non indispensable
moyenne	15 f < TH $\leqslant$ 25 f	souhaitable
forte	25 f < TH $\leqslant$ 35 f	recommandé
très forte	TH $\leqslant$ 35 f	indispensable

Problème

On utilise des appareils d'osmose inverse pour adoucir des eaux dures. À Las Cruces, au Nouveau Mexique, la dureté de l'eau est égale à 56 f. Les appareils d'osmose inverse exercent une pression de 8 atm.

Montrer que ces appareils sont suffisants pour adoucir l'eau de Las Cruces, mais ne peuvent pas être utilisés pour dessaler l'eau de mer. On considèrera que l'eau de Las Cruces ne contient que des ions calcium et sulfate, et que l'eau de mer est une solution de chlorure de sodium à 35 $g \cdot L^{-1}$. La température des eaux sera prise égale à 27°C.

Problèmes à résoudre

6 Les hydrates de méthane

Voir, si nécessaire, pistes de résolution, p. 214.

COMPÉTENCES
- Extraire des informations.
- Analyser.

Énoncé

Analyse doc. 6, p. 35

Document 1

Les hydrates de méthane ont l'apparence de la glace. Ils sont constitués de molécules de méthane entourées par des molécules d'eau, disposées en cage. La cage 5^{12} est formée de 12 faces pentagonales. La cage $5^{12}6^2$ a 12 faces pentagonales et 2 faces hexagonales. Ces poches de gaz constituent un fabuleux trésor énergétique.

On compte trois autres types de cages.

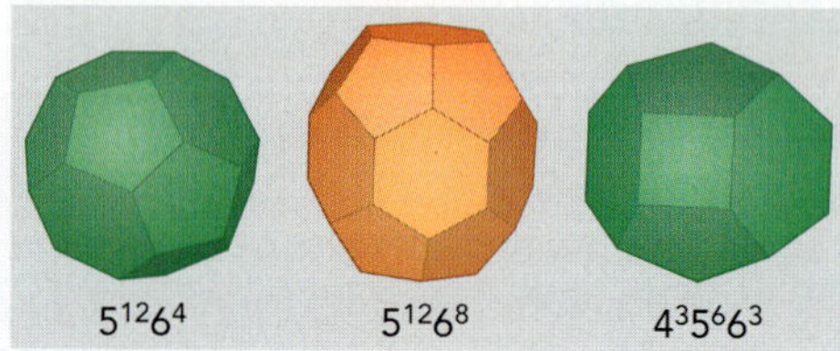

Différents types de cages.

Document 2

Trois structures diffèrent par la nature et le nombre de cages composant une maille élémentaire.

- La structure I est composée de 46 molécules d'eau. Elle possède deux petites cages et six grandes cages :

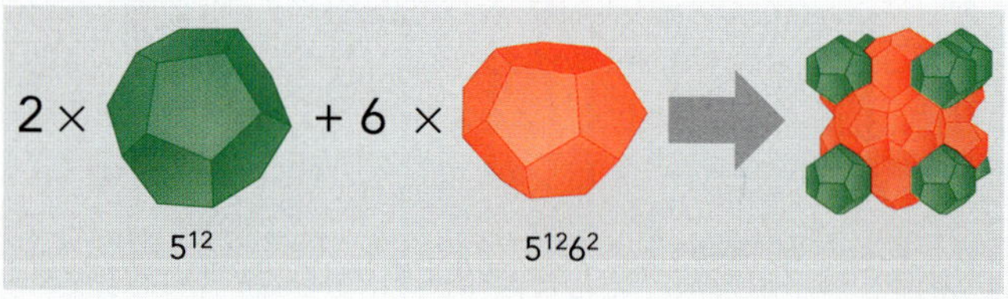

- La structure II est formée d'un assemblage de cages 5^{12} et $5^{12}6^4$.
- La structure H est formée à partir de cages 5^{12}, $4^35^66^3$ et $5^{12}6^8$.

Document 3

La spectroscopie Raman est une technique basée sur la vibration des liaisons d'une molécule.

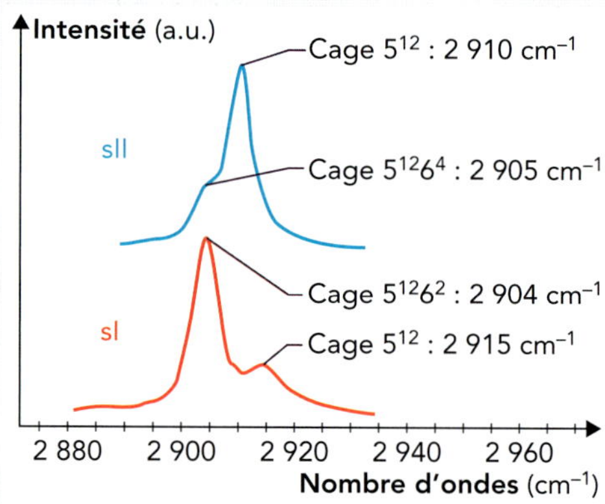

Les surfaces des deux pics du méthane sont corrélées au nombre de cages de chaque structure. Ainsi, la surface de la bande à 2 904 cm^{-1} est trois fois plus grande que celle à 2 915 cm^{-1}. Celle à 2 910 cm^{-1} est deux fois plus grande que celle à 2 905 cm^{-1}.

Problème

La structure II renferme 16 cages 5^{12}. Évaluer le nombre de cages $5^{12}6^4$.

7 Titrage conductimétrique des ions sulfate

Voir, si nécessaire, pistes de résolution, p. 214.

COMPÉTENCES
- Exploiter une relation.
- Valider.

Énoncé

Analyse doc. 4, p. 33

L'eau distribuée doit répondre à des normes de potabilité. La concentration d'une eau en ions sulfate peut être déterminée par un titrage conductimétrique.

- Lorsqu'on verse quelques gouttes d'une solution d'acétate de baryum, Ba^{2+}(aq) + 2 $CH_3CO_2^-$(aq), dans une solution de sulfate de sodium, Na^+(aq) + SO_4^{2-}(aq), il se forme un précipité blanc de sulfate de baryum.
- On réalise le titrage conductimétrique d'un volume V_1 = 100,0 mL d'eau de Contrexéville à l'aide d'une solution d'acétate de baryum de concentration C_2 = 0,100 mol·L^{-1}. Le volume de solution d'acétate de baryum versé à l'équivalence est V_{2E} = 12,1 mL.

Problème

On lit sur l'étiquette d'une bouteille d'eau de Contrexéville : « sulfate : 1 187 mg·L^{-1} ». Le titrage effectué est-il en accord avec cette donnée ?

Chapitre 3

Eau et énergie

Véhicules équipés de piles à combustible.

L'eau est déjà utilisée depuis longtemps pour produire de l'énergie, dans les usines marémotrices ou hydrauliques. Elle est actuellement au centre des recherches dont l'objectif est de permettre aux hommes de répondre aux défis énergétiques du XXIe siècle tout en respectant l'environnement.

Quels sont les liens existant entre eau et énergie ?

Mots-clés

PILE À COMBUSTIBLE

production de dihydrogène

1 Productions actuelles de dihydrogène

L'eau est à la base de la plupart des méthodes de production du dihydrogène.
Quels sont leurs avantages et leurs inconvénients ?

→ TP 1, p. 54 → Problème 2, p. 60

Document 1 Utilisations du dihydrogène

« Si l'hydrogène n'est actuellement quasiment pas utilisé dans le domaine de l'énergie, il est une des matières de base de l'industrie chimique et pétrochimique. Il est utilisé notamment dans la production d'ammoniac et de méthanol, et pour le raffinage du pétrole ; il est également employé dans les secteurs de la métallurgie, de l'électronique, de la pharmacologie, ainsi que dans le traitement des produits alimentaires. Pour couvrir ces besoins, 50 millions de tonnes de dihydrogène sont déjà produits chaque année. Mais, si ces 50 millions de tonnes devaient servir à la production d'énergie, elles ne représenteraient que 1,5 % de la demande mondiale d'énergie primaire. Utiliser l'hydrogène comme vecteur énergétique suppose donc d'augmenter radicalement sa production. »

Extrait de L'*Hydrogène*, Livret Pédagogique n° 12, CEA 2004.

Document 2 Intérêt du dihydrogène

« Si le dihydrogène présente tant d'attraits, c'est que cette molécule, chimiquement réductrice, se combine aisément au dioxygène de l'air pour donner de l'énergie et de l'eau comme seul sous-produit. Le revers de la médaille est que sa production exige, symétriquement, beaucoup d'énergie, car elle s'appuie sur des molécules riches en hydrogène, mais foncièrement stables comme l'eau et le méthane. »

Extrait de C. BAUDOUIN et col., « Comment produire l'hydrogène ? », *Clefs CEA* n° 50/51, hiver 2004-2005.

Document 3 Productions de dihydrogène

Installation de conversion du méthane.

« • La production de dihydrogène à partir du méthane (appelée conversion du méthane) est la plus répandue auprès des industriels pour les besoins de raffinage de l'industrie pétrolière. Au cours de ce processus, la molécule de CH_4 est brisée par la chaleur et la vapeur d'eau sur un catalyseur au nickel. La réaction est dite « endothermique », c'est-à-dire qu'elle nécessite un important apport de chaleur (840-950 °C). Le CO issu de cette première réaction est ensuite converti en CO_2 par l'adjonction d'eau (*water gas shift*). Il en résulte la production de dihydrogène et de dioxyde de carbone. Une troisième étape est la purification du dihydrogène sur tamis moléculaire.

• Un autre procédé est utilisé pour traiter les carburants plus lourds comme le gazole, il s'agit de l'oxydation partielle. Cette opération s'effectue à plus haute température (1 200-1 500 °C) et sous assez forte pression (20 à 90 bar). L'hydrocarbure est oxydé en présence de dioxygène. Les deux opérations suivantes sont identiques à celles de la conversion : conversion du CO et purification. Cette réaction est, elle, « exothermique », c'est-à-dire qu'elle dégage de la chaleur.

• La troisième méthode, le reformage autothermique [...] fait l'objet d'importantes recherches.

Dans tous les cas, seul le dihydrogène est conservé. Le carbone est rejeté sous forme de gaz carbonique.

Sans séquestration du carbone, cette méthode contribue à l'effet de serre [...].

La séquestration du dioxyde de carbone est donc une des technologies clefs de l'économie de l'hydrogène et de la lutte contre le changement climatique...

• L'électrolyse de l'eau est la deuxième grande famille de méthodes d'extraction du dihydrogène disponible aujourd'hui. Elle est très marginale, moins de 1 % du dihydrogène produit, et réservée à la production de dihydrogène de très grande pureté... *Pour être rentable écologiquement et économiquement, l'électricité utilisée doit être bon marché et sans émission de CO_2.* »

Extrait du Rapport n° 125 de l'Office parlementaire d'évaluation des choix scientifiques et technologiques, déc. 2005.

Document 4 Électrolyse de l'eau

L'électrolyse de l'eau est mise en œuvre dans des installations de plusieurs mégawatts pour produire du dihydrogène de grande pureté lorsque l'électricité est disponible à faible coût ou en excès. Les valeurs classiques des différences de potentiel appliquées aux bornes des cellules d'électrolyse dans les installations industrielles sont de l'ordre de 1,7 à 2,1 V. *L'alimentation en eau d'un électrolyseur est de l'ordre de 1 L/Nm³.* L'eau utilisée doit être la plus pure possible, afin d'éviter l'accumulation de boues et les phénomènes de corrosion aux électrodes. L'électrolyse est généralement une solution aqueuse alcaline (hydroxyde de potassium - électrolyse industrielle) ou une membrane polymère échangeuse de protons, H^+ (électrolyse de faible capacité).

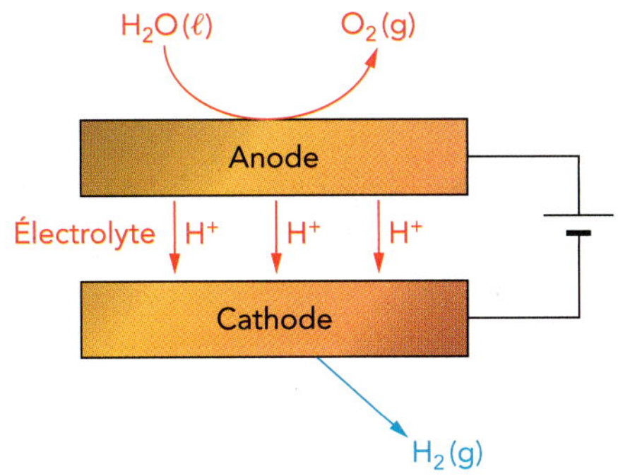

D'après M. JUNKER, ALPHEA, « La production par électrolyse de l'eau », *Clefs CEA* n° 50/51, 2004.

Document 5 L'hydrogène dans le monde

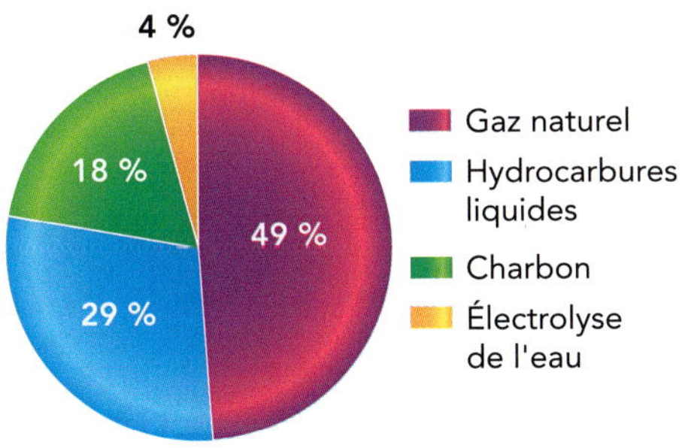

Principales origines du dihydrogène produit dans le monde (2006).

D'après le site de l'IFP Énergies nouvelles.

Document 6 Projet Myrte

La plate-forme solaire de Vignola, à Ajaccio, associe 550 kW de panneaux solaires et un système de stockage électrique. Un électrolyseur Hélion produit du dioxygène et du dihydrogène. Sa capacité maximale est de 40 Nm³/h.

Le dihydrogène et le dioxygène sont stockés à la pression de sortie de l'électrolyseur (de l'ordre de 35 bar).

D'après T. ALLEAU, « Mémento de l'Hydrogène », fiche 3.2.1., site AFH2 , révision mai 2011.

Analyse et synthèse

1 Quelles sont les principales utilisations du dihydrogène ? Pourquoi la production de dihydrogène doit-elle être optimisée ? → *doc. 1*

2 Quelle devrait être la masse de dihydrogène produit si ce gaz devait satisfaire la totalité des besoins en énergie primaire → *doc. 1*

3 Écrire les équations des réactions mises en jeu lors de la conversion du méthane. En déduire l'équation du bilan de ces deux réactions. → *doc. 3*

4 **a.** Écrire l'équation de la réaction d'oxydation partielle d'un hydrocarbure de formule générale C_nH_m en monoxyde de carbone, puis celle de la conversion du monoxyde de carbone par adjonction d'eau. → *doc. 3*

b. En déduire l'équation traduisant le bilan de ces deux réactions. → *doc. 3*

c. Pourquoi peut-il être intéressant de traiter ainsi les résidus lourds issus de la distillation des pétroles ?

5 En prenant comme exemples pour l'argumentation la conversion du méthane et l'électrolyse de l'eau, commenter le document 2.

6 On considère l'électrolyseur représenté dans le document 4 (voir, si nécessaire, la **fiche 13**, p. 213.

a. Quelle espèce assure le passage du courant dans le circuit extérieur à l'électrolyseur et dans les électrodes ?

b. Quelle espèce assure le passage du courant dans l'électrolyseur ?

c. Quel est le rôle du générateur ? Quelle est la transformation d'énergie réalisée ?

d. Écrire l'équation des réactions électrochimiques qui se produisent respectivement à l'anode et à la cathode lors de l'électrolyse de l'eau.

e. Quel autre électrolyte est utilisé dans les électrolyseurs produisant du dihydrogène actuellement ?

f. @ Que représente la notation Nm³ ? Commenter la phrase en italique du document 4.

7 **a.** Quel est l'intérêt de stocker le dihydrogène sous pression ? → *doc. 6*

b. Quelles sont les transformations d'énergie réalisées à Vignola ? → *doc. 6*

8 **Bilan** **a.** Quels sont les principaux modes de production industrielle du dihydrogène ?

b. Quels sont les procédés les plus écologiques ?

La nature du procédé suffit-elle pour répondre à cette question ? Commenter les phrases écrites en italique dans le document 3.

2 Les productions de dihydrogène du futur

Le dihydrogène est considéré comme un vecteur énergétique d'avenir. **Quelles sont les méthodes de production du dihydrogène en cours de développement ? S'inscrivent-elles dans le cadre du développement durable ?**

→ Problème 2, p. 60

Document 1 — Électrolyse à haute température, EHT

« L'électrolyse à haute température consiste à dissocier la molécule d'eau en dihydrogène et dioxygène à des températures comprises entre 700 °C et 1 000 °C. [...] Par rapport aux procédés classiques d'électrolyse de l'eau, la haute température présente des avantages à trois niveaux. Au niveau énergétique d'abord : l'énergie totale à fournir est moins importante grâce à l'augmentation de la cinétique des réactions (3,1 kWh/Nm^3 produits, pour l'EHT, contre 4,1 kWh/Nm^3 produits, pour l'électrolyse classique). [...] L'EHT permet de travailler à forte densité de courant, d'où une forte capacité de production dans un volume réduit.
Au niveau économique enfin : l'apport d'une partie significative de l'énergie sous forme de chaleur au lieu d'électricité permet de diminuer le coût d'exploitation. »

Extrait de D. Gallet et R. Grastien, « L'électrolyse haute température », *Clefs CEA*, n° 50/51, hiver 2004-2005.

$H_2O + 2e^- \longrightarrow H_2 + O^{2-}$

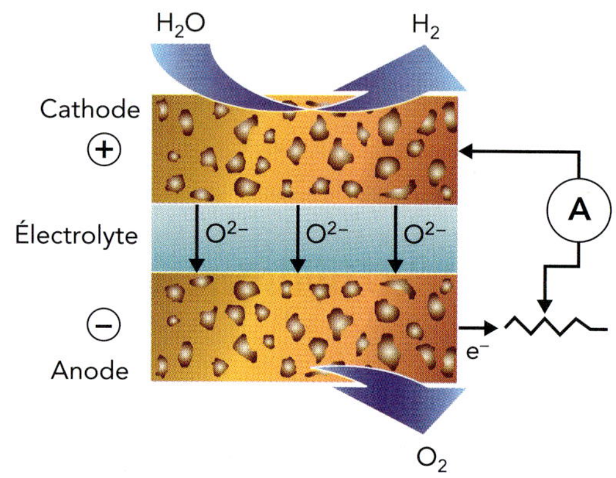

$2\,O^{2-} \longrightarrow O_2 + 4\,e^-$

ou

$CH_4 + 2\,O^{2-} \longrightarrow CO_2 + 2\,H_2 + 4\,e^-$

Document 2 — Décomposition de l'eau par cycle thermochimique

« Les cycles thermochimiques permettent de réaliser la décomposition de l'eau à une température inférieure à celle de la décomposition directe. Des substances chimiques sont introduites pour, au travers d'une série de réactions de combinaisons avec l'eau et entre elles, puis de dissociations, amener à la production de dihydrogène et de dioxygène, tout en restituant les substances chimiques initiales. [...] Le premier cycle étudié est le cycle iode soufre. [...] »

Extrait de F. Werkoff, « Mémento de l'Hydrogène », fiche 3.2.2, site AFH2, révision mars 2007.

Le cycle iode-soufre est basé sur la décomposition de deux acides à haute température, l'acide sulfurique, H_2SO_4, et l'acide iodhydrique, HI.

(1) $H_2SO_4 \rightarrow H_2O + SO_3$ (400-600 °C)
et $SO_3 \rightarrow SO_2 + \frac{1}{2}O_2$ (800-900 °C)

(2) $2\,HI \rightarrow H_2 + I_2$ (200-400 °C)

(3) $SO_2 + 2\,H_2O + I_2 \rightarrow H_2SO_4(aq) + 2\,HI(aq)$ (25-120 °C)

D'après J.-M. Borgard et col., « La décomposition de l'eau par cycle thermochimique », *Clefs CEA*, n° 50/51, 2004-2005.

Document 3 — Bioproduction du dihydrogène

« Les organismes photosynthétiques, comme certaines algues vertes unicellulaires ou des cyanobactéries, possèdent l'avantage de produire du dihydrogène à partir de l'énergie solaire en utilisant l'eau comme donneur d'électrons et de protons sans dégagement de gaz à effet de serre (CO_2) inhérent aux autres organismes hétérotrophes.

Dans ce cas, un procédé totalement propre basé sur la photosynthèse peut être envisagé, avec comme source d'énergie les deux plus importantes ressources de notre planète, l'eau et le Soleil. »

Extrait J. Legrand, « Mémento de l'Hydrogène » fiche 3.3.2, site AFH2, révision oct. 2003.

Étude de la production de dihydrogène par des algues vertes.

Document 4 Transformation thermochimique de la biomasse

La biomasse, obtenue par photosynthèse de CO_2 et H_2O, capte l'énergie solaire pour produire un ensemble de molécules (cellulose, lignocellulose, lignine) de composition équivalente à $C_6H_9O_4$.

La gazéification de la biomasse à la vapeur d'eau donne un gaz dit de synthèse, ($CO + H_2$), dont on peut tirer des carburants liquides (méthanol ou hydrocarbures) ou gazeux (CH_4 ou H_2). Dans le cas où on veut privilégier la production de dihydrogène, une réaction dite de « *gaz shift* » permet la conversion du gaz de synthèse en CO_2 et H_2.

D'après G. Claudet, « Mémento de l'Hydrogène », fiche 3.3.1, site AFH2, révision 2003.

Document 5 Une feuille pleine d'énergie

La photo-électrolyse produit du dihydrogène par illumination d'un semi-conducteur.

« C'est une feuille artificielle. Tout comme une feuille d'arbre, elle transforme la lumière du Soleil en énergie. Mais, contrairement à cette dernière, elle ne stocke pas de l'amidon, elle génère de l'électricité.

Conçue par une équipe de chercheurs du *Massachusetts Institute of Technology* (*MIT*), qui publie ses travaux dans *Science*, cette cellule solaire en silice renferme différents catalyseurs. Il suffit de l'exposer au Soleil dans un récipient d'eau ordinaire. Pouvant casser la molécule d'eau, elle produit, sur une face, des bulles de dioxygène et, sur l'autre, des bulles de dihydrogène.

Les deux gaz récupérés séparément alimentent une pile à combustible pour obtenir de l'électricité. Ce système apte à séparer l'hydrogène et l'oxygène de l'eau est le premier à n'utiliser que des matériaux courants et peu coûteux dans une solution non corrosive. »

Extrait de G. Dos Santos, « Une feuille pleine d'énergie », *Le Point*, oct. 2011.

Cellule solaire en silice.

Pour aller plus loin :
- *Clefs CEA*, n° 50/51, « L'hydrogène, les nouvelles technologies de l'énergie », hiver 2004-2005.

Analyse et synthèse

1 a. L'injection éventuelle de méthane à l'anode permet de diminuer l'énergie nécessaire à la réalisation de l'électrolyse. Quel est son inconvénient ?

b. Écrire l'équation des deux bilans possibles de l'électrolyse à haute température.

c. L'électrolyse à haute température est développée de façon à être couplée avec un réacteur nucléaire. Pourquoi ?

d. La densité de courant est définie par le quotient $\frac{I}{S}$ où I est l'intensité du courant traversant une surface S. Expliquer l'intérêt de l'électrolyse à haute température par rapport à une électrolyse classique. → *doc. 1*

2 Établir l'équation traduisant le bilan du cycle iode-soufre. → *doc. 2*

3 Écrire les équations de la réaction de gazéification, celle du « *gaz shift* », ainsi que le bilan global de ces deux transformations. → *doc. 4*

4 a. Qu'est-ce que la photosynthèse ? Quelle est la transformation réalisée par les algues vertes et les cyanobactéries ?

b. Quelle est la transformation réalisée par la feuille artificielle conçue par le *MIT* ? → *doc. 5*

c. Comparer les procédés de photo-électrolyse de l'eau et de bioproduction de dihydrogène. → *doc. 4 et 5*

5 **Bilan** Quelle(s) est(sont) la(les) méthode(s) développée(s) qui s'inscri(ven)t dans le cadre du développement durable ?

À quelle condition les autres méthodes s'inscriront-elles dans ce cadre ?

3 Les piles à combustibles

La plupart des piles à combustibles (PAC) consomment du dihydrogène.
Comment fonctionne une pile à combustible ? Quel est son intérêt ?

→ TP 2, p. 56 → Problème 1, p. 58

Document 1 Histoire des piles à combustibles

Le développement de la filière hydrogène repose en grande partie sur la technologie de la pile à combustible, PAC.

Son principe n'est pas nouveau, puisqu'il fut découvert dès 1839 par W. GROVE. À l'époque, cet avocat anglais, chercheur amateur en électrochimie, constate qu'en recombinant du dihydrogène et du dioxygène, il est possible de créer simultanément de l'eau, de la chaleur et de l'électricité. La pile à combustible est née. C'est F.T. BACON, ingénieur américain, qui réalise, en 1953, le premier prototype industriel de puissance notable (de l'ordre du kW). Mais seule la NASA exploitera, dans les années 60, cette technologie pour fournir en électricité deux de ses vaisseaux, Gemini et Apollo. Car, si le principe de la PAC paraît simple, sa mise en œuvre est complexe et coûteuse, ce qui interdisait jusqu'alors sa diffusion vers le grand public. Aujourd'hui, des progrès ont été réalisés et les applications envisageables sont nombreuses.

D'après *L'Hydrogène*, Livret Pédagogique n° 12, CEA, 2004.

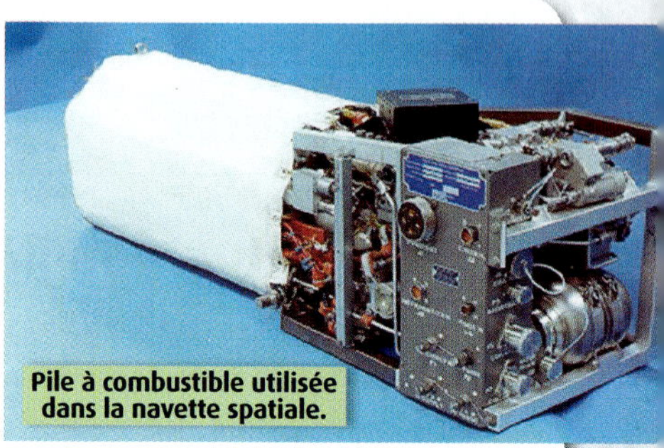

Pile à combustible utilisée dans la navette spatiale.

Document 2 Fonctionnement d'une pile PEMFC

La pile PEMFC (*proton exchange membrane fuel cell*) est la plus développée actuellement, car c'est une *pile à basse température et tout solide*, donc à coût potentiel bas. La réaction s'opère au sein d'une structure essentiellement composée de deux électrodes séparées par un électrolyte solide, conducteur protonique. Les réactions aux électrodes s'effectuent à l'interface électrolyte-électrode en présence d'un catalyseur.

D'après T. ALLEAU, « Mémento de l'Hydrogène », fiche 5.2.2, site AFH2, révision juin 2007.

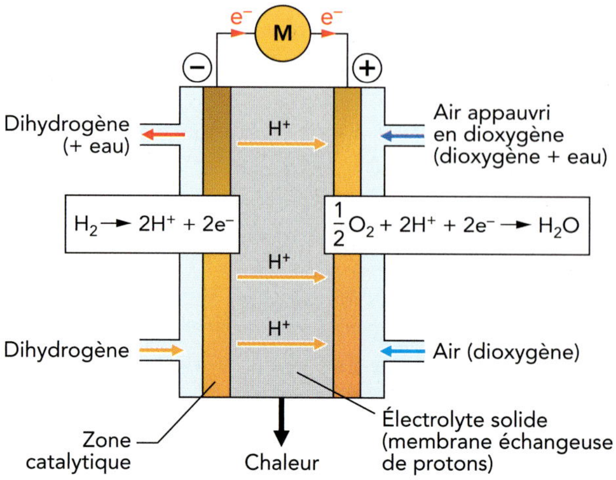

Document 3 Les piles à combustibles et leurs applications

Il y a aujourd'hui trois grands domaines dans lesquels on promet un brillant avenir économique à la pile combustible : le portable, le transport et le stationnaire.

Dans le domaine du portable, une micropile à combustible recharge la batterie lithium-ion (pour assurer les demandes de puissance) des téléphones mobiles, ordinateurs portables, etc. L'autonomie ne sera alors limitée que par la taille du réservoir de combustible.

Dans le domaine du transport, les études et essais portent sur l'alimentation des voitures, bus, navires, sous-marins. Actuellement, plusieurs milliers de chariots élévateurs sont alimentés par des piles à combustible.

Pour les systèmes fixes, en forte progression depuis 2006, la production d'électricité peut être collective ou individuelle (habitations, sites publics, industriels ou sites isolés).

D'après « Mémento de l'Hydrogène », fiche 5.2.1, site AFH2, révision avril 2011.

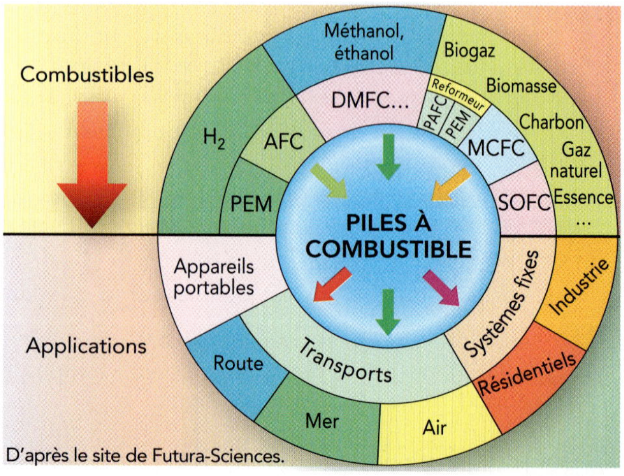

D'après le site de Futura-Sciences.

Document 4 Différents types de piles à combustible

Type de pile	Électrolyte	Ion mis en jeu	Température de fonctionnement	Domaines d'utilisations
AFC (*alkaline fuel cell*)	potasse (liquide)	HO^-	80 °C	espace, transport, stationnaire (1 à 100 kW)
PEMFC (*proton exchange membrane fuel cell*)	polymère (solide)	H^+	80 °C	portable, transports, stationnaire (10 MW à 1 MW)
PAFC (*phosphoric acid fuel cell*)	acide phosphorique (liquide)	H^+	200 °C	stationnaire, transports (200 kW à 10 MW)
MCFC (*molten carbonate fuel cell*)	carbonate de métaux alcalins fondus (liquide)	CO_3^{2-}	650 °C	stationnaire (500 kW à 10 MW)
PCFC (*protonic ceramic fuel cell*)	céramique (solide)	H^+	400 à 600 °C	stationnaire, transports (1 kW à 10 MW)
SOFC (*solid oxid fuel cell*)	céramique (solide)	O^{2-}	600 à 1 000 °C	stationnaire, transports (1 kW à 10 MW)

D'après « Mémento de l'Hydrogène », fiche 5.2.1, site AFH2, révision avril 2011.

Voilier équipé d'un moteur électrique alimenté par une pile à combustible.

Document 5 Un catalyseur bio-inspiré d'avenir

« Des chercheurs […] ont combiné nanosciences et chimie bio-inspirée pour élaborer, pour la première fois, un matériau capable de catalyser sans platine aussi bien la production de dihydrogène que son utilisation dans les piles à combustible. Cette avancée est un nouveau pas vers le remplacement du platine, métal rare et précieux, dans ces procédés. Ce résultat, majeur dans la perspective d'une économie de l'hydrogène plus compétitive, fait l'objet d'une publication à paraître dans la revue *Science*. Les recherches menées aujourd'hui pour substituer au platine des métaux abondants et à bas co ût s'inspirent des processus chimiques à l'œuvre dans certains organismes vivants. Ceux-ci possèdent des systèmes enzymatiques fascinants, appelés hydrogénases et utilisant exclusivement des métaux abondants comme le fer et le nickel. »

Extrait de « Un catalyseur d'avenir », Communiqué de presse, CEA-CNRS, déc. 2009.

Pour aller plus loin :
- www.afh2.org

Analyse et synthèse

1 Expliquer la phrase en italique du document 2.

Quelle est la réaction de fonctionnement d'une pile PEMFC ? Repérer l'anode et la cathode dans le schéma du document 2. Pourquoi l'ion H^+ joue-t-il un rôle important dans ces piles ? Pourquoi la structure de la cathode doit-elle être hydrophobe ?

2 Dans les piles à combustible dont l'électrolyte est constitué de potasse, $K^+(aq) + HO^-(aq)$, les ions hydroxyde, HO^-, assurent le passage du courant.

Écrire les équations des réactions à l'anode et à la cathode. En déduire l'équation de la réaction globale de fonctionnement de cette pile. Faire un schéma récapitulatif de cette pile en fonctionnement. → *doc. 2 et 4*

3 Dans les piles SOFC, les ions oxyde O^{2-} assurent le passage du courant et sont mis en jeu dans les réactions électrochimiques.

Écrire l'équation des réactions électrochimiques d'oxydation du dihydrogène en eau et de réduction du dioxygène en ion oxyde. En déduire le bilan de ces piles. → *doc. 4*

4 Quel est le rôle du platine dans les piles à combustibles ? Pourquoi la découverte du CEA est-elle importante ? Qu'est-ce qu'une hydrogénase ? Pourquoi ce nouveau catalyseur est-il dit bio-inspiré ? → *doc. 5*

5 **Bilan** Rédiger un texte court décrivant le fonctionnement d'une pile à combustible (utilisant du dihydrogène comme combustible) et présentant des applications de cette pile.

Pratique expérimentale

1 Électrolyse de l'eau

L'électrolyse de l'eau est l'une des voies de synthèse du dihydrogène. Elle est envisagée pour utiliser les surplus de production d'électricité. Les électrolyseurs transforment l'énergie électrique en énergie chimique. La manipulation proposée permet d'étudier leur fonctionnement et de déterminer le rendement de la transformation d'énergie (voir la **fiche 13**, p. 213).

→ Analyse doc. 1, p. 48 → Problème 2, p. 60

A Étude qualitative

- Introduire 200 mL de solution de sulfate de sodium, $2\,Na^+(aq) + SO_4^{2-}(aq)$, à $0{,}50\ mol \cdot L^{-1}$ dans l'électrolyseur.
- Remplir deux tubes à hémolyse, 1 et 2, avec la solution de sulfate de sodium à laquelle ont été ajoutées quelques gouttes de bleu de bromothymol.

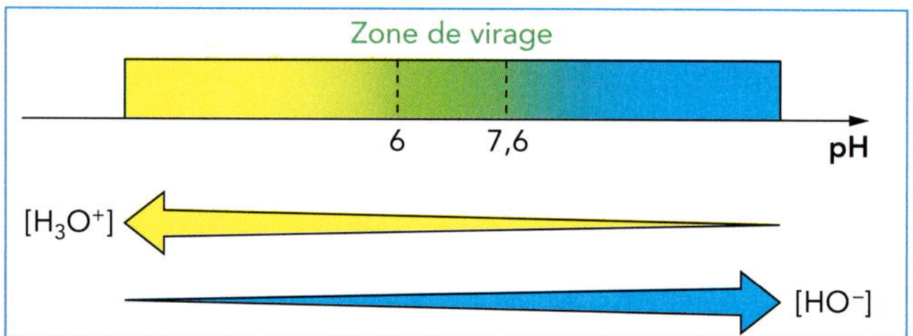

Doc. 1 Zone de virage du bleu de bromothymol : sa couleur dépend du pH.

Les fermer avec un bouchon, les retourner sur l'électrolyseur, les déboucher et les fixer au-dessus des électrodes **(doc. 2)**.

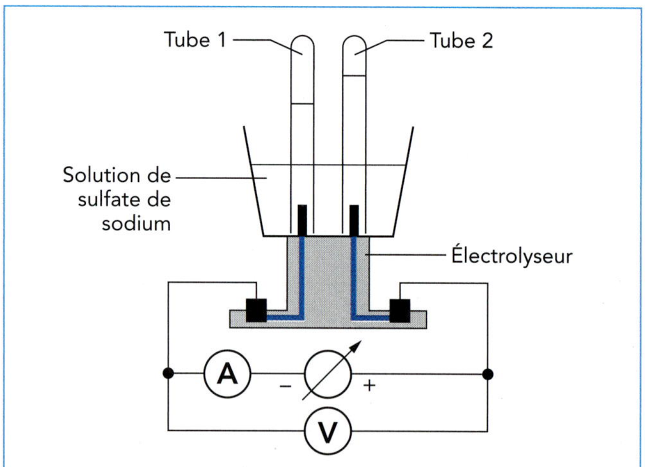

Doc. 2 Montage expérimental.

- Régler le générateur de tension continue sur la valeur 12 V et le laisser débiter pendant environ cinq minutes. Observer.
- Noter l'évolution de la teinte de la solution des tubes 1 et 2 et comparer les volumes des gaz contenus dans ces tubes.
- Arrêter le générateur lorsque l'un des tubes est rempli de gaz.
- Boucher le tube 1 à l'aide d'un bouchon avant de le sortir de la solution, le retourner et le déboucher en présentant simultanément une allumette enflammée à son extrémité.
- Boucher le tube 2 avec un bouchon avant de le sortir de la solution, le retourner et le déboucher en introduisant une bûchette incandescente dans sa partie supérieure.

1 Déduire des tests réalisés la nature du gaz contenu dans le tube 1 et de celui présent dans le tube 2.

2 Que traduit le changement de la couleur de la solution contenue :
a. dans le tube 1 ?
b. dans le tube 2 ?

3 a. Quel est le sens conventionnel du courant électrique dans le circuit ?
b. En déduire le sens de déplacement des électrons dans le circuit extérieur à l'électrolyseur.

4 a. Déduire de toutes les observations faites précédemment l'équation de la réaction qui se produit à chacune des électrodes.
b. Identifier l'anode et la cathode après avoir rappelé la définition de ces deux termes.

5 a. Déterminer l'équation de la réaction qui décrit le fonctionnement global de l'électrolyseur.
b. Les volumes respectifs des deux gaz obtenus sont-ils cohérents avec l'équation de cette réaction ?
c. Pourquoi a-t-on utilisé une solution aqueuse de sulfate de sodium et non de l'eau pure pour réaliser l'électrolyse de l'eau ?
d. Quels sont les porteurs de charge responsables du passage du courant dans la solution ? Dans quel sens se déplacent-ils ?
e. Recopier le schéma du montage et y représenter le mouvement de tous les porteurs de charges mis en jeu.

B Tracé de la caractéristique de l'électrolyseur

▸ Recopier le tableau suivant :

U (V)	0	0,4	0,8	1,2	1,6	2,0	2,5	3,0	3,5	4,0	5,0	6,0
I (mA)												

▸ Reprendre le montage du **document 2** sans mettre les tubes au-dessus des électrodes.

▸ Régler la tension U* appliquée aux bornes de l'électrolyseur aux valeurs indiquées dans le tableau et noter, à chaque fois, la valeur de l'intensité du courant I correspondante.

▸ Arrêter le générateur.

* Si, pour obtenir les valeurs précises des tensions données dans le tableau ci-dessus, le réglage est délicat, se contenter de valeurs voisines et noter leurs valeurs précises dans le tableau.

6 Tracer la caractéristique $U = f(I)$.

7 **a.** L'équation de la caractéristique est-elle du type :
- $U = E' + r \cdot I$;
- $U = r \cdot I$;
- $U = E - r \cdot I$?

Justifier le choix fait.

b. L'électrolyseur est-il un générateur ou un récepteur électrique ?

c. Le cas échéant, déduire de la caractéristique la valeur de la force contre électromotrice, E', de l'électrolyseur et celle de sa résistance interne, r.

C Détermination du rendement

▸ Remplir deux tubes gradués avec la solution de sulfate de sodium.

Les fermer avec un bouchon, les retourner sur l'électrolyseur, les déboucher et les fixer au-dessus des électrodes **(doc. 2)**.

▸ Fermer l'interrupteur en déclenchant le chronomètre. Régler très rapidement le générateur de tension continue de façon à ce que la tension U aux bornes de l'électrolyseur soit voisine de 12 V.

Noter l'intensité I_0 du courant obtenu et la valeur précise de la tension U.

▸ Laisser débiter le générateur.

▸ Ouvrir l'interrupteur en stoppant le chronomètre lorsque le volume de dihydrogène formé est égal à $V(H_2) = 10{,}0$ mL.

Noter la durée Δt alors écoulée et le volume de dioxygène obtenu.

▸ Arrêter le générateur.

8 L'électrolyseur reçoit de l'énergie électrique qu'il convertit partiellement en énergie chimique.

Recopier le schéma de la chaîne énergétique **(doc. 3)** associée à l'électrolyseur du **document 2** et le compléter en précisant la nature des énergies notées 1, 2 et 3.

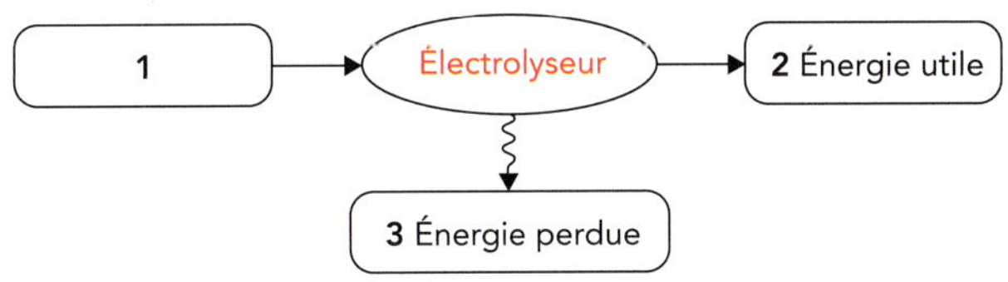

Doc. 3 Chaîne énergétique.

9 **a.** Exprimer l'énergie électrique, $\mathscr{E}_E$, reçue par l'électrolyseur en fonction de U, I_0 et Δt, puis la calculer.

b. L'énergie utile (2) produite, notée $\mathscr{E}_{CH}$, est égale à $\mathscr{E}_{CH} = E' \cdot I_0 \cdot \Delta t$. La calculer.

c. Exprimer l'énergie $\mathscr{E}_J$ produite (3) en fonction de r, I_0 et Δt.

Comment appelle-t-on l'effet alors mis en jeu ?

d. Définir le rendement énergétique de l'électrolyseur.
Montrer qu'il est égal à $\rho = \frac{E'}{U}$ et le calculer.

10 La réaction chimique mise en jeu a pour équation :

$$2\,H_2O(\ell) \rightleftharpoons 2\,H_2(g) + O_2(g)$$

La dissociation d'une quantité d'eau $n(H_2O) = 1{,}0$ mol nécessite une énergie chimique $\mathscr{E}_{dm} = 282$ kJ.

a. Quelle est l'énergie chimique $\mathscr{E}_d$ qui a été mise en jeu lors de l'obtention du volume $V(H_2) = 10$ mL sachant que le volume occupé par une mole de gaz dans ces conditions vaut $V_m = 24\ \text{L} \cdot \text{mol}^{-1}$?

b. Calculer le quotient $\frac{\mathscr{E}_d}{\mathscr{E}_{CH}}$.

Commenter le résultat obtenu.

2 Étude d'une pile à combustible

Les piles à combustibles sont de plus en plus utilisées pour alimenter en électricité les équipements électroniques mobiles, des relais téléphoniques, certains bâtiments, mais aussi des voitures, des bateaux, etc. Les recherches sont très actives pour améliorer leurs performances et leur coût. Des modèles réduits sont maintenant disponibles et permettent d'étudier leur fonctionnement.

Analyse doc. 3, p. 52 Problème 1, p. 58

A Production du combustible et du comburant de la pile

La pile à combustible étudiée est une PEMFC (***p**roton **e**xchange **m**embrane **f**uel **c**ell*) : elle est constituée de deux électrodes séparées par une membrane polymère qui laisse passer les protons.

De l'eau distillée a été introduite dans la pile de façon à ce que la membrane polymère ne puisse pas sécher et le réservoir d'eau est rempli.

Une électrolyse réalisée avec la cellule permet de préparer le dihydrogène et le dioxygène nécessaires au fonctionnement de cette même cellule en tant que pile à combustible (voir la **fiche 13**, p. 213).

L'énergie nécessaire à cette électrolyse est fournie par un panneau solaire éclairé par une lampe.

- Remplir d'eau distillée les deux réservoirs O_2 et H_2 dans lesquels ont été insérées les cloches (**doc. 4**).
- À l'aide d'une seringue branchée à l'extrémité du tuyau relié au réservoir O_2, aspirer jusqu'à ce que l'eau remplisse tout le tuyau.

Ôter la seringue en serrant avec les doigts l'extrémité du tuyau, puis l'insérer sur l'embout O_2 de la pile.

Opérer de même avec le réservoir H_2 et l'embout H_2 de la pile.

- Avec la seringue, faire coïncider le niveau de l'eau distillée dans chacun des réservoirs avec la graduation 0.
- Réaliser le circuit du **document 5** en commençant par brancher le panneau solaire. Déclencher le chronomètre en branchant la pile à combustible et en respectant la polarité indiquée par les couleurs.
- Noter les valeurs de la tension U aux bornes de la cellule et de l'intensité I du courant qui traverse alors la cellule. Vérifier que ces valeurs restent à peu près stables au cours de l'électrolyse.
- Débrancher la pile et arrêter le chronomètre lorsque le volume de dihydrogène obtenu est égal à 10 mL. Noter la durée Δt correspondante.

Doc. 4 Cellule constituant la pile à combustible.

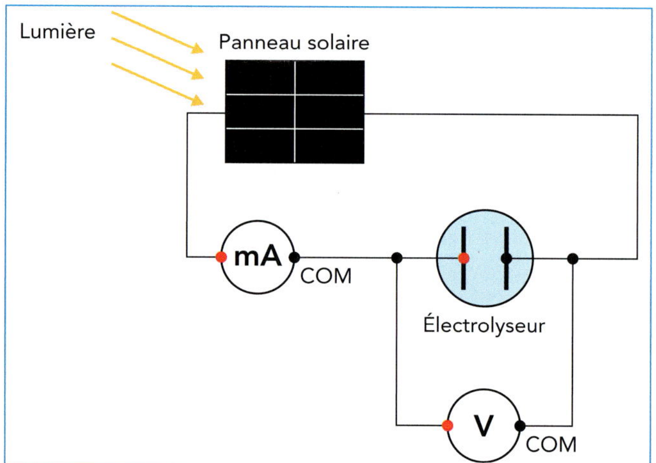

Doc. 5 Production du dihydrogène et du dioxygène.

1 Sachant que l'électrolyte est acide et laisse passer les protons, H^+, écrire l'équation de la réaction électrochimique traduisant l'obtention à partir d'eau :

a. de dihydrogène à une électrode ;

b. de dioxygène à l'autre électrode.

2 En déduire l'équation de la réaction traduisant le bilan de l'électrolyse réalisée.

Les volumes de dihydrogène et de dioxygène obtenus sont-ils en accord avec cette équation ?

3 Déterminer la quantité de dihydrogène obtenue, $n(H_2)_{obt}$, lors de l'électrolyse en considérant que le volume V_m occupé par une mole de gaz dans les conditions de l'expérience est voisin de $V_m = 24$ L.

4 Déterminer la charge électrique, Q (ou quantité d'électricité), qui a traversé le circuit lors de l'électrolyse.

En déduire la quantité de dihydrogène attendue, $n(H_2)_{att}$.

5 Calculer le quotient $\rho = \dfrac{n(H_2)_{obt}}{n(H_2)_{att}}$.

Commenter le résultat obtenu.

Donnée : la charge $Q_m = 96{,}5$ kC correspond à l'échange d'une mole d'électrons à chaque électrode.

B Fonctionnement de la pile à combustible

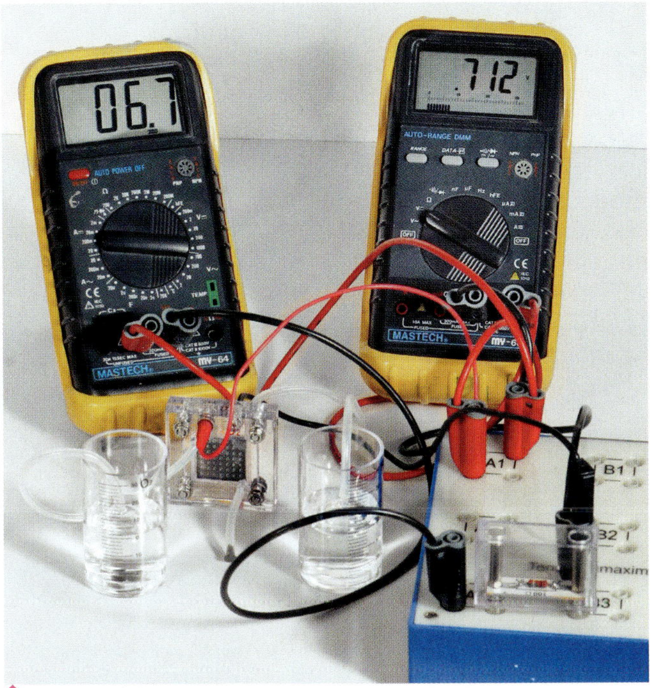

Doc. 6 Étude du fonctionnement de la pile à combustible.

- À l'aide d'un voltmètre, mesurer la tension à vide aux bornes de la pile.
Noter sa valeur E.
- Faire un schéma d'un montage permettant de mesurer la tension aux bornes de la pile et l'intensité qu'elle débite lorsqu'elle est branchée aux bornes d'un conducteur ohmique de résistance R.
- Réaliser le montage proposé après accord du professeur.
- Noter la valeur des volumes $V(H_2)_0$ de dihydrogène et $V(O_2)_0$ de dioxygène contenus dans les réservoirs de la pile.
- Brancher la pile aux bornes de la résistance en déclenchant le chronomètre.
Noter les valeurs de la tension U aux bornes de la pile et de l'intensité I du courant que la pile fait circuler lorsque ces valeurs sont stabilisées **(doc. 6)**.
- Faire débiter la pile jusqu'à ce que le volume de dihydrogène dans le réservoir ait diminué de moitié.
Arrêter le chronomètre et débrancher la pile en même temps.
Noter les valeurs de la durée de l'expérience Δt et du volume de dihydrogène consommé.

Info Si les valeurs de la tension U aux bornes de la pile et de l'intensité du courant varient légèrement, noter les valeurs extrêmes et déterminer les valeurs moyennes correspondantes.
Si ces variations deviennent plus importantes, ouvrir le circuit et noter la valeur du volume de dihydrogène restant alors dans le réservoir.

6 Recopier le schéma de la chaîne énergétique associée à la pile **(doc. 7)** et le compléter.

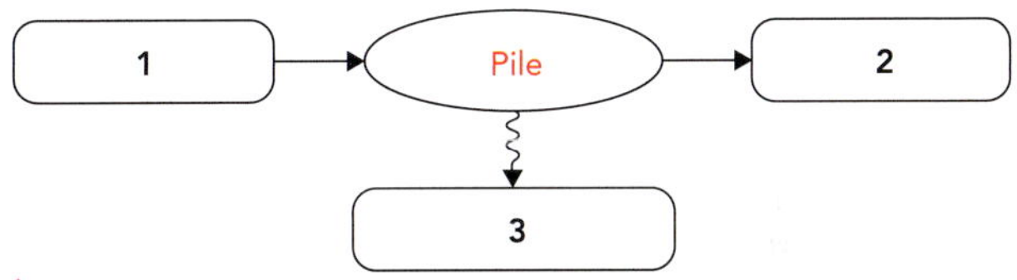

Doc. 7 Chaîne énergétique associée à la pile.

7 **a.** L'énergie chimique $\mathscr{E}_{CH}$ libérée dans la pile est $\mathscr{E}_{CH} = E \cdot I_0 \cdot \Delta t$. La calculer.

b. Exprimer l'énergie électrique $\mathscr{E}_E$ disponible aux bornes de la pile. La calculer.

c. Quelle est l'autre transformation d'énergie qui se produit dans la pile lorsqu'elle fonctionne ?

d. Le rendement énergétique de la pile est égal au quotient de l'énergie électrique fournie par l'énergie disponible.
Montrer qu'il est égal à $\rho = \frac{U}{\mathscr{E}}$ et le calculer.

8 Écrire l'équation des réactions ayant lieu :

a. à l'anode ;

b. à la cathode.

c. En déduire l'équation de la réaction de fonctionnement de la pile.

9 La consommation d'un volume de dihydrogène $V(H_2) = 1{,}0\ m^3$, dans les conditions de l'expérience, libère une énergie chimique $\mathscr{E}_l = 10$ kJ.

Quelle est l'énergie chimique $\mathscr{E}_d$ qui a été mise en jeu lors du fonctionnement de la pile ?

Calculer le quotient $\frac{\mathscr{E}_d}{\mathscr{E}_{CH}}$.

Commenter le résultat obtenu.

Données
Couples oxydant/réducteur :
$H^+(aq) / H_2(g)$ et $O_2(g) / H_2O(\ell)$.

Résolution de problèmes scientifiques

Problème résolu

1 Alimentation électrique d'une navette spatiale

Énoncé Analyse doc. 3, p. 52 TP 2, p. 57

L'alimentation électrique d'une navette spatiale **(doc. 1)** est réalisée par trois modules « piles à combustibles » Hydrox **(doc. 2)**. Chacun de ces modules est composé de 32 piles à combustible branchées en série, chacune étant alimentée en dihydrogène à une électrode et en dioxygène à l'autre électrode. Son électrolyte est constitué par une solution aqueuse concentrée d'hydroxyde de potassium, $K^+(aq) + HO^-(aq)$, basique. La tension aux bornes d'une pile est égale à $U = 0{,}875$ V, l'intensité du courant produit peut varier entre 50 et 400 A. L'eau produite par la réaction de fonctionnement de la pile est filtrée, stockée et peut être consommée par l'équipage. Un module Hydrox suffit à l'alimentation de la navette, mais trois sont présents pour assurer la sécurité : lorsqu'un module est actif, un autre est en veille, prêt à prendre le relais si nécessaire.

Données

Couples rédox mis en jeu : $H_2O(\ell)/H_2(g)$ et $O_2(g)/H_2O(\ell)$.
Charge électrique correspondant à l'échange d'une mole d'électrons aux électrodes : $Q_m = 96{,}5$ kC.
Intensité du courant délivré, en moyenne : $I = 250$ A.
Volume d'eau consommé quotidiennement par personne : 2,0 L.
Masse volumique de l'eau : $\mu = 1{,}0 \times 10^3\ g \cdot L^{-1}$.

Problème

Quelle est l'énergie fournie par un module lors d'un vol de 10 jours ?
L'eau alors produite suffit-elle à la consommation pour un équipage de cinq astronautes ?

COMPÉTENCES
- **Extraire l'information utile.**
- **Raisonner.**
- **Calculer.**

Doc. 1 La navette spatiale américaine.

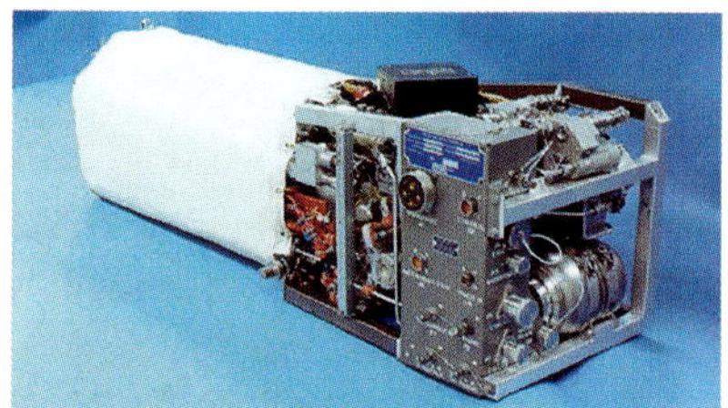

Doc. 2 La pile à combustible Hydrox.

Résolution possible

Quel problème pose l'énoncé ? Quelles pistes suivre pour y répondre ?

- L'énoncé demande de déterminer l'énergie fournie par un module et le volume d'eau alors formée.
- Déterminer la tension aux bornes d'un module, exploiter la définition de l'énergie électrique pour en déduire la charge électrique qui a circulé puis établir les équations des réactions aux électrodes et de la réaction de fonctionnement de la pile constitue une piste pour résoudre ce problème.

Quelles sont les étapes de la résolution ?

Une façon de faire	Comment le faire ?
1 Déterminer la tension existant aux bornes d'un module en fonctionnement.	Traduire le fait que les piles constituant le module sont branchées en série.
2 Exprimer l'énergie délivrée par le module.	Utiliser la définition de l'énergie et la valeur de l'intensité moyenne du courant qui est donnée.
3 Établir les équations des réactions électrochimiques (oxydation à l'anode et réduction à la cathode) et de la réaction de fonctionnement de la pile.	Utiliser les couples fournis dans les données et équilibrer les équations en utilisant des ions hydroxyde car le milieu est basique.
4 Relier la charge électrique ayant circulé à l'énergie électrique libérée par la pile d'une part et à la quantité d'eau formée.	Relier la quantité d'électrons échangés à une électrode à la quantité de dihydrogène consommée, puis la quantité d'eau formée à la quantité de dihydrogène consommée. Relier ces quantités à l'énergie fournie par la pile.
5 Déterminer le volume de l'eau formée.	Exploiter les relations entre quantité de matière, masse et volume pour déterminer le volume d'eau formé.

Solution rédigée

1 Les piles étant branchées en série, la tension aux bornes de l'ensemble est égale à la somme des tensions existant aux bornes de chacune des 32 piles constituant le module :

$$U_m = 32 \cdot U = 32 \times 0{,}875 = 28{,}0 \text{ V}.$$

2 L'énergie électrique, $\mathscr{E}$, délivrée par le module vaut $\mathscr{E} = U_m \cdot I \cdot \Delta t$,
soit :

$$\mathscr{E} = 28{,}0 \times 250 \times 10 \times 24 \times 3\,600 = \mathbf{6{,}0 \times 10^9 \text{ J}}.$$

3 À l'anode, en tenant compte de la présence d'ions hydroxyde, $HO^-(aq)$, le dihydrogène est oxydé en eau selon la réaction d'équation :

$$H_2(g) + 2\,HO^-(aq) \rightleftharpoons 2\,H^+(aq) + 2\,HO^-(aq) + 2\,e^-$$

En remplaçant $2\,H^+(aq) + 2\,HO^-(aq)$ par $2\,H_2O(\ell)$, on obtient l'équation :

$$H_2(g) + 2\,HO^-(aq) \rightleftharpoons 2\,H_2O(\ell) + 2\,e^- \quad (1)$$

À la cathode, le dioxygène est réduit en eau :

$$O_2(g) + 4\,H^+(aq) + 4\,HO^-(aq) + 4\,e^- \rightleftharpoons 2\,H_2O(\ell) + 4\,HO^-(aq)$$

En procédant de même, on obtient l'équation :

$$O_2(g) + 2\,H_2O(\ell) + 4\,e^- \rightleftharpoons 4\,HO^-(aq) \quad (2)$$

L'équation (3) de la réaction de fonctionnement de la pile s'en déduit :

$$2\,H_2(g) + O_2(g) \rightleftharpoons 2\,H_2O(\ell) \quad (3)$$

4 Un tableau d'avancement relatif à l'équation (3) montre que la quantité de dihydrogène consommé est égale à la quantité d'eau formée globalement :

Équation	$2\,H_2(g)$ +	$O_2(g)$ ⇌	$2\,H_2O(\ell)$
Quantité initiale	$n_0(H_2)$	$n_0(O_2)$	0
Quantité en cours d'évolution	$n_0(H_2) - 2\,x$	$n_0(O_2) - x$	$2\,x$

En procédant de la même façon avec l'équation (1), on constate que la quantité d'électrons échangés à l'anode $n(e^-)$ est égale au double de la quantité de dihydrogène consommé.

Par conséquent, la quantité d'électrons échangés à l'anode $n(e^-)$ est égale au double de la quantité d'eau formée : $n(e^-) = 2\,n(H_2O)$.

Or, l'énergie fournie par la pile peut être exprimée en fonction de la charge électrique que la pile a fait circuler :

$$\mathscr{E} = U_m \cdot I \cdot \Delta t = U_m \cdot Q; \quad \text{soit } Q = \frac{\mathscr{E}}{U_m}$$

Avec $Q = Q_m \cdot n(e^-)$, il vient $n(e^-) = \dfrac{Q}{Q_m} = \dfrac{\mathscr{E}}{Q_m \cdot U_m}$

Par suite :

$$n(H_2O) = \frac{n(e^-)}{2} = \frac{\mathscr{E}}{2 \cdot Q_m \cdot U_m}$$

$$n(H_2O) = \frac{6{,}0 \times 10^9}{2 \times 96{,}5 \times 10^3 \times 28{,}0} = \mathbf{1{,}1 \times 10^3 \text{ mol}}.$$

5 ***Réponse au problème posé***

Le volume V d'eau formé se déduit de cette quantité :

$$V = \frac{m(H_2O)}{\mu} = \frac{n(H_2O) \cdot M(H_2O)}{\mu}; \quad \text{soit } \mathbf{V = \frac{1{,}1 \times 10^3 \times 18{,}0}{1{,}0 \times 10^3} = 20 \text{ L}}.$$

Si l'on suppose qu'une personne consomme en moyenne 2,0 L d'eau par jour, cinq personnes consomment en dix jours un volume $V' = 5 \times 2 \times 10 = 100$ L.

Le volume d'eau formé n'est donc pas suffisant.

Problèmes à résoudre

COMPÉTENCES
- Extraire l'information.
- Raisonner.

2 Productions de dihydrogène

Énoncé

Analyse doc. 1 et 2, p. 48 et 50

Document 1

Électrolyse de l'eau

Un électrolyseur.

Lors de l'électrolyse de l'eau, comme lors de sa dissociation thermique, il faut fournir une énergie $\mathcal{E}$ = 282 kJ pour dissocier une mole d'eau en dihydrogène et dioxygène.

Document 3

Réaction dite du gaz à l'eau

Le charbon est traité en deux étapes :

– **étape 1** : réaction entre le carbone constituant le charbon et l'eau, H_2O, avec formation de dihydrogène et de monoxyde de carbone, CO ; elle nécessite 170 kJ par mole de carbone consommée ;

– **étape 2** : identique à la seconde étape de la conversion du méthane.

Document 2

Conversion du méthane

Elle se fait en deux étapes :

– **étape 1** : réaction entre le méthane, CH_4, et l'eau, H_2O, avec formation de dihydrogène et de monoxyde de carbone, CO ; elle nécessite l'apport de 244 kJ par mole de méthane consommée ;

– **étape 2** : réaction entre le monoxyde de carbone formé lors de l'étape 1 et l'eau avec formation de dihydrogène et de dioxyde de carbone.

Cette réaction libère de l'énergie.

Document 4

Transformation de la biomasse

La cellulose ou la lignine des végétaux ont la même composition que celle d'une molécule A de formule $C_6H_9O_4$. Le traitement thermochimique de la biomasse se fait en deux étapes :

– **étape 1** : réaction entre A et l'eau avec formation de dihydrogène et de monoxyde de carbone, CO ; elle nécessite l'apport de 880 kJ par mole de A consommée ;

– **étape 2** : identique à la seconde étape de la conversion du méthane.

D'après G. CLAUDET, « Mémento de l'Hydrogène », fiche 3.3.1, site AFH2, 2003.

Problème

Parmi les quatre méthodes de production du dihydrogène présentées, quelle est la méthode la plus économique en énergie ? Est-ce la plus écologique ?

Résolution possible

Quel problème pose l'énoncé ? Quelles pistes suivre pour y répondre ?

- L'énoncé demande de trouver la méthode de production du dihydrogène la moins coûteuse en énergie.
- Calculer l'énergie nécessaire pour former une mole de dihydrogène est une piste pour résoudre ce problème.

Quelles sont les étapes de la résolution ?

Une façon de faire	Comment le faire ?
1 Écrire les équations des réactions envisagées	Repérer la nature des réactifs et des produits.
2 Comparer les énergies nécessaires pour produire une mole de dihydrogène dans chaque procédé.	Déterminer la quantité de dihydrogène formé pour une mole du réactif considéré en faisant le bilan des réactions.
3 Considérer la production globale du dioxyde de carbone, gaz à effet de serre.	Analyser la source du réactif traité et faire le bilan global de production du dioxyde de carbone.

3 Rendement d'une pile à combustible PEMFC

Voir, si nécessaire, pistes de résolution, p. 214.

COMPÉTENCES
- Modéliser.
- Raisonner.

Énoncé

TP 2, p. 57

Une pile à combustible PEMFC est une pile à basse température dont l'électrolyte est constitué par une membrane polymère échangeuse de protons. L'étude de la caractéristique d'une telle pile a donné les résultats suivants :

U (V)	1,2	1,0	0,85	0,80	0,77	0,72	0,68	0,62	0,57	0,49
j (A·cm^{-2})	0	0,03	0,10	0,20	0,30	0,40	0,50	0,60	0,70	0,80

Le point de fonctionnement nominal de la cellule est tel que U_N = 0,7 V et j_N = 0,45 A·cm^{-2} lorsqu'elle alimente une voiture (jouet).

Info
- Rendement énergétique d'une pile : quotient de la puissance électrique réellement fournie par la pile par la puissance disponible $\mathcal{P} = E \cdot I$; E est la force électromotrice de la pile.
- Densité de courant surfacique, j : $j = \frac{I}{S}$ où I est l'intensité du courant qui traverse la surface S.
- Lors de l'utilisation d'une pile à combustible pour motoriser une voiture, le point de fonctionnement choisi ne doit pas correspondre à la puissance maximale de la pile.

Problème

Justifier le choix du point de fonctionnement de la cellule caractérisé par la tension aux bornes de la pile et l'intensité du courant qu'elle fait alors circuler.

4 Fonctionnement d'une pile à combustible MCFC

Voir, si nécessaire, pistes de résolution, p. 214.

COMPÉTENCES
- Lire un schéma.
- Rédiger.

Analyse doc. 3, p. 52

Énoncé

Le schéma de fonctionnement d'une pile à combustible à carbonate fondu, MCFC (*molten carbonate fuel cell*), est donné ci-contre.

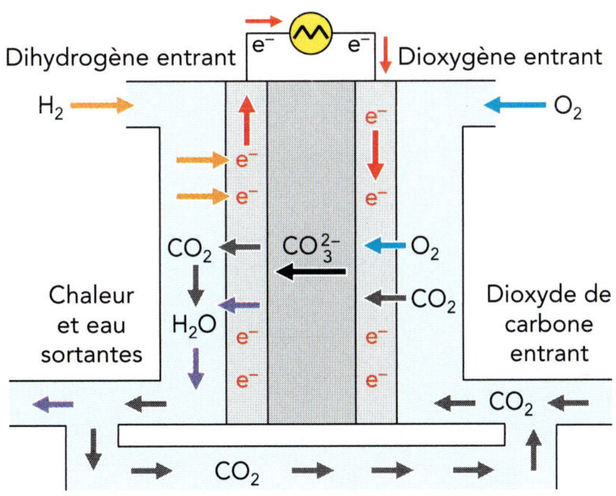

Problème

Décrire le fonctionnement de cette pile en justifiant le rôle des ions carbonate.

5 Pouvoir énergétique du dihydrogène

Voir, si nécessaire, pistes de résolution, p. 214.

COMPÉTENCES
- Raisonner.
- Calculer.

Énoncé

Combustible	Dihydrogène	Méthane	Essence
Formule	H_2	CH_4	C_8H_{16}
Masse volumique (kg·m^{-3}) sous 1 bar et à 0 °C	0,090	0,65	680
Énergie de combustion (kJ·mol^{-1})	240	800	$5,05 \times 10^3$

Problème

Montrer que le dihydrogène est le combustible qui a le meilleur rapport énergie/masse. Qu'en est-il du rapport énergie/volume ? Conclure.

Thème 2

Son et musi

Sommaire

que

Quelles sont les principales caractéristiques des émetteurs et des récepteurs sonores ? (Voir chapitre 4.)

Comment un instrument de musique peut-il émettre des sons différents ? (Voir chapitre 5.)

Quelles lois physiques et quels éléments architecturaux permettent d'améliorer l'acoustique des salles de spectacle ? (Voir chapitre 6.)

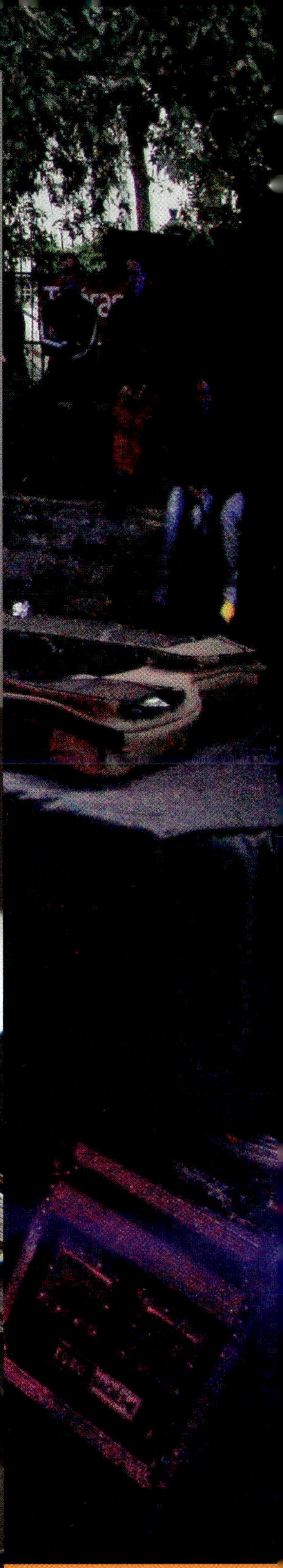

Prérequis

Les notions vues au Collège, en Seconde, en Première et dans l'enseignement spécifique de Terminale

Phénomène périodique, période et fréquence

- Un phénomène périodique se reproduit identique à lui-même à intervalles de temps égaux.
- La période T est la plus petite durée au bout de laquelle un phénomène périodique se répète **(doc. a)**.
- La fréquence f est le nombre de répétitions d'un phénomène périodique par unité de temps.

  La fréquence et la période sont liées par la relation $f = \frac{1}{T}$ avec T en seconde (s) et f en hertz (Hz).
- La tension maximale U_{max} d'un signal est l'écart entre la valeur maximale de ce signal et la valeur référence **(doc. a)**. U_{max} s'exprime en volt (V).
- Un oscilloscope, ou un système d'acquisition, permet de visualiser l'évolution d'une tension au cours du temps.

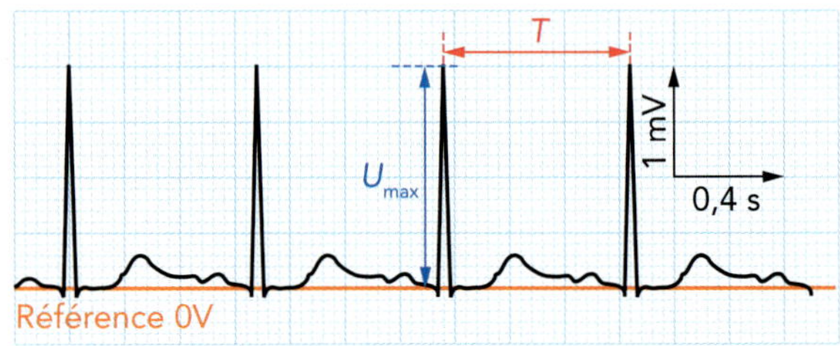

Sur l'exemple ci-dessus :

U_{max} = 2,0 div × 1 mV/div = 2,0 mV

et T = 1,7 div × 0,40 s/div = 0,68 s,

soit $f = \frac{1}{0{,}68} = 1{,}5$ Hz.

Doc. a Un signal périodique.

Fonction sinusoïdale

- Une grandeur physique $g(t)$ peut avoir une évolution temporelle modélisable par une fonction sinusoïdale :

$g(t) = G_{max} \times \cos\left(\frac{2\pi}{T} \cdot t + \Phi\right)$. On parle alors de grandeur sinusoïdale.

  → G_{max} est l'**amplitude** de la grandeur $g(t)$. Elle s'exprime dans la même unité que $g(t)$.

  → T est la **période** de la grandeur $g(t)$. Elle s'exprime dans la même unité que le temps t. L'unité de temps dans le Système International est la seconde (s).

  → Φ est la **phase à l'origine** de la grandeur $g(t)$. Elle s'exprime en radian (rad).

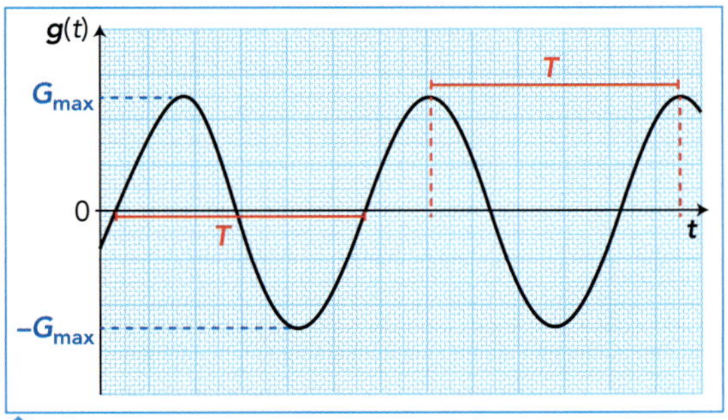

Doc. b Représentation graphique d'une grandeur sinusoïdale.

- La période T se lit entre deux instants consécutifs pour lesquels la grandeur $g(t)$ se reproduit identique à elle-même : $g(t + T) = g(t)$.
- L'amplitude G_{max} se lit entre la valeur maximale et la valeur de référence, ici $g = 0$.
- La phase à l'origine Φ se calcule en mesurant la valeur de $g(t)$ à l'instant initial et en observant son sens de variation à cette date.
- L'influence des trois grandeurs (période, amplitude et phase à l'origine) peut être mise en évidence graphiquement **(doc. c et d)**.

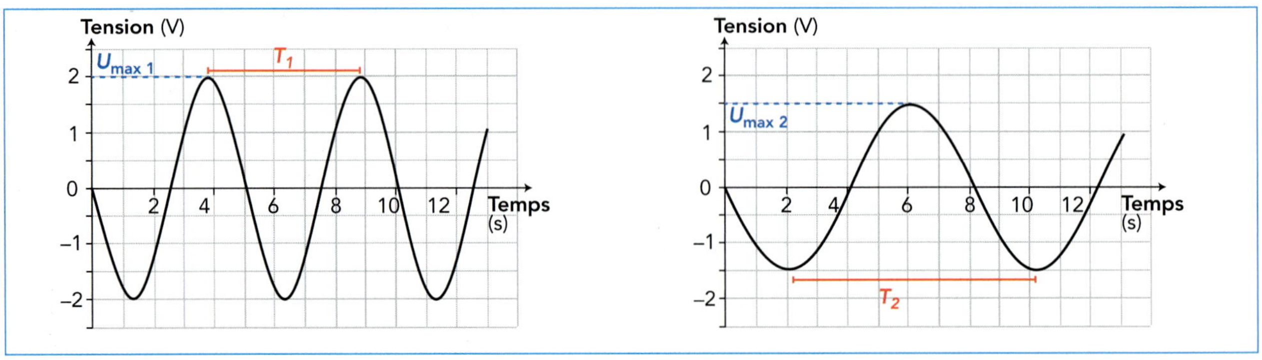

Doc. c Deux tensions sinusoïdales et de phases à l'origine identiques, mais de périodes et d'amplitudes différentes.

$T_1 < T_2$, donc $f_1 > f_2$ et $U_{max1} > U_{max2}$

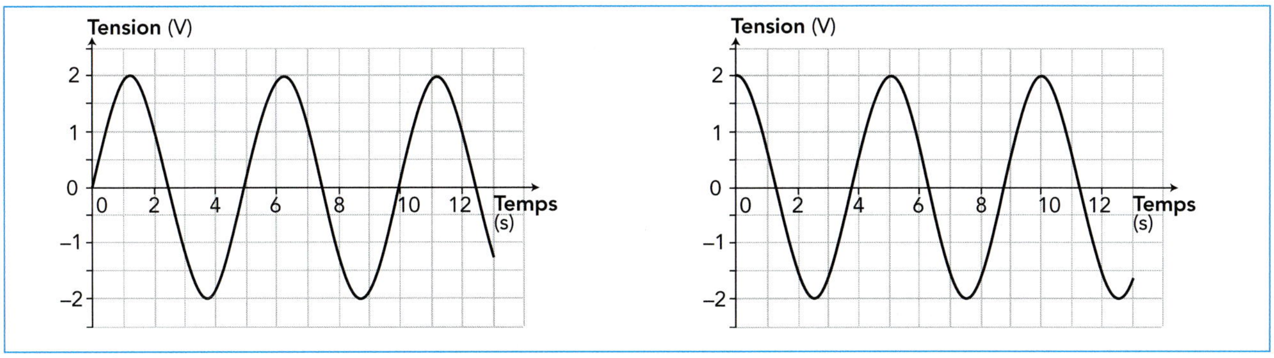

Doc. d Deux tensions sinusoïdales de périodes et d'amplitudes identiques, mais de phases à l'origine différentes.

$\Phi_1 \neq \Phi_2$

▸ **REMARQUE** : certaines grandeurs sinusoïdales évoluent autour d'une valeur moyenne k non nulle. k a la même unité que $g(t)$.

$$g(t) = k + G_{max} \times \cos\left(\frac{2\pi}{T} \cdot t + \Phi\right)$$

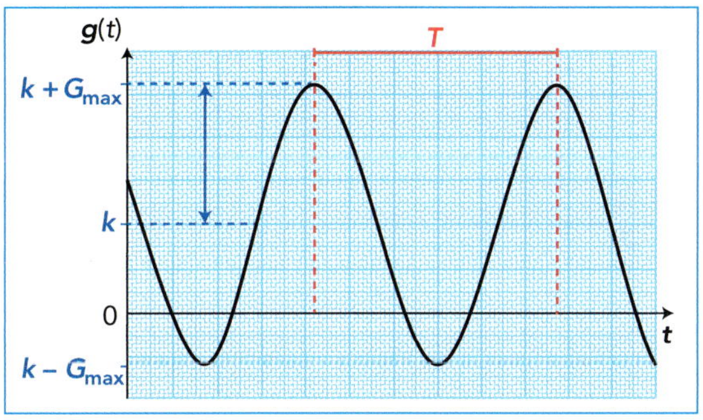

Ondes sonores et ultrasonores

▸ Les ondes sonores et ultrasonores sont des ondes mécaniques. Elles ont besoin d'un milieu matériel pour se propager.

Dans l'air, elles se déplacent à une vitesse dont la valeur est de l'ordre de 340 $m \cdot s^{-1}$.

▸ Les sons audibles par l'oreille humaine ont des fréquences comprises entre 20 Hz et 20 kHz environ.

Ils sont limités par les infrasons ($f < 20$ Hz) et par les ultrasons ($f > 20$ kHz).

Spectre d'un son

▸ Tout signal périodique de fréquence f_1 peut être décomposé en une somme de signaux sinusoïdaux de fréquences f_n multiples de f_1. Ces signaux sinusoïdaux sont appelés **harmoniques**.

▸ L'**analyse spectrale** d'un son permet d'obtenir le spectre en fréquences d'un son, c'est-à-dire la représentation graphique de l'amplitude de ses composantes sinusoïdales en fonction de la fréquence.

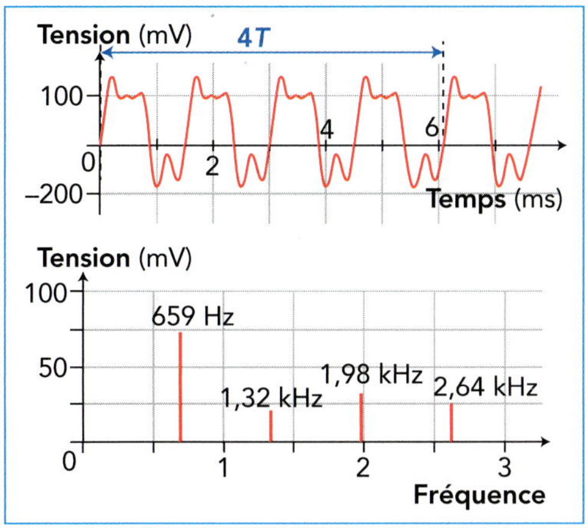

Doc. e Oscillogramme d'un Mi_4 joué à la guitare et spectre en fréquences correspondant.

Prérequis

Niveau d'intensité sonore

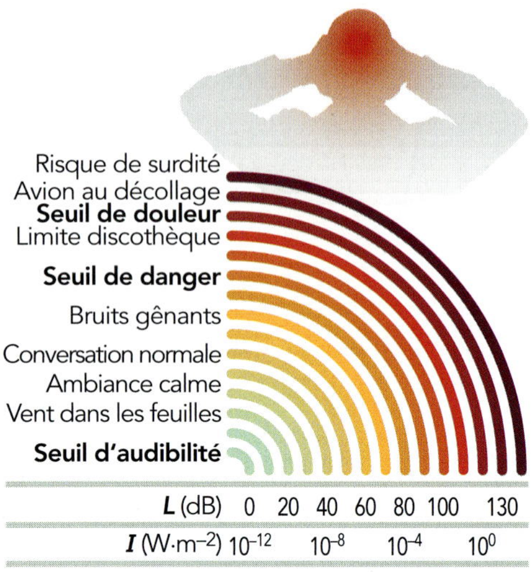

Doc. f Échelle des intensités sonores I et des niveaux d'intensité sonore L.

- L'intensité sonore I caractérise l'intensité du signal reçu par l'oreille. Elle s'exprime en watt par mètre carré ($W \cdot m^{-2}$).

- L'oreille humaine perçoit des signaux sonores dont l'intensité est comprise entre une valeur minimale $I_0 = 1{,}0 \times 10^{-12}\ W \cdot m^{-2}$ (seuil d'audibilité) et une valeur maximale égale à $25\ W \cdot m^{-2}$ (seuil de douleur).

- Le niveau d'intensité sonore L est défini par :

$$L = 10 \cdot \log\left(\frac{I}{I_0}\right)$$

avec I_0 correspondant au seuil d'audibilité.
I et I_0 s'expriment en $W \cdot m^{-2}$. L s'exprime en décibel (dB).

Réflexion et réfraction

- Comme la lumière, le son peut être réfléchi lorsqu'il rencontre un obstacle, c'est le phénomène de réflexion.

- Le son peut être dévié lorsqu'il change de milieu de propagation, c'est le phénomène de réfraction.

Doc. g Réflexion et réfraction dans le cas de la lumière.

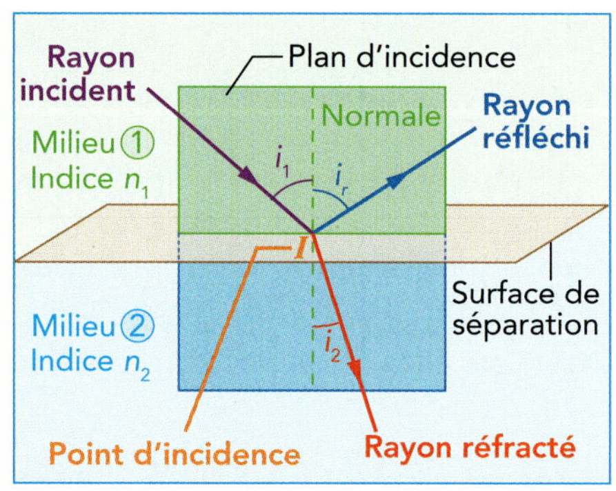

Diffraction et interférences

- Une onde sonore peut être diffractée sur un obstacle ou une ouverture. L'importance du phénomène de diffraction est liée au rapport de la longueur d'onde aux dimensions de l'ouverture ou de l'obstacle.

- Les ondes sonores peuvent interférer. Les conditions d'interférences constructives et destructives pour des ondes sonores sont semblables à celles concernant les ondes lumineuses.

Puissance et énergie

- L'énergie $\mathcal{E}$ consommée ou produite par un appareil de puissance $\mathcal{P}$ est liée à sa durée de fonctionnement Δt par la relation :

$$\mathcal{E} = \mathcal{P} \cdot \Delta t$$

$\mathcal{E}$: joule (J) / kilowatt-heure (kW·h)
$\mathcal{P}$: watt (W) / kilowatt (kW)
Δt : seconde (s) / heure (h)

Émetteurs et récepteurs sonores

Chapitre 4

La voix des chanteurs et les sons émis par les divers instruments sont captés par les oreilles des spectateurs et les microphones. Dans les deux cas, ils sont transformés en signaux électriques.

Quelles sont les principales caractéristiques des émetteurs et des récepteurs sonores ?

Mots-clés

CASQUE AUDIO RECONNAISSANCE VOCALE MICROPHONE *enceintes acoustiques* *acoustique physiologique* VOIX

1 La voix et l'oreille humaines

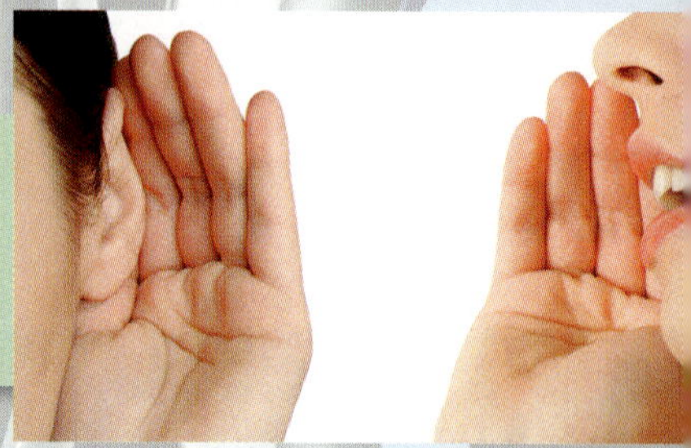

La voix est considérée comme le plus ancien des instruments de musique, l'oreille comme le plus ancien récepteur sonore.
Comment la voix est-elle créée ? Comment l'oreille capte-t-elle les sons ?

Document 1 Comment naît la voix ?

→ Problème 6, p. 85

« La formation de la voix est déterminée par le jeu de plusieurs structures (systèmes).

• L'appareil respiratoire producteur de souffle

Le souffle sera maîtrisé différemment pour l'émission de la voix.

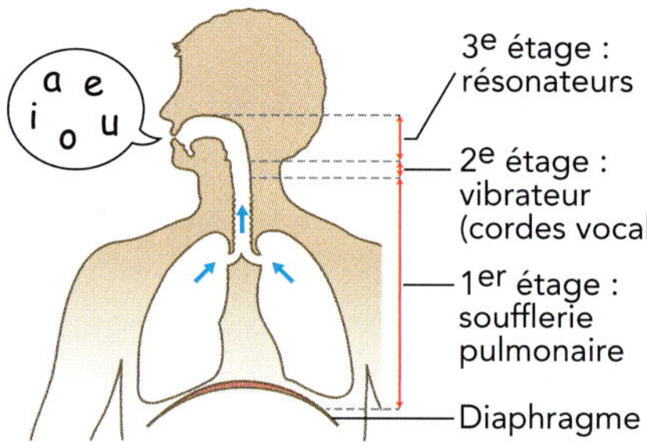

• Le vibreur laryngé producteur du son de la voix

L'indispensable passage du souffle entre les deux **cordes vocales**, rapprochées de façon adéquate, les fait vibrer. C'est l'origine du son de la voix.

Les deux cordes (plis vocaux) sont placées horizontalement dans le larynx (à hauteur de la pomme d'Adam).

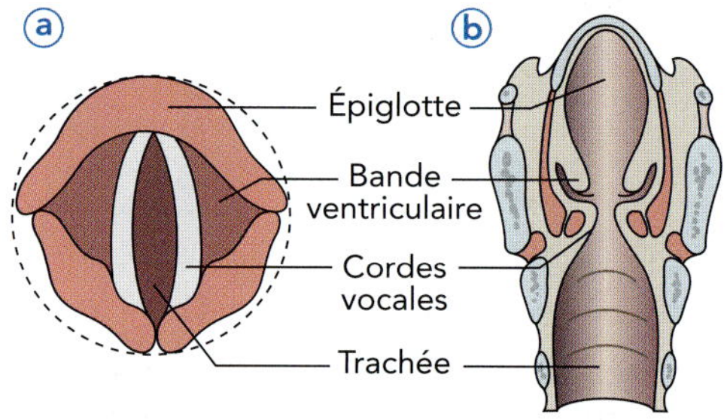

Système laryngé : coupe transversale (a), coupe longitudinale (b).

• Les espaces d'amplification et de résonance

Ces espaces, ou cavités (gorge, nez, bouche), changent de volume et de forme grâce au jeu des muscles du voile du palais, de la langue, des lèvres… Ainsi, peuvent se modifier les qualités de la voix. »

Extrait de la recommandation 27 BIAP, Bureau International d'Audio-Phonologie, www.biap.org

Document 2 Description de la voix

La voix peut être caractérisée par quatre paramètres principaux.

– La **hauteur** est la sensation auditive liée à la fréquence des vibrations des cordes vocales (son grave, son aigu). L'unité de mesure est le hertz.

– L'**intensité** est la sensation auditive liée à l'amplitude des vibrations des cordes vocales (son fort, son faible). L'unité de mesure est le décibel.

– Le **timbre** est la sensation auditive liée aux harmoniques présents (son sombre, son clair).

– La **tenue** est la sensation auditive liée à la durée des vibrations des cordes vocales (son long, son court).

D'après le site Musica et Memoria, www.musimem.com

→ Problème 6, p. 85

Document 3 Les registres de la voix

On peut changer la fréquence de vibration des cordes vocales en modifiant leur tension, et surtout leur épaisseur. Cela a pour effet de faire varier la hauteur des sons émis par la voix. Ces modifications sont le fruit d'actions neurocérébrales.

Le **registre** d'une voix est l'étendue de son échelle vocale, de la note la plus grave à la note la plus aiguë. Pour la voix chantée, l'échelle des sons pouvant être émis de façon homogène est appelée **tessiture**, c'est une partie du registre d'un interprète.

D'après le site Wikipédia.

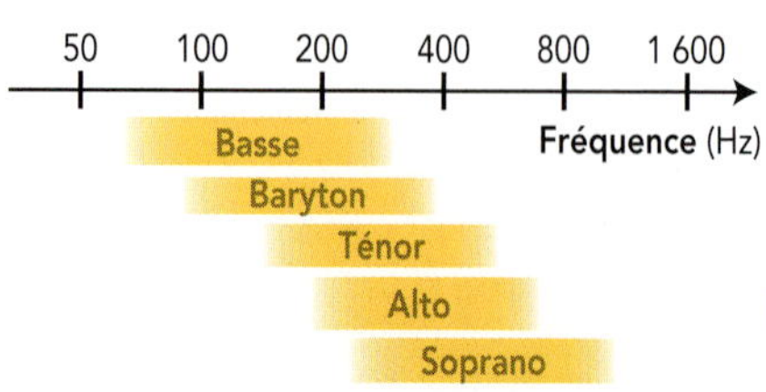

Les différents registres de la voix.

Document 4 Acoustique physiologique

TP 2, p. 78 Problème 2, p. 82

L'oreille comporte trois parties.

- L'**oreille externe** est la seule partie en communication directe avec l'extérieur. Elle est composée d'un pavillon et d'un conduit auditif. C'est une simple structure de transmission des sons vers le tympan.
- L'**oreille moyenne** tient le rôle de protection et de transmission mécanique. Les vibrations du tympan sont transmises au marteau, à l'enclume et à l'étrier.
- L'**oreille interne** est la partie la plus fragile de l'oreille. Elle est constituée de quelques milliers de cellules ciliées situées dans la cochlée qui convertissent les vibrations mécaniques en signaux électriques. C'est « notre capital auditif ».

D'après le site www.ecoute-ton-oreille.com géré par l'INPES.

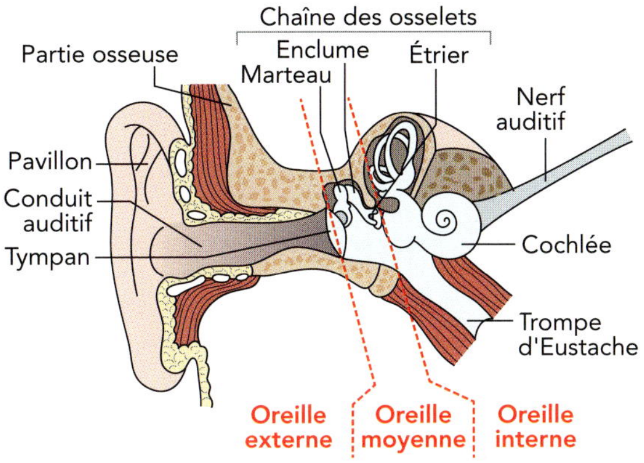

Document 5 Sensibilité de l'oreille

Problèmes 1 et 2, p. 80 et 82

L'oreille perçoit convenablement les sons dont le niveau d'intensité sonore est compris entre le seuil d'audibilité et le seuil de douleur. Sa sensibilité varie en fonction de la fréquence. Cela peut être représenté par une série de courbes dites d'égale sensation auditive. Ces courbes montrent, par exemple, qu'un son de 1 000 Hz dont le niveau d'intensité sonore est de 40 dB donne la même sensation d'intensité qu'un son de 30 Hz de 90 dB (points rouges).

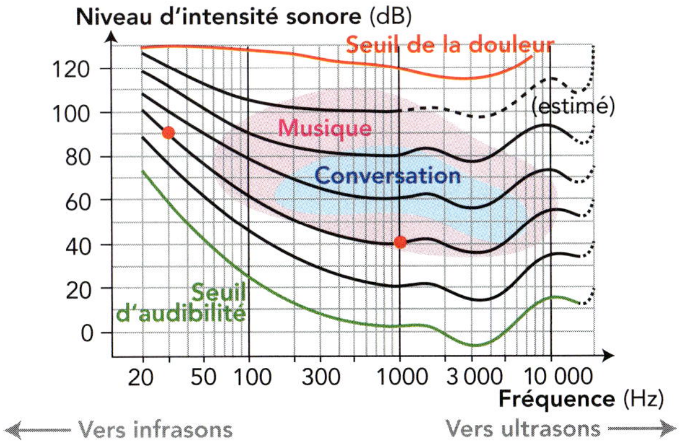

Par ailleurs, la sensibilité de l'oreille diminue avec l'âge, ce qui conduit à des pertes auditives.

Document 6 Les dangers du bruit

Les sons deviennent nocifs lorsque leur intensité dépasse les possibilités de réception de l'oreille.

Le niveau d'intensité sonore est exprimé en décibel (dB). L'échelle va de 0 à 120 dB, mais certaines sources (avions, canons, fusées) émettent des sons d'un niveau supérieur. La réglementation limite à 100 dB le niveau de sortie des baladeurs et à 105 dB celui dans les lieux musicaux. La limite de nocivité est située à 85-90 dB.

Après exposition prolongée à un niveau proche de 100 dB, par exemple, après une soirée en discothèque, on constate divers états auditifs que l'on peut classer par gravité croissante :
– aucun phénomène auditif particulier, c'est le cas le plus fréquent, mais à coup sûr, quelques cellules ont été fragilisées ;
– phénomènes temporaires tels que des bourdonnements ou des sifflements (acouphènes) ;
– phénomènes de type acouphènes persistants et irréversibles, baisse sensible de l'audition.

D'après la brochure « Nos oreilles on y tient », Association Journée Nationale de l'Audition.

Pour aller plus loin :
- E. Leipp, *Acoustique et musique*, Masson, 1984.
- « Voix » et « Oreille », *Encyclopaedia Universalis*.
- www.laboratoiredelavoix.com/wp-content/uploads/lavoix.pdf

Analyse et synthèse

1 Quelles sont les trois parties du corps qui interviennent dans la voix ? → *doc. 1*

2 Schématiser, sous la forme d'une chaîne, les principales étapes de la production d'un son par la voix, puis de la perception d'un son par l'oreille. → *doc. 1 et 4*

3 Comment peut-on expliquer la différence de tessiture entre un baryton et une soprano ? → *doc. 2 et 3*

4 Lorsque les valeurs à représenter sur un graphique sont trop étalées, on peut utiliser une échelle particulière appelée échelle logarithmique (voir **fiche 9**, p. 208).

Dans quel(s) document(s) a-t-on fait ce choix ?

5 Comparer les niveaux d'intensité sonore permis par la réglementation avec les limites de nocivité et le seuil de douleur. Quel autre paramètre est aussi à prendre en compte pour évaluer la nocivité d'un son ? → *doc. 5 et 6*

6 **Bilan** En quoi l'oreille est-elle adaptée à la voix ?

2 Microphone et haut-parleur

Un microphone convertit les ondes sonores en signaux électriques. Un haut-parleur réalise l'opération inverse, il émet des sons à partir des signaux électriques qu'il reçoit.
Quels sont les points communs entre un microphone et un haut-parleur électrodynamiques ?

Document 1 Principe du microphone électrodynamique

→ TP 1, p. 76

Un microphone électrodynamique comporte deux éléments essentiels : une bobine (enroulement d'un fil conducteur) et un aimant. La bobine mobile, est placée dans le champ magnétique créé par l'aimant fixe.

Une membrane souple, solidaire de la bobine, capte les vibrations de l'air engendrées par une onde sonore. Les déplacements de la bobine, provoqués par ceux de la membrane, dans le champ magnétique de l'aimant créent une tension électrique u aux bornes de la bobine.

Microphone Shure SM58.

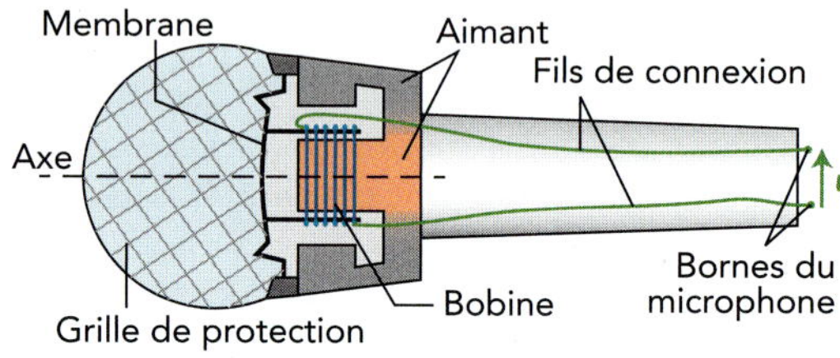

C'est le phénomène d'induction électromagnétique.

La fréquence de la tension électrique est égale à celle des vibrations de l'air, donc à celle du son correspondant à ces vibrations.

L'amplitude de cette tension est d'autant plus grande que le niveau d'intensité sonore est grand.

Document 2 Caractéristiques techniques d'un microphone

→ Problème 3, p. 83

Les caractéristiques d'un microphone sont indiquées sur la fiche technique du constructeur.

• La **bande passante** est le domaine de fréquences qu'il capte convenablement. Elle se déduit de la courbe de réponse du microphone. Cette courbe est la représentation graphique du niveau de sortie, exprimé en dB, en fonction de la fréquence du son qu'il capte. Par convention, on affecte le niveau 0 dB à la valeur obtenue pour 1 000 Hz.

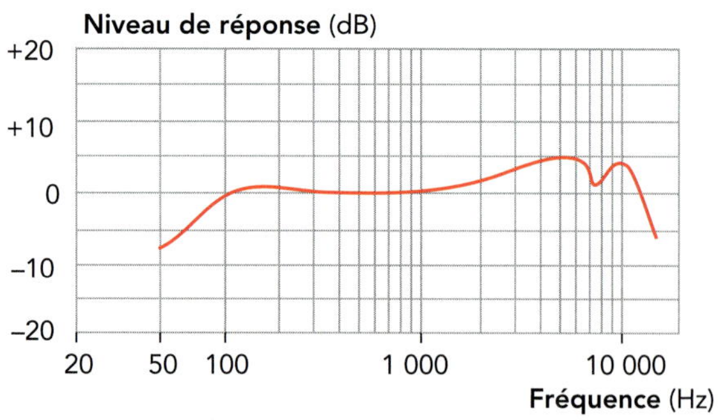

Courbe de réponse dans le domaine des sons audibles.

• La **sensibilité** est son aptitude à fournir une tension élevée pour des sons de faible niveau d'intensité sonore. Un microphone de grande sensibilité captera bien les sons peu intenses, mais sera sensible aux parasites sonores.

• La **directivité** du microphone est son aptitude à réagir suivant la direction de propagation du son. Un micro omnidirectionnel capte les sons provenant de toutes les directions ; un microphone directif capte les sons provenant d'une seule direction.

L'axe du microphone est l'axe défini par l'angle $\theta = 0°$, la membrane pointant vers la graduation 0°. On déplace la source sonore le long d'un cercle centré sur le microphone. Chaque position de la source est repérée par l'angle θ. On compare la réponse du microphone pour cette position à celle obtenue lorsque la position de la source est repérée par $\theta = 0°$. Cela permet de calculer un niveau de réponse, exprimé en dB. Une valeur négative traduit un microphone qui capte moins bien les sons que dans la direction de référence (0°).

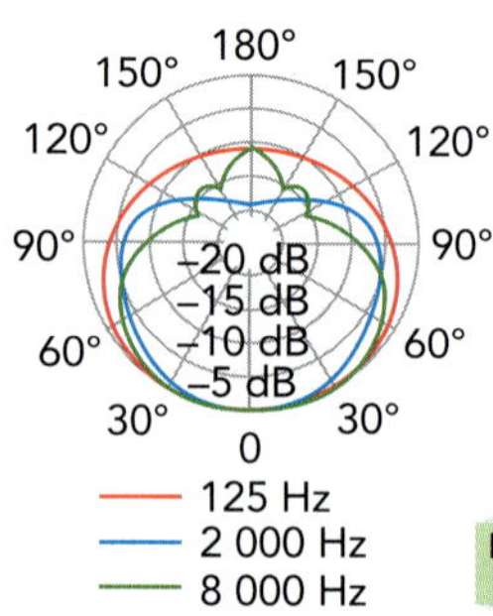

Réponse en fonction de la direction pour trois fréquences.

Par exemple, le Shure SM58 n'est pas omnidirectionnel pour des sons de fréquences 125, 2000 ou 8000 Hz. Cependant, il capte mieux les sons de 125 Hz de fréquence en arrière de lui (de 150° à 180°) que les sons de 2000 Hz.

D'après les spécifications techniques du Shure SM58.

Document 3

Principe du haut-parleur électrodynamique

TP 1, p. 76

« Le haut-parleur le plus largement utilisé (à 99 %) est le haut-parleur électrodynamique.

Sa fonction dans une enceinte est d'agir comme un double transformateur d'énergie. Il reçoit le signal audio, une énergie électrique, qu'il transforme en une énergie mécanique. En effet, la bobine mobile du haut-parleur se met en mouvement lorsqu'un signal audio est reçu. Puis le haut-parleur transforme cette énergie mécanique en énergie acoustique, grâce à sa membrane. Celle-ci est reliée à la bobine mobile et reproduit donc les mêmes mouvements que cette dernière. C'est en se déplaçant sous l'action de la bobine mobile que la membrane crée une pression acoustique, le son. »

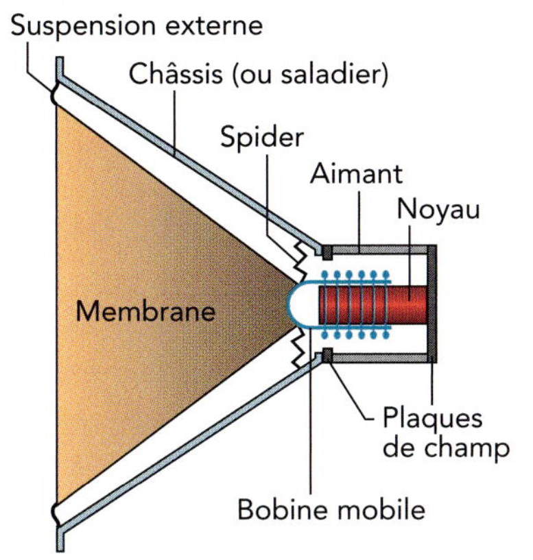

Extrait du site www.enceinte.net

Document 4

Caractéristiques techniques d'un haut-parleur

TP 3, p. 79 Problème 7, p. 86

« Les caractéristiques d'un haut-parleur sont indiquées sur la fiche technique du constructeur.

- La **bande passante** d'un haut-parleur est le domaine de fréquences des sons qu'il est capable de restituer. La bande passante se déduit de la courbe de réponse du haut-parleur. Cette courbe est la représentation graphique du niveau d'intensité sonore obtenu, exprimé en dB, en fonction de la fréquence de la tension qui l'alimente, exprimée en Hz.

Un **boomer** (ou **woofer**) est un haut-parleur dont la bande passante est située dans les basses fréquences. Il restitue essentiellement les sons graves. Un **medium** restitue les sons de fréquences moyennes. Un **tweeter** restitue les sons aigus.

- La **couverture angulaire** d'un haut-parleur est son aptitude à diffuser des sons dans le plan horizontal et dans le plan vertical.

- La **puissance admissible** d'un haut-parleur est la puissance électrique maximale qu'il peut supporter sans dégâts. Au-delà de cette valeur, le haut-parleur sera endommagé.

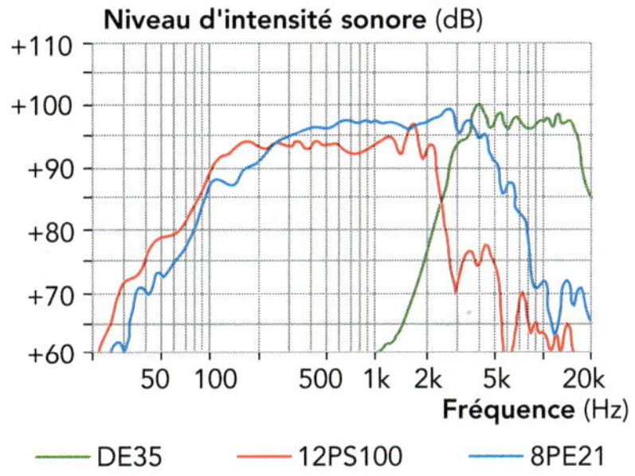

Bande passante de trois haut-parleurs.

- Le **rendement** d'un haut-parleur mesure sa faculté à transformer la puissance électrique reçue en puissance mécanique. »

Extrait des spécifications techniques du B&C DE35, du B&C 8PE21 et du B&C 12PS100.

Pour aller plus loin :
- A. FISCHETTI, *Initiation à l'acoustique*, Belin, 2003.
- www.sonorisation-spectacle.org
- www.sonomag.com

Analyse et synthèse

1. En argumentant, comparer la directivité du microphone Shure SM58 pour diverses fréquences. → *doc. 1 et 2*
2. Pourquoi le choix d'un microphone est-il notamment guidé par sa bande passante ? → *doc. 2*
3. Les haut-parleurs B&C de référence DE35, 8PE21 et 12PS100 sont-ils des boomers, des mediums ou des tweeters ? → *doc. 4*
4. Comparer les rôles d'un microphone et d'un haut-parleur à ceux de l'appareil vocal et de l'oreille humaine.
5. **Bilan** Résumer le principe de fonctionnement d'un microphone et d'un haut-parleur électrodynamiques en précisant les éléments constitutifs communs. Identifier les transferts d'énergie qui ont lieu.

3 La restitution des sons

L'enceinte acoustique ou le casque audio constituent le dernier maillon d'une chaîne haute-fidélité (Hi-Fi) ou d'un baladeur. **Quels sont les critères de qualité d'un système de restitution du son ?**

Document 1 L'utilité de l'enceinte acoustique

TP 1, p. 76

Une enceinte acoustique maintient les haut-parleurs et leur permet de transmettre efficacement à l'air les vibrations de leurs membranes.

Quand un haut-parleur est utilisé seul, sa membrane fait à la fois vibrer l'air devant elle mais aussi l'air derrière elle. En effet, lorsqu'elle avance, la pression augmente devant elle et diminue derrière. Inversement, la pression diminue devant et augmente derrière lorsqu'elle recule. Cela crée deux ondes sonores, une émise vers l'avant et une autre émise vers l'arrière. Du fait de leur mode de production, ces deux ondes sont en opposition de phase. Si elles se rencontrent et se superposent, elles peuvent s'annuler. Cela se produit surtout pour les basses fréquences.
Pour éviter ce phénomène, il faut supprimer les ondes arrière. Cela peut être réalisé en fixant le haut-parleur sur un « support infini » constitué d'une plaque de grande dimension. Un tel support permet de séparer les ondes avant et arrière et empêche leur superposition.

Une autre solution consiste à renvoyer les ondes arrière vers l'avant tout en les déphasant de 180°. C'est le système *bass-reflex*. Il empêche l'annulation qui pourrait se produire lorsque ces ondes arrière, renvoyées vers l'avant, se superposent aux ondes avant.

D'après le site Wikipédia.

Document 2 Tester des enceintes acoustiques

« Si l'électronique envoie un signal « propre », encore faut-il que l'acoustique le restitue avec un minimum de dégradation. Qualité des haut-parleurs, des filtres, choix des matériaux, des formes et des volumes, autant de paramètres qui nécessitent un gros zeste de savoir-faire pour obtenir le bon son. Pour le noter, nous faisons appel à une batterie de tests réalisés en « chambre sourde », afin d'absorber les réflexions sonores.

Principaux tests discriminants

- **Vibration du coffret :** les haut-parleurs font vibrer la "caisse" de l'enceinte acoustique. À certaines fréquences, à une certaine puissance, ce phénomène devient franchement dérangeant. À l'aide d'un accéléromètre, nous relevons le niveau de cette vibration à différentes fréquences.
- **Pureté des graves :** c'est la mesure des déformations générées par des harmoniques sur trois fréquences fondamentales du grave, 40, 50 et 60 Hz. Facilement audibles, elles deviennent vite très désagréables et perturbantes pour l'écoute.
- **Rendement :** c'est le niveau sonore – mesuré par un micro situé à 1 mètre – qu'une enceinte est capable de restituer lorsqu'on lui envoie une puissance de 1 watt. C'est un paramètre essentiel pour optimiser le couplage ampli-enceintes au niveau de la puissance : pas d'enceinte de rendement très faible sur un ampli de faible puissance ! La valeur de ce rendement résulte des choix techniques des concepteurs de l'enceinte, mais n'a pas de relation systématique avec sa qualité.
- **Directivité :** on relève la dégradation de la courbe de réponse sur le plan horizontal à 30° et 45° de l'axe du "*tweeter*". Avec des enceintes à faible déperdition latérale, la zone d'écoute stéréo et *Home Cinema* sera plus vaste et plus confortable. »

Extrait du *Dossier FNAC*, 2011.

TP 1 à 3, p. 76 à 79
Problèmes 5 et 7, p. 85 et 86

Document 3 Améliorer l'écoute de son baladeur : les casques audio

« Tout comme les enceintes acoustiques pour la haute fidélité, le casque est l'élément essentiel de la qualité d'écoute. Or, pour « tirer » les prix des baladeurs vers le bas, ou augmenter leurs profits, la plupart des fabricants choisissent d'équiper leurs baladeurs avec des casques tout à fait médiocres. Le remplacer par un bon casque transformera radicalement le son d'un baladeur moyen, tout comme celui du meilleur, car, en fait, le rôle du casque est beaucoup plus important pour la musicalité que la qualité électronique du baladeur.

Pour le choisir, il y a bien sûr des critères subjectifs comme l'esthétique ou la mode, des critères de confort, essentiels pour le supporter longtemps et la bonne tenue sur les oreilles.

• **Les clips** : ils sont de type oreillette traditionnelle, inter ou supra-auriculaires. Ils sont maintenus grâce à un contour d'oreille qui garantit une parfaite stabilité du casque, au prix parfois d'un inconfort après plusieurs heures d'utilisation.

• **Les intra-auriculaires** : ils sont discrets et souvent de bien meilleure qualité que les écouteurs traditionnellement proposés avec les baladeurs. Ces écouteurs pénètrent plus ou moins profondément dans le conduit auditif. Ils isolent ainsi mieux l'oreille des bruits ambiants et offrent une qualité sonore comparable aux casques Hi-Fi.

• **Les casques à arceau** : ils sont de deux types, les casques supra-auriculaires et les casques circum-auriculaires. Les casques supra-auriculaires se placent sur l'oreille et sont reliés entre eux par un arceau, qui entoure le sommet du crâne ou ceinture la nuque. Parfois pliables, ils sont alors destinés à un usage en extérieur. Leur capacité d'isolation et leur qualité sonore sont meilleures que celles des oreillettes « simples », mais moindres que celles des casques Hi-Fi.

Les casques circum-auriculaires se placent autour de l'oreille. Ils sont plus volumineux que les casques supra-auriculaires, leurs qualités sonore et d'isolation sont optimales, à un tel point que les bruits de la ville sont totalement étouffés ; attention aux risques urbains.

Les casques n'offrent pas une restitution linéaire, selon la technologie employée ils favorisent certaines fréquences, tantôt les graves, les médiums ou les aigus. [...] Leur courbe de réponse vous permet de faire votre choix selon vos propres critères et le type de musique que vous écoutez. »

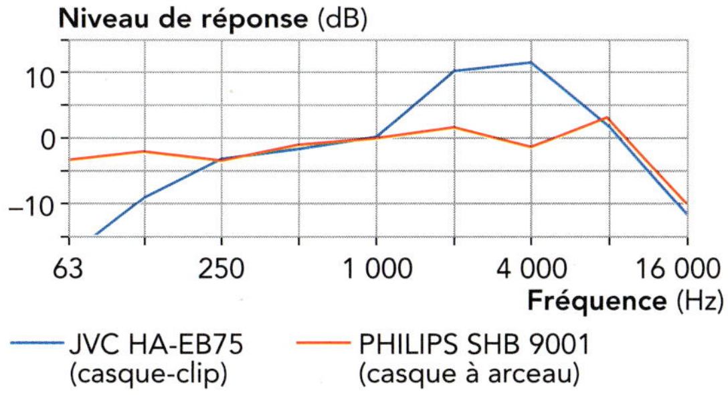

Courbe de réponse de deux casques audio. Le niveau d'intensité sonore pour 1 000 Hz a été pris pour référence dans ces courbes de réponse.

TP 3, p. 79

Extrait du *Dossier FNAC*, 2011.

Pour aller plus loin :
- A. Fischetti, *Initiation à l'acoustique*, Belin, 2003.
- www.enceinte.net

Analyse et synthèse

1 Par quel phénomène les ondes avant et arrière émises par un haut-parleur peuvent-elles s'annuler ?
Quelles solutions techniques sont mises en œuvre pour éviter ce phénomène ?

2 Que permettent les tests réalisés sur des produits techniques comme les enceintes acoustiques ?

3 **Bilan** Quels sont les critères de qualité d'une enceinte acoustique et d'un casque audio ?

4 La reconnaissance vocale

Les hommes communiquent entre eux, mais l'homme veut aussi communiquer avec les machines qu'il invente.
Comment s'est développée la technique de reconnaissance vocale ?

→ Problème 4, p. 84

Document 1

Comment ça marche ?

« Du jour où le téléphone a été inventé, des esprits ingénieux ont relevé que le micro constituait un détecteur de son susceptible d'envoyer un signal électrique au moindre bruit. D'où l'idée d'envoyer ce signal à une machine pour qu'elle obéisse à la voix. […] Pour que la reconnaissance vocale devienne réalité, il fallait donc un outil capable d'analyser les sons pour séparer le bruit de fond d'un atelier et les ordres du machiniste. […] Les progrès de la reconnaissance vocale sont donc intimement liés à l'évolution des ordinateurs. En 1971 apparaît le premier dispositif de commande vocale, le *Voice Command System*, fondé sur une calculatrice capable, après un cycle d'apprentissage, de reconnaître 24 ordres. Le procédé va ensuite se scinder en deux grandes familles.

• La première est une simple commande vocale […]. L'appareil doit être capable de reconnaître l'énoncé d'un nom et, pour cela, il faut répéter plusieurs fois le nom choisi qui sera alors mémorisé sous forme d'une séquence sonore. Une fois que le nom aura été prononcé de trois à cinq fois, l'électronique de l'appareil analyse l'évolution de l'intensité sur plusieurs plages de fréquences (en général huit) pour chacun de ces échantillons vocaux. […]

Après avoir réalisé une moyenne des huit échantillons, l'appareil en déduit un profil acoustique numérisé du nom et le met en mémoire. En usage normal, pour reconnaître un nom prononcé par l'utilisateur, il compare le nouveau profil à ceux qu'il possède en mémoire. Il attribue alors des notes statistiques de ressemblance et décrète que le nom prononcé est celui qui a obtenu la meilleure note.

• La seconde famille, celle des systèmes de dictée […], nécessite un ordinateur puissant car leur principe de reconnaissance vocale est infiniment plus complexe : ils doivent être capables de reconnaître des mots prononcés en langage dit naturel, c'est-à-dire au sein de phrases où – notamment en français – les mots s'enchaînent. Qui plus est, ils doivent tenir compte des liaisons, et aussi des homophones qui se créent spontanément par la juxtaposition de mots. […]

Après amplification et tri par fréquences, grâce à un jeu de filtres électroniques rappelant les « égaliseurs » des chaînes haute-fidélité, un spectrogramme de la phrase est obtenu.

Pour l'ordinateur, la première tâche consiste à séparer chaque phonème. Il le transforme alors en un fichier numérique : un tableau de données.

Ensuite, il compare ces tableaux obtenus à ceux que contient un dictionnaire, stocké sur le disque dur, où sont associés phonèmes ou groupes de phonèmes et mots réels. Mais, par la présence des liaisons ou par homophonie, de très nombreux mots peuvent correspondre au message parlé. Interviennent alors des logiciels d'analyse contextuelle et sémantique. Souvent, l'ordinateur devra attendre qu'une grande partie de la phrase ait été prononcée pour que ces logiciels puissent commencer leur travail. L'apparition d'un nouveau mot peut bouleverser son sens et donc le choix de coupe des phonèmes. Par déduction statistique, les logiciels retiennent la solution la plus probable qui se révèle, le plus souvent, être la bonne.

Beaucoup de systèmes actuels sont encore monolocuteurs, c'est-à-dire qu'ils ne peuvent « comprendre » qu'une seule personne, et encore après une phase d'apprentissage. On cherche donc maintenant à faire des systèmes multilocuteurs qui « entendront » aussi bien le langage d'un homme à l'accent parisien que celui d'une femme au parler méditerranéen, et cela sans phase d'apprentissage. »

Extrait de G. MARTIN, « La reconnaissance vocale. Comment la parole est venue aux machines ? », *La Recherche*, n° 367, sept. 2003.

Document 2

Un spectrogramme est la représentation visuelle d'un son. Il représente la fréquence en fonction du temps et l'intensité sonore associée à chaque fréquence est représentée par un niveau de couleur : plus le point est de couleur foncée, plus l'intensité est élevée.

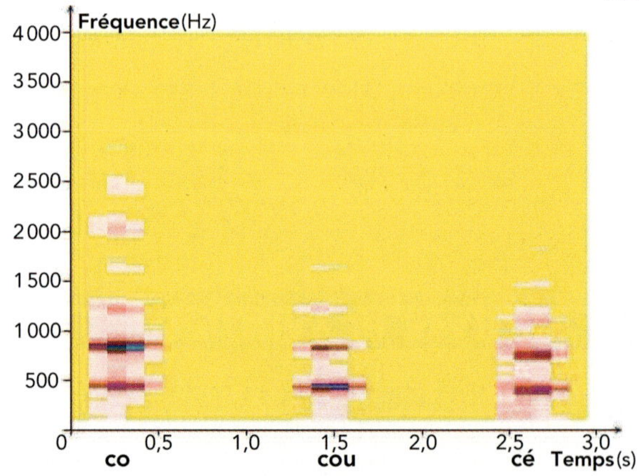

Analyse et synthèse de documents scientifiques

Document 3

Application à la commande vocale

Un logiciel de reconnaissance automatique de la parole analyse la voix et la traduit en commandes informatiques. Il s'agit de donner oralement des instructions à une machine, ce qui libère les mains pour d'autres tâches ou les remplace. Les principaux acteurs du marché des logiciels de reconnaissance vocale grand public sont IBM®, Microsoft® et Nuance®.

GPS et ordinateur de bord de voiture.

Domotique pour personne à mobilité réduite.

Traitement de texte.

Console de jeu.

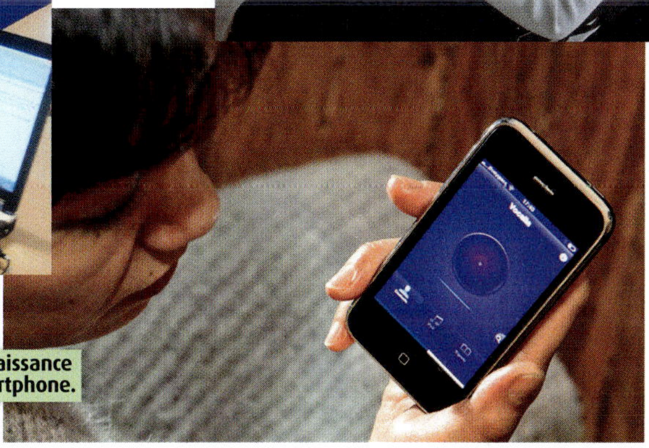
Reconnaissance sur Smartphone.

Document 4

Application à l'identification

Identifier un individu par sa voix est une tâche complexe. La voix dépend de paramètres physiologiques, mais aussi de l'humeur ou de l'état de santé de chaque individu. En outre, une voix peut être volontairement déformée, elle peut aussi être imitée.

Les conditions d'enregistrements sont également très importantes (qualité du matériel, bruit ambiant, etc.).

Cependant, l'expérience quotidienne montre qu'une voix (d'un proche, d'une personnalité publique) peut être reconnue.

La comparaison avec des enregistrements de référence permet de donner la probabilité (et non l'assurance) qu'une personne soit l'auteur d'un enregistrement vocal.

La reconnaissance vocale est utilisée dans la police scientifique et technique ou pour le contrôle de l'accès à certaines zones ou matériels.

Comparaison d'enregistrements sonores pour identification.

Pour aller plus loin :
- http://cours.musique.umontreal.ca/mus1321/Notes_de_cours/Csound_06_Voix.html
- www.police-scientifique.com/identification-vocale-en-criminalistique

Analyse et synthèse

Proposer une synthèse mettant en évidence le lien entre les progrès technologiques et les développements de la reconnaissance vocale.

En conclusion, cette synthèse ouvrira sur les progrès réalisés depuis la publication de l'article.

1 Principe de fonctionnement d'un haut-parleur et d'un microphone

DÉMARCHE D'INVESTIGATION

Un son peut être perçu directement par un auditeur suffisamment proche de la source sonore. Lorsque ce n'est pas le cas, l'information sonore peut être transmise de la source vers l'auditeur via une chaîne du son. Dans une chaîne du son, on trouve, en entrée, un microphone qui capte les sons et, en sortie, un haut-parleur qui les reproduit. Comment fonctionnent ces appareils ?

→ Analyse doc. 2, p. 70

→ Problèmes 5 et 7, p. 85 et 86

A Haut-parleur électrodynamique

La force de Laplace

Un matériau conducteur, parcouru par un courant et placé dans un champ magnétique, est soumis à une force électromagnétique. Cette force est appelée force de Laplace.

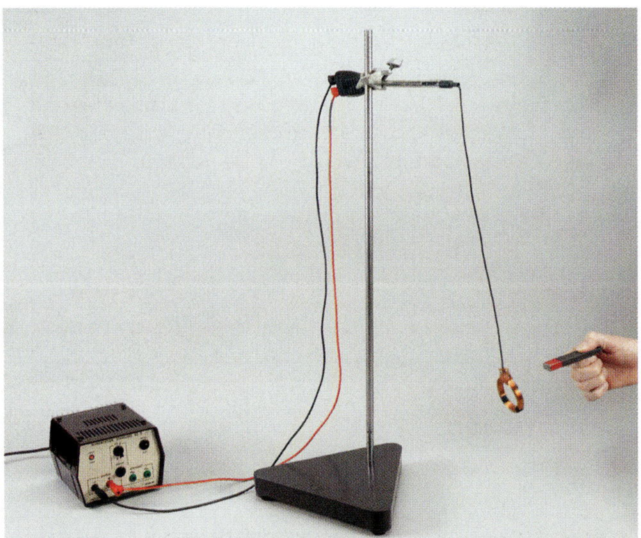

Doc. 1 Mise en évidence de la force de Laplace.

1 Schématiser l'expérience permettant de mettre en évidence la force de Laplace **(doc. 1)**.

2 De quels paramètres dépend le sens de la force de Laplace ?

Répondre à cette question en utilisant des observations expérimentales.

3 Établir le protocole d'une expérience permettant de trouver la relation entre la fréquence de la tension alternative sinusoïdale u qui alimente un haut-parleur et la fréquence des vibrations de cette membrane. On pourra utiliser la stroboscopie.

Le haut-parleur électrodynamique

Un haut-parleur électrodynamique comporte deux éléments essentiels : une bobine mobile et un aimant fixe, la bobine étant placée dans le champ magnétique créé par l'aimant **(doc. 2)**.

Lorsque la bobine est parcourue par un courant, elle est soumise à une force de Laplace qui la déplace dans un sens. Quand le courant change de sens, le sens de la force s'inverse.

Les déplacements de la bobine dans un sens et dans l'autre sont transmis à la membrane du haut-parleur qui, à son tour, fait vibrer l'air qui l'entoure et produit un son.

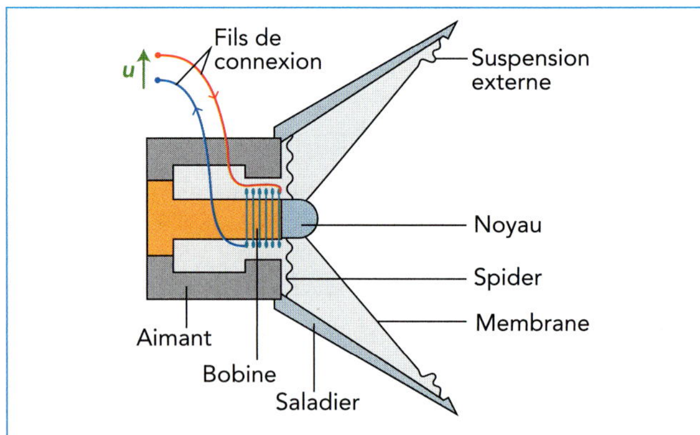

Doc. 2 Schématisation d'un haut-parleur électrodynamique.

4 Après accord du professeur, mettre en œuvre ce protocole, analyser les résultats et établir la relation entre les fréquences mesurées.

5 **a.** @ Rechercher la signification du mot transducteur.

b. Faire la synthèse des expériences pour montrer que le haut-parleur électrodynamique est un transducteur électro-acoustique.

Info La stroboscopie

Un stroboscope est une source lumineuse qui émet de brefs éclairs lumineux à des intervalles de temps réguliers et réglables. Il permet :
- d'observer des mouvements trop rapides pour l'œil nu ;
- de mesurer la fréquence d'une vibration périodique.

Pour mesurer la fréquence f d'une vibration périodique, il faut éclairer le système vibratoire avec le stroboscope en partant de la plus grande fréquence possible pour les éclairs. Ensuite, il faut lentement diminuer la fréquence f_e des éclairs jusqu'à observer une immobilité apparente du système vibratoire. On a alors $f = f_e$.

B Le microphone électrodynamique

La tension induite

Un aimant déplacé devant une bobine provoque l'apparition d'une tension électrique aux bornes de la bobine. On parle de tension induite ; elle est créée par le phénomène d'induction électromagnétique.

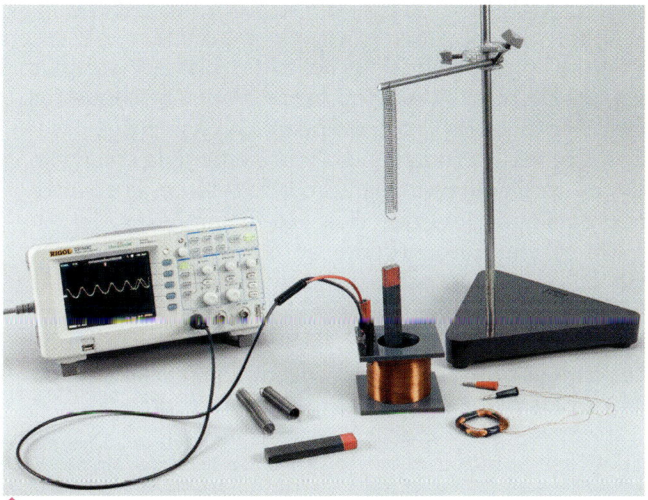

Doc. 3 Dispositif permettant de visualiser une tension induite.

Le microphone électrodynamique

Un microphone électrodynamique comporte deux éléments essentiels : une bobine mobile et un aimant fixe, la bobine étant placée dans le champ magnétique créé par l'aimant **(doc. 4)**.

Lorsqu'une onde sonore rencontre la membrane d'un microphone, elle la fait vibrer. Ces vibrations sont transmises à la bobine. La bobine étant dans le champ magnétique de l'aimant, il apparaît une tension induite aux bornes de la bobine.

6 Schématiser l'expérience permettant de mettre en évidence la tension induite **(doc. 3)**.

7 À quelle(s) condition(s) une tension induite apparaît-elle aux bornes de la bobine ?

8 Quels paramètres ont une influence :

– sur le signe de cette tension ?

– sur l'amplitude de cette tension ?

9 Quelle est la relation entre la fréquence de la tension induite et la fréquence du mouvement de l'aimant par rapport à la bobine ?

Réaliser les expériences nécessaires et répondre à cette question en utilisant les observations expérimentales.

10 Quels éléments d'un microphone électrodynamique sont modélisés par le dispositif de cette expérience ?

11 **a.** @ Rechercher la signification du mot transducteur.

b. Faire la synthèse des expériences pour montrer qu'un microphone électrodynamique est un transducteur acousto-électrique.

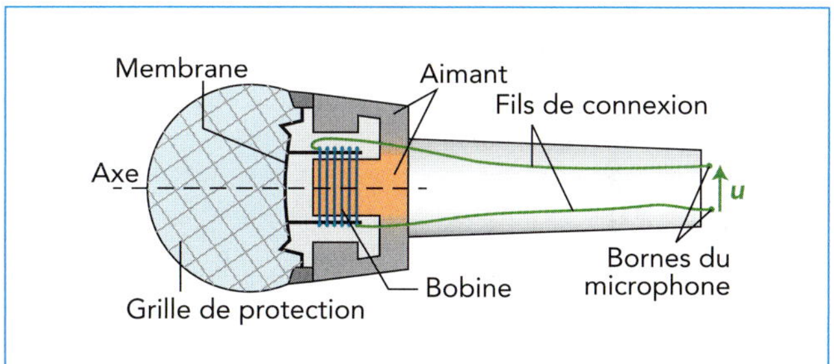

Doc. 4 Schématisation d'un microphone électrodynamique.

C La fréquence des signaux électriques

→ Analyse doc. 2, p. 70 → Problèmes 3 et 7, p. 83 et 86

12 Un microphone capte le son produit par un haut-parleur.

Mesurer les périodes T_1 et T_2 de la tension alimentant le haut-parleur et de la tension aux bornes du microphone. Évaluer l'incertitude de ces mesures (voir **fiche 3**, p. 198).

13 **a.** Calculer les fréquences f_1 et f_2 des deux tensions. Évaluer les incertitudes sur les fréquences sachant que : $U(f) = f \cdot \frac{U(T)}{T}$

b. Les deux fréquences sont-elles égales (voir **fiche 4**, p. 201) ?

D Réversibilité d'un transducteur électro-acoustique

14 Quels éléments sont communs à un microphone électrodynamique et à un haut-parleur électrodynamique ?

15 Un haut-parleur électrodynamique peut-il jouer le rôle de microphone électrodynamique ?

Proposer un protocole permettant de vérifier expérimentalement votre réponse.

Le mettre en œuvre après accord du professeur et conclure.

2 Forme de l'oreille et perception des sons

DÉMARCHE D'INVESTIGATION

Un son, pour être analysé par le cerveau, doit être perçu par l'oreille. Les formes de celle-ci varient beaucoup d'une espèce à l'autre. Il est possible de mettre en évidence le rôle de la forme du pavillon dans la perception du son.

Document 5 Comparaison de l'oreille humaine et de l'oreille de la chouette

Le pavillon de l'oreille humaine joue un rôle important dans la perception des sons.

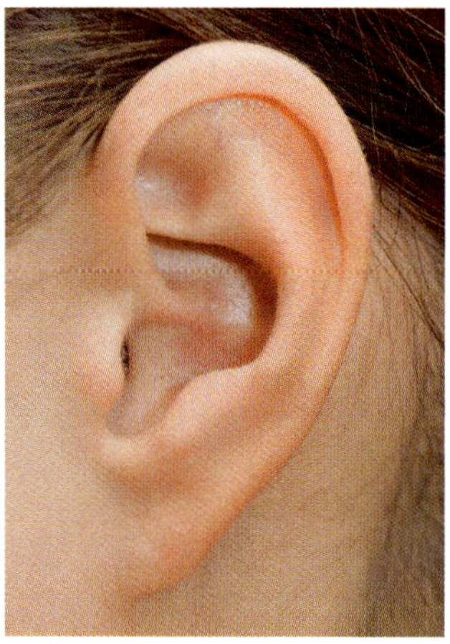

« Comparée à l'oreille humaine, celle des oiseaux est plus simple : il n'y a pas de pavillon externe (seuls hiboux et chouettes ont le trou auditif entouré de replis de peau), la chaîne des osselets de l'oreille moyenne est réduite à un seul élément, la columelle est mi-osseuse, mi-cartilagineuse. Dans l'oreille interne, la cochlée est à peu près rectiligne alors que chez les mammifères elle est enroulée sur elle-même. Elle présente en outre de nombreuses différences de détail. L'ouïe est particulièrement fine chez les rapaces nocturnes, qui se servent surtout de ce sens pour repérer leurs proies dans l'obscurité. Chez eux, l'asymétrie des trous auditifs et les fortes dimensions du crâne favorisent une meilleure audition des bruits les plus ténus et le repérage de leur source. »

Extrait de P. Bonfils, Y. Galifret et D. Lavergne, « Audition et acoustique physilogique », *Encyclopedia Universalis.*

Détail du trou auditif d'une chouette.

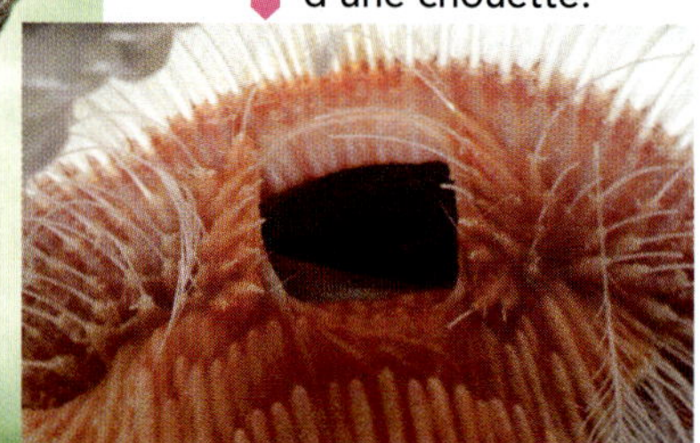

« L'oie oit. Elle oit, l'oie !
Ce que nous oyons, l'oie l'oit-elle ?
Si au lieu de dire "l'oreille"
on dit "l'ouïe", alors : l'ouïe de l'oie a ouï. »

Raymond Devos

Réalisation du montage

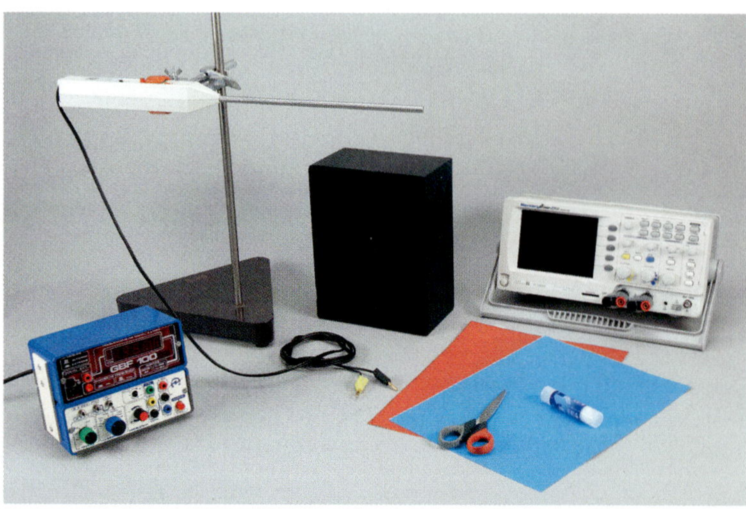

Doc. 6 Matériel disponible : générateur basses fréquences, microphone directionnel, enceinte, oscilloscope, papier cartonné, ciseaux, colle.

→ Analyse doc. 1, p. 68 → Problème 2, p. 82

1 À partir du matériel disponible **(doc. 6)**, proposer un protocole d'une expérience permettant de mettre en évidence le rôle de la forme du pavillon dans la perception d'un son.

2 Mettre en œuvre ce protocole, analyser les résultats et conclure.

On se limitera à l'étude de sons de fréquences comprises entre 1 et 4 kHz.

3 Courbe de réponse et bande passante d'un haut-parleur

Un haut-parleur permet de convertir en sons les signaux électriques qu'il reçoit. C'est un transducteur électro-acoustique.
Un haut-parleur de qualité doit être capable de reproduire les sons de diverses fréquences avec une intensité convenable.
La courbe de réponse en fréquences définit cette caractéristique d'un haut-parleur.

→ Analyses doc. 2 et 3, p. 70 et 72 → TP 1, p. 76
→ Problèmes 5 et 7, p. 85 et 86

A Principe

La bande passante d'un haut-parleur est la gamme de fréquences pour laquelle le niveau d'intensité sonore est supérieur à une valeur choisie. Pour la déterminer, il faut tracer sa courbe de réponse en fréquences. Pour cela, on alimente un haut-parleur avec un générateur délivrant une tension sinusoïdale réglable. Un oscilloscope, branché aux bornes du haut-parleur, permet de visualiser les caractéristiques de cette tension. Un sonomètre, placé face au haut-parleur, mesure le niveau d'intensité sonore du son.

Le haut-parleur et le sonomètre peuvent être placés dans une caisse acoustiquement isolée.

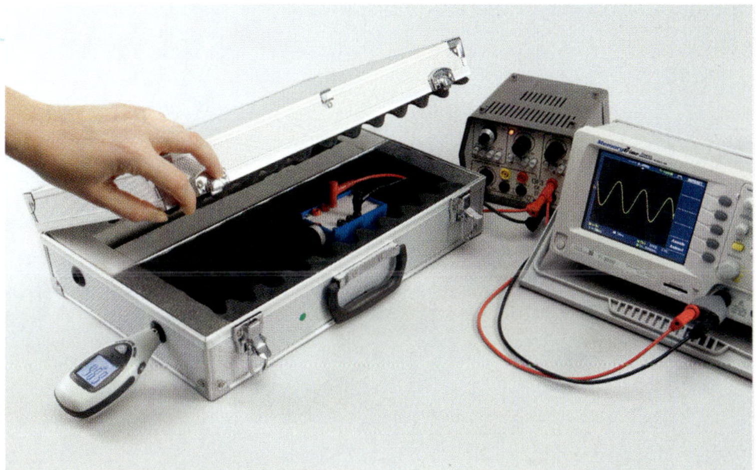

Doc. 7 Matériel disponible.

B Manipulation

▸ Réaliser le montage du **document 7**. Pour cela :

• régler le générateur afin qu'il délivre une tension sinusoïdale (f = 30 Hz et U_{max} = 2,0 V) ;

• placer le sonomètre dans l'axe du haut-parleur à environ 10 cm de celui-ci ;

• faire varier la fréquence de la tension d'alimentation de 30 Hz à 10 000 Hz. Pour chaque valeur de la fréquence, vérifier que l'amplitude de la tension d'alimentation est constante et relever le niveau d'intensité sonore correspondant.

1 Quel est l'intérêt de placer le haut-parleur et le sonomètre dans une caisse acoustiquement isolée ?

2 Pourquoi, pour tracer la courbe de réponse du haut-parleur, l'amplitude de la tension d'alimentation doit-elle rester constante ?

3 Tracer la courbe de réponse du haut-parleur étudié. On pourra utiliser pour cela une échelle logarithmique qui permet une représentation graphique sur une gamme plus étendue de fréquences (voir **doc. 8** et **fiche 9**, p. 208).

4 Déterminer la bande passante du haut-parleur étudié en précisant le niveau d'intensité sonore choisi pour la définir.

5 Tracer la courbe de réponse en fréquences pour diverses distances séparant le haut-parleur du sonomètre ou pour des haut-parleurs différents.

6 Pourquoi la bande passante d'un haut-parleur ne peut pas être définie par une valeur unique de niveau d'intensité sonore de référence ?

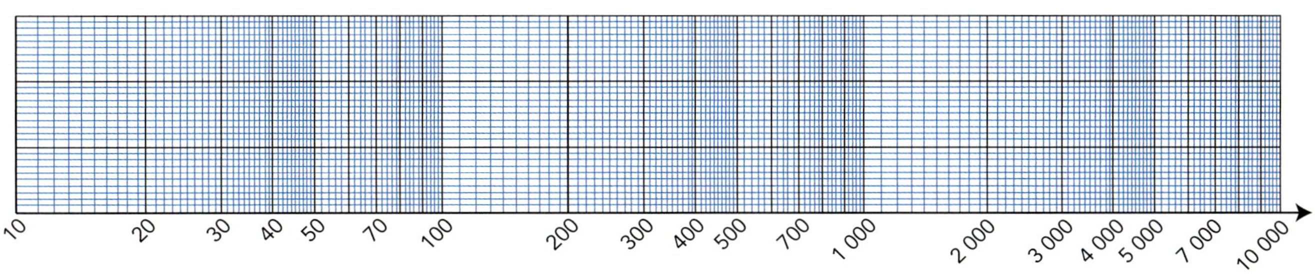

Doc. 8 Exemple de papier semi-logarithmique ; sur ce papier, seule la graduation en abscisse utilise une échelle logarithmique.

Résolution de problèmes scientifiques

Problème résolu

1 Nuisance sonore

COMPÉTENCES
- Extraire des informations.
- Raisonner.
- Calculer.

Énoncé

Analyse doc. 1, p. 68

Une usine bruyante est assimilée à une source sonore ponctuelle émettant des ondes sonores sphériques, de fréquence proche de 500 Hz et de niveau de puissance sonore L_W = 130 dB. L'émission se fait sans atténuation et de façon identique dans toutes les directions de l'espace.

Une habitation est située à une distance d = 200 m de cette usine.

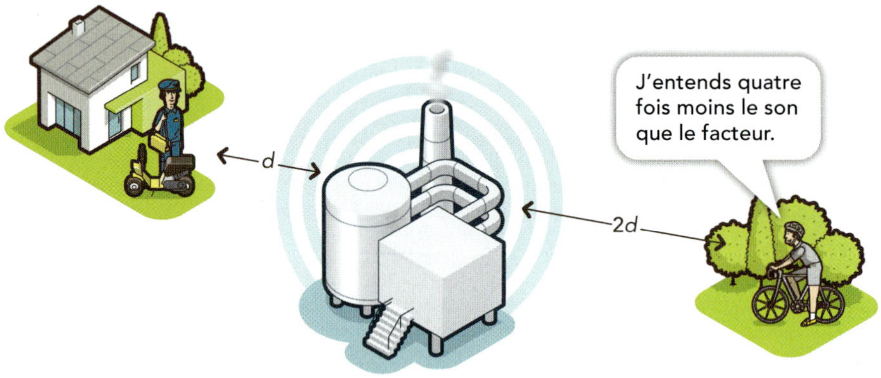

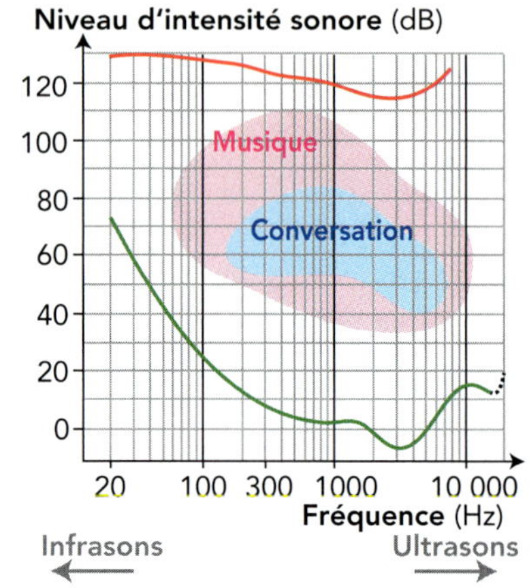

Niveau d'intensité sonore, seuils d'audibilité et de douleur en fonction de la fréquence.

Données

- Intensité sonore de référence : $I_0 = 1{,}0 \times 10^{-12}$ W·m^{-2}.
- Le niveau de puissance sonore L_W d'une source s'exprime par $L_W = 10 \cdot \log \dfrac{\mathcal{P}}{\mathcal{P}_0}$,

avec $\mathcal{P}$, la puissance sonore de la source, en watt, et $\mathcal{P}_0$, la puissance sonore de référence : $\mathcal{P}_0 = 1{,}0 \times 10^{-12}$ W.

- L'intensité sonore I à une distance d d'une source émettant dans toutes les directions est liée à la puissance sonore $\mathcal{P}$ de cette source par :

$I = \dfrac{\mathcal{P}}{S}$ avec S, la surface de la sphère de rayon d : $S = 4\pi \cdot d^2$.

Problème

Quel est le niveau d'intensité sonore à proximité directe de l'habitation ? Est-ce tolérable ?

Résolution possible

Quel problème pose l'énoncé ? Quelles pistes suivre pour y répondre ?

L'énoncé demande de trouver le niveau d'intensité sonore proche de l'habitation, il est donc nécessaire de calculer l'intensité sonore reçue par l'habitation pour ensuite déterminer ce niveau d'intensité sonore et le comparer aux valeurs du seuil de douleur.

La contrainte porte sur la distance d entre la source sonore et l'habitation.

Quelles sont les étapes de la résolution ?

Une façon de faire	Comment le faire ?
1 Calculer la puissance sonore $\mathcal{P}$ émise par la source.	Utiliser la définition du niveau de puissance sonore.
2 Exprimer l'intensité sonore I à une distance d de la source en fonction de $\mathcal{P}$ et de d.	L'onde sonore est sphérique, il faut utiliser la relation entre la surface d'une sphère, l'intensité sonore et la puissance sonore.

Une façon de faire	Comment le faire ?
3 Exprimer le niveau d'intensité sonore L à proximité de l'habitation.	Utiliser la définition du niveau d'intensité sonore.
4 Déduire si ce niveau d'intensité sonore est acceptable.	Comparer le niveau d'intensité sonore aux différents seuils et conclure.
5 Analyser de façon critique le résultat obtenu.	Ce résultat est-il basé sur des hypothèses critiquables ?

Solution rédigée

1 Le niveau de puissance sonore L_W du son émis par la source est lié à la puissance $\mathcal{P}$ de la source par la relation :

$$L_W = 10 \cdot \log \frac{\mathcal{P}}{\mathcal{P}_0}$$

En utilisant la fonction réciproque du logarithme décimal, on déduit :

$$\mathcal{P} = \mathcal{P}_0 \times 10^{\frac{L_W}{10}}$$

Cela conduit à : $\mathcal{P} = 1{,}0 \times 10^{-12} \times 10^{\frac{130}{10}}$

D'où il vient : $\boldsymbol{\mathcal{P} = 1{,}0 \times 10^{1}}$ **W.**

La puissance sonore émise par la source est de $1{,}0 \times 10^{1}$ W.

2 On cherche l'intensité sonore à la distance d de la source. À cette distance, l'onde sonore est répartie sur une sphère de rayon d.

La surface d'une sphère de rayon d est donnée par la formule $S = 4\pi \cdot d^2$. On en déduit :

$$I = \frac{\mathcal{P}}{4\pi d^2}$$

Cela conduit à : $I = \dfrac{1{,}0 \times 10^{1}}{4 \times \pi \times 200^2}$

D'où : $\boldsymbol{I = 2{,}0 \times 10^{-5}}$ **W·m⁻²**.

L'intensité sonore est de $2{,}0 \times 10^{-5}$ $W \cdot m^{-2}$.

3 Le niveau d'intensité sonore est donné par la relation :

$$L = 10 \cdot \log \frac{I}{I_0}$$

Avec la valeur précédemment calculée de I, on déduit un niveau d'intensité sonore L :

$$L = 10 \cdot \log \frac{2{,}0 \times 10^{-5}}{1{,}0 \times 10^{-12}}$$

D'où : $\boldsymbol{L = 73}$ **dB.**

4 Pour ce son de fréquence 500 Hz, ce niveau d'intensité sonore correspond à celui d'une conversation.

Réponse au problème posé

- Le niveau d'intensité sonore est 73 dB à proximité de l'habitation.
- On peut considérer que ce niveau n'est pas acceptable pour un habitant situé à 200 m de l'habitation si le bruit est permanent.

5 Analyse critique de la réponse trouvée

Ce calcul considère une propagation du son sans atténuation. En réalité, le son est atténué par l'air. L'intensité sonore au niveau de l'habitation est plus faible.

Problèmes à résoudre

2 La maladie du surfeur

Énoncé

TP 2, p. 78 Analyse doc. 1, p. 68

COMPÉTENCES
- Extraire des informations.
- Raisonner.
- Rédiger.

Document 1 L'exostose ou la maladie du surfeur

« Une exostose est le développement de petites tumeurs bénignes constituées de tissu osseux se développant à la surface des os. Il semble que l'exostose du conduit auditif externe soit plus fréquente chez les sujets en contact avec l'eau, comme les plongeurs sous-marins, les surfeurs ou les gens passant une grande partie de leur temps dans l'eau. Cette variété d'exostose est parfois à l'origine de surdité. Le seul moyen de s'en débarrasser une fois installée c'est de subir une opération qui consiste à casser les excroissances osseuses. »

Extrait du site http://etats-ame-de-robert.blogspot.com/2007/11/attention-en-hiver-la-maladie-du-surfer.html

Document 2 Examens audiométriques

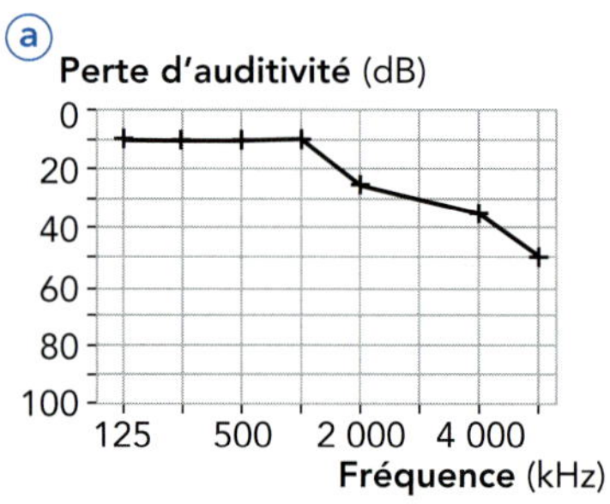

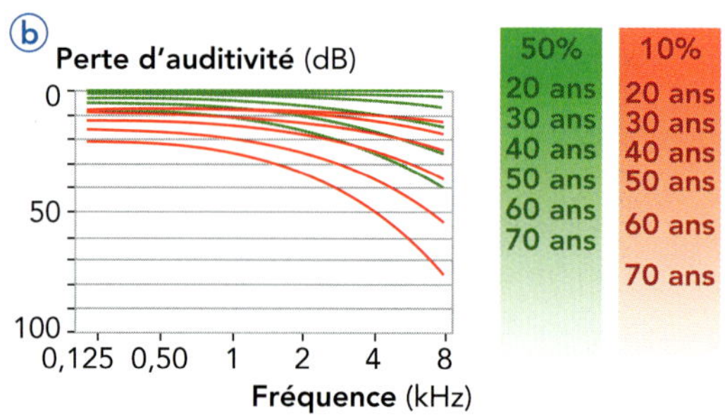

ⓐ Examen audiométrique de l'oreille gauche d'une patiente de 40 ans atteinte d'exostose.

ⓑ Pertes auditives d'une population féminine en fonction de l'âge et de la fréquence du son; les courbes vertes correspondent aux pertes d'audition de 50 % de la population, les courbes rouges aux pertes des 10 % les plus atteints.

Document 3 Différents stades de surdités

On différencie quatre types de surdité :
- surdité légère : la perte se situe entre 20 et 40 dB ;
- surdité modérée : la perte se situe entre 40 et 70 dB ;
- surdité sévère : la perte se situe entre 70 et 90 dB ;
- surdité profonde : la perte est supérieure à 90 dB.

D'après le site www.oreillemudry.ch

Problème

À partir des documents, décrire l'exostose et proposer une ébauche de diagnostic audiométrique de la patiente.

Résolution possible

Quel problème pose l'énoncé ? Quelles pistes suivre pour y répondre ?

L'énoncé demande d'analyser les divers documents afin de rédiger une synthèse mettant en avant la description de l'exostose et l'état de l'audition de la patiente dont la perte auditive est schématisée sur l'un des graphiques.

Quelles sont les étapes de la résolution ?

Une façon de faire	Comment le faire ?
1 Dégager les principaux aspects de l'exostose.	Bien lire le **document 1** et en repérer les parties importantes. Reformuler les principales idées, sans les recopier.
2 Réaliser une ébauche de diagnostic de la patiente.	Évaluer l'état de l'audition de la patiente en comparant le graphique de sa perte auditive avec les valeurs de référence. En prenant en compte l'âge de la patiente, évaluer le stade de sa surdité.

3 Bonne utilisation d'un microphone

Voir, si nécessaire, pistes de résolution, p. 214.

COMPÉTENCES
- Extraire des informations.
- Raisonner.
- Argumenter.

Énoncé

Analyse doc. 2, p. 70

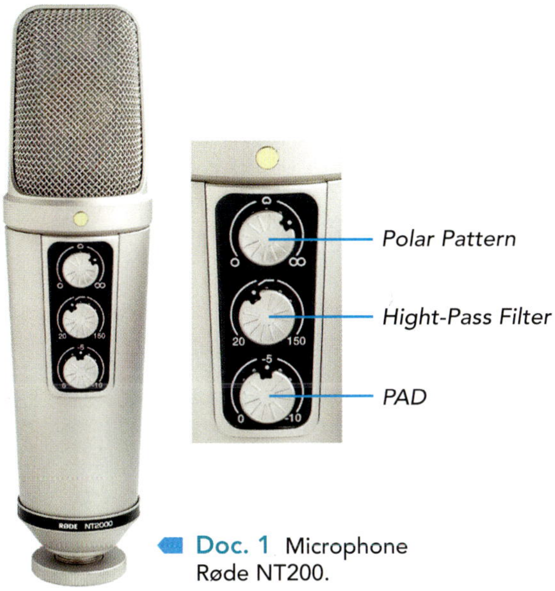

Doc. 1 Microphone Røde NT200.

Le microphone Røde NT2000 est très utilisé par des techniciens en sonorisation. Il comporte trois boutons de réglage :
– « *Polar Pattern* » pour choisir la directivité parmi trois réglages possibles appelés « *Cardioid* », « Figure 8 » et « Omni » ;
– « *Hight-Pass Filter* » ou « *HPF* » pour réduire la sensibilité dans les basses fréquences ;
– « *PAD* » pour atténuer l'amplitude du signal électrique produit sur l'ensemble des fréquences.

Sur la notice technique de ce microphone on peut trouver diverses informations dont celles présentées dans le **document 2**.

Info Directivité d'un microphone

L'axe du microphone est l'axe défini par l'angle θ = 0°, la membrane pointant vers la graduation 0°.
On déplace la source sonore le long d'un cercle centré sur le microphone. Chaque position de la source est repérée par l'angle θ. On compare la réponse du microphone pour cette position à celle obtenue lorsque la position de la source est repérée par θ = 0°. Cela permet de calculer un niveau de réponse, exprimé en dB. Une valeur négative traduit un microphone qui capte moins bien les sons que dans la direction de référence (0°).

Polar Pattern

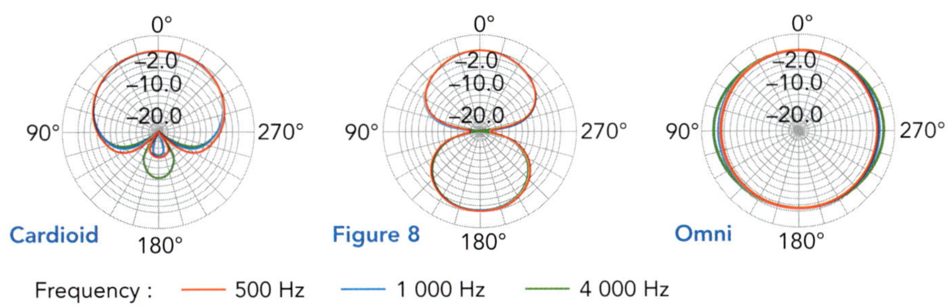

Frequency Response

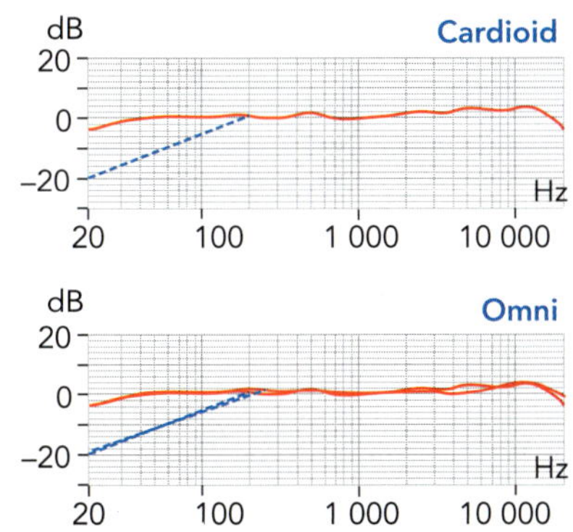

Using the High-Pass Filter

• When the dial is in the far left position there is no reduction of the bass frequencies and so the microphone will deliver a full response.

• When the filter is in the far right position the level is dropped by 3dB at 150Hz and below.

• You may choose any setting between 20Hz and 150Hz to cut the level of the selected frequency and below by 3dB.

Using PAD

• **Any position between 0 and –10dB can be selected, but note that a level of –3dB reduces the level by 50 %.**

Doc. 2 Extrait de la notice d'utilisation du microphone.

Problème

1. Expliquer la phrase écrite en gras dans le **document 2**.

2. Déterminer les réglages du microphone qu'un technicien doit utiliser pour enregistrer le son correspondant à chacune des situations suivantes en vue de la réalisation d'un film :
a. dialogue entre deux personnes, face à face, dans un local où il y a un bruit de fond à supprimer, de 80 Hz de fréquence, créé par le système de climatisation ;
b. ambiance sonore d'une rue trop bruyante, dans les graves et les aigus, par rapport aux exigences du réalisateur ;
c. présentation d'un film de cinéma par l'actrice principale en vue de la réalisation d'un clip de promotion du film.

Problèmes à résoudre

4 Reconnaissance vocale

Voir, si nécessaire, pistes de résolution, p. 214.

Énoncé

Analyse doc. 4, p. 74

COMPÉTENCES
- Extraire des informations.
- Raisonner.
- Argumenter.

La voix peut être décomposée en une suite de sons distinctifs appelés phonèmes. Les mots « lait » et « loup », par exemple, diffèrent par un phonème respectivement repéré en alphabet phonétique par [ɛ] et [u]. Le repérage des phonèmes est l'une des étapes de la reconnaissance vocale.

Le spectre du son correspondant à un phonème fait apparaître plusieurs pics appelés formants **(doc. 1)**. Ils sont dus à des phénomènes de résonance à l'intérieur du conduit vocal; leur fréquence dépend de la position des divers organes mis en jeu dans la voix (langues, lèvres, etc.). Les formants sont caractéristiques du phonème prononcé. Sur un spectrogramme, les formants sont repérés par des zones plus sombres **(doc. 2)**, car les intensités sonores correspondantes sont plus importantes.

Les analyses spectrales montrent que quatre à cinq formants importants sont présents dans tous les spectres de voix.

Le spectre en fréquences et le spectrogramme de la voyelle « è » sont donnés dans les **documents 1** et **2**. Cinq formants, notés F_1, F_2, F_3, F_4 et F_5, ont été repérés.

Le **document 3** est le spectrogramme obtenu lors de la prononciation de quatre phonèmes : « i », « è », « o » et « ou » notés phonétiquement [i], [ɛ], [o] et [u].

Le **document 4** est le spectrogramme de quatre mots contenant les voyelles précédentes : « lit », « lait », « lot » et « loup ». Ces quatre mots sont dans le désordre et sont repérés par des lettres de A à D.

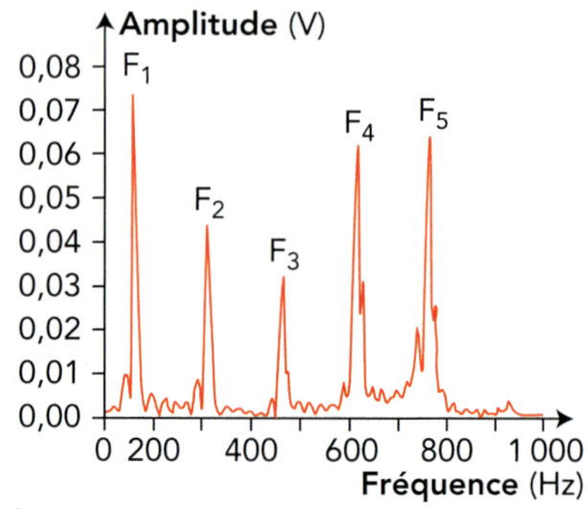

Doc. 1 Spectre en fréquences de la voyelle « è ».

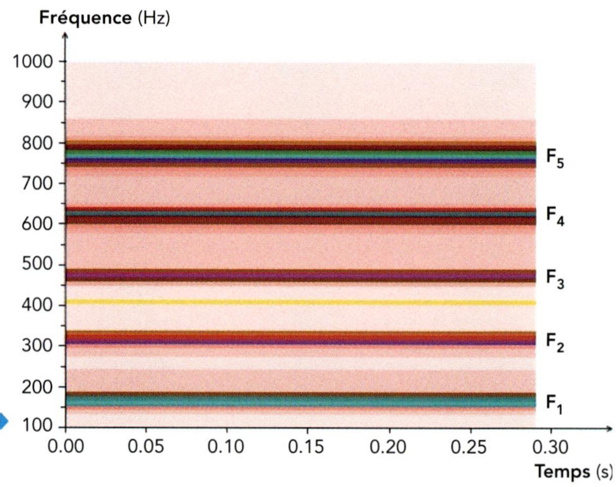

Doc. 2 Spectrogramme de la voyelle « è ».

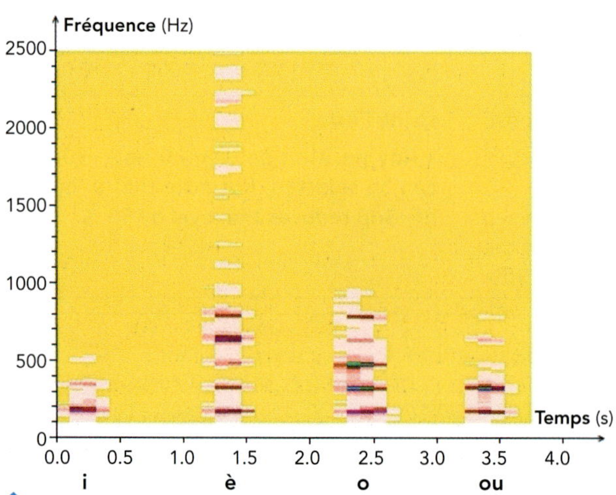

Doc. 3 Spectrogramme de quatre voyelles

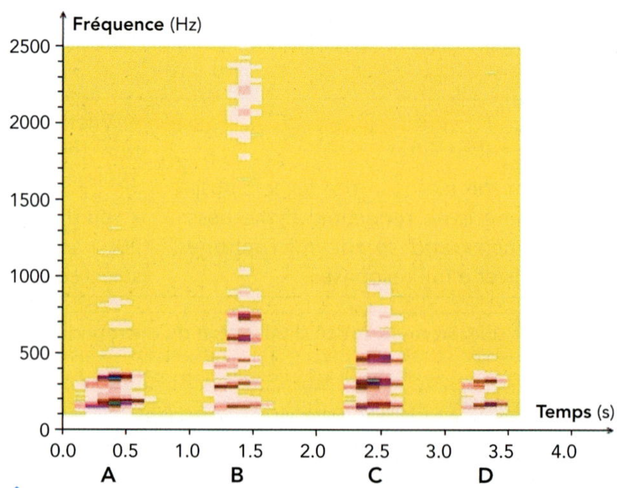

Doc. 4 Spectrogramme des mots à identifier.

Problème

Identifier les mots « lit », « lait », « lot » et « loup » dans le spectrogramme du **document 4**.

5 Directivité d'un haut-parleur

Voir, si nécessaire, pistes de résolution, p. 214.

COMPÉTENCES
- Extraire des informations.
- Raisonner.
- Calculer.

Énoncé

On considère un haut-parleur émettant une onde sonore qui se propage librement. Le niveau d'intensité sonore mesuré à 1 mètre du haut-parleur, sur son axe principal, est L_1 = 110 dB. Le diagramme d'émission du haut-parleur est reproduit ci-contre. On le suppose utilisable pour toutes les fréquences audibles. En un lieu donné, le niveau d'intensité sonore du son émis par le haut-parleur dépend de la distance entre ce lieu et le haut-parleur mais aussi de la direction sous laquelle ce lieu est vu depuis le haut-parleur. Cette direction est repérée par un angle exprimé en degré. Pour une distance donnée, ce diagramme permet de connaître la perte relative du niveau d'intensité sonore en fonction de l'angle par rapport à l'axe principal du haut-parleur. Le niveau d'intensité sonore mesuré sur cet axe (θ = 0°) constitue la valeur de référence (perte nulle).

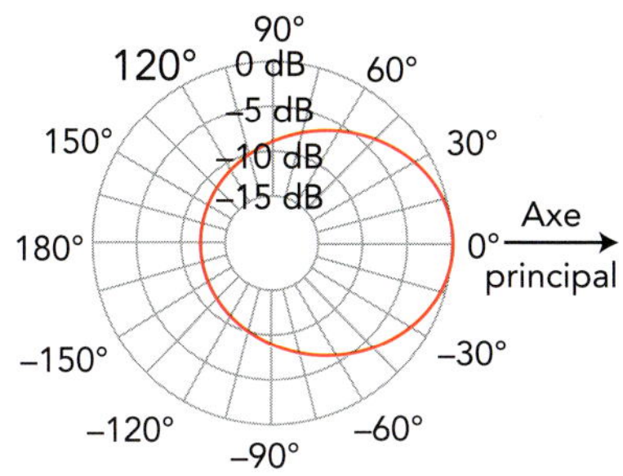

Diagramme d'émission d'un haut-parleur.

Données
- Intensité sonore de référence : $I_0 = 1{,}0 \times 10^{-12}\ \text{W}\cdot\text{m}^{-2}$.
- L'intensité sonore I à une distance d d'une source émettant dans toutes les directions est liée à la puissance sonore $\mathcal{P}$ de cette source par $I = \dfrac{\mathcal{P}}{S}$ avec S, la surface de la sphère de rayon d : $S = 4\pi \cdot d^2$.

Analyse doc. 2, p. 70
TP 3, p. 79

Problème

Quel est le niveau d'intensité sonore mesuré à 50 m du haut-parleur dans une direction faisant un angle de 60° avec l'axe principal du haut-parleur ?

6 Forum de discussion

Voir, si nécessaire, pistes de résolution, p. 214.

COMPÉTENCES
- Raisonner.
- Faire preuve d'esprit critique.

Énoncé

Analyse doc. 1, p. 68

Un fil de discussion d'un forum scientifique est reproduit ci-dessous.

Zaza13	Pourquoi respirer de l'hélium donne-t-il une voix de canard ?
Canardoc	Attention de ne pas jouer à ça sans arrêt, car quand on respire de l'hélium on peut faire des malaises, l'oxygène pouvant manquer.
Chocopops 	Les cordes vocales ne vibrent pas plus rapidement. Par contre, la densité du gaz va déterminer la vitesse de propagation du son, qui, elle, va modifier la perception de la fréquence. Un gaz moins dense donnera une voix aiguë, un gaz plus dense donnera une voix plus grave.
Vince	Il s'agit des molécules se fixant sur les cordes vocales. En se fixant elles modifient la fréquence de vibration des cordes vocales, ce qui a pour effet de modifier le son de la voix.
Titi du 33 	Les cordes vocales, en bougeant dans l'air, émettent des sons qui passent dans la caisse de résonance du larynx et la bouche. Cela fixe la longueur d'onde. Ces sons circulent à une certaine vitesse dans l'air ambiant. Si on change cet air et qu'on le remplace par de l'hélium, moins dense que l'air ambiant, les vibrations circulent beaucoup plus vite, car la vitesse du son augmente. La fréquence augmente et la voix devient plus aiguë.
Zazou	Comme chacun sait, l'hélium est un gaz utilisé pour refroidir, il va donc geler les cordes vocales. La voix est donc plus aiguë.

Problème

Critiquer les différentes contributions et proposer une explication scientifiquement rigoureuse à ce phénomène d'acoustique physiologique.

Problèmes à résoudre

7 Remplacement de haut-parleur

Voir, si nécessaire, pistes de résolution, p. 214.

COMPÉTENCES
- Extraire des informations.
- Raisonner.
- Calculer.

Énoncé

Une installation industrielle est équipée de haut-parleurs **(doc. 1)** permettant de diffuser divers sons comme des messages vocaux ou des sirènes signalant un danger.

On donne ci-dessous les courbes de réponse en fréquences de deux haut-parleurs (niveau d'intensité sonore des sons émis mesuré à 1 m). Les deux haut-parleurs fonctionnent sous une puissance électrique de 30 W.

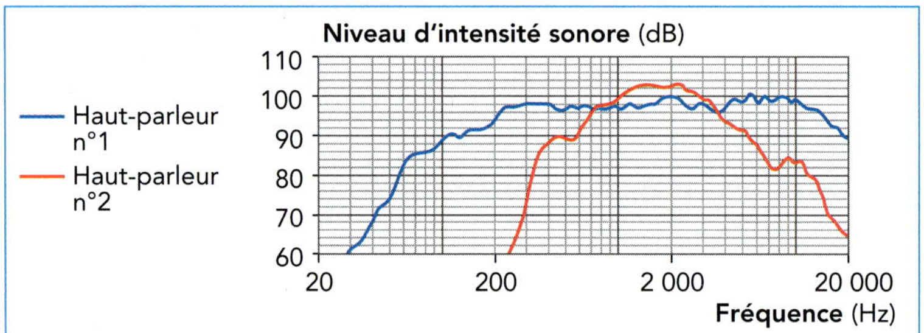

Doc. 2 Courbes de réponse de deux haut-parleurs.

Doc. 1 Exemple de haut-parleurs utilisés sur des zones industrielles.

Chaque source sonore sera considérée comme ponctuelle et émettant uniformément dans toutes les directions de l'espace. On suppose que le milieu de propagation est homogène (air à 20 °C) et que la propagation s'effectue sans amortissement.

Données

- Intensité sonore de référence : $I_0 = 1{,}0 \times 10^{-12}\ \text{W} \cdot \text{m}^{-2}$.
- Vitesse de propagation du son dans l'air à 20 °C : $c = 340\ \text{m} \cdot \text{s}^{-1}$.
- Le niveau de puissance sonore L_W d'une source s'exprime par $L_W = 10 \cdot \log \dfrac{\mathcal{P}}{\mathcal{P}_0}$, avec $\mathcal{P}$, la puissance sonore de la source, en watt, et $\mathcal{P}_0$, la puissance sonore de référence : $\mathcal{P}_0 = 1{,}0 \times 10^{-12}$ W.
- L'intensité sonore I à une distance d d'une source émettant dans toutes les directions est liée à la puissance sonore $\mathcal{P}$ de cette source par $I = \dfrac{\mathcal{P}}{S}$ avec S, la surface de la sphère de rayon d : $S = 4\pi \cdot d^2$.
- La sensibilité de l'oreille dépend de la fréquence des sons perçus **(doc. 3)**.

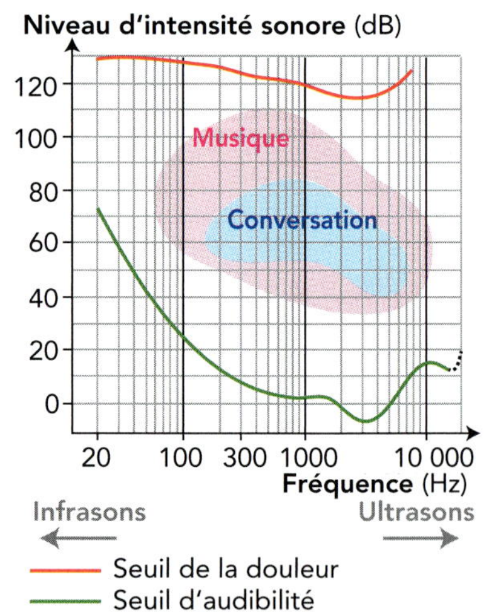

Doc. 3 Niveau d'intensité sonore, seuils d'audibilité et de douleur, pour l'oreille humaine, en fonction de la fréquence.

Problème 1

1. Proposer un protocole expérimental permettant de déterminer la fréquence d'un son produit par un haut-parleur.

2. Un son de 2000 Hz est émis par le haut-parleur n° 1 dans les mêmes conditions que celles utilisées pour construire sa courbe de réponse **(doc.2)**. Quelle est la distance théorique à partir de laquelle ce son ne sera plus audible ?

Analyse doc. 2, p. 70

TP 3, p. 79

Problème 2

1. Quel est le rendement énergétique du haut-parleur n° 1 lorsqu'il émet un son de 200 Hz dans les mêmes conditions que celles utilisées pour construire sa courbe de réponse **(doc. 2)** ?

2. Le haut-parleur n° 2 peut-il être utilisé en remplacement du haut-parleur n° 1 quel que soit le son que l'on désire lui faire émettre ? Justifier.

Instruments de musique

Chapitre 5

« Les arènes du jazz », festival à Paris.

Les instruments à cordes, à vent, à percussion et les instruments électroniques sont associés dans des orchestres aussi différents que des orchestres de jazz, de rock, symphoniques, etc. Ils s'accordent le plus souvent sur la gamme tempérée et également les uns par rapport aux autres.

Comment un instrument de musique peut-il émettre des sons différents ?

Mots-clés

INSTRUMENTS À CORDES, À VENT ET À PERCUSSION
instruments électroniques GAMMES HARMONIES
ACOUSTIQUE MUSICALE *traitement du son*

1 La musique est une science

Un mélomane est capable de percevoir à l'oreille si une musique est harmonieuse ou non. Il n'est pas nécessaire d'être mathématicien pour apprécier la musique. Pourtant... « la musique est un exercice d'arithmétique secrète et celui qui s'y livre ignore qu'il manie les nombres » (G. W. LEIBNIZ, 1712). Comment l'harmonie et les gammes permettent-elles de comprendre que la musique est une discipline scientifique ?

Document 1 Historique de l'harmonie

« Selon Jamblique (env. 250-330 ap. J.-C.), auteur de *Vie de Pythagore*, PYTHAGORE passa un jour devant l'atelier d'un forgeron et écouta les marteaux battre le fer. Certaines combinaisons de sons étaient harmonieuses, d'autres moins. Il étudia les marteaux et s'aperçut que deux sons étaient harmonieux lorsque les masses des deux marteaux étaient dans un rapport simple de nombres entiers.

Que cette histoire soit vraie ou simplement une légende, il apparaît acquis que Pythagore a le premier mis en évidence le fait que l'oreille humaine est sensible aux *rapports simples de fréquences* existant entre les sons. [...] Les rapports simples de fréquences ont reçu des noms particuliers. L'intervalle qui correspond à un rapport de fréquences égal à deux s'appelle une octave. [...] L'octave est l'intervalle fondamental qui délimite la gamme. C'est l'intervalle qui existe entre le premier et le deuxième Do dans l'énumération Do, Ré, Mi, Fa, Sol, La, Si, Do. »

Extrait de F. BRUNAULT, « Musique et Mathématiques », *CASA info*, n° 77, déc. 2002, www.umpa.ens-lyon.fr

Document 2 Harmonies

Problème 2, p. 102

L'oreille humaine est sensible au rapport entre les fréquences de deux notes jouées simultanément. Lorsqu'un instrument émet un La$_3$, de fréquence fondamentale f_1 = 440 Hz, l'oreille perçoit un son de fréquence f_1 et, suivant l'instrument, des harmoniques de fréquence $f_2 = 2\,f_1$, $f_3 = 3\,f_1$, etc. Quand une deuxième note est émise, un La$_4$ de fréquence fondamentale f'_1 = 880 Hz, l'oreille entend déjà ce son dans les harmoniques du La$_3$. Il en est de même du deuxième harmonique du La$_4$ de fréquence :

$$f'_2 = 2\,f'_1 = 1\,760 \text{ Hz} = 4 \times 440 = 4\,f_1$$

Plus les harmoniques de deux notes ont des fréquences communes, plus ces notes sont harmonieuses à l'oreille. Elles sont consonantes.

On parlera d'harmonie entre deux notes lorsque le rapport des fréquences de leur fondamental est « simple ». Le rapport le plus simple est celui qui a pour valeur 2. Les deux notes sont dites à l'octave. Jouées simultanément, ces deux notes semblent n'en faire qu'une.

Il existe d'autres rapports simples représentés dans le tableau ci-dessus.

Ainsi, sur la représentation ci-contre, le rapport de la fréquence du fondamental du son (c) sur celle du fondamental du son (a) est égal à $\frac{3}{2}$. Le son (c) est dit à la quinte du son (a). On constate également que la fréquence du 3e harmonique du son (a) est égale à celle du 2e harmonique du son (c).

Deux notes à la quinte se distinguent mieux, se fondent moins, que deux notes à l'octave, car elles ont moins d'harmoniques en commun.

Rapport des fréquences fondamentales	Position par rapport à la note de référence	Nom	Exemple
$\frac{2}{1}$	8	Octave	Do – Do
$\frac{3}{2}$	5	Quinte	Do – Sol
$\frac{4}{3}$	4	Quarte	Do – Fa
$\frac{5}{4}$	3	Tierce majeure	Do – Mi

Quelques accords harmonieux.

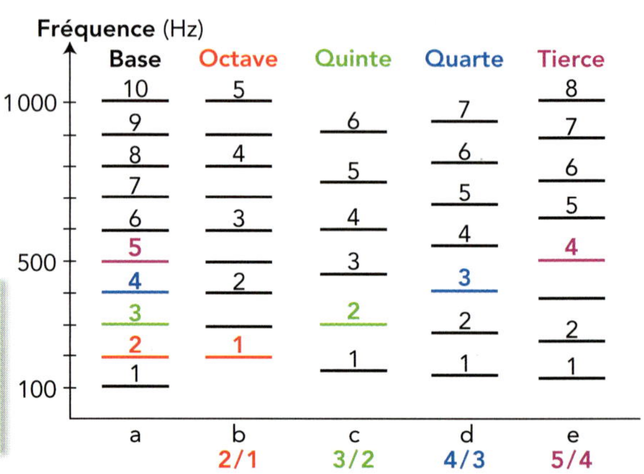

Analyse spectrale comparée de cinq sons harmonieux. Le son (a) est choisi comme référence.

Document 3 Gammes

Il y a eu, dans l'Histoire, de nombreuses constructions de gammes pour ordonner les notes au sein d'une octave. Les premières gammes furent appelées naturelles, car elles étaient construites à partir de sons émis par des cordes vibrantes de différentes longueurs. Ces gammes, comme **la gamme de PYTHAGORE**, présentent un inconvénient important. Les rapports de fréquences entre des notes consécutives ne sont pas constants. On ne peut donc pas transposer dans une autre tonalité toutes les notes d'une œuvre musicale.

Jean-Sébastien BACH (1685-1750) résout ce problème en créant **la gamme tempérée**.

• La gamme de PYTHAGORE

Elle correspond à des notes obtenues par des cordes vibrantes dont les rapports de longueurs, égaux à $\frac{3}{2}$, sont considérés harmonieux. Ces notes, dont les rapports de fréquences sont aussi de $\frac{3}{2}$, forment des **quintes**.

Il est possible, par quintes successives, de retrouver les fréquences des notes d'une octave :
– par quintes montantes, la fréquence d'une note de base est multipliée par 1,5, puis si besoin divisée par 2 pour être dans l'intervalle de fréquences correspondant à l'octave de la note de base. En procédant de la même manière à partir de la note obtenue, on construit une série de notes dont les six premières sont affectées d'un nom simple (Do, Ré, Mi, Sol, La, Si);
– par quintes descendantes, la fréquence d'une note de base est divisée par 1,5, puis si besoin mutipliée par 2 pour être dans l'intervalle de fréquences correspondant à l'octave. En procédant de la même manière à partir de la note obtenue, on construit une autre série de notes dont la première est affectée d'un nom simple (Fa).

Les autres notes de l'octave sont dites altérées, et notées dièse (#) ou bémol (b). Elles ne sont pas conservées si leurs fréquences sont trop proches les unes des autres. Le tableau ci-dessous indique les rapports de fréquences entre deux notes non altérées consécutives.

Note	Do	Ré	Mi	Fa	Sol	La	Si	Do
Fréquence (Hz)	100,0	112,5	126,6	133,3	150,0	168,8	189,8	200,0

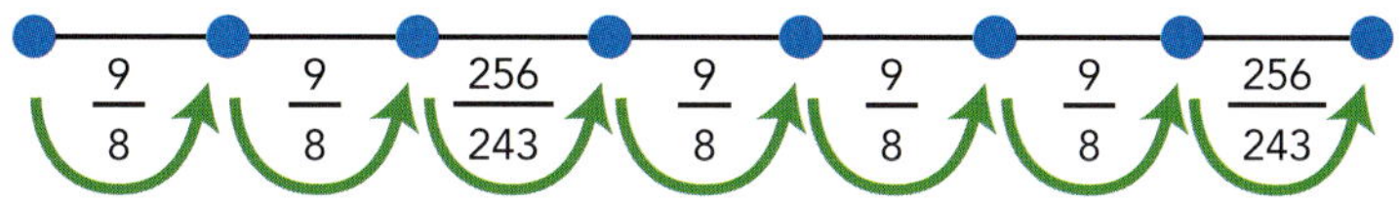

L'enchaînement Do, Ré, Mi, Fa, Sol, La, Si, Do d'une octave de la gamme de Pythagore construite à partir d'un Do de fréquence 100 Hz.

• La gamme tempérée ou à tempérament égal

Douze notes sont placées sur une octave qui est alors divisée en douze intervalles appelés demi-tons.

Ces notes sont Do, Do#, Ré, Mib, Mi, Fa, Fa#, Sol, Sol#, La, La# et Si.

Remarques : « # » se lit dièse; « b » se lit bémol (voir **fiche 5**, p. 202).

Le rapport de fréquences entre deux notes consécutives de fréquences respectives f_1 et f_2 est constant : $\frac{f_2}{f_1} = 2^{\frac{1}{12}}$.

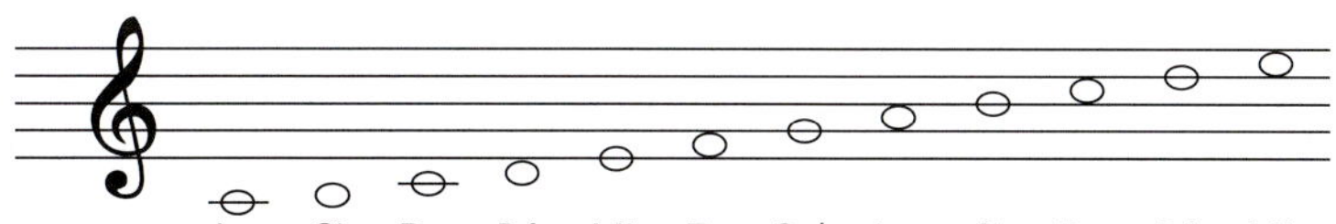

La$_2$	Si$_2$	Do$_3$	Ré$_3$	Mi$_3$	Fa$_3$	Sol$_3$	La$_3$	Si$_3$	Do$_4$	Ré$_4$	Mi$_4$
220,00	246,94	261,63	293,66	329,63	349,23	392,00	440,00	493,88	523,25	587,33	659,26

Fréquence (Hz)

Quelques notes de musique de la gamme tempérée et leurs fréquences.

Pour aller plus loin :
- www.umpa.ens-lyon.fr/~brunault/musique/Musique.doc
- www.crdp.ac-grenoble.fr/imel/jlj/son_et_lumiere/infogene.htm

Analyse et synthèse

1 Quel est le rapport de fréquences entre deux notes séparées d'une octave, d'une quinte ou d'une tierce? *→ doc. 2*

2 **a.** Quelle position occupe une note à la quinte d'une première note dans l'enchaînement Do, Ré, Mi, Fa, Sol, La, Si?

b. Vérifier que le texte et le tableau du document 3 sont en accord.

3 Combien de demi-tons contient une octave de la gamme tempérée? Quel est le rapport de fréquences entre deux demi-tons consécutifs? *→ doc. 3*

4 Donner la définition historique d'un son harmonieux. *→ doc. 1*

5 Proposer plusieurs accords harmonieux avec trois notes de la gamme tempérée. *→ doc. 1*

6 **Bilan** À l'aide de ces documents, expliquer en quelques lignes pourquoi la musique peut être considérée comme une discipline scientifique.

2 Les instruments à cordes

On peut classer les instruments en trois familles qui sont les instruments à cordes, à vent et à percussion. Pour la première de ces familles, la corde constitue le système excitateur qui fait vibrer l'instrument.
Quels sont les différents modes de vibrations d'une corde ?

Document 1 Une note est née

« Du bout du doigt, le guitariste a déplacé la corde pour la faire vibrer. Celle-ci se déforme alors d'avant en arrière et bouscule **les molécules d'air** autour d'elle. Ainsi, quand la corde avance, elle repousse les molécules devant elle, qui se retrouvent ratatinées les unes contre les autres. L'air est donc comprimé à l'endroit où vient de passer la corde, **et les molécules cherchent aussitôt à retrouver leur espace vital en s'écartant les unes des autres**. Elles repoussent alors leurs voisines comme des boules de billard et, de proche en proche, la zone de surpression se déplace. Le va-et-vient de la corde vibrante crée ainsi une succession de zones de surpression qui vont se déplacer comme des vagues dans la pièce : le son naît. Et le nouveau-né prend la forme d'une onde, dont les pics correspondent à chaque battement de la corde. Il vibre donc au même rythme. Aussi, **la vitesse de vibration** de la corde – autrement dit, le nombre de battements par seconde – détermine la fréquence du son, qui s'exprime en hertz (Hz). »

Extrait de M. Fontez, *Science & Vie Junior*, n° 245, fév. 2010.

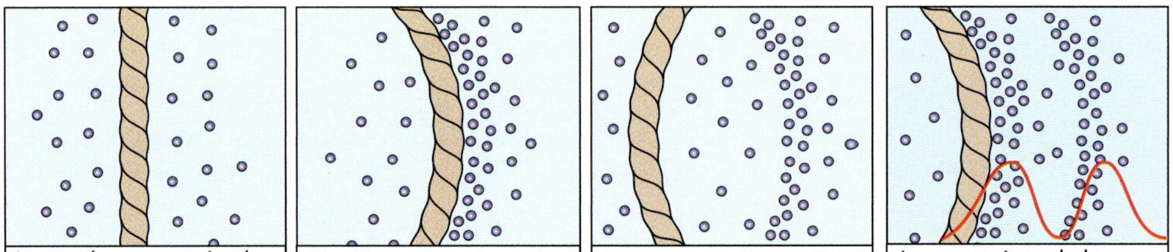

La corde est cernée de molécules représentées symboliquement par des sphères. | En vibrant, elle les pousse les unes contre les autres. | La compression de l'air se propage de proche en proche. | Le va-et-vient de la corde crée des vagues d'air comprimé… et une onde, le son, se forme.

DR/*Science & Vie Junior*, n° 245

Document 2 Ça pince, ça frappe ou ça frotte

Il existe différentes manières de faire vibrer les cordes d'un instrument :

– les cordes d'une guitare sont pincées avec les doigts, avec un médiator (dispositif permettant de pincer ou gratter les cordes d'un instrument, aussi appelé plectre) ou avec un onglet ;

– les cordes du piano sont frappées par des petits marteaux ;

– les cordes du violon ou d'un violoncelle sont frottées avec un archet.

Le médiator pince les cordes.

L'archet frotte les corde[s]

Les marteaux frappent les cord[es]

Document 3 Modes de vibration d'une guitare

→ TP 1, p. 93
→ Problème 1, p. 100

Une corde vibre lorsqu'elle est excitée. Pour certaines fréquences d'excitation, elle prend l'aspect d'un ou plusieurs fuseaux de longueurs égales. À la plus basse de ces fréquences, appelée fréquence fondamentale et notée f_1, on observe un seul fuseau. On obtient plusieurs fuseaux lorsque la fréquence excitatrice est multiple de la fréquence fondamentale. Ces fréquences f_n, telles que $f_n = n \cdot f_1$, sont appelées fréquences harmoniques de rang n. Le nombre entier n est également le nombre de fuseaux.

Les extrémités d'une corde en vibration sont immobiles, on parle de nœuds de vibration.

Au milieu d'un fuseau, l'amplitude de vibration de la corde est maximale, on parle de ventre d'amplitude.

Pour une corde de longueur L fixe, la longueur ℓ_n d'un fuseau d'un harmonique de rang n vaut : $\ell_n = \frac{L}{n}$.

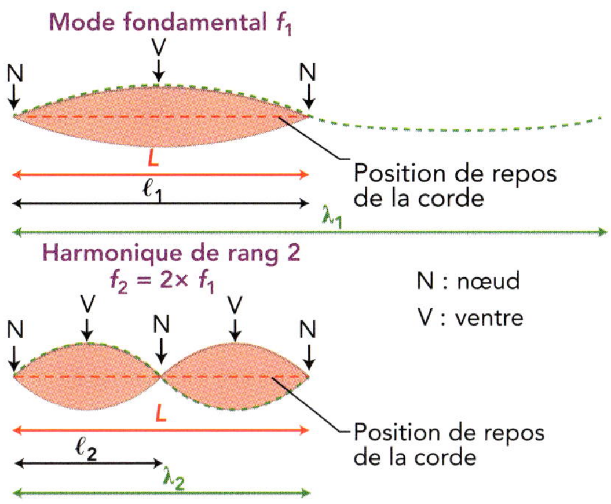

Document 4 Comparaison des modes d'excitation des cordes d'un instrument

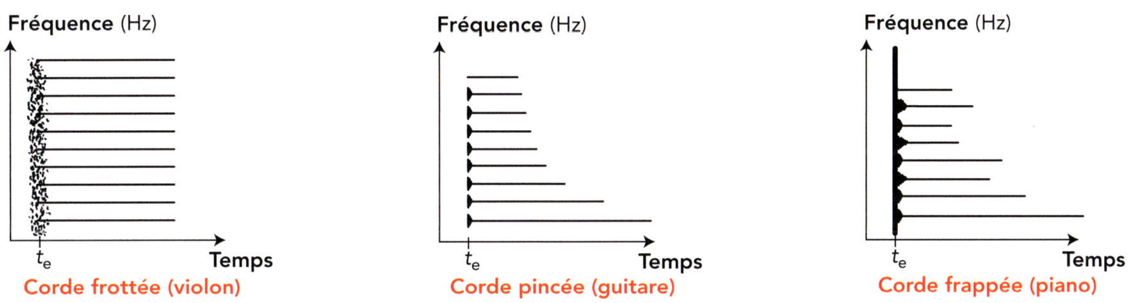

Analyses spectrales du son correspondant à une même note jouée avec un violon, une guitare et un piano.

Le début de l'excitation de la corde est appelé attaque de la note et est repéré à la date t_e. Les représentations graphiques permettent de déterminer les composantes fondamentales et harmoniques en fonction du mode d'excitation de la corde de l'instrument. De plus, il est possible de comparer pour chaque instrument les durées pendant lesquelles les différentes composantes sont émises.

Pour aller plus loin :

- É. Liepp, *Acoustique et musique*, Masson, 1984.
- A. Chaigne et J. Kergomard, *Acoustique des instruments de musique*, collection Échelles, Belin, 2008.

Analyse et synthèse

1 **a.** Les trois expressions écrites en gras dans le document 1 sont incorrectes d'un point de vue scientifique. Les reformuler.

b. Expliquer, en quelques lignes, la production d'ondes par une corde vibrante.

2 **a.** Représenter l'aspect d'une corde de longueur L vibrant à une fréquence f_3 correspondant à son troisième harmonique.

b. Exprimer f_3 en fonction de la fréquence du fondamental de cette corde. Exprimer la longueur ℓ_3 d'un fuseau en fonction de la longueur L de la corde. → *doc. 3*

3 Quelles sont les différentes techniques pour exciter une corde ? → *doc. 2 et 4*

4 **Bilan** Comparer les sons de différents instruments à cordes jouant la même note. On pourra s'aider des spectrogrammes.

3 Les instruments à percussion

On peut classer les instruments en trois familles qui sont les instruments à cordes, à vent et à percussion. Dans le cas des instruments à percussion, une membrane ou un matériau résonnant constitue le système excitateur qui fait vibrer l'instrument. Un instrument à percussion joue-t-il une note de musique ?

→ Problème 3, p. 103

Document 1 Spectre inharmonique

La plupart des instruments à percussion produisent des sons qui ne sont pas périodiques. Dans ce cas, l'énergie sonore est répartie sur des fréquences dont les valeurs n'ont pas de relations entières ou fractionnaires entre elles. On dit que l'on a un spectre « inharmonique ». Ce type de spectre n'engendre pas de sensation de hauteur bien nette, voire, comme c'est le cas pour certaines cloches, peut évoquer plusieurs hauteurs simultanément.

D'après A. Chaigne, P. Joly et L. Rhaouti, « Le son des timbales », *Pour la Science*, sept. 2001.

Document 2 La caisse claire

La caisse claire est un des éléments principaux d'une batterie. Sur la caisse, en bois ou en métal, on fixe deux membranes, une de percussion et l'autre de résonance.

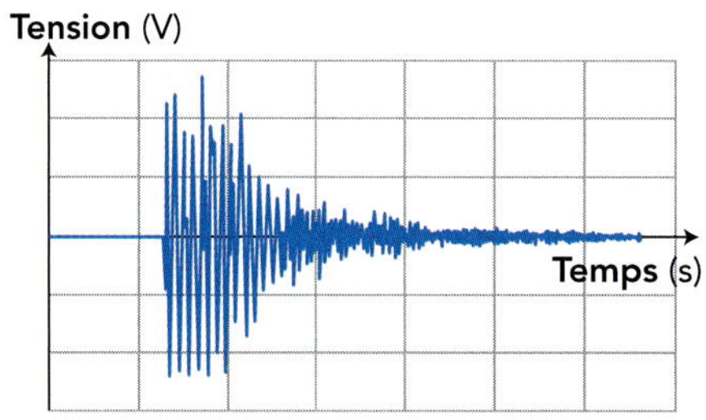

Signal électrique à la sortie d'un microphone correspondant au son émis par une caisse claire de batterie.

Une caisse claire.

Document 3 La timbale

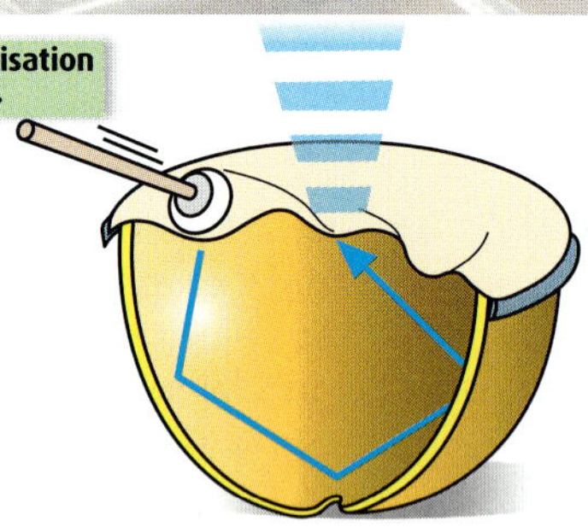

Coupe d'une timbale : schématisation du trajet du son en bleu.

La timbale est formée d'une membrane circulaire ; cette « peau » est aujourd'hui fabriquée en mylar, un polymère synthétique. Elle est tendue sur une coque (ou fût) de forme quasi hémisphérique. Pour produire le son recherché, le timbalier frappe sur la peau avec une ou plusieurs « mailloches ». Un petit trou situé dans le fond du fût de la timbale garantit que lorsque l'instrument est au repos, les pressions de part et d'autre de la membrane sont égales (sinon, la peau serait trop tendue et vibrerait mal sous la frappe du timbalier).

Les timbales ont une fonction rythmique, bien sûr, mais elles ont aussi une couleur musicale. Les timbales engendrent une sensation de hauteur – un coup de timbale est perçu comme plus ou moins aigu – qui, sans être aussi nette que celle d'une flûte ou d'un piano, n'en est pas moins réelle. Lorsqu'on joue de la timbale, on constate que cette sensation de hauteur est d'autant plus perceptible que le coup porté sur la peau est proche du bord (si l'on frappe la membrane au centre, on obtient un son plus sourd). »

D'après A. Chaigne, P. Joly et L. Rhaouti, « Le son des timbales », *Pour la Science*, sept. 2001.

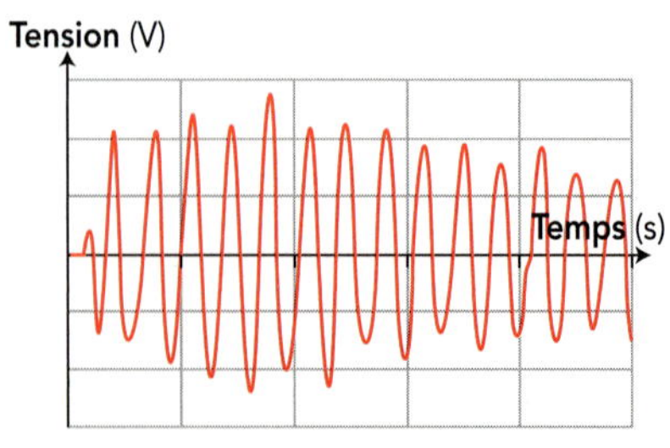

Signal électrique à la sortie d'un microphone correspondant au son émis par une timbale.

Pour aller plus loin :
- É. Liepp, *Acoustique et musique*, Masson, 1984.
- A. Chaigne et J. Kergomard, *Acoustique des instruments de musique*, Collection Échelles, Belin, 2008.

Analyse et synthèse

Les instruments à percussion présentés dans les différents documents émettent-ils des sons musicaux ?

1 Modes de vibration d'une corde de guitare

Une corde de guitare, lorsqu'elle est excitée à certaines fréquences, peut vibrer en prenant la forme d'un ou plusieurs fuseaux. Il existe une relation entre la fréquence d'excitation et le nombre de fuseaux.

→ Analyse doc. 2, p. 90
→ Problème 1, p. 100

A Excitation par une force électromagnétique

On peut faire vibrer une corde métallique en plaçant un aimant à proximité de cette corde parcourue par un courant d'intensité alternative sinusoïdale.

La corde est alors soumise à une force qui provoque des oscillations transversales de même fréquence que celle du courant électrique **(doc. 1)**.

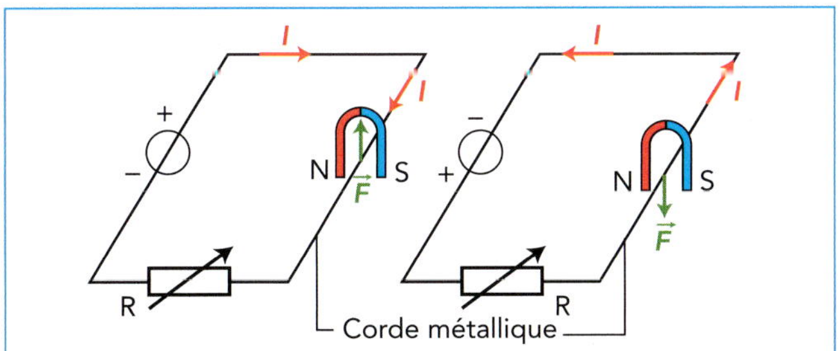

Doc. 1 Le sens de la force électromagnétique qui s'exerce sur la corde métallique dépend de celui du courant qui la traverse.

- Réaliser le montage du **document 2** en plaçant l'aimant près du milieu de la plus grosse corde.
- Augmenter la fréquence du courant traversant la corde en partant de 70 Hz environ.

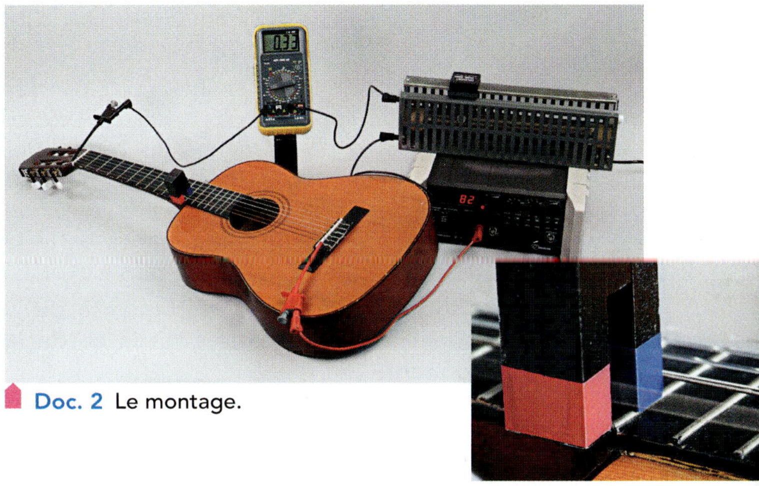

Doc. 2 Le montage.

Observer ce qui se produit pour une fréquence f_1 proche de 82 Hz (fondamental de la plus grosse corde).

- Placer l'aimant au quart de la longueur de la corde et faire de nouveau varier la fréquence du courant. Observer ce qui se passe pour une fréquence double de f_1.
- Replacer l'aimant au milieu de la corde et observer ce qui se passe pour une fréquence triple de f_1.

B Excitation par une onde sonore

On peut faire vibrer une corde en l'excitant avec des ondes sonores produites par un haut-parleur alimenté par un GBF délivrant une tension sinusoïdale.

- Réaliser le montage du **document 3** en plaçant le haut-parleur près du milieu de la plus grosse corde. Placer un petit morceau de papier sur la corde pour mieux visualiser les vibrations.
- Augmenter la fréquence du son produit par le haut-parleur en partant de 70 Hz environ. Observer ce qui se produit pour une fréquence f_1 proche de 82 Hz (fondamental de la plus grosse corde).
- Placer le haut-parleur au quart de la longueur de la corde et faire varier la fréquence du son. Observer ce qui se passe pour une fréquence double de f_1.

Doc. 3 Le montage.

- Faire de même pour d'autres cordes après avoir recherché leur fréquence fondamentale (voir **doc. 15**, p. 98).

1 Qu'observe-t-on pour les fréquences f_1, $2f_1$, $3f_1$?

2 Proposer une relation entre f_1, f_n et le nombre n de fuseaux observés.

3 Expliquer pourquoi le son produit par une corde de guitare comporte des harmoniques.

2 La guitare : un instrument à cordes

DÉMARCHE D'INVESTIGATION

Lorsqu'il joue, un guitariste exerce des actions mécaniques sur les cordes de la guitare pour les faire vibrer. Comment peut-il jouer des notes différentes ? Quel est le rôle de chacune des parties de la guitare dans la production des notes ?

Analyse doc. 2, p. 90

Une guitare comporte trois parties principales : des cordes, une caisse et un manche.

Les cordes d'une guitare ont des noms (Mi_1, La_1, $Ré_2$, Sol_2, Si_2, Mi_3) et des aspects différents.

Le manche de la guitare est divisé en intervalles par des incrustations métalliques appelées « frettes ». De l'extrémité du manche à la caisse de résonance, les frettes sont numérotées 0, 1, 2, 3, etc. **(doc. 4)**. Lorsque le guitariste appuie sur une corde entre deux frettes, la longueur de vibration de la corde correspond à la distance entre le sillet du chevalet et la frette de numéro le plus élevé.

Le tableau du **document 5** donne la fréquence de la note correspondant à chaque frette pour **la corde la plus fine de la guitare.**

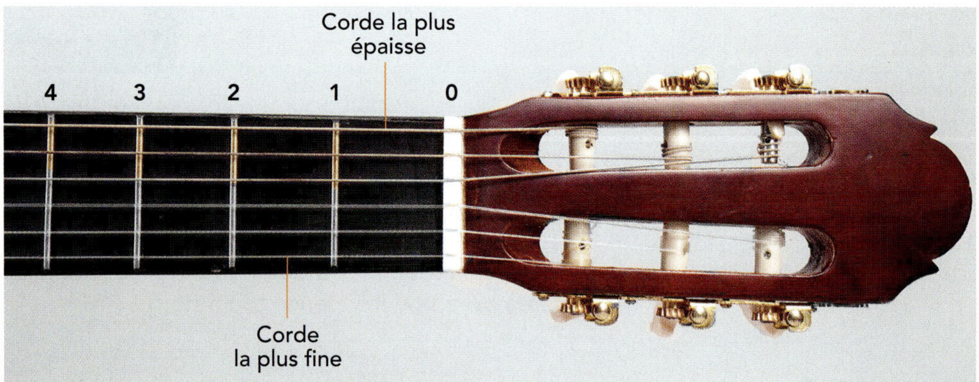

Doc. 4 Les six cordes d'une guitare et les premières frettes.

Numéro de la frette	Fréquence de la note (Hz)
0	329
1	349
2	370
3	392
4	415
5	440
6	466
7	494
8	523
9	554
10	587
11	622
12	659
13	698
14	740
15	784
16	831
17	880
18	932

Doc. 5 Notes pouvant être jouées avec la corde la plus fine.

Doc. 6 Matériel disponible.

1 Proposer des protocoles expérimentaux permettant de répondre aux questions posées en introduction.

On pourra utiliser les documents et le matériel proposés.

Après accord du professeur, mettre en œuvre ces protocoles et réaliser les mesures.

2 Rédiger une synthèse sur le fonctionnement d'une guitare.

3 La flûte : un instrument à vent

Une flûte à bec permet de jouer différentes notes de musique en fonction de la position des doigts du flûtiste.

→ Problème 4, p. 104

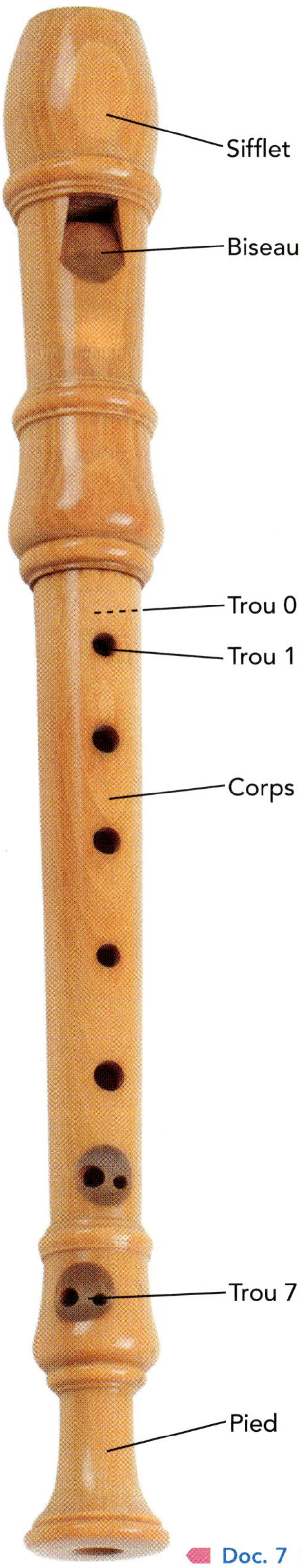

Doc. 7 Une flûte à bec. Le trou 0 (qui se bouche avec le pouce) est situé en arrière des autres trous.

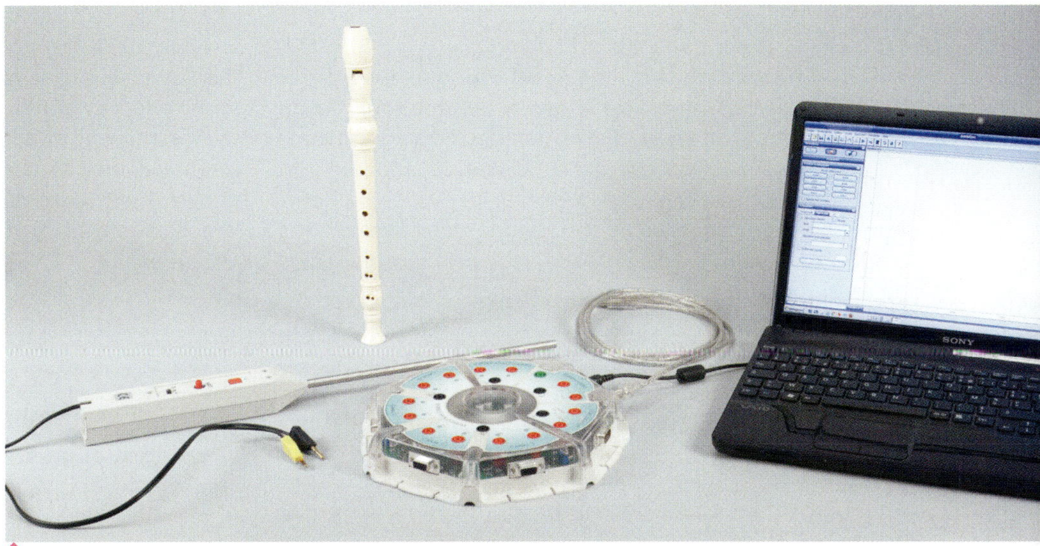

Doc. 8 Matériel disponible : flûte à bec, microphone, système d'acquisition, ordinateur.

On étudie la partie supérieure de la flûte qui se nomme le sifflet **(doc. 7)**.

- Enlever le corps de la flûte, ne garder que le sifflet. Souffler doucement.
- Enregistrer le son produit par le sifflet de la flûte. En effectuer l'analyse spectrale.
- Réaliser plusieurs acquisitions successives.

On utilise maintenant l'instrument au complet.

- Boucher simultanément les trous 0, 1 et 2 de la flûte et souffler doucement.

Enregistrer le son produit par la flûte. Effectuer l'analyse spectrale du son obtenu.

- Recommencer l'analyse en bouchant les trous 0, 1, 2 et 3.
- Effectuer le rapport des deux fréquences fondamentales f et f' obtenues.
- Mesurer la distance d entre le biseau et le trou 3, puis d' celle entre le biseau et le trou 4. Calculer le rapport entre ces deux distances.
- Consigner les mesures de f, f', d et d' de tous les binômes dans un tableau.

1 Décrire le son produit par le sifflet. Quelles sont ses caractéristiques ? Rechercher la note correspondante.

2 Évaluer l'incertitude de répétabilité (**fiche 3**, p. 198) sur les deux fréquences mesurées avec la flûte complète. Évaluer l'incertitude de répétabilité sur les deux distances.

3 Évaluer les incertitudes sur les rapports $r_1 = \frac{f}{f'}$ et $r_2 = \frac{d'}{d}$ sachant que l'incertitude sur une grandeur $G = \frac{G_1}{G_2}$, quotient de deux grandeurs indépendantes, est donnée par $U(G) = G\sqrt{\left(\frac{U(G_1)}{G_1}\right)^2 + \left(\frac{U(G_2)}{G_2}\right)^2}$.

4 Comparer les deux rapports et conclure sur la manière d'obtenir des notes différentes à la flûte à bec.

4 Synthétiser un son

Depuis l'avènement de l'électronique, de nouveaux instruments ont vu le jour. L'analyse de sons et le traitement numérique permettent de créer toutes sortes de sons. Peut-on reproduire n'importe quel son musical ?

Document 9

« Dans l'histoire de la synthèse sonore, qui vise à créer des sons de façon artificielle (par voie électronique ou informatique), on peut distinguer deux types de procédés. Dans la "synthèse par modèles de signaux", on s'attache à construire directement le modèle électrique à envoyer dans les haut-parleurs, pour obtenir des sonorités insolites que l'on trouve, par exemple, dans la musique dite électronique.

La "synthèse par modèles physiques" s'intéresse, au contraire, au générateur de l'onde sonore, c'est-à-dire à l'instrument et à l'instrumentiste plutôt qu'au son lui-même. Dans ce cas [...] on veut mimer la réponse de l'instrument à tous les gestes du musicien : attaque, transitoires entre notes, évolution du timbre avec la nuance. »

Extrait de T. HÉLIE et C. VERGEZ, « Des instruments de musique... virtuels », *Pour la Science*, n° 373, nov. 2008.

On a enregistré un La_3 émis par une flûte traversière à l'aide du logiciel Audacity®. L'analyse de ce son réalisée avec le logiciel Scilab®, donne le spectre en fréquences et le spectrogramme représentés dans les **documents 10** et **11**.

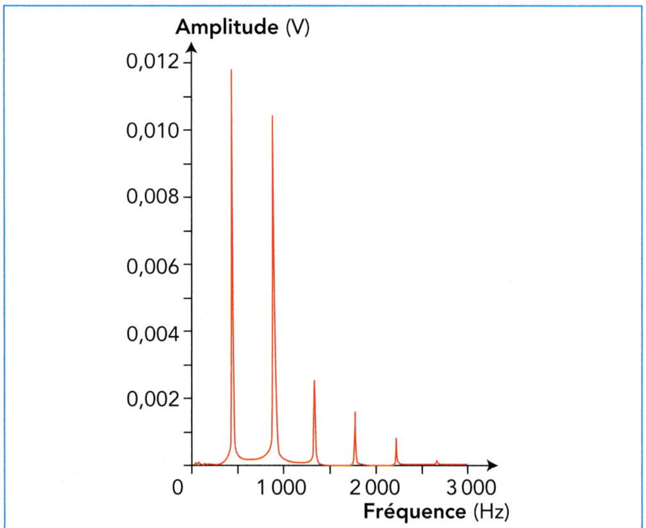

Doc. 10 Spectre en fréquences d'un La_3 émis par une flûte.

Le spectrogramme **(chapitre 4)** d'un son permet d'afficher les amplitudes des différentes fréquences en fonction du temps (les couleurs sont codées : le violet correspond à une amplitude nulle, le rouge à la plus grande amplitude, **doc. 11**).

Ce spectre en fréquences montre que le son émis par la flûte est constitué de cinq sinusoïdes d'amplitudes différentes, de fréquence fondamentale f_1 = 440 Hz et de fréquences harmoniques $f_2 = 2f_1$, $f_3 = 3f_1$, $f_4 = 4f_1$ et $f_5 = 5f_1$.

Pour synthétiser ce son, il faut superposer les cinq sinusoïdes précédentes avec leurs amplitudes respectives en créant cette fonction dans Scilab® (voir **fiche 7**, p. 204).

- Choisir un instrument de musique et jouer une note.
- Enregistrer ce son au format *wav* à l'aide d'Audacity® (voir **fiche 8**, p. 206).

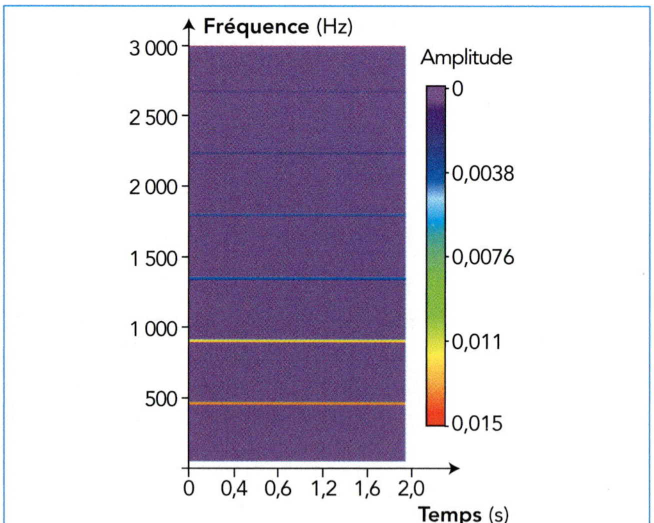

Doc. 11 Spectrogramme d'un La_3 émis par une flûte.

- Analyser ce son à l'aide de Scilab® en affichant son amplitude en fonction du temps, son spectre en fréquences et son spectrogramme.
- Reproduire cette note numériquement et en faire son analyse à l'aide de Scilab®.

Écouter le son synthétisé.

1 Comparer le son synthétisé au son émis par l'instrument de musique.

2 Résumer la démarche à suivre pour reproduire un son musical.

5 Les instruments électroniques

Dans les instruments électroniques, le son est généré par des circuits électriques, puis il est amplifié et converti en un signal sonore au niveau de haut-parleurs. Comment produire un signal électrique périodique et émettre un son musical ?

A Reproduire un son

Un générateur d'harmoniques permet de générer des tensions sinusoïdales de fréquences multiples de celle du fondamental, cette fréquence pouvant être choisie arbitrairement.

▸ Faire l'acquisition du son le plus grave émis par une guitare.

1 Proposer un protocole expérimental afin de reproduire le son émis par la guitare avec le générateur d'harmoniques.

2 Comment peut-on reproduire le son émis par un instrument ?

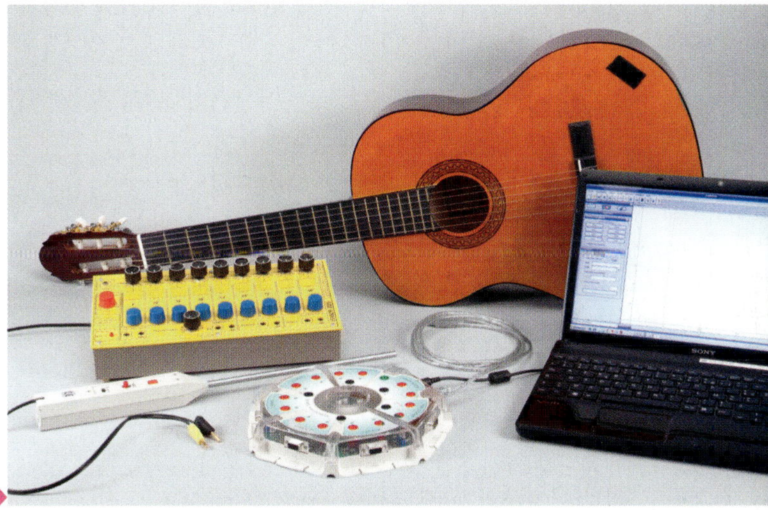

Doc. 12 Matériel disponible : guitare, générateur d'harmoniques, microphone, système d'acquisition et ordinateur.

B Créer un son à l'aide d'un circuit oscillant

Un circuit constitué d'un condensateur de capacité C (exprimée en farad, de symbole F) et d'une bobine d'inductance L (exprimée en henry, de symbole H) est le siège d'oscillations électriques.

Ces oscillations sont amorties du fait de la présence d'une résistance (résistance des câbles électriques, résistance de la bobine) dans le circuit électrique noté alors (R, L, C).

Le dispositif électronique **(doc. 13)** permet de compenser les pertes d'énergie par effet Joule dues à cette résistance. En sa présence, les oscillations électriques ne sont plus amorties.

On montre que la tension aux bornes du condensateur de ce circuit oscillant noté désormais (L, C) est sinusoïdale.

Elle a pour fréquence $f_0 = \dfrac{1}{2\pi\sqrt{L \cdot C}}$

▸ En fonction du matériel disponible, choisir trois couples (L, C_1), (L, C_2) et (L, C_3) qui permettent de produire trois notes de musique.

▸ Réaliser le montage schématisé dans le **document 13**.

▸ Appuyer successivement sur les boutons poussoirs et vérifier qu'un son est émis.

▸ Mesurer la période T_0 de la tension aux bornes du condensateur et évaluer l'incertitude de $U(T_0)$ sur cette mesure (voir **fiche 3**, p. 198).

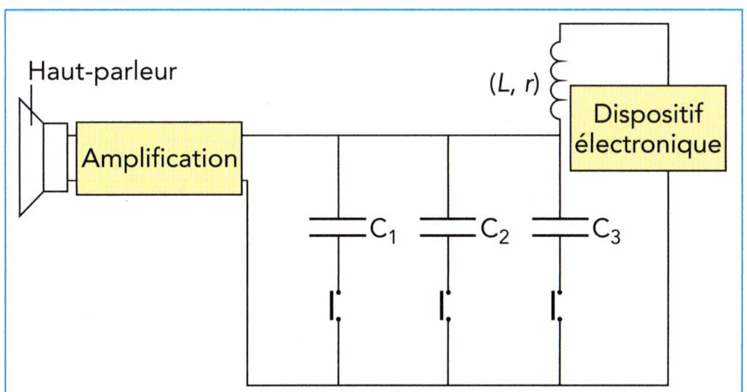

Doc. 13 Montage permettant de synthétiser un son.

▸ Mesurer la période T du son émis et évaluer l'incertitude $U(T)$ sur cette mesure (voir **fiche 3**, p. 198).

3 **a.** Déterminer la fréquence f_0 de la tension aux bornes du condensateur.

b. L'incertitude sur la mesure de cette fréquence est $U(f_0) = \dfrac{U(T_0)}{T_0^2}$. Évaluer $U(f_0)$.

c. Vérifier que la fréquence de la tension aux bornes du condensateur et celle du son émis par le haut-parleur sont égales (voir **fiche 4**, p. 201).

4 Comment un instrument électronique permet-il de reproduire un son musical ?

6 Accorder une guitare avec des battements

Avant chaque concert, un guitariste doit accorder son instrument, c'est-à-dire régler la tension des cordes pour qu'elles émettent en vibrant des notes définies. Quel phénomène physique est mis en œuvre pour ajuster les cordes d'une guitare aux hauteurs souhaitées ?

→ Analyse doc. 2, p. 90

Document 14 Les battements

Lorsque deux notes de fréquences très voisines sont jouées simultanément, la sensation auditive est celle d'un son de fréquence unique dont le niveau d'intensité sonore augmente, puis diminue de manière périodique. Ce phénomène est appelé battement.

La superposition de deux sons musicaux de fréquences fondamentales 440 Hz et 442 Hz donne un son musical de fréquence fondamentale égale à 441 Hz. L'amplitude de ce son évolue avec une fréquence de battement de 2 Hz (442–440) : elle passe par un maximum toutes les 0,5 seconde (période de battement).

Inversement, un battement toutes les 2 secondes, soit une fréquence de battement de 0,5 Hz, signifie que les fréquences fondamentales des deux notes jouées simultanément diffèrent de 0,5 Hz.

Le battement est d'autant plus lent que les fréquences des deux notes sont proches. Les accordeurs sont particulièrement sensibles à ce phénomène.

Le luthier peut utiliser les battements pour accorder la guitare.

L'accordage standard

L'accordage est le réglage de la tension de chaque corde pour qu'elle produise, lorsqu'elle vibre sur toute sa longueur, une note de fréquence précise. Pour l'accordage standard ces notes sont respectivement Mi_1, La_1, $Ré_2$, Sol_2, Si_2, Mi_3 **(doc. 15)**.

Corde	Note	Fréquence (Hz)
1	Mi_1	82,40
2	La_1	110,00
3	$Ré_2$	146,83
4	Sol_2	196,00
5	Si_2	246,94
6	Mi_3	329,63

Doc. 15 Fréquences fondamentales des cordes d'une guitare vibrant sur toute leur longueur.

Le **document 16** montre que lorsqu'on appuie sur la 5e barrette, ou frette (**TP2**, p. 94), de la corde La_1, la corde, en vibrant, joue la même note que la corde du $Ré_2$ vibrant sur toute sa longueur. En pratique, il faut d'abord accorder une corde, par exemple, celle du La_1, à l'aide d'un diapason de fréquence 440 Hz. Puis on accordera les cordes les unes par rapport aux autres à l'aide du schéma **(doc. 16)**.

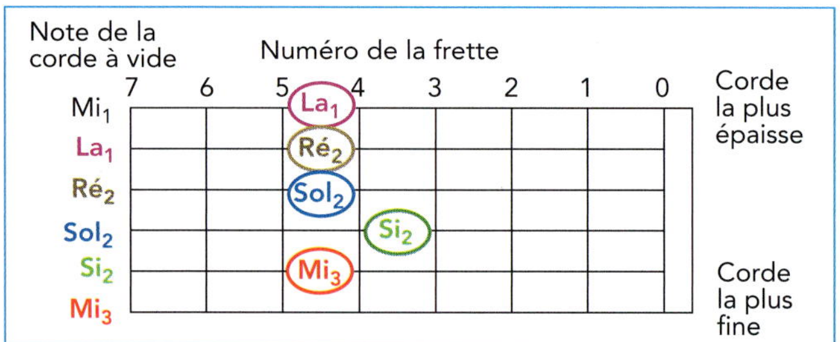

Doc. 16 Accordage d'une guitare.

Doc. 17 Guitariste accordant la corde de Ré.

1 Créer numériquement un son contenant des battements (voir **fiche 7**, p. 204). Vérifier que les résultats sont en accord avec le texte.

2 Proposer une méthode pour accorder une guitare dont la corde La_1 est déjà accordée. La mettre en pratique après l'accord du professeur.

7 Le traitement du son

Un son peut être modifié par traitement électronique ou numérique. Quels traitements peut-on appliquer à un son ?

→ Problème 3, p. 103

Document 18 Quelques exemples de traitement d'un son

Amplification – Augmentation ou atténuation du niveau d'intensité sonore de la totalité du son. Lors de l'amplification, il faut veiller à ne pas saturer le signal, car il serait déformé. Si l'enregistrement comporte des bruits parasites, ils seront aussi amplifiés. La montée ou la descente progressive du niveau d'intensité est appelée « *fading* ».

Égalisation – Amplification ou atténuation de certaines fréquences du son.

Changement du tempo – Modification de la vitesse d'exécution du son sans modification de sa hauteur.

Changement de la hauteur – Modification de la hauteur du son sans modification de sa vitesse d'exécution.

Changement de la vitesse – Modification de la hauteur et du tempo du son.

Écho – Superposition du son d'origine avec le même son, décalé et atténué dans le temps.

Suppression du bruit – Élimination du son correspondant au bruit de fond.

A Traitement numérique d'un son

- Enregistrer un son musical avec Audacity® (voir **fiche 8**, p. 206) et déterminer ses principales caractéristiques.
- Avec Audacity®, appliquer un à un les différents traitements décrits dans le **document 18**.

1 Faire un compte rendu avec des copies d'écran illustrant, pour chaque traitement numérique, les principales caractéristiques modifiées entre le son d'origine et le son traité.

B Traitement électronique d'un son

Le montage du **document 19** est celui d'un « filtre passe-bas ». Il comporte plusieurs dipôles, dont un conducteur ohmique de résistance R (exprimée en ohm, de symbole Ω) et un condensateur de capacité C (exprimée en farad, de symbole F).

Le signal d'entrée est la tension électrique correspondant à l'enregistrement d'un son musical.

Le signal de sortie est la tension électrique obtenue après application du traitement électronique. Ce signal peut alimenter un haut-parleur.

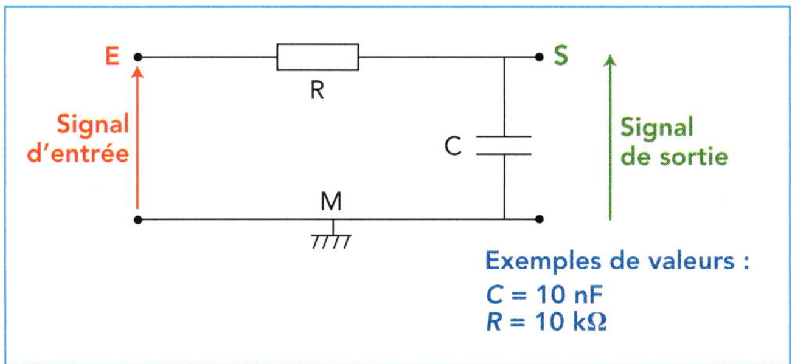

Doc. 19 Montage d'un filtre « passe-bas ». M est la masse du circuit.

Ce montage possède une fréquence particulière, appelée fréquence de coupure f_c et qui s'exprime par :

$$f_c = \frac{1}{2\,\pi\,RC}.$$

- Appliquer à l'entrée du filtre une tension sinusoïdale de fréquence f variable. Observer la tension de sortie en fonction de f à l'aide d'une acquisition informatisée.

Que se passe-t-il lorsque la fréquence f est supérieure ou égale à la fréquence f_c ?

- Appliquer à l'entrée du filtre un son musical de fréquence légèrement différente de $\frac{f_c}{2}$ et possédant plusieurs harmoniques.

Observer la tension d'entrée et la tension de sortie.

- Afficher leurs spectres en fréquences.

2 **a.** Quelles sont les principales caractéristiques modifiées entre le son d'origine et le son traité ?

Quel traitement numérique de la liste du **document 18** ce montage permet-il ?

b. Justifier le nom donné au montage du **document 19**.

Résolution de problèmes scientifiques

Problème résolu

1 Techniques de jeu au violoncelle

D'APRÈS BAC

COMPÉTENCES
- **Extraire des informations.**
- **Argumenter.**

Énoncé

Il existe plusieurs techniques de production du son par un instrument à cordes. La corde appelée « corde de Sol » d'un violoncelle, a une longueur utile L = 69,0 cm et est fixée à ses deux extrémités sur l'instrument.

On étudie le son produit par cette corde vibrante en fonction de la technique d'excitation. On rappelle que la fréquence du son produit est inversement proportionnelle à la longueur de la corde.

- **Le son produit par la corde frottée**

La violoncelliste frotte la corde avec son archet pour la mettre en vibration **(doc. 1)**. Ainsi excitée, la corde peut vibrer selon plusieurs modes **(doc. 2 et 4)**. Pour jouer la note à l'octave supérieure, la violoncelliste excite la corde avec l'archet tout en appuyant franchement en son milieu, ce qui revient à diviser la longueur L de la corde par deux.

- **Le son produit par la corde pincée (technique « pizzicato »)**

La violoncelliste pince maintenant la corde de Sol pour la mettre en vibration **(doc. 3)**.

- **Une autre technique avec la corde frottée**

Pour tirer de son instrument des sons particuliers, la violoncelliste excite avec son archet la corde qu'elle effleure avec l'autre main en son milieu **(doc. 1)**.

Doc. 1 Une violoncelliste.

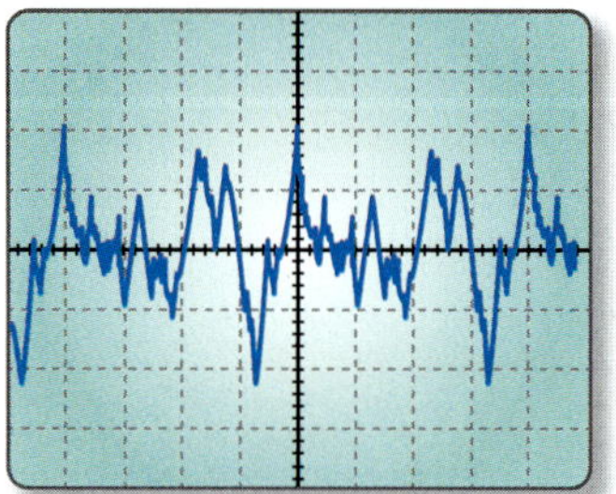

Base de temps : 2,5 ms·div^{-1}

Doc. 2 Oscillogramme correspondant à l'enregistrement du son produit par la corde frottée.

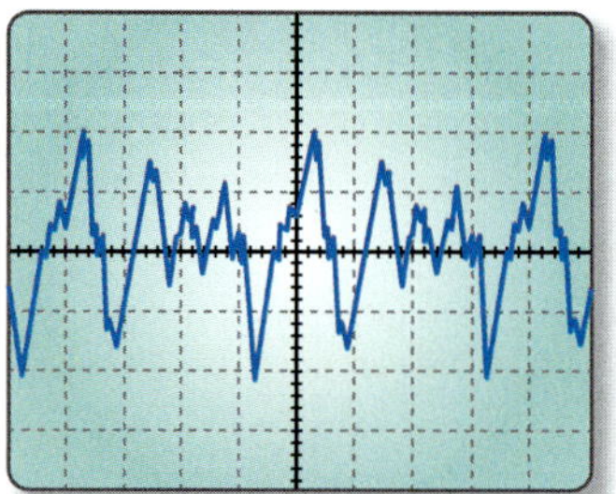

Base de temps : 2,5 ms·div^{-1}

Doc. 3 Oscillogramme correspondant à l'enregistrement du son produit par la corde pincée.

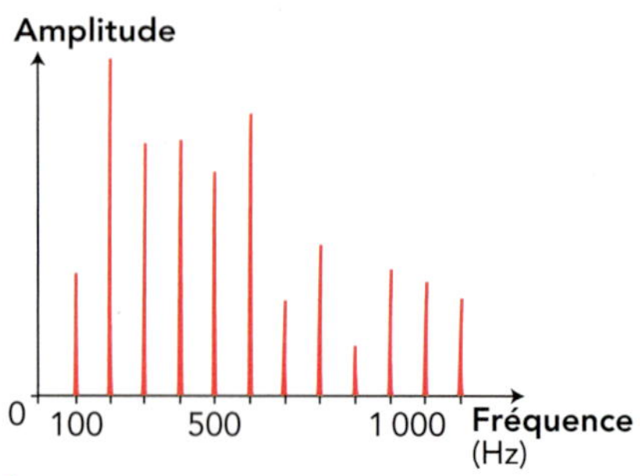

Doc. 4 Spectre en fréquences du son produit par la corde frottée.

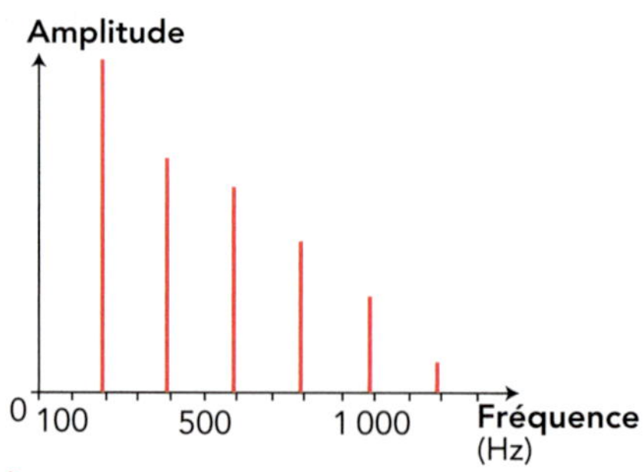

Doc. 5 Spectre en fréquences du son produit par la corde frottée et par effleurement.

Analyse doc. 2, p. 90
TP 1, p. 93

Problème

Comparer les différentes techniques de production de sons musicaux par un violoncelliste.

Résolution possible

Quel problème pose l'énoncé ? Quelles pistes suivre pour y répondre ?

L'énoncé demande de comparer les différentes techniques de jeu décrites dans le texte. Il est nécessaire d'extraire et d'exploiter les informations du texte et des analyses des différents sons.

Quelles sont les étapes de la résolution ?

Une façon de faire	Comment le faire ?
1 Pour chaque technique, trouver comment est créé le son.	Exploiter le texte qui décrit les techniques.
2 Comparer les fréquences des sons émis par les différentes techniques.	Exploiter les oscillogrammes et les spectres en fréquences pour trouver la fréquence fondamentale f_1 qui est la fréquence du son.
3 Comparer les timbres de deux sons de même fréquence.	Exploiter les oscillogrammes en comparant l'allure des signaux.
4 Conclure en comparant cause et effet pour chaque technique.	Relier les informations extraites des documents à la hauteur et au timbre de chaque son.

Solution rédigée

1 La manière d'exciter la corde du violoncelle est différente selon la technique.
Dans la première, la corde est excitée par frottement avec l'archet.
Dans la deuxième, c'est un doigt du violoncelliste qui met la corde en mouvement.
La troisième technique est une combinaison des deux autres.

2 Avec la technique de la corde frottée, le son produit a une période T, lue sur le **document 2**, $T = \frac{8 \times 2{,}5}{2} = 10$ ms (on réduit l'incertitude de lecture en mesurant 2 périodes), soit une fréquence fondamentale de $1{,}0 \times 10^2$ Hz.

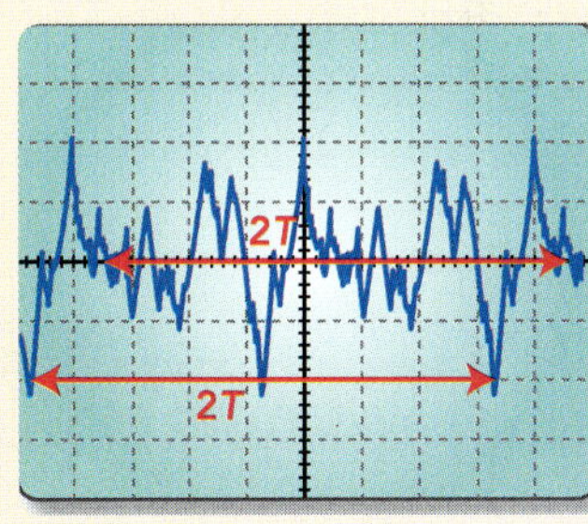

Ceci est confirmé par le spectre du **document 4**, où le signal de plus basse fréquence est observé à $1{,}0 \times 10^2$ Hz.
Avec la technique de la corde pincée, le son produit a également une période de 10 ms, soit une fréquence fondamentale de $1{,}0 \times 10^2$ Hz.

Avec la technique de la corde frottée et effleurée, le son produit a une fréquence de 200 Hz.

3 À l'aide des oscillogrammes des **documents 2** et **3**, on constate que les deux sons n'ont pas le même timbre, donc pas les mêmes harmoniques, car les allures des signaux sont différentes (malgré une période identique). On ne peut pas comparer les deux spectres en fréquences des **documents 4** et **5** puisque les deux sons correspondants n'ont pas la même fréquence fondamentale.

Réponse au problème posé

Avec les techniques de la corde frottée et de la corde pincée, les sons émis ont la même hauteur (même fréquence), mais des timbres différents (harmoniques différents et/ou d'amplitudes différentes).

Avec la troisième technique, une même corde permet d'obtenir une hauteur double de celle obtenue avec les deux premières techniques.

Ces techniques offrent un grand nombre de possibilités de jeu.

Problèmes à résoudre

2 L'harmonie selon le Père Blaise

COMPÉTENCES
- Extraire des informations.
- Raisonner.

Énoncé

Analyse doc. 1, p. 88

Document

Dans l'épisode « La Quinte Juste » de la série *Kaamelott* (Livre II), le Père Blaise convoque le Roi Arthur et le Seigneur Bohort pour leur faire part, avec une certaine véhémence, de la dérive qu'il a observée en matière de chant.

Père Blaise : « Y a un seul truc de valable, c'est juste, juste, juste [...]!

[...] Bohort, vous faites une pédale sur *Dies Irae*. [...] Vous sire, vous reprenez à la quinte juste. [...] Voilà, là c'est propre, c'est harmonieux. »

Bohort : « Oui, mais avec quelques fioritures, on passe très rapidement sur une petite sixte et c'est joli. [...] »

Père Blaise : « Je vous préviens que si on met pas le holà tout de suite, dans dix ans, tout le répertoire musical est pollué. »

Bohort : « Il faut plutôt voir ça comme une évolution. »

Père Blaise : « Il faut interdire les intervalles non justes, c'est tout. »

Bohort : « Sire qu'est-ce que vous en pensez ? »

Arthur : « [...] Moi, toujours des quartes, des quintes, des octaves, ça a un petit peu tendance à me gonfler, d'autant que je supporte très bien les tierces [...]. »

L'épisode montre, avec un certain sens de l'humour, voire de l'exagération, que la musique n'est pas uniquement affaire de mode. La musique et le chant ayant d'abord une fonction religieuse au Moyen Âge, l'Église impose ses règles. « Ainsi, lorsque Blaise enseigne à Arthur et Bohort l'art de la quinte juste, il ne s'agit déjà plus d'exprimer, par le chant, une foi fervente et spontanée, mais d'obéir aux canons fixés par l'Église »[1]. Ce n'est que progressivement que d'autres intervalles tels que les tierces majeures et mineures, les sixtes ont fini par être considérés à leur tour harmonieux.

1. É. Le Nabour, *Kaamelott, Tome 2 : À la table du Roi Arthur*, éditions Perrin, 2007.

Problèmes

L'oreille et le cerveau jugent agréables, harmonieux des sons dont les fréquences sont dans des rapports simples.

1. Caractériser les intervalles « octave », « quinte juste », « tierce majeure » pour justifier qu'il s'agit de sons considérés harmonieux.
2. Proposer un protocole expérimental pour vérifier si des sons joués simultanément seront perçus comme harmonieux.

Résolution possible

Quel problème pose l'énoncé ? Quelles pistes suivre pour y répondre ?

L'énoncé demande de caractériser les intervalles cités pour justifier qu'ils sont harmonieux à l'oreille. Il faut faire le lien entre les caractéristiques des intervalles et l'impression auditive d'harmonie.

Quelles sont les étapes de la résolution ?

Une façon de faire	Comment le faire ?
1 Repérer, puis caractériser les intervalles cités par le texte.	Utiliser la gamme tempérée (**fiche 5**, p. 202) pour préciser le nombre de demi-tons de chaque intervalle et le rapport des fréquences limites de ces intervalles.
2 Justifier l'harmonie de ces intervalles.	Trouver la ou les caractéristique(s) expliquant l'impression d'harmonie.
3 Proposer un protocole expérimental.	S'appuyer sur la caractérisation des intervalles pour identifier les grandeurs à mesurer.

3 Instruments à percussion

Voir, si nécessaire, pistes de résolution, p. 214.

Énoncé

Analyse doc. 3, p. 92 TP 7, p. 99

COMPÉTENCES
- Extraire des informations.
- Raisonner.
- Argumenter.

Document 1 Discussion entre un professeur de musique et son jeune élève

Charlie : « J'ai un souci avec ma caisse claire. Elle ne sonne pas bien. »

Phil : « Il suffit de l'accorder. »

Charlie : « Mais comment ? Elle ne joue pas de notes de musique. »

Phil : « Non bien sûr, mais il y a une astuce. Tu l'enregistres dans un sampler, puis tu la *pitches* à l'octave autant que nécessaire. »

Charlie : « Et puis ? »

Phil : « Tu regardes si tu as une note convenable sinon tu tends ou détends la peau. »

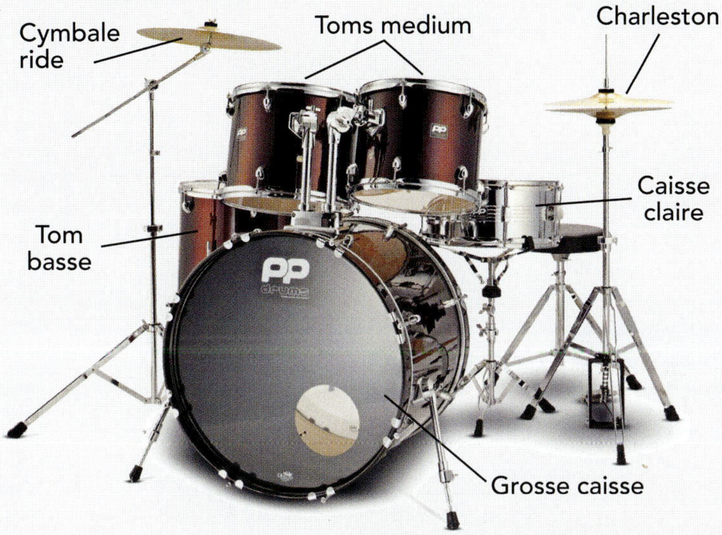

Document 2 Utilisation d'un échantillonneur

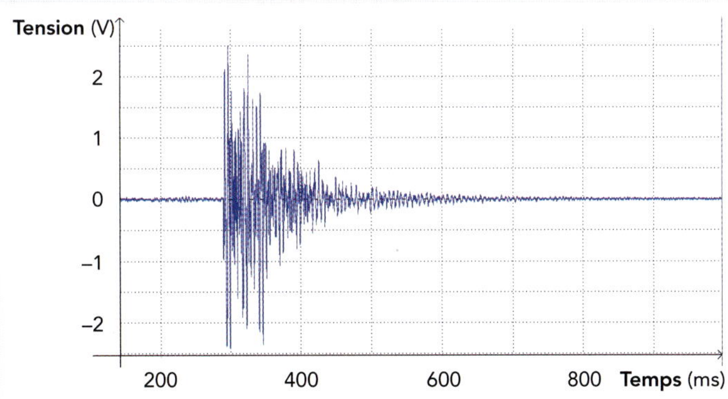

Signal correspondant au son émis par une caisse claire.

Un échantillonneur.

Un échantillonneur, appelé également *sampler*, est un instrument de musique électronique capable d'enregistrer des sons et de les rejouer à la hauteur voulue. Les échantillonneurs permettent aux musiciens de disposer de plusieurs centaines d'échantillons provenant de l'enregistrement de véritables instruments de musique. Chaque échantillon peut être une note, un accord ou une technique de jeu.

D'après le site Wikipédia.

Document 3 Le *Pitch Shift*

Cette technique modifie la hauteur d'origine de l'échantillon, mais sans affecter sa durée. Cette fonction est utile si on veut qu'une phrase musicale s'accorde à la tonalité d'un morceau, sans en changer son tempo.

D'après le site http://pianoweb.free.fr

Problème

Décrire la méthode permettant d'accorder un instrument à percussion.

Problèmes à résoudre

4 Instruments à vent

D'APRÈS BAC

Voir, si nécessaire, pistes de résolution, p. 214.

TP 3, p. 95

COMPÉTENCES
- Extraire des informations.
- Raisonner.
- Calculer.

Énoncé

Document 1 Le clairon

Le clairon est l'un des instruments les plus simples de la famille des cuivres. Il est constitué d'un tube conique replié, d'une longueur L de 1,2 m environ. Les deux extrémités de ce tube sont le bec et le pavillon. La fréquence fondamentale du son musical émis par le clairon est de 131 Hz, mais il est difficile à jouer. Cependant, en modifiant la tension musculaire au niveau des lèvres, il est possible de jouer plus facilement les deux harmoniques suivant le fondamental.

Document 2 La trompette

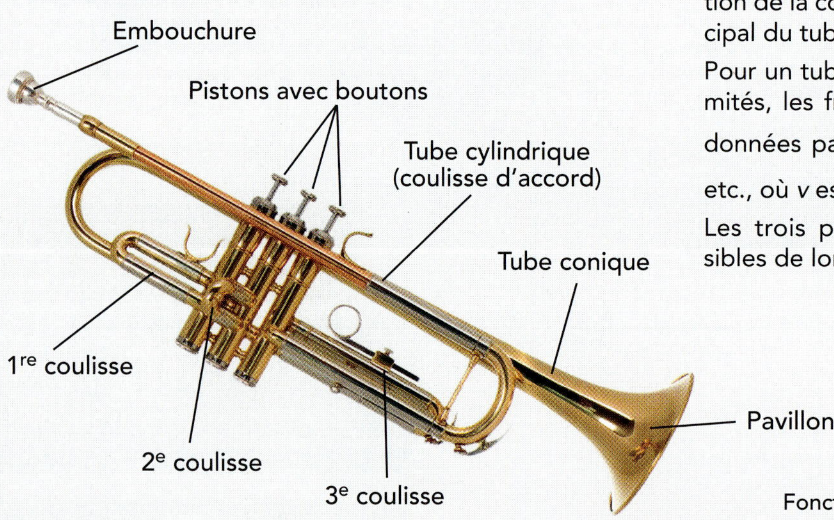

Dans un instrument à vent, les ondes de vibration de la colonne d'air se propagent dans l'axe principal du tube.

Pour un tube de longueur L, ouvert aux deux extrémités, les fréquences des ondes stationnaires sont données par la formule $f_n = \frac{n \cdot v}{2\,L}$ avec n = 1, 2, 3, etc., où v est la valeur de la vitesse du son dans l'air.

Les trois pistons offrent huit configurations possibles de longueur L de la colonne d'air.

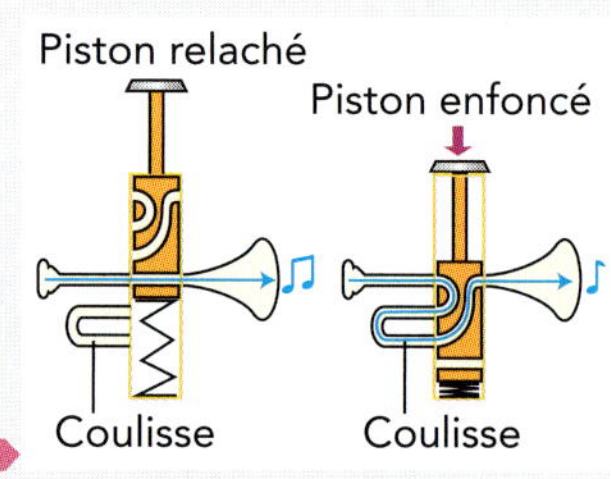

Fonctionnement d'un piston.

Document 3 Données

Les notes de la 3e octave et leur fréquence sont présentées dans le tableau suivant :

Note	Do	Ré	Mi	Fa	Sol	La	Si
Fréquence (Hz)	262	294	330	349	392	440	494

Valeur de la vitesse du son dans l'air : $v = 340\ \text{m} \cdot \text{s}^{-1}$.

Problème 1

Expliquer pourquoi on peut obtenir huit notes avec une trompette et seulement deux avec un clairon entre le Do_3 et le Sol_3.

Problème 2

En n'actionnant aucun piston d'une trompette, on joue un Sol_3. En actionnant la 2e ou la 3e coulisse, on joue respectivement un Fa_3 ou un Mi_3. Quelles doivent être les longueurs des 2e et 3e coulisses relativement à la longueur totale L de la trompette ?

Son et architecture

Chapitre 6

Représentation de Faust au Théâtre Antique d'Orange (Vaucluse).

Construit sous le règne d'Auguste, au début de l'Empire romain, le Théâtre Antique d'Orange est le théâtre le mieux conservé en Europe. Il est caractérisé par un mur en arrière de la scène. L'ornement de ce mur, sculptures, niches, colonnes, statues, n'a pas uniquement un but esthétique. Ces saillies et cavités lui confèrent une acoustique exceptionnelle, très prisée encore aujourd'hui par les mélomanes.

Quelles lois physiques et quels éléments architecturaux permettent d'améliorer l'acoustique des salles de spectacle ?

Mots-clés

AUDITORIUM — *Salle sourde* — **ISOLATION PHONIQUE** — *acoustique active* — **RÉVERBÉRATION**

1 Critères de qualité acoustique d'une salle

Lors de sa propagation, une onde sonore subit des phénomènes de réflexion, diffraction, diffusion ou absorption par les parois des obstacles qu'elle rencontre (murs, plafonds, mobilier, etc.).
La superposition de l'onde directe et des ondes réfléchies contribue à la qualité du son perçu. Un auditorium est une salle qui a une bonne qualité acoustique.
Quels paramètres doivent être pris en compte pour obtenir une bonne acoustique ?

Document 1 Les murs du son

Problèmes 2 et 7, p. 120 et 123

« "*Pour avoir une bonne acoustique*, écrivait Charles Garnier après avoir achevé l'Opéra, *une salle doit être large ou étroite, haute ou basse, en bois ou en pierre, ronde ou carrée, et ainsi de suite.* [...]"

Le *Musikverein* de Vienne (Autriche).

"*Dès qu'il y a une symétrie*, explique Manuel MELON, qui enseigne l'acoustique au Cnam, *en général ce n'est pas très bon. Car certaines fréquences sont favorisées par rapport à d'autres, le son paraît plus fort ici que là. Les salles parallélépipédiques rectangles, hexagonales,* ***ovoïdes****, ne sont pas favorables.*"

Pourtant, les meilleures salles européennes, le *Concertgebouw* d'Amsterdam ou le *Musikverein* de Vienne, sont de vraies boîtes à chaussures. "*Ce genre de salle parallélépipédique peut très bien marcher*, répond Eckhard KAHLE, grand acousticien qui prépare l'auditorium de Bordeaux. *Mais une salle symétrique, nue, avec des murs en béton brut, non. La boîte à chaussures est une forme de départ idéale, même pour une grande salle : tout y est prévisible, calculable, c'est du billard. Seulement, il faut y ajouter des balcons qui cassent les murs parallèles, et d'autres éléments de ce genre, des panneaux légèrement inclinés...*"

À Vienne, ce sont des **moulures**, des **cariatides**, des **stucs** qui assurent la diffusion du son. [...].

La question est que le son parvient à l'auditeur directement, mais aussi après s'être réfléchi plus ou moins au fond de la scène, au plafond, sur les murs latéraux, et même au fond de la salle. La superposition de ces sources, dans le cerveau, apporte l'"effet de salle", la conscience du lieu. Mais il n'est pas question d'entendre deux fois le même son, comme à Pleyel ; ni de l'entendre trop différemment selon sa position dans la salle ; ni d'entendre mieux les aigus que les graves. La nature des matériaux, et leur coefficient d'absorption, de réflexion, font varier cette diffusion. C'est la première partie du casse-tête : le nombre de paramètres. Deuxième partie : il faut savoir ce qu'on va faire d'une salle. [...] La **quadrature du cercle**, c'est l'opéra. Commins explique : "*C'est le cas le plus complexe. Il faut tenir compte de la musique de l'orchestre, et de la voix. Et des chanteurs, qui doivent aussi avoir une perception claire de l'orchestre ! Il faut donc que le son soit prolongé, pour l'orchestre, mais qu'il soit aussi très clair, pour que les chanteurs soient compréhensibles. Donc on renforce le son aussi tôt que possible pour que la clarté soit préservée.*"

Souvent l'on adopte des compromis (bon marché) ou des salles modulables (plus chères) où l'on peut couvrir et découvrir la fosse d'orchestre, hausser son plancher, modifier la nature des murs en faisant tourner des panneaux articulés (comme à l'Ircam), et même ajouter discrètement des haut-parleurs au fond, sans parler des **abat-sons**, des rideaux. [...] »

Extrait de J. DRILLON, « L'acoustique : science ou pifomètre ? Les murs du son. », *Le Nouvel Observateur*, n° 2165, mai 2006.

Document 2 Profil d'un auditorium

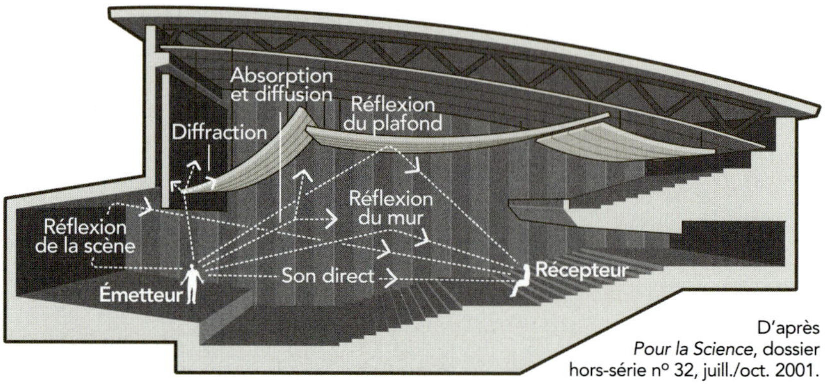

D'après *Pour la Science*, dossier hors-série n° 32, juill./oct. 2001.

Document 3 Durée de réverbération

Dans une salle de spectacle, un auditeur perçoit le son direct, mais aussi celui des ondes sonores ayant subi une multitude de réflexions sur les parois des obstacles qu'elles rencontrent. Ce son est qualifié de **son réverbéré**.

La durée de réverbération, notée *TR* (car parfois encore appelée temps de réverbération), correspond à la durée au bout de laquelle le niveau d'intensité sonore a diminué de 60 dB après que la source sonore a cessé d'émettre.

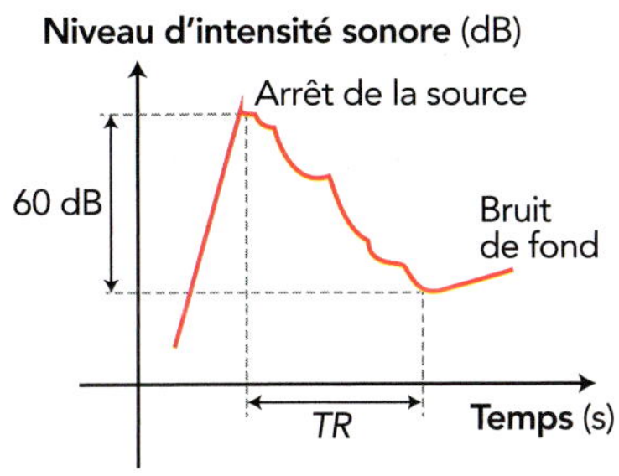

La durée de réverbération est directement liée au volume acoustique *V* et à la surface d'absorption équivalente *A* de la salle.

On définit la surface d'absorption équivalente *A* par la surface de la paroi d'un matériau parfaitement absorbant (100 % d'absorption) ayant la même absorption acoustique que le local considéré :

$$A = \sum_i \alpha_i S_i,$$

où α_i représente le coefficient d'absorption du matériau de surface S_i.

Dans la plupart des situations, la durée de réverbération se calcule par la formule de Sabine :

$$TR = 0{,}16 \times \frac{V}{A}$$

TR s'exprime en seconde (s) ; la surface *A* est exprimée en m² et le volume *V* en m³.

Cette formule est valable si l'énergie réverbérée est uniformément répartie dans la salle.

Problèmes 1 et 3, p. 118 et 120

Document 4 Musique, parole... et réverbération

L'absence de réverbération dans une salle provoque un rendu sec et dur de la musique ; on recherche toujours une prolongation du son pour une bonne qualité musicale. Une bonne salle de musique présente une durée de réverbération de 1,0 à 2,5 secondes. Les orgues, présentes dans les églises, imposent de longues durées de réverbération afin d'avoir une bonne qualité de son.

La réverbération n'est, en général, pas souhaitée par un orateur. Elle doit être courte pour une bonne compréhension du texte ; au maximum 0,8 seconde. Au-delà, les syllabes se chevauchent et l'intelligibilité diminue.

D'après le site www.sonorisation-spectacle.org

Document 5

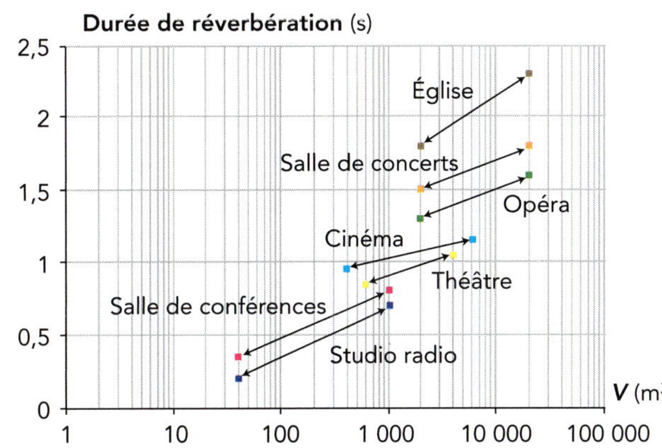

Durées de réverbération pour des fréquences moyennes (500-1 000 Hz).

Problème 1, p. 118
Problème 3, p. 120

D'après F. Kuznik, G. Krauss et R. Yezou, « Acoustique du bâtiment », INSA Lyon, 2009.

Pour aller plus loin :
- *Acoustique et musique*, E. Leipp, Masson, 1984.
- *Initiation à l'acoustique*, A. Fischetti, Belin, 2003.
- *Pour la Science*, hors-série n° 32, juill./oct. 2001.

Analyse et synthèse

1 **a.** Faire le bilan des phénomènes physiques qui interviennent au cours de la propagation d'un son dans une salle. Définir chacun de ces phénomènes. → *doc. 2*

b. Quels sont les phénomènes responsables de la décroissance de l'intensité sonore ? → *doc. 1 et 2*

c. Quelle est la conséquence pour la perception d'un son par un auditeur ?

2 **a.** Définir les termes en gras dans le document 1.

b. Commenter, en argumentant, la phrase « La boîte à chaussures est une forme de départ idéale ». → *doc. 1*

3 Comment peut-on expliquer que le phénomène de réverbération nuise à l'intelligibilité de la parole ? → *doc. 4*

4 De quelles grandeurs dépend la durée de réverbération ? → *doc. 3*

5 **Bilan** À partir de l'ensemble des documents, faire une synthèse des paramètres à prendre en compte pour obtenir une bonne acoustique et expliquer la nécessité de disposer de salles de conceptions différentes selon l'utilisation.

2 L'acoustique des théâtres antiques

L'acoustique extraordinaire des théâtres antiques grecs ou romains, véritables auditoriums, n'est certainement pas due au hasard. Leur architecture permet-elle d'expliquer ces prodiges acoustiques ?

→ Problème 7, p. 123

Document 1 Des vases du théâtre

Théâtre d'Epidaure en Grèce.

« [...] Il faudra faire, selon les proportions mathématiques, des vases d'airain qui soient en rapport avec l'étendue du théâtre ; leur grandeur doit être telle que, venant à être frappés, ils rendent des sons qui répondent entre eux à la quarte, à la quinte et aux autres consonances, jusqu'à la double octave. Ensuite, ils devront être placés, d'après les règles établies pour la musique, dans des niches pratiquées entre les sièges du théâtre, de manière qu'ils ne touchent pas le mur, et qu'ils aient un espace vide tout autour et par dessus. Ils seront renversés et soutenus du côté qui regarde la scène par des coins d'un demi-pied de hauteur au moins ; ces niches auront aux flancs des assises qui forment les degrés inférieurs, des ouvertures longues de deux pieds et hautes d'un demi-pied.

[...] Grâce à cette disposition, la voix, partant de la scène comme d'un centre, s'étendra en rond, viendra frapper les cavités de chaque vase, et prendra plus de force et de clarté, selon la consonance que son degré d'élévation aura avec le vase qui y correspondra.

[...] On dira peut-être qu'il se fait tous les ans à Rome bon nombre de théâtres, sans qu'on tienne compte de ces règles : ce serait une erreur ; tous les théâtres publics sont de bois avec plusieurs planches qui résonnent nécessairement. Qu'on examine les musiciens ; ont-ils à faire entendre des sons élevés ? Ils se tournent vers les portes de la scène dont le retentissement vient aider leur voix. Mais lorsqu'on bâtit un théâtre avec des moellons, des pierres de taille, du marbre, toutes matières solides qui ne peuvent résonner, c'est alors qu'il en faut faire l'application. »

Extrait de M. Vitunius Pollio, « L'architecture de Vitruve », traduction de De Bioul, Livre V §V, 1816.

Document 2 Origine de l'acoustique

« Pour Nico Declercq et Cindy Dekeyser, du *Georgia Institute of Technology*, à Atlanta (USA), la qualité acoustique du théâtre d'Epidaure serait liée à la disposition de ses rangées de sièges. D'après leurs calculs, la succession périodique des marches du théâtre serait géométriquement optimisée pour filtrer les basses fréquences, composante principale du bruit de fond qui masque généralement le son perçu loin de la scène, tout en préservant les hautes fréquences provenant de la voix des acteurs. L'agencement particulier des gradins permettrait ainsi d'atténuer les fréquences inférieures à 500 Hz au profit des fréquences plus élevées. D'après les chercheurs, le bruit de fond du théâtre d'Epidaure était vraisemblablement dominé par des basses fréquences telles que le bruissement des arbres ou le brouhaha de spectateurs distraits. Le fait de filtrer ces basses fréquences améliorait l'audibilité de la voix des artistes, riches en hautes fréquences. Comme l'explique Declercq « La fréquence de coupure est juste là où il faut pour éliminer le bruit de fond que l'on avait sans doute dans cet amphithéâtre à l'époque ».

Le chercheur souligne cependant que la présence de spectateurs assis modifie cet effet acoustique de manière bien plus difficilement prévisible. En effet, le corps humain, non homogène, répercute les ondes sonores différemment suivant la silhouette de chaque spectateur.

L'élimination des basses fréquences s'applique aussi bien au bruit de fond qu'aux voix graves des acteurs. Ceci ne constituerait cependant pas un problème majeur, car le système auditif humain est capable de reconstituer les basses fréquences manquantes. S'appuyant sur un phénomène neurologique, le cerveau humain va reconstruire la source sonore, pour le plus grand plaisir du spectateur ! »

Extrait de A. Lerouxel, « La brève », *Spectro Sciences* et www.la-grece.com

Document 3

Expériences acoustiques du Pr. F. CANAC

Pour expliquer l'acoustique des théâtres antiques, le professeur F. CANAC, un acousticien français, a réalisé, en 1965, une série de mesures sur des maquettes.

Afin d'étudier les propriétés sonores de ces architectures réduites, il utilise des ultrasons. La fréquence des ultrasons est choisie de telle sorte que leur longueur d'onde soit réduite avec le même facteur d'échelle que la maquette.

Des documents vidéos de ces expériences sont consultables sur le site www.cerimes.fr

Étude acoustique du théâtre d'Orange d'après une maquette.

Document 4

Controverse sur l'acoustique des théâtres antiques

« Depuis quelques années, on assiste à un regain d'intérêt pour l'acoustique des théâtres antiques, dont de nombreux vestiges égayent le paysage méditerranéen de l'ancien monde gréco-romain. En général, les articles sur le sujet se basent sur des mesures du champ sonore réalisées dans des théâtres importants, comme ceux d'Épidaure et de Dodone, d'Aphrodisias et d'Aspendos. Parfois, il s'agit simplement de mieux connaître les qualités auditives de ces lieux où l'on monte encore régulièrement des spectacles. Le problème est alors que ces mesures se réalisent le plus souvent en l'absence de tout public, bien que les spectateurs modifient particulièrement l'acoustique de ces architectures de pierre. Souvent aussi, ces mesures sont un prétexte pour évaluer des programmes de simulation basés sur le lancer de rayons, qui tiennent ou non compte de la réflexion diffuse. Il est alors malaisé d'en déduire les propriétés originelles de ces théâtres qui ne sont plus que des ruines, certes parfois dans un état de conservation remarquable, mais dont les revêtements de marbre ont disparu et dont les pierres mêmes sont fortement érodées, ce qui affecte particulièrement les composantes spéculaires et diffuses du son réfléchi. À notre avis, le résultat de ces travaux est qu'on donne trop d'importance à des effets secondaires (réflexions multiples entre la scène et les gradins, ou entre les parties opposées des gradins) qui disparaissent presque complètement lorsque le public s'installe, qui n'expliquent en rien la genèse ni la fonction de ces théâtres, qui tiennent peu compte des motivations de leurs architectes, et qui ne peuvent guère, finalement, nous orienter dans nos propres projets d'architecture... »

Extrait de B. BECKERS et N. BORGIA, « Le modèle acoustique du théâtre grec », Département génie des systèmes urbains, Université de Technologie de Compiègne, www.heliodon.net

→ Problème 7, p. 123

Pour aller plus loin :
- *Initiation à l'acoustique*, A. FISCHETTI, Belin, 2003.
- *L'acoustique des théâtres antiques*, F. CANAC, CNRS Éditions, Paris, 1967.
- *Acoustique et musique*, M. VAL, Dunod, 2002.
- http://www.cerimes.fr

Analyse et synthèse

1 **a.** Sur quels phénomènes physiques Vitruve s'appuie-t-il pour améliorer l'acoustique des théâtres ? → *doc. 1*

b. Quels autres éléments le document 2 met-il en évidence ?

2 **a.** Quel protocole devrait être mis en œuvre avec la maquette du professeur CANAC pour confirmer l'hypothèse des chercheurs N. DECLERCQ et C. DEKEYSER ? → *doc. 3*

b. Quelles seraient les observations attendues ?

3 Quels nouveaux éléments apporte le document 4 par rapport aux documents précédents ?

Comment ces éléments pourraient-ils être étudiés à l'aide de la maquette du professeur CANAC ?

4 **Bilan** D'après l'ensemble des documents, quels éléments de l'architecture des théâtres antiques contribuent à leur qualité acoustique ?

3 Matériaux actifs

Afin d'optimiser la bonne diffusion et l'écoute sonore, il faut donner à une salle une forme convenable et une durée de réverbération favorable. En quoi l'acoustique active peut-elle être une réponse à la conception de salles de spectacles ?

Document 1 Moduler l'acoustique et corriger les problèmes

Problème 4, p. 121

Les techniques passives

Elles consistent à modifier la durée de réverbération en jouant sur l'absorption acoustique. Elles font appel à des moyens mécaniques qui se révèlent souvent lourds, bruyants et, de surcroît, onéreux. Citons, par exemple, les réflecteurs, les panneaux mobiles ou les rideaux absorbants, les éléments scéniques comme les décors ou les conques d'orchestre, et même parfois les parois et les plafonds mobiles.

D'après le site www.cstb.fr

Les techniques actives

Ces techniques ont été développées en 1965, avec l'objectif initial de prolonger la durée de réverbération des salles pour pouvoir y accueillir des concerts dans de bonnes conditions. Elles apportent à la salle les composantes acoustiques qui lui font défaut, en utilisant des systèmes électroacoustiques constitués de microphones, de filtres, d'amplificateurs et de haut-parleurs. D'une pression du doigt, on sélectionne les paramètres les mieux adaptés pour chaque type de spectacle : théâtre, opéra, conférence, etc. Pour chaque ambiance, l'auditeur garde l'impression d'une acoustique naturelle : il ne détecte pas la présence du système actif.

On peut obtenir avec ces techniques une variabilité beaucoup plus efficace et flexible que celle obtenue avec les moyens passifs :
- pour l'exploitant d'une salle, l'acoustique active présente l'intérêt d'optimiser l'utilisation de son équipement ;
- pour les usagers (sur scène comme en salle), elle assure un grand confort acoustique ;
- pour les architectes et acousticiens, elle est le moyen de se libérer de certaines contraintes acoustiques, par exemple, une géométrie ou un type de matériaux qui ne procureraient pas les nécessaires réflexions du son.

D'après le site www.activeaudio.fr

Document 2 Un procédé novateur

Maquette du Vendéspace.

« [...] Le Vendéspace bénéficiera d'un procédé novateur (inauguration prévue en 2012) : l'acoustique active. Ce procédé révolutionnaire permet de régler l'acoustique d'une salle en fonction du spectacle proposé grâce à l'incrustation dans les murs de petits micros et d'enceintes réglables électroniquement depuis la régie.

Ambiance à la carte

Pour vous donner une idée de la qualité de ce procédé, imaginez un instant que vous assistez à la finale d'un grand championnat : le son du ballon de basket, le crissement des chaussures sur le parquet et les cris déchaînés des supporters vous donnent l'impression de vivre le match au cœur de l'action.

Le lendemain, vous revenez, mais pour écouter, cette fois, un opéra de Mozart. Là, **le son est pur**, le spectacle est grandiose. "*Voilà l'une des grandes réussites du Vendespace : recréer la plus belle des ambiances pour chacun de ses spectacles*", s'enthousiasme Dominique Souchet, président de la commission culturelle et sportive. »

Extrait de « Le procédé novateur d'acoustique active : une première en Vendée », www.vendee.fr/dossiers/161/486/decouvrez-le-vendespace.htm

Document 3 Acoustique active et réverbération

L'électronique associée à un mur actif permet de modifier son coefficient d'absorption acoustique, α, et donc sa durée de réverbération, *TR*. La surface équivalente d'absorption, *A*, d'une salle est liée aux coefficients d'absorption, α_i, des surfaces S_i qui la composent par la relation $A = \sum_i \alpha_i S_i$.

Dans la plupart des cas, la durée de réverbération est calculée par la relation de Sabine :

$TR = 0{,}16 \times \frac{V}{A}$, où *A* représente la surface équivalente d'absorption de la salle, en m², et *V*, le volume de la salle, exprimé en m³. *TR* s'exprime en seconde.

Grâce à ces dispositifs électroacoustiques, il est même envisageable d'obtenir des coefficients d'absorption négatifs.

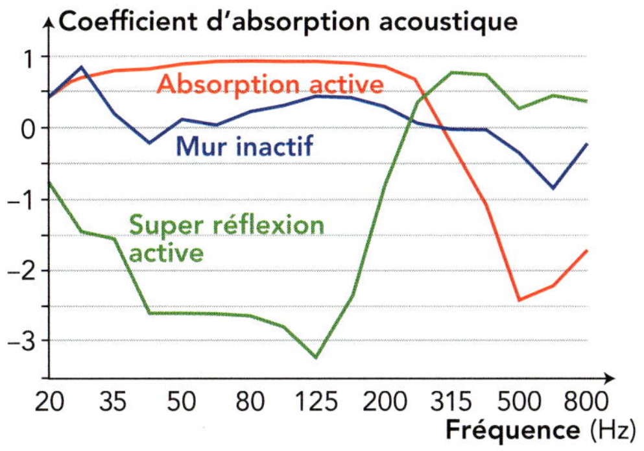

Coefficient d'absorption d'un mur actif en fonction de la fréquence sonore pour trois réglages différents.

D'après H. Lissek et X. Meynial, « Les matériaux actifs », *Pour la science*, hors-série n° 32, juill./oct. 2001.

Document 4 Un exemple d'acoustique active : le principe Carmen®

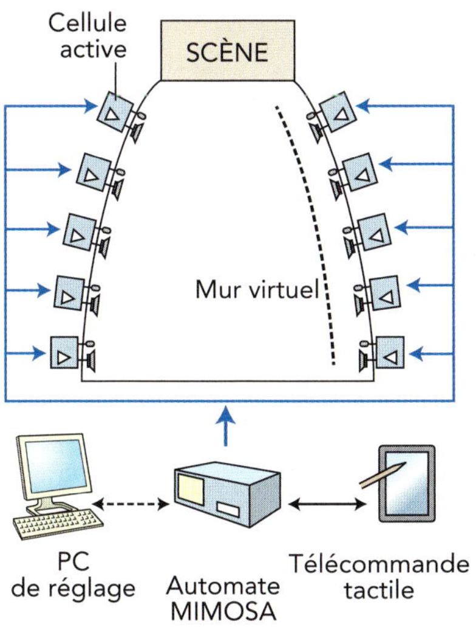

Schéma de principe du système Carmen®.

« Carmen®, contrôle actif de la réverbération par mur virtuel à effet naturel, est une technique active totalement originale, conçue par les chercheurs du CSTB (Centre scientifique et technique du bâtiment). Elle est fondée sur un concept essentiel : pour les musiciens comme pour les spectateurs, la salle équipée de Carmen® doit respecter les lois naturelles de l'acoustique afin de préserver les couleurs sonores des instruments et la localisation des artistes. Le principe de Carmen® repose sur la création de murs virtuels actifs constitués d'un ensemble de cellules à réaction quasi locale, réparties autour de la salle, sur les murs et au plafond.

Chaque cellule capte et restitue en temps réel les sons comme s'ils étaient naturellement réfléchis. Une unité de traitement numérique spécialement développée effectue l'ensemble du traitement des signaux en temps réel. Cette architecture permet un contrôle facile et précis de tous les paramètres acoustiques et préserve la cohérence spatiotemporelle du champ sonore.

Chaque mur est constitué de plusieurs cellules actives ; un système complet en comporte de vingt à quarante. L'enrichissement du champ sonore s'obtient à partir de l'interaction entre les cellules, à l'image de ce qui se passe dans une salle de spectacle, où la réverbération se construit par le jeu des réflexions successives sur les parois.

[...] D'un spectacle à l'autre, les durées de réverbération souhaitables varient énormément : de 0,8 à 1,2 seconde pour un concert de jazz et de 1,8 à 2,5 secondes pour une symphonie romantique.

[...] Ainsi, toutes les salles de spectacle peuvent instantanément moduler leurs caractéristiques acoustiques en fonction du spectacle. »

Extrait de I. Schmich, « L'acoustique des salles », www.cstb.fr

Le Grimaldi Forum à Monaco est équipé du système Carmen®.

Pour aller plus loin :
- H. Lissek et X. Meynial, *Pour la Science*, hors-série n° 32, juill./oct. 2001.
- http://www.cstb.fr/fileadmin/documents/telechargements/Carmen-la-maitrise-acoustique-des-salles.pdf

Analyse et synthèse

1. Critiquer l'affirmation écrite en gras dans le document 2 : « Le son est pur ».
2. Expliquer les adjectifs « passive » et « active » qualifiant l'acoustique.
3. Comment peut être modifiée la durée de réverbération d'une salle en fonction des réglages d'un mur actif ?
4. **Bilan** Commenter, en argumentant, l'expression « procédé révolutionnaire » pour qualifier l'acoustique active.

4 Isolation phonique

L'isolation phonique a pour but d'éviter la propagation des ondes sonores venant de l'extérieur ou de l'intérieur en les absorbant grâce à des matériaux qualifiés d'isolants acoustiques. Elle ne sert pas uniquement à améliorer l'acoustique des salles, elle permet aussi de limiter les nuisances sonores.

Comment limiter la transmission du bruit ?

→ TP 1, p. 114 → Problème 5, p. 121

Document 1 Barrer la route au bruit

« Le bruit fait partie des principales nuisances de notre cadre de vie actuel. S'en isoler est moins simple qu'il n'y paraît : on doit souvent s'accommoder de compromis plutôt que l'éliminer complètement.

Le bruit : au mieux une gêne, au pire un vrai traumatisme. Les camions qui démarrent sous la fenêtre, ou le gamin du dessous qui fait beugler de la techno. S'en protéger est possible, mais peut revenir très cher. Soyons simples : toute sonorité non désirée est un bruit, qu'il s'agisse d'un scooter débridé ou d'une étude de Chopin. On a en effet affaire à une onde sonore qui se propage par ébranlement mécanique des molécules de l'air, donc par une série de compressions et de dépressions des couches d'air.

L'amplitude de ces vibrations fixe le volume sonore, et leur rapidité d'oscillation la fréquence. Lorsque le son, en se propageant, rencontre un obstacle, il lui transmet ses oscillations, mais le transfert des amplitudes vibratoires est fonction de la masse rencontrée. C'est un problème de bilan d'énergie transférée, ou encore de choc élastique. Ainsi une simple vitre atténue déjà fortement un son se propageant dans l'air. Un mur en pierre épais l'élimine presque totalement. D'autres paramètres, tels que la fréquence du son ou l'élasticité des milieux concernés, interviennent également.

L'isolation acoustique d'un local, qui vise à empêcher que les bruits extérieurs y pénètrent, revient à s'opposer à la transmission des vibrations entre deux domaines en contact. La seule solution pour y parvenir totalement serait de réaliser une boîte suspendue dans une autre boîte par des amortisseurs parfaitement élastiques. »

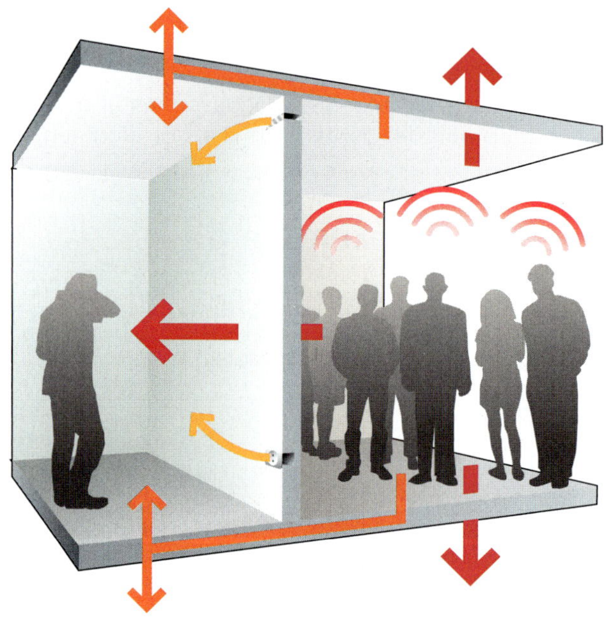

Transmission du bruit :
→ directe → indirecte ou latérale → parasite

Extrait de G. MARTIN, « L'isolation acoustique », *La Recherche*, n° 393, janv. 2006.

Document 2 Absorption et isolation

Lorsqu'une onde sonore rencontre un obstacle, comme un mur, un groupe de personnes, etc., une partie de son énergie acoustique est absorbée, ce qui engendre une diminution du niveau d'intensité sonore. On parle d'absorption acoustique.

On définit le coefficient d'absorption α d'un matériau comme le rapport entre l'énergie acoustique absorbée ou transmise à travers le matériau et l'énergie acoustique reçue.

Ce coefficient dépend de l'angle d'incidence de l'onde reçue et de sa fréquence. En général, on ne précise pas l'angle et on utilise un coefficient d'absorption moyen pour tous les angles d'incidence.

Pour caractériser l'absorption d'une salle, on définit la surface équivalente d'absorption A de la salle par :

$$A = \sum_i \alpha_i S_i,$$

où α_i représente le coefficient d'absorption du matériau de surface S_i.

Une chambre anéchoïque, ou salle sourde, possède un coefficient d'absorption de 1. C'est une salle qui permet de conserver uniquement le son direct, son émis par la source.

D'après le site www.acouphile.fr

Document 3 Indice d'affaiblissement acoustique

Deux pièces, ① et ②, sont séparées par une paroi de surface S (en m^2). La faculté de cette paroi à absorber un son émis dans la pièce ① se mesure par son indice d'affaiblissement acoustique, R. Cet indice, R, exprimé en décibel (dB), se calcule par la relation :

$$R = L_1 - L_2 - 10 \times \log \frac{A}{S}$$

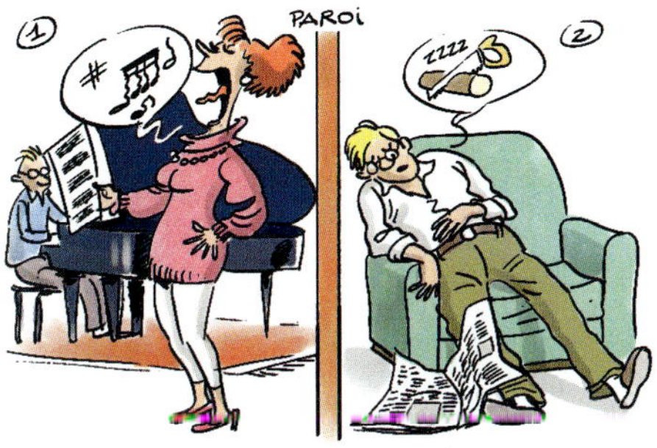

L_1 est le niveau d'intensité sonore mesuré au niveau de la paroi dans la pièce ① où se trouve l'émetteur sonore. L_2 est le niveau d'intensité sonore mesuré au niveau de la paroi dans la pièce ②. A est la surface d'absorption équivalente de la pièce ① (en m^2).

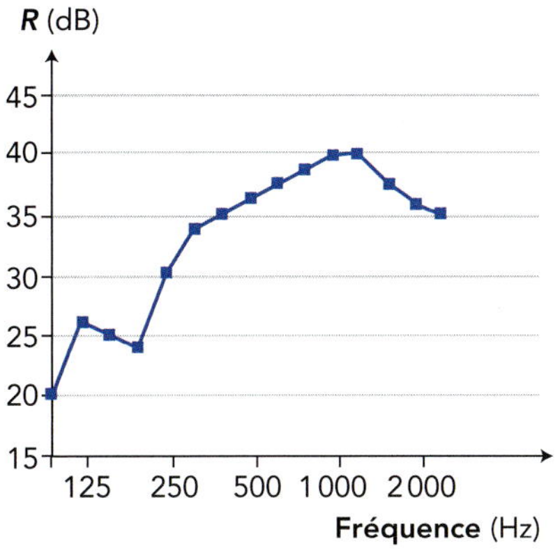

Indice d'affaiblissement acoustique d'une fenêtre en fonction de la fréquence.

D'après le site www.france.sggs.com

Document 4 Salle sourde

« Une chambre anéchoïque est une salle d'expérimentation dont l'enveloppe (parois, plafond et sol) est totalement absorbante aux ondes sonores, donc ne provoque aucun écho venant perturber les mesures. On utilise de telles chambres pour mesurer des ondes acoustiques dans les conditions du champ direct, c'est-à-dire en l'absence de composantes ayant subi une réverbération sur des parois.

Une chambre anéchoïque acoustique (appelée aussi salle sourde) est une salle d'essais recouverte de dièdres absorbants (éléments en forme de pyramides) généralement en mousse de mélamine ou en laine de verre.

La particularité de ces matériaux est d'absorber toutes les ondes sonores à partir d'une certaine fréquence appelée fréquence de coupure.

La qualité de l'absorption est fonction de la taille de ces dièdres et de la qualité du matériau utilisé.

De telles chambres peuvent servir aux essais de directivité ou de sensibilité d'un microphone et à la mesure de la bande passante d'un haut-parleur (**chapitre 4**). Elles servent également à positionner les sources de bruits les plus importantes d'une machine, ou à la mesure de puissance acoustique en s'affranchissant du bruit extérieur. »

Extrait de « Chambre anéchoïque », Serga, www.serga.fr/pdf/fiche_anechoique.pdf

Une chambre anéchoïque.

Pour aller plus loin :
- *Nuisances Sonores*, L. Schriver-Mazzuoli, Dunod, collection technique et ingénierie, 2007.
- http://www.larecherche.fr/content/recherche/article?id=9448

Analyse et synthèse

1 En exploitant l'ensemble des documents, expliquer comment limiter la transmission du bruit.

2 **Bilan** Comment et pourquoi utilise-t-on l'isolation phonique dans les chambres anéchoïques ?

Pratique expérimentale

1 Isolation phonique

Face aux nuisances sonores, il existe des solutions efficaces pour se protéger. Elles nécessitent d'appliquer les principes de l'isolation phonique, pour permettre de bloquer ou d'atténuer la transmission des vibrations sonores.

Document 1 **Les principes de l'isolation phonique**

→ Problèmes 1 et 3, p. 118 et 120

La loi de masse

Plus c'est lourd, mieux ça isole.

Autrement dit, à épaisseur égale, une cloison en béton isolera mieux qu'une cloison en carreau de plâtre, car à volume égal, le béton est plus lourd que le plâtre.

La loi « masse-ressort-masse »

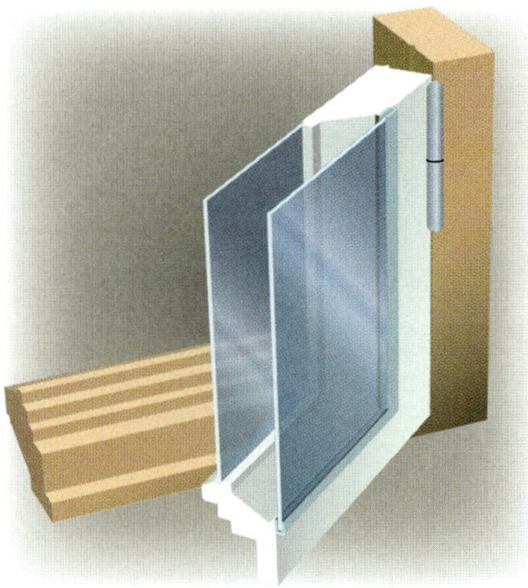

En combinant certains matériaux, on peut appliquer la loi dite « masse-ressort-masse ».

Le matériau ressort placé entre deux matériaux massiques joue le rôle d'amortisseur du son.

La loi d'étanchéité

Là où l'air passe, le bruit passe.

Le bruit passe sous les portes, par l'absence de joints aux fenêtres, par les entrées d'air, etc. Une bonne isolation acoustique suppose une bonne étanchéité à l'air.

D'après le site www.ademe.fr

A Mesure de l'indice d'affaiblissement acoustique

L'indice d'affaiblissement acoustique, R, d'une paroi se mesure en laboratoire. Il se calcule à partir de la mesure des niveaux d'intensité sonore avant et après la paroi pour différentes fréquences.

Cet indice caractérise les qualités acoustiques d'un élément (fenêtre, cloison, etc.) et permet de comparer les qualités phoniques de différents matériaux en fonction de la fréquence.

Le **document 2** donne l'indice d'affaiblissement acoustique pour différents matériaux caractérisés par leur masse surfacique pour quelques valeurs de fréquences.

D'après le site www.france.sggs.com

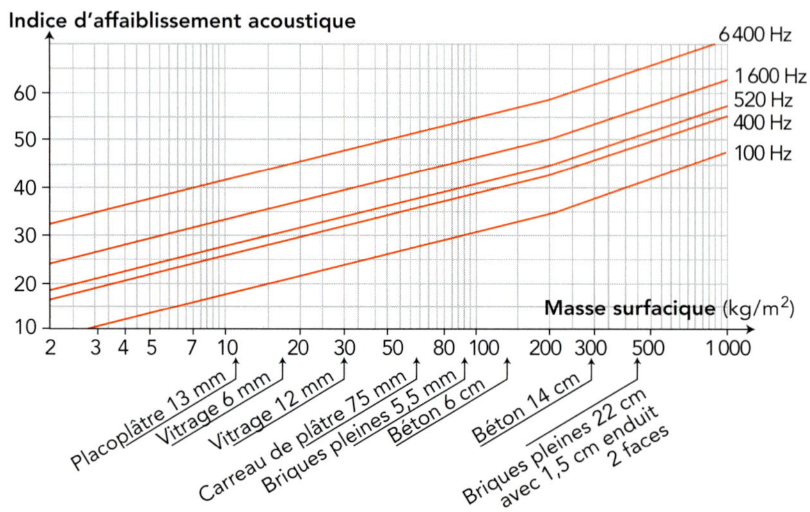

Doc. 2 Indices d'affaiblissement acoustique (en dB).

B Matériel disponible

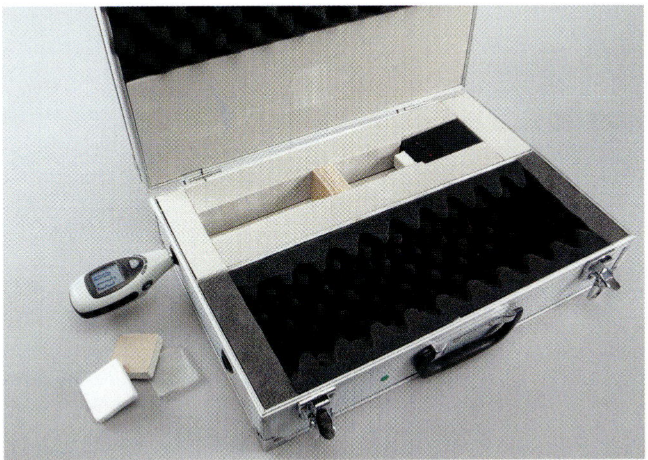

Doc. 3 Matériel à disposition.

On cherche à mettre en évidence expérimentalement les lois évoquées ci-dessus.

Pour ces expériences, on dispose :
– d'un caisson acoustique jouant le rôle d'une chambre sourde ;
– d'un buzzer comme source sonore ;
– d'un sonomètre permettant de mesurer le niveau d'intensité sonore ;
– de plaques de quatre matériaux différents (bois, polystyrène expansé, PMMA, plaque de plâtre).

Attention
Toutes les mesures seront effectuées avec le caisson fermé.

C Vérification des lois

Mesure de l'affaiblissement de l'intensité sonore d'une onde au cours de sa propagation

- Placer le buzzer à différentes distances du sonomètre, distance mesurée grâce à une règle.
- Dresser un tableau de mesures de l'intensité sonore en fonction de la distance buzzer-sonomètre.
- À l'aide d'un tableur-grapheur, modéliser la loi de variation de l'intensité sonore dans l'air en fonction de la distance émetteur-récepteur.

Vérification de la loi des masses

- Positionner le sonomètre à environ 20 centimètres du buzzer.
- Fermer le caisson et relever la valeur affichée par le sonomètre.
- Recommencer la manipulation en intercalant une plaque des différents matériaux entre le buzzer et le sonomètre.
- Recommencer la manipulation en intercalant deux plaques des différents matériaux.
- Consigner les résultats dans un tableau.

Loi masse-ressort-masse — DÉMARCHE D'INVESTIGATION

- Proposer un protocole permettant de vérifier la loi « masse-ressort-masse ».
- Réaliser l'expérience avec l'accord du professeur.
- Consigner les résultats dans un tableau.

Influence de la fréquence — DÉMARCHE D'INVESTIGATION

- Proposer un protocole expérimental permettant de montrer que l'affaiblissement acoustique dépend de la fréquence du son.
- Réaliser l'expérience avec l'accord du professeur.
- Consigner les résultats dans un tableau.

1. Quelle est l'intensité sonore du son émis à la sortie immédiate du buzzer ?
2. Pour quelle distance, dans le caisson, a-t-on une atténuation de 5 dB dans l'air ?
3. Classer les matériaux testés, du meilleur au moins bon isolant acoustique.
   Vérifient-ils la loi des masses ?
4. Quel est le meilleur matériau ressort dans la loi « masse-ressort-masse » ?
5. Dans les expériences proposées, définir les différentes sources d'erreur à prendre en compte.
6. Pourquoi dans les doubles vitrages utilise-t-on des vitres d'épaisseurs différentes ?

→ Analyse doc. 4, p. 112
→ Problèmes 1 et 3, p. 118 et 120

2 Réduction des bruits des transports

Parmi les moyens utilisés pour réduire le bruit de la circulation automobile ou ferroviaire se propageant dans l'environnement, les murs antibruit constituent souvent un outil efficace, notamment en milieu urbain.
Comment les murs antibruit agissent-ils sur la propagation du son ?

Info « Circulation routière ou aérienne, engins de chantiers, ateliers de fabrication, concerts, moteurs de tondeuses, les bruits que l'on perçoit ou que l'on génère constituent de véritables nuisances pour l'environnement (l'homme et la faune). Le bruit apparaît aujourd'hui comme la première nuisance environnementale et constitue la préoccupation majeure des populations. »

Extrait du site www.ademe.fr

Doc. 4 Murs antibruit en polychlorure de vinyle (PVC).

Document 5 Les murs antibruit

Les murs antibruit placés entre la source du bruit et les bâtiments exposés permettent de réduire les nuisances sonores de 8 à 12 dB.

Les caractéristiques d'un mur antibruit et son implantation doivent prendre en compte les ondes diffractées et transmises du côté des bâtiments et les ondes réfléchies du côté exposé au trafic.

L'atténuation de l'énergie sonore de l'onde diffractée est proportionnelle à la différence de marche entre le chemin direct sans écran et le trajet diffracté. Ainsi, l'atténuation dépend des caractéristiques géométriques du mur, principalement sa hauteur, et de son implantation.

D'après L. Schriver-Mazzuoli, *Nuisances sonores*, Dunod, collection technique et ingénierie, 2007.

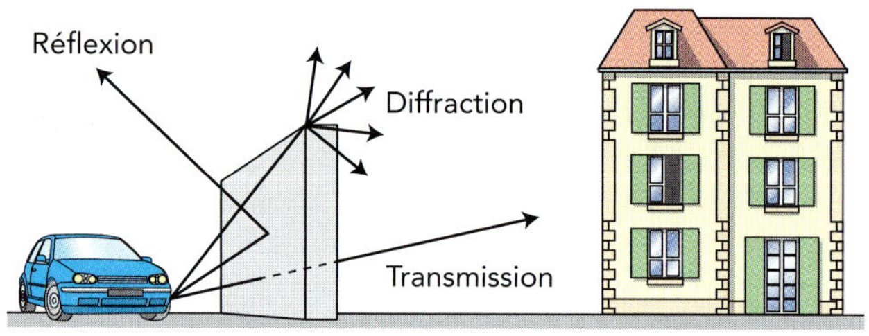

Document 6 Influence de la géométrie

La géométrie de l'ensemble {source, récepteur, mur} a une influence sur l'atténuation du son. On définit le nombre N comme une caractéristique de la géométrie de l'ensemble {source, récepteur, mur} :

$$N = \frac{2}{\lambda}(d_1 + d_2 - d_3)$$

Pour l'ensemble {source, récepteur, mur} schématisé ci-contre, le tableau suivant indique l'atténuation A réalisée par le mur antibruit, en fonction de N et pour une longueur d'onde fixée.

Valeur de N	0	1	2	3	4	5
Atténuation A (dB)	5,0	13	16	18	19	20

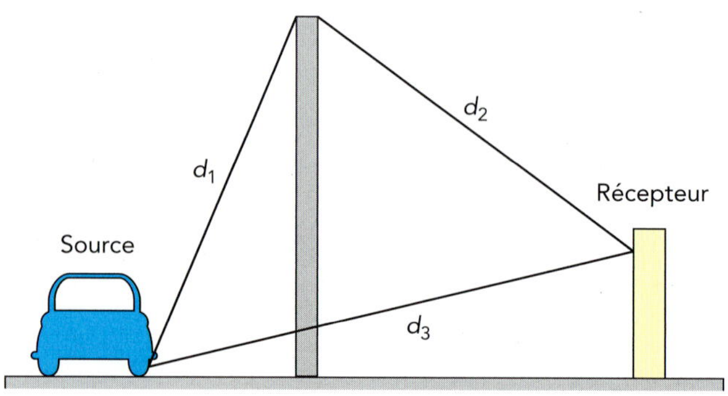

Document 7 Influence de la nature des matériaux

Le choix des matériaux et des techniques utilisés est très varié pour pouvoir s'adapter à différentes infrastructures. On trouve ainsi :
– des écrans métalliques, par exemple, en acier (d'épaisseur 1,5 mm), ou en aluminium (d'épaisseur 2,5 mm) ayant une bonne longévité, mais souvent inesthétiques ;
– des écrans en béton (d'épaisseur de 10 à 15 cm) ayant une bonne surface massique et une bonne flexibilité sur le plan architectural ;
– des écrans en bois imputrescible (4 cm d'épaisseur) s'intégrant bien dans le paysage, mais dont la durée de vie est limitée ;
– des écrans transparents, en verre ou en plastique (polycarbonate ou polyméthacrylate de méthyle, ou PMMA d'épaisseur de 10 à 16 mm), généralement placés en milieu urbain ;
– des écrans en polychlorure de vinyle (PVC) opaques ayant une excellente absorption acoustique, une bonne résistance aux UV et une durée de vie élevée ;
– des écrans en briques ;
– des buttes de terre ou des écrans végétalisés (succession de jardinières en plastique recyclé remplies de terre et munies d'un système d'irrigation ou végétaux sur des panneaux en laine de roche, par exemple) sont également utilisés comme écrans acoustiques sur les autoroutes. Ils s'harmonisent bien avec le paysage ;
– des barrières végétales seules ne sont pas assez efficaces : une épaisseur de 60 m d'arbres ne génère qu'une atténuation de 5 à 6 dB.

D'après L. SCHRIVER-MAZZUOLI, *Nuisances sonores*, Dunod, collection technique et ingénierie, 2007.

Mesure de l'atténuation

On cherche à mettre en évidence expérimentalement les informations données dans les documents précédents.

Pour ces expériences, on dispose de modules émetteur-récepteur à ultrasons, des plaques identiques de matériaux différents (bois, polystyrène expansé, PMMA, plaque de plâtre), d'un support élévateur et d'un oscilloscope **(doc. 8)**.

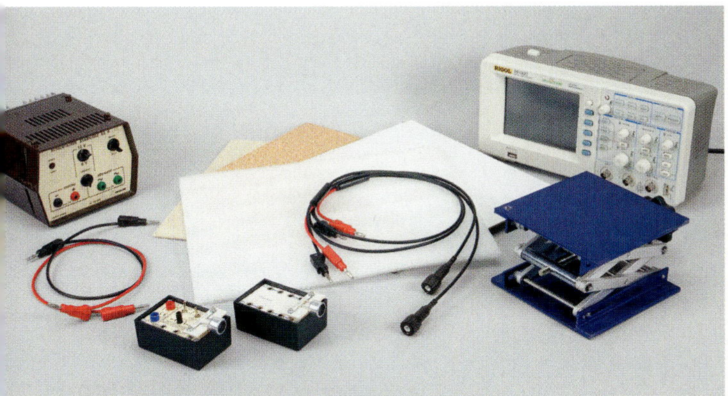

Doc. 8 Matériel disponible.

Mesures de l'atténuation du signal réfléchi en fonction de la nature de l'obstacle

- Placer les modules émetteur et récepteur à ultrasons du même côté de différentes plaques orientées de façon à ce que le récepteur capte, après réflexion, les ondes émises.
- Mesurer l'amplitude du signal reçu.
- Changer la nature de l'obstacle en prenant soin de le positionner toujours au même endroit par rapport à l'émetteur et au récepteur.
- Consigner les résultats dans un tableau.

Influence de la hauteur du mur antibruit — DÉMARCHE D'INVESTIGATION

- Proposer un protocole permettant de mettre en évidence l'influence de la hauteur du mur antibruit sur l'atténuation du signal.
- Réaliser l'expérience avec l'accord du professeur.
- Consigner les résultats dans un tableau.
- Calculer les différentes valeurs du paramètre N défini au **document 6**.
- Donner la représentation graphique de l'atténuation A en fonction de N.
- Modéliser la loi de décroissance de l'atténuation A en fonction de N.

1 Classer les différents types de matériaux, du plus réfléchissant au plus absorbant.

2 Quels phénomènes physiques permettent d'expliquer que le son est perçu derrière le mur antibruit ?

3 **a.** À l'aide du **document 6** et du tableau de mesures réalisé, critiquer la phrase : « *L'atténuation de l'énergie sonore de l'onde diffractée est proportionnelle à la différence de marche entre le chemin direct sans écran et le trajet diffracté.* »

b. Justifier que, derrière un même mur antibruit, les sons graves sont davantage perçus que les sons aigus.

4 Quels sont les autres facteurs pouvant influencer l'efficacité d'un mur antibruit ?

→ Analyse doc. 4, p. 112
→ Problème 6, p. 122

Problème résolu

COMPÉTENCES
- Extraire des informations.
- Raisonner.
- Calculer.

1 Qualité sonore d'un auditorium

Énoncé

Analyses doc. 1 et 4, p. 106 et 112

Une ville désire construire un auditorium de forme parallélépipédique de 10 m de longueur, 5,0 m de largeur et 4,0 m de hauteur. Parmi les caractéristiques de la salle, la durée de réverbération est un paramètre très important dans la qualité acoustique de la pièce. La valeur recherchée dans cette construction devra être comprise entre 0,3 et 0,5 s.

On pose :
- α_M, le coefficient d'absorption du matériau sur les murs ;
- $\alpha_P = 0{,}05$, le coefficient d'absorption du matériau sur le plafond ;
- $\alpha_S = 0{,}08$, le coefficient d'absorption du matériau sur le sol.

L'ensemble des fauteuils disposés dans la salle a une surface d'absorption équivalente $A_F = 12{,}5$ m^2.

Pour les murs, on dispose de quatre matériaux isolants :

Isolant	n° 1	n° 2	n° 3	n° 4
α_M	0,27	0,54	0,71	0,79

Données

La durée de réverbération, *TR*, se calcule à partir de la formule de Sabine :

$$TR = 0{,}16 \times \frac{V}{A}$$

avec *V*, le volume de la pièce (en m^3) et *A*, la surface équivalente d'absorption du local (en m^2).

On définit la surface équivalente d'absorption *A* de la salle par :

$$A = \sum_i \alpha_i \cdot S_i$$

où α_i représente le facteur (ou coefficient) d'absorption du matériau de surface S_i.

Un auditorium en construction.

Problème

Parmi les matériaux isolants proposés pour les murs, quel(s) est (sont) celui (ceux) qui permet(tent) de répondre au critère attendu ?

Résolution possible

Quel problème pose l'énoncé ? Quelles pistes suivre pour y répondre ?

L'énoncé demande de choisir un matériau pour le revêtement des murs qui permettrait que la durée de réverbération de la salle soit comprise entre 0,3 et 0,5 s. La contrainte porte sur la surface des murs. Il est donc nécessaire de calculer la surface d'absorption équivalente des murs pour ensuite pouvoir choisir le matériau.

À partir de cette surface et des valeurs des coefficients d'absorption proposés, on peut choisir le matériau.

Quelles sont les étapes de la résolution ?

Une façon de faire	Comment le faire ?
1 Calculer la surface du sol, S_S, des murs, S_M, et du plafond, S_P.	Utiliser la géométrie de la salle pour définir les surfaces.
2 Déterminer les valeurs *A* de la surface d'absorption équivalente du local permettant d'obtenir une durée de réverbération comprise entre 0,3 et 0,5 s.	Utiliser la formule de Sabine en l'appliquant aux deux valeurs limites de la durée de réverbération données dans le texte. Effectuer l'application numérique.
3 Exprimer la surface d'absorption équivalente en fonction des différents coefficients d'absorption des matériaux, des différentes surfaces et de la surface d'absorption équivalente des fauteuils.	Utiliser la relation définissant la surface équivalente d'absorption de la salle.

Une façon de faire	Comment le faire ?
4 Déduire les valeurs du coefficient d'absorption du matériau à poser sur les murs pour répondre au critère attendu.	▸ Utiliser les résultats des deux questions précédentes.
5 Analyser de façon critique le résultat obtenu.	▸ Vérifier que le résultat obtenu a une valeur crédible et cohérente avec les données fournies. Critiquer les hypothèses du raisonnement.

▸ Solution rédigée

1 La pièce est un parallélépipède de longueur L, de largeur l et de hauteur h. On en déduit la surface du sol, S_S, celle des murs, S_M, et celle du plafond, S_P :

$$S_S = L \cdot l; \quad S_M = 2 \cdot (L \cdot h) + 2 \cdot (l \cdot h) \quad \text{et} \quad S_P = L \cdot l.$$

$$S_S = 10 \times 5{,}0 = 50 \text{ m}^2; \quad S_M = 2 \times (10 \times 4{,}0) + 2 \times (5{,}0 \times 4{,}0) = 120 \text{ m}^2 \quad \text{et} \quad S_P = 10 \times 5{,}0 = 50 \text{ m}^2.$$

2 Le volume de la pièce est $V = L \cdot l \cdot h$, soit $V = 10 \times 5{,}0 \times 4{,}0 = 2{,}0 \times 10^2 \text{ m}^3$.

D'après la formule de Sabine, $TR = 0{,}16 \times \frac{V}{A}$, avec V, le volume de la pièce (en m^3) et A, la surface équivalente d'absorption du local (en m^2).

À partir de cette formule, on peut exprimer A par :

$$A = 0{,}16 \times \frac{V}{TR}$$

L'énoncé donne les deux valeurs extrêmes de TR, notées TR_1 (0,3 s) et TR_2 (0,5 s) ; on en déduit deux valeurs A_1 et A_2 :

$$A_1 = 0{,}16 \times \frac{V}{TR_1} \quad \text{et} \quad A_2 = 0{,}16 \times \frac{V}{TR_2};$$

soit : $\mathbf{A_1 = 107 \text{ m}^2}$ **et** $\mathbf{A_2 = 64 \text{ m}^2}$.

3 On utilise la relation définissant la surface équivalente d'absorption de la salle en fonction de la surface équivalente d'absorption des fauteuils (A_F), des coefficients d'absorption et des surfaces :

$$A = A_F + (S_M \cdot \alpha_M + S_P \cdot \alpha_P + S_S \cdot \alpha_S)$$

4 On déduit de la relation précédente

$$\alpha_M = \frac{A - A_F - S_P \cdot \alpha_P - S_S \cdot \alpha_S}{S_M}$$

On calcule : $\alpha_{M_1} = \frac{A_1 - A_F - S_P \cdot \alpha_P - S_S \cdot \alpha_S}{S_M}$ et $\alpha_{M_2} = \frac{A_2 - A_F - S_P \cdot \alpha_P - S_S \cdot \alpha_S}{S_M}$

soit : $\mathbf{\alpha_{M_1} = 0{,}73}$ **et** $\mathbf{\alpha_{M_2} = 0{,}38}$.

La valeur du coefficient d'absorption du matériau choisi doit être comprise entre les valeurs α_{M_2} et α_{M_1}.

On compare les valeurs des coefficients d'absorption aux valeurs proposées dans les données : on constate que les isolants n° 2 et n° 3 permettent de répondre au critère attendu.

Réponse au problème posé

Les isolants n° 2 et n° 3 peuvent être utilisés pour isoler phoniquement les murs de l'auditorium.

5 Analyse critique de la réponse trouvée

Les valeurs obtenues pour α_M sont cohérentes puisqu'elles sont du même ordre de grandeur que celles données dans le tableau. Ce calcul ne tient compte que de l'aspect acoustique de la construction de la salle. Bien évidemment, dans la réalité, le coût est aussi un critère.

Résolution de problèmes scientifiques

Problèmes à résoudre

2 Écho créé par un mur de scène

COMPÉTENCES
- Extraire des informations.
- Raisonner.
- Calculer.

Énoncé

→ Analyses doc. 1 et 2, p. 106 et 108

Dans une salle de théâtre, les ondes réfléchies par le mur du fond de la scène ne pouvant être totalement évitées, l'essentiel est que tous ces échos n'arrivent pas avec un trop grand retard par rapport au son direct afin de ne pas nuire à l'intelligibilité de la parole. Deux sons sont perçus distinctement lorsqu'ils arrivent aux oreilles d'un auditeur avec un décalage temporel supérieur à 40 ms.

On considère un orateur placé en un point *A* distant de *d* (en mètres) du mur formant le fond de la scène.

Donnée : célérité des sons dans l'air, $v = 340\ \text{m} \cdot \text{s}^{-1}$.

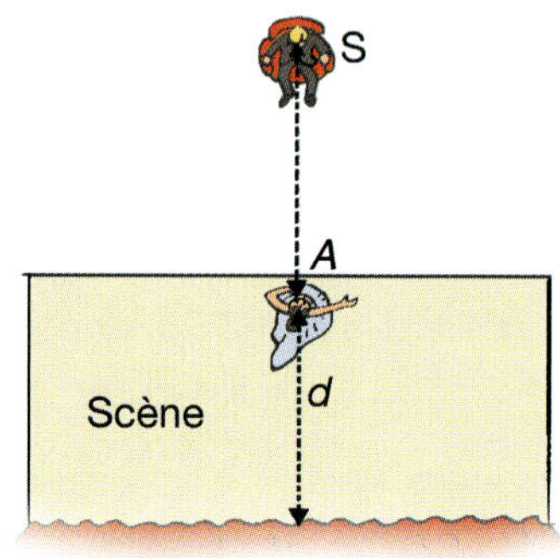

Problème

Déterminer la profondeur maximale de la scène permettant à un spectateur S, situé à 6,0 m de la scène, de comprendre nettement la parole de l'orateur.

Résolution possible

Quel problème pose l'énoncé ? Quelles pistes suivre pour y répondre ?

L'énoncé demande de trouver la profondeur maximale, d_{max}, de la scène afin que la parole ne soit pas perturbée par l'écho pour un spectateur situé à 6,0 m de celle-ci.

Quelles sont les étapes de la résolution ?

Une façon de faire	Comment le faire ?
1 Calculer la durée mise par le son direct pour aller de *A* à S.	Repérer les grandeurs utiles dans l'énoncé.
2 Calculer la durée mise par l'écho pour atteindre S.	Se servir du schéma pour identifier le chemin suivi par l'écho.

3 Coefficient d'absorption acoustique

Voir, si nécessaire, pistes de résolution, p. 214.

COMPÉTENCES
- Extraire des informations.
- Raisonner.
- Calculer.

Énoncé

On s'intéresse à deux salles de forme parallélépipédique et de mêmes dimensions, de longueur *L*, largeur *l* et hauteur *H*. L'une des salles est utilisée comme salle de réunion et l'autre comme salle de cinéma.

Dans un espace clos, tel que la salle de cinéma, les parois et les objets présents se comportent comme des sources secondaires. Au son direct, se superposent des sons réfléchis, diffusés et diffractés, on parle de phénomène de réverbération. Celui-ci se caractérise par la mesure de la durée de réverbération, *TR*. Sans revêtement particulier et sans mobilier, sa durée de réverbération est $TR = 2{,}2$ s.

Dans la salle de cinéma, les murs sont recouverts d'un matériau de coefficient d'absorption $\alpha_1 = 0{,}20$. On néglige l'absorption par le sol par rapport aux absorptions par les murs et le plafond.

Données : $L = 15$ m, $l = 10$ m et $H = 3{,}2$ m.

Info La formule de Sabine, $TR = 0{,}16 \times \frac{V}{A}$, permet de calculer *TR* en fonction du volume *V* de la pièce et de la surface équivalente d'absorption, *A*. Cette surface étant elle-même calculée par rapport aux surfaces, S_i, des parois et aux coefficients d'absorption acoustique, α_i, de celles-ci par la formule $A = \sum_i \alpha_i \cdot S_i$.

→ Analyses doc. 1 et 4, p. 106 et 112 → TP 1, p. 114

Problème

Déterminer le coefficient d'absorption acoustique, α_2, du matériau avec lequel il faut recouvrir le plafond de la salle de cinéma pour amener sa durée de réverbération à une valeur de 1,5 s. Les murs de la salle de réunion étant recouverts du même matériau, son plafond doit-il être plus ou moins absorbant que celui de la salle de cinéma ?

4 Transformer un réfectoire en salle de spectacles

Voir, si nécessaire, pistes de résolution, p. 214.

COMPÉTENCES
- Extraire des informations.
- Raisonner.
- Calculer.

Énoncé

On s'intéresse à une salle de réfectoire de longueur L = 12 m, de largeur de l = 6,0 m et de hauteur de plafond h = 2,5 m. Cette salle possède deux portes en bois, de hauteurs respectives d_1 = 2,0 m et d_2 = 1,0 m (la surface de ces deux portes est de 4,0 m^2), et deux baies vitrées, de surfaces respectives, S_1 = 16 m^2 et S_2 = 10 m^2. On a disposé dans cette salle des chaises en bois dont la surface d'absorption équivalente totale est de 100 m^2.

Le sol est carrelé, les murs sont en briques peintes et le plafond en plâtre.

Données

Les coefficients d'absorption acoustique moyens, α_M, des différents matériaux ont été obtenus à une fréquence de 500 Hz correspondant au centre du spectre du bruit ambiant.

Matériau	Plâtre	Carrelage	Brique peinte	Bois	Verre	Bois des chaises
α_M	0,03	0,02	0,02	0,15	0,18	0,008

Info La durée de réverbération, TR, se calcule à partir de la formule de Sabine, $TR = 0{,}16 \times \frac{V}{A}$ avec V, le volume de la pièce (en m^3) et A, la surface équivalente d'absorption du local (en m^2).
On définit la surface équivalente d'absorption de la salle A par $A = \sum_i \alpha_i \cdot S_i$, où α_i représente le coefficient d'absorption du matériau de surface S_i.

Problème

On désire transformer cette salle en salle de spectacles et donc réduire la durée de réverbération à une valeur de 1,6 s. Pour cela, on dispose sur les murs des panneaux verticaux en bois de surface S_p = 2,0 m^2 et de coefficient d'absorption acoustique α_p = 0,20.
Combien de panneaux de ce type faut-il utiliser ?

Analyse doc. 1, p. 106

5 Aménagement d'un auditorium

Voir, si nécessaire, pistes de résolution, p. 214.

COMPÉTENCES
- Extraire des informations.
- Raisonner.
- Calculer.

Énoncé

Analyse doc. 2, p. 108

Le directeur d'un musée d'art et traditions a décidé de créer un département « instruments de musique ». Pour cela, un espace sera réservé à l'exposition des instruments et un autre aménagé en petit auditorium.

Le cahier des charges est le suivant :
- volume du local : V = 200 m^3 ;
- hauteur sous plafond : h = 4,0 m ;
- surface totale des murs : S = 120 m^2 ; coefficient d'absorption acoustique : α_M ;
- plafond recouvert de dalles ; coefficient d'absorption acoustique : α_P =0,050 ;
- sol recouvert de plancher ; coefficient d'absorption acoustique : α_S =0,080 ;
- 25 sièges ; surface d'absorption équivalente par siège : $A_{siège}$ = 0,50 m^2 ;
- durée de réverbération, TR, comprise entre 0,30 s et 0,50 s.

Données

Isolant n°	α_M	Longueur des rouleaux de même largeur (m)	Prix d'un rouleau (€)
1	0,27	12,5	250
2	0,54	12,5	425
3	0,73	25,0	850
4	0,79	25,0	900

Info La durée de réverbération, TR, se calcule à partir de la formule de Sabine, $TR = 0{,}16 \times \frac{V}{A}$ avec V, le volume de la pièce (en m^3) et A, la surface équivalente d'absorption du local (en m^2).
On définit la surface équivalente d'absorption de la salle A par $A = \sum_i \alpha_i \cdot S_i$, où α_i représente le coefficient d'absorption du matériau de surface S_i.

Problème

Déterminer le matériau isolant nécessaire pour respecter le cahier des charges de l'auditorium.

Problèmes à résoudre

6 Critères de choix d'un matériau

Voir, si nécessaire, pistes de résolution, p. 214.

COMPÉTENCES
- Extraire des informations.
- Raisonner.
- Calculer.

Énoncé

Analyse doc. 4, p. 112 — TP 2, p. 116

Document 1 Absorption acoustique

Lorsqu'un son frappe une paroi, il est totalement ou partiellement réfléchi.
La nature des parois d'une salle modifie la quantité d'énergie absorbée et donc la quantité d'énergie réfléchie.

Coefficient d'absorption acoustique

L'aptitude d'un matériau à absorber est évaluée à l'aide du **coefficient d'absorption acoustique α** sur une échelle de 0 à 1 :

$$\alpha = \frac{\text{Énergie absorbée}}{\text{Énergie reçue}}$$

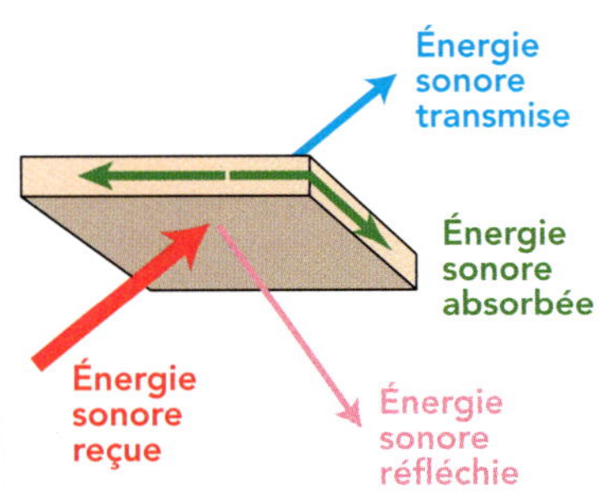

Bien que α dépende aussi de la fréquence du son, on utilise le plus souvent une valeur moyenne pour la gamme de fréquences comprise entre 125 à 4 000 Hz.

- Si α = 0, le matériau **réfléchit** toute l'énergie qu'il reçoit.
- Si α = 1, le matériau **absorbe** toute l'énergie qu'il reçoit.

D'après le site www.eurocoustic.com

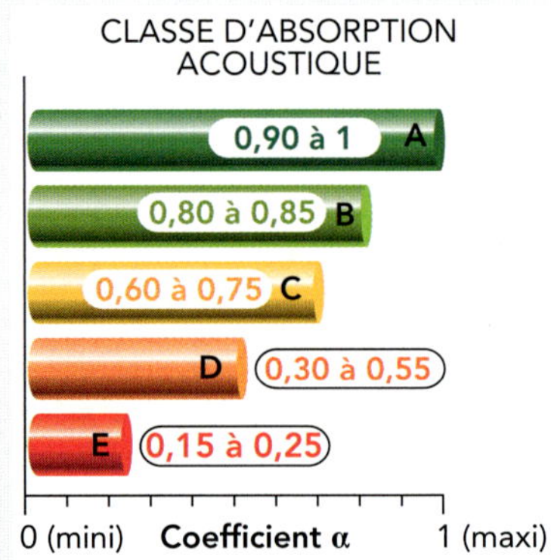

Document 2 Réverbération

Le son réverbéré est le son émis par une source sonore qui parvient à un récepteur après avoir subi des réflexions sur les parois d'un local.

La durée de réverbération (*TR*) d'une salle est la durée au bout de laquelle le niveau d'intensité sonore diminue de 60 dB lors de l'arrêt brusque de la source sonore. Elle caractérise l'acoustique de la salle.

Par exemple :
- une piscine sans traitement acoustique a un *TR* de 6 à 7 secondes ;
- un studio d'enregistrement a un *TR* de 0,3 à 0,5 seconde.

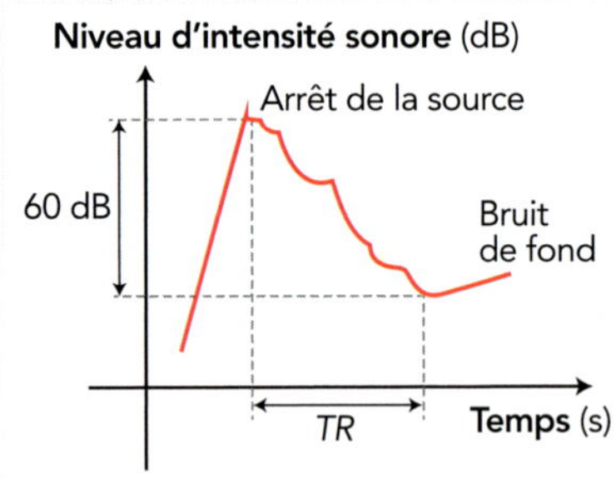

Exemples de durée de réverbération d'une salle de concerts selon la fréquence du son.

***f* (Hz)**	125	250	500	1000	2000	4000
***TR* (s)**	8,3	7,1	6,2	5,5	4,0	3,5

Document 3 La réponse impulsionnelle

Il s'agit de la réponse à une impulsion sonore en un point d'une salle. Une impulsion sonore est un son bref et fort, par exemple un coup de feu ou l'explosion d'un ballon.

Cette réponse se décompose en deux parties :

- le son direct, qui dépend de l'émetteur (puissance et directivité) et de la distance entre l'émetteur et le récepteur ;
- le champ réverbéré qui comprend :
  – les premières réflexions, qui parviennent au récepteur dans les 80 à 100 ms suite à l'émission de l'impulsion ; elles dépendent des positions de l'émetteur et du récepteur ;
  – le champ diffus, qui est homogène dans tout le volume de l'enceinte.

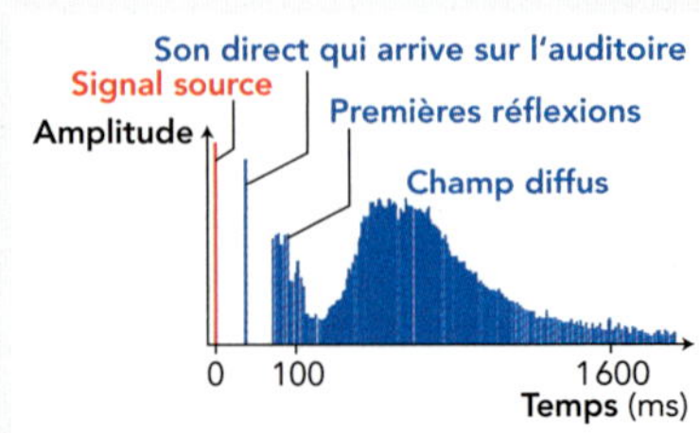

Document 4 L'indice d'affaiblissement acoustique

L'indice d'affaiblissement acoustique, R, d'une paroi, exprimé en décibel (dB), caractérise la faculté d'une paroi à absorber un son.

Pour une salle dans laquelle le niveau d'intensité sonore, exprimé en dB, est égal à L_1, R se calcule par la relation :

$$R = L_1 - L_2 - 10 \times \log \frac{A}{S}$$

L_2 est le niveau d'intensité sonore de l'autre côté de la paroi ; A, la surface d'absorption équivalente de la salle (en m^2) du côté où le niveau d'intensité sonore est L_1 et S la surface de la paroi séparatrice (en m^2).

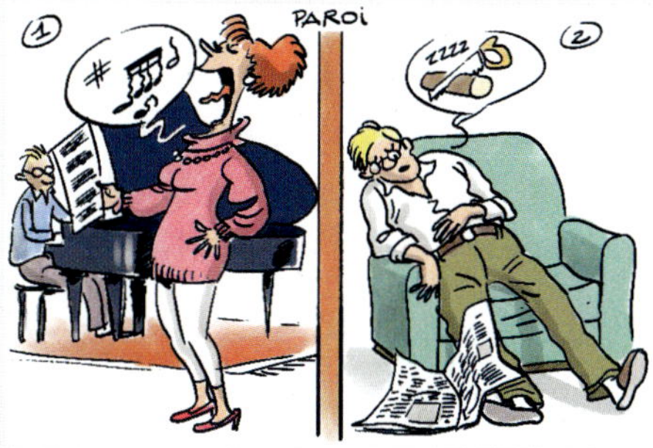

Problèmes

1. On s'intéresse à la paroi séparant deux pièces contiguës. Indiquer en quoi le choix du matériau de la paroi dépend de l'utilisation que l'on souhaite faire de ces deux pièces.
2. Pour une salle donnée, identifier les paramètres qui peuvent modifier la réponse impulsionnelle.
Pour chaque paramètre modifié, proposer une allure de la réponse impulsionnelle en expliquant les différences observées par rapport à la situation initiale.

7 Quand les galeries chuchotent

Voir, si nécessaire, pistes de résolution, p. 214.

COMPÉTENCES
- Extraire des informations.
- Schématiser.

Énoncé

Analyses doc. 1 et 2, p. 106 et 108

Document 1 De l'optique à l'acoustique

Au cours du XVIIe siècle, A. KIRCHER, un scientifique allemand, appliqua à l'acoustique les lois de l'optique géométrique, redécouvertes à son époque.

Il proposa de construire des voûtes elliptiques pour permettre à deux personnes éloignées, mais situées au niveau des foyers de l'ellipse, de converser. Le phénomène de focalisation est entraîné par réflexion, par la voûte, de tout rayon sonore issu de l'un des foyers en direction de l'autre foyer. A. KIRCHER applique ainsi la propriété géométrique de l'ellipse : deux droites, issues des foyers en direction d'un même point de la surface, tombent sur celle-ci sous des angles égaux.

D'après J.-D. POLACK, « Quand les galeries murmurent... Chuchotements dans le métro », *Sciences et Avenir*, hors-série n° 100, avril 1995.

Document 2 Conversations sur le quai du métro

Tentez l'expérience à la station de métro Cluny : l'effet y est particulièrement saisissant. Choisissez un couple qui parle à voix basse sur le quai opposé et déplacez-vous alors sur votre quai pour essayer de trouver l'endroit le plus favorable à la focalisation des ondes sonores. Vous pourrez alors entendre très distinctement la conversation secrète qui se tient à plusieurs dizaines de mètres de vous. L'explication tient à la forme du tunnel. L'acoustique du métro est en effet régie par la section elliptique des stations : tout son émis à l'un des foyers se concentre à l'autre foyer.

D'après J.-D. POLACK, « Quand les galeries murmurent... Chuchotements dans le métro », *Sciences et Avenir*, hors-série n° 100, avril 1995.

Problème

Illustrer par des schémas légendés le phénomène physique et les propriétés géométriques décrits dans ces documents.

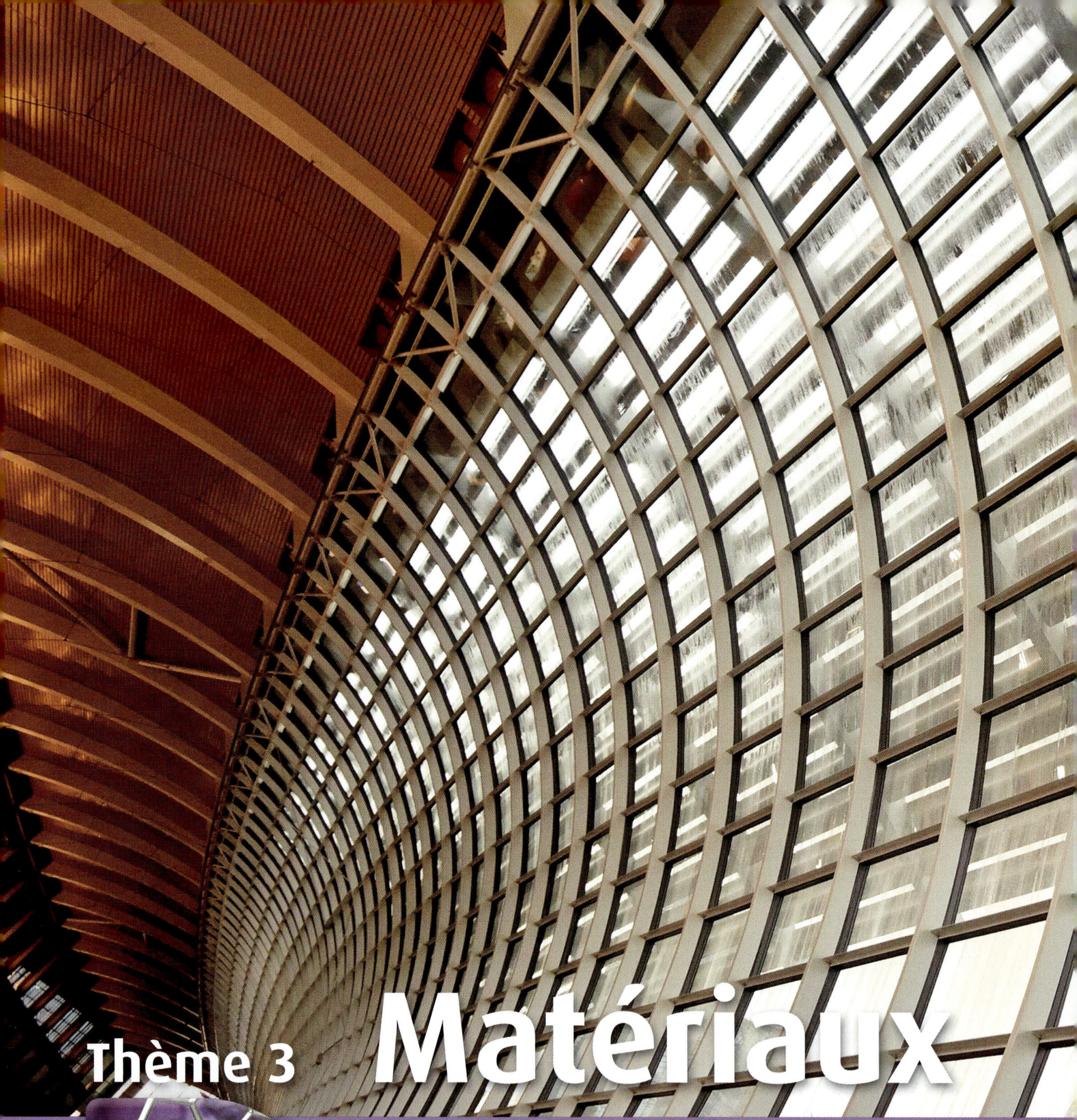

Thème 3 Matériaux

Sommaire

Quelles sont les principales étapes de la vie d'un matériau ? (Voir chapitre 7.)

Comment relier les propriétés d'un matériau à sa structure ? (Voir chapitre 8.)

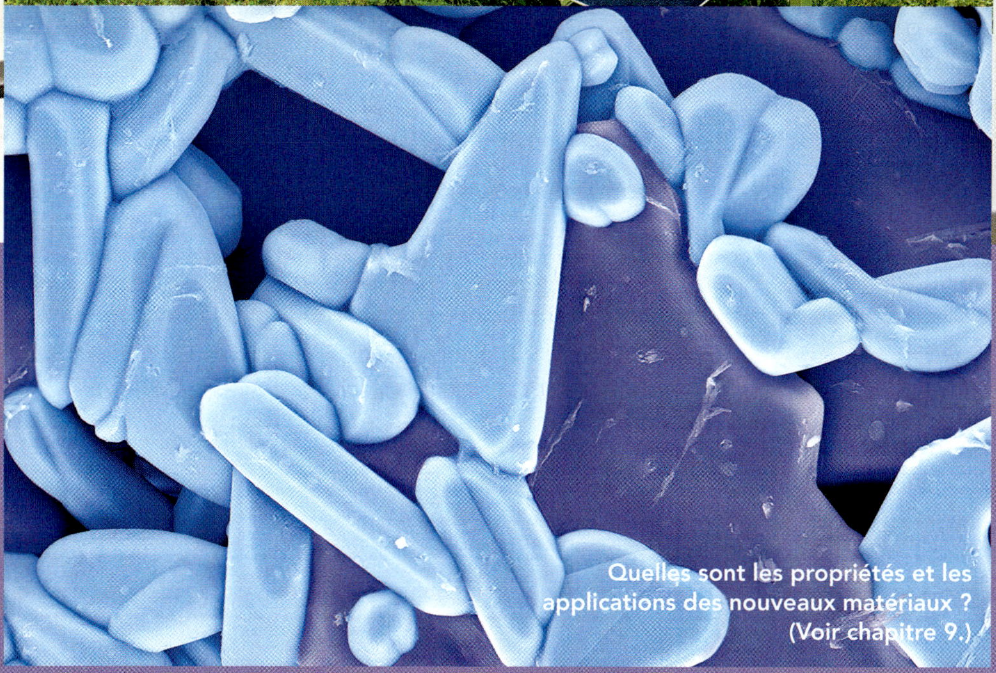

Quelles sont les propriétés et les applications des nouveaux matériaux ? (Voir chapitre 9.)

Prérequis

Les notions vues au Collège, en Seconde, en Première et dans l'enseignement spécifique de Terminale

Solution, quantité de matière, concentration

- La dissolution complète d'un **soluté** dans un liquide, appelé **solvant**, donne un mélange homogène appelé **solution**.
- La **concentration massique** (ou teneur massique), ***t*(A)**, d'une espèce chimique A est la masse de cette espèce chimique dissoute dans un litre de solution.
- La **concentration molaire, *C*(A)**, d'une espèce chimique A est la quantité de cette espèce chimique A dissoute dans un litre de solution.

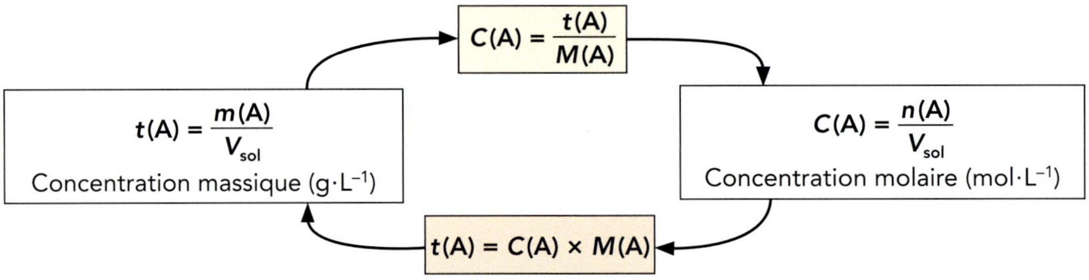

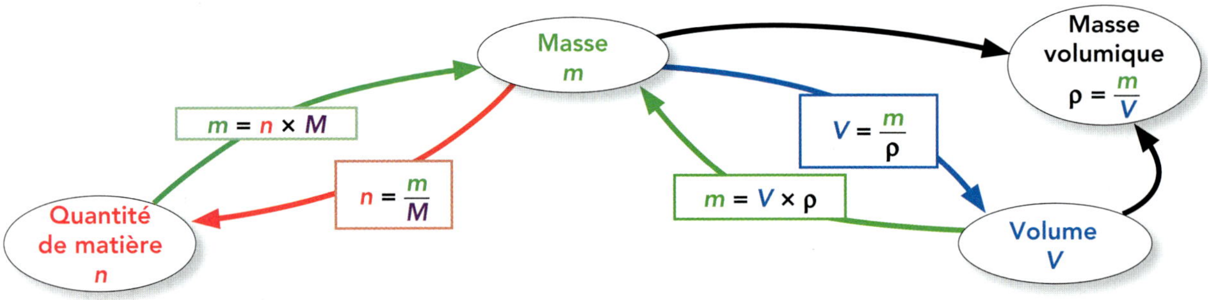

La **densité *d*** d'un corps par rapport à l'eau est égale au quotient de sa masse volumique ρ par celle de l'eau ρ_{eau} :

$$d = \frac{\rho}{\rho_{eau}}$$

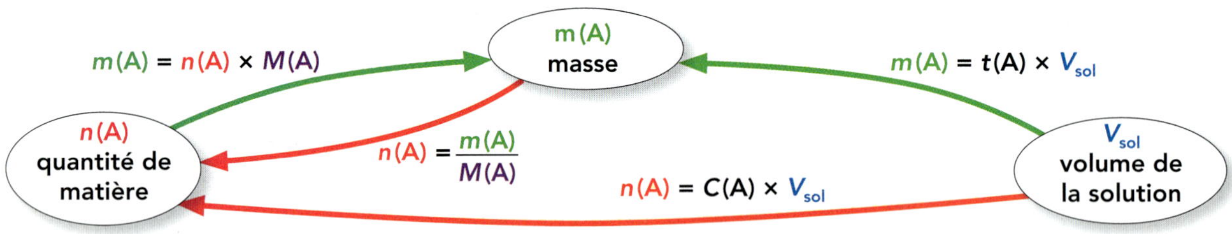

Molécules, liaisons, etc.

- Une **liaison** entre deux atomes A et B est **polarisée** si ces deux atomes ont des électronégativités différentes. Elle constitue un dipôle électrique caractérisé par un **moment dipolaire, *p***. Une molécule est polaire si son moment dipolaire, somme géométrique des moments dipolaires de toutes ses liaisons, est non nul.

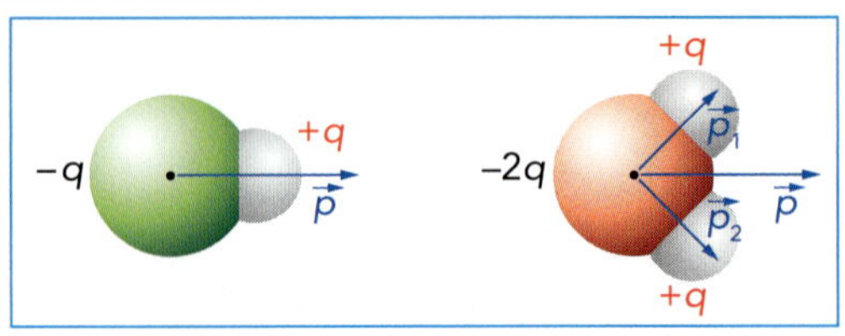

- Les **interactions de van der Waals** sont des interactions entre dipôles électriques.
- Une **liaison hydrogène** se forme lorsqu'un atome d'hydrogène lié à un atome **A**, très électronégatif, interagit avec un atome **B**, lui aussi très électronégatif et porteur d'un doublet non liant. **A** et **B** peuvent être le fluor, **F**, l'oxygène, **O**, l'azote, **N**, ou le chlore, **Cl**.

- Une molécule organique peut présenter un **groupe hydrophile** (donc lipophobe) susceptible de se lier à l'eau et /ou un **groupe lipophile** (donc hydrophobe) susceptible de se lier aux chaînes carbonées.
- Un **polymère** est un ensemble de molécules à longues chaînes, appelées **macromolécules**, formées à partir de molécules élémentaires : les **monomères**.

Montages de chimie organique

- Un **chauffage à reflux** permet d'accélérer une réaction chimique et d'éviter les pertes d'espèces chimiques par vaporisation, grâce à la circulation d'eau froide dans le réfrigérant :

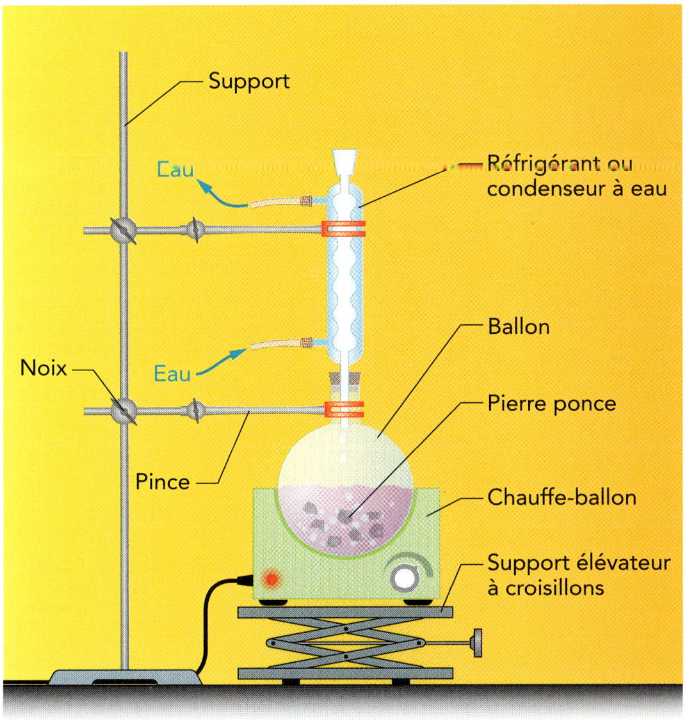

- Une **distillation fractionnée** permet de séparer les constituants d'un mélange de liquides miscibles ayant des températures d'ébullition nettement différentes :

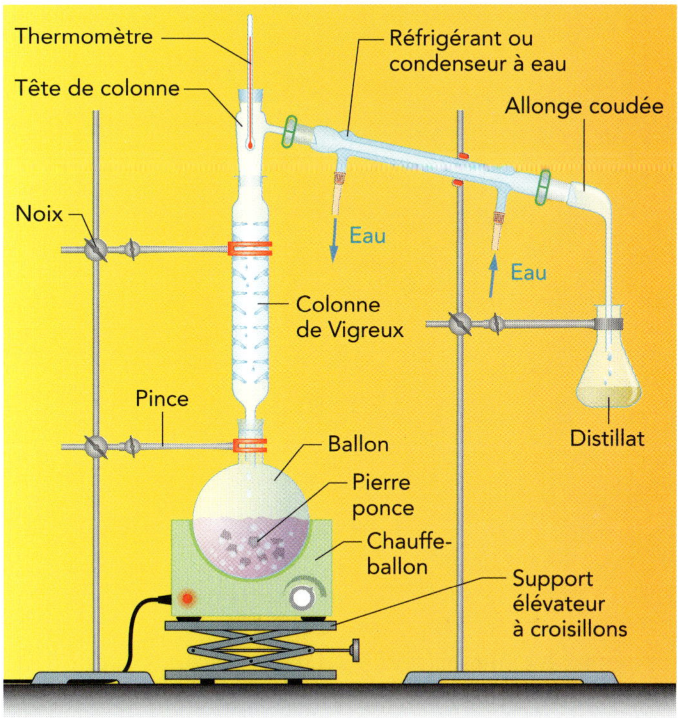

- Une **filtration sous pression réduite** permet de séparer rapidement un solide et un liquide; elle essore le solide, le séchant partiellement :

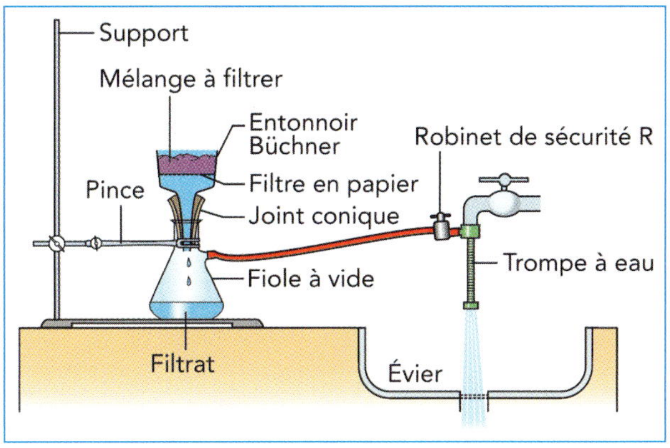

Rendement d'une synthèse

- Le **rendement** d'une synthèse, noté ρ, est égal au quotient de la quantité de produit obtenu, n_{exp}, par la quantité maximale de produit attendu, n_{max} :

$$\rho = \frac{n_{exp}}{n_{max}}$$

Prérequis

Courant électrique, tension électrique

- Dans un circuit électrique, à l'extérieur du générateur, le courant circule de la borne « + » vers la borne « – » du générateur.
  C'est le **sens conventionnel** du courant électrique.
- Dans un conducteur métallique, le **courant électrique** est dû à une **circulation d'électrons** qui se déplacent dans le **sens opposé** au **sens conventionnel** du courant électrique.
- Dans les **solutions aqueuses ioniques**, le courant électrique est dû à un double déplacement d'**ions**.
  Les **cations** se déplacent dans le **sens conventionnel du courant électrique** et les anions en **sens opposé**.

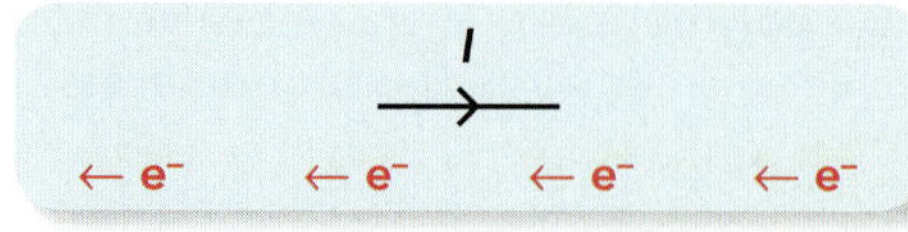

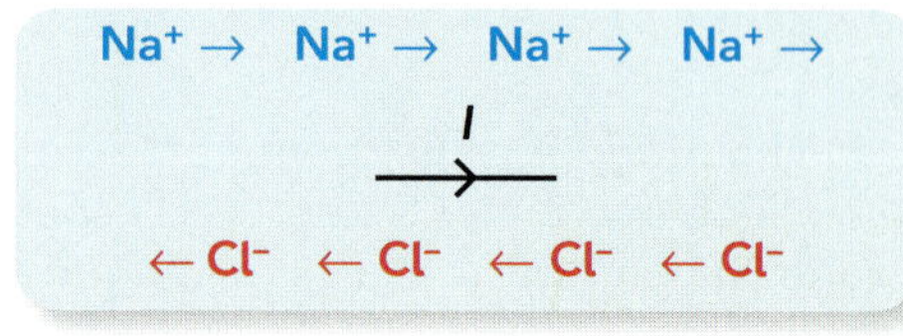

- **L'intensité d'un courant électrique**, notée *I*, qui traverse un dipôle se mesure avec un **ampèremètre branché en série** avec ce dipôle.
  Elle s'exprime en **ampère (A)**.
- La **tension électrique**, notée ***U***, entre les bornes d'un dipôle se mesure avec un **voltmètre monté en dérivation** aux bornes de ce dipôle.
  Elle s'exprime en **volt (V)**.

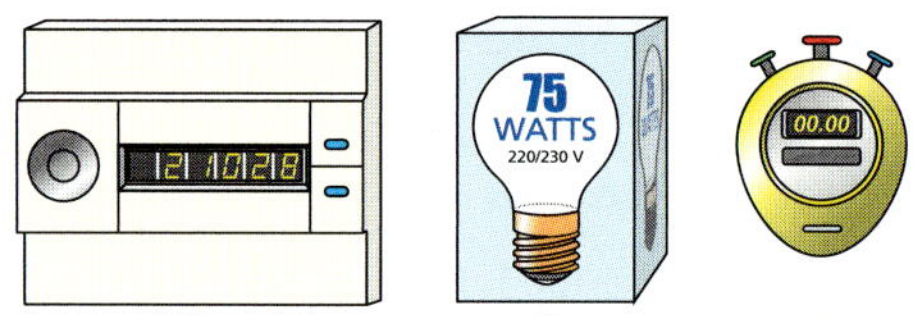

$$\mathcal{E} = \mathcal{P} \cdot \Delta t$$

(J) (W) (s)

(W · h) (W) (h)

Loi d'Ohm

- Lorsqu'un **conducteur ohmique** de **résistance *R*** est traversé par un courant d'**intensité *I***, il existe une tension *U* à ses bornes.
  La **loi d'Ohm** relie *U* à *R* et *I* :

$$U = R \cdot I$$

U en volt (V) — *R* en ohm (Ω) — *I* en ampère (A)

Puissance électrique

- La **puissance électrique** $\mathcal{P}$, reçue par un dipôle soumis à une **tension *U*** et traversée par un courant électrique continu **d'intensité *I***, vaut :

$$\mathcal{P} = U \cdot I$$

$\mathcal{P}$ en watt (W) — *U* en volt (V) — *I* en ampère (A)

Cycle de vie des matériaux

Chapitre 7

Coulée d'acier d'un haut-fourneau.

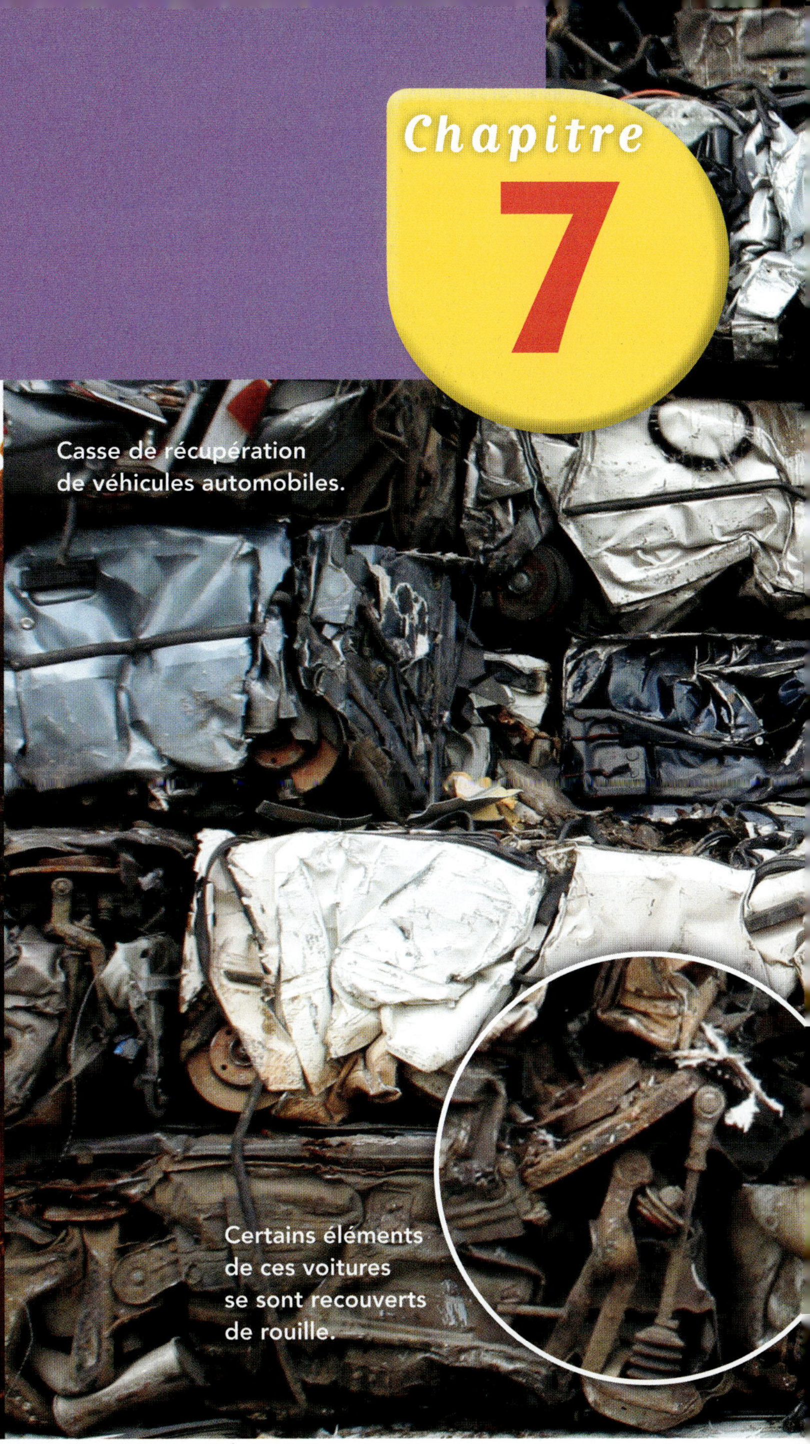

Casse de récupération de véhicules automobiles.

Certains éléments de ces voitures se sont recouverts de rouille.

Le fer, extrait par diverses réductions d'oxydes naturels, est l'un des métaux les plus utilisés dans l'industrie et le bâtiment. Utilisé sans protection, il se recouvre de rouille. Toutefois, il peut être recyclé après récupération, ce qui en fait aujourd'hui un matériau durable. Comme le fer, la plupart des matériaux élaborés par l'homme ont une durée de vie qui dépend de leur nature, leur usage, leur protection, etc. Aussi, tous les matériaux ont un cycle de vie.

Quelles sont les principales étapes de la vie d'un matériau ?

Mots-clés

ÉLABORATION *vieillissement*
corrosion PROTECTION
RECYCLAGE ÉLIMINATION

1 La vie des aciers

Vu ses très intéressantes propriétés mécaniques, le fer, pur ou sous forme d'alliages, est le métal le plus utilisé dans l'industrie et le bâtiment. Élaboré à partir de minerais principalement constitués d'oxydes, il s'oxyde naturellement à l'air s'il n'est pas protégé. Du minerai à la rouille, quelles sont les principales étapes de la vie du fer ? L'homme peut-il les modifier ? Si oui, dans quel but ?

Document 1 Élaboration du fer, de la fonte et de l'acier

→ Problème 6, p. 144

En Europe, la fabrication du fer date de 1700 ans av. J.-C. : on superposait plusieurs couches successives de minerai de fer et de bois et on chauffait ces échafaudages ; le métal fondu obtenu était travaillé sur place. Actuellement, coexistent deux filières d'élaboration de l'acier : la filière fonte et la filière ferraille.

Dans la filière fonte, après broyage, le minerai est introduit dans le haut fourneau avec du coke (constitué essentiellement de carbone). Le coke brûle : la chaleur alors dégagée fait fondre le minerai ; le monoxyde de carbone, CO(g), formé par la combustion, réduit en fer les oxydes de fer constituant le minerai. On obtient alors de la fonte en fusion. Elle est ensuite acheminée vers un convertisseur où elle est versée sur de la ferraille. Du dioxygène est introduit : il brûle une partie du carbone et les résidus ; on obtient de l'acier.

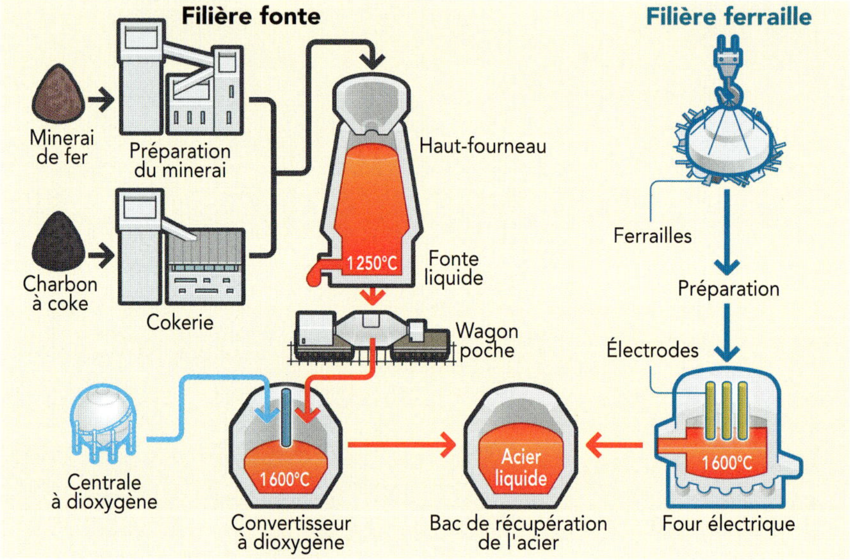

Dans la filière ferraille, la ferraille, triée et broyée ou à l'état brut, est introduite dans un four électrique : de l'acier en fusion est obtenu. Du dioxygène est éventuellement introduit.

D'après la Fédération française de l'acier.

Document 2 Fer, fonte, acier, ne pas confondre

Ces trois produits diffèrent par leur teneur en carbone.

Le **fer** est un matériau mou et malléable, dont la teneur en carbone est infime.

L'**acier** a une teneur en carbone pouvant varier de 0,03 % à 2 % maximum ; il est à la fois malléable et résistant. L'inox est un acier composé de 75 % de fer, de 8 % de nickel, de 17 % de chrome et d'un peu de carbone.

La **fonte**, avec une teneur élevée en carbone (de 2 % jusqu'à 6 %), existe en plusieurs qualités : de malléable et ductile à très dure et résistante.

D'après le site www.Rohr.fr/ferraill.htm

Document 3 Corrosion de l'acier

→ TP 4, p. 138

Le phénomène de corrosion correspond à la dégradation d'un métal, ou d'un alliage métallique, par des réactifs gazeux ou en solution. À l'échelle de la planète, chaque seconde, cinq tonnes d'acier sont oxydées en rouille, mélange complexe d'oxydes et d'hydroxydes de fer plus ou moins hydratés. La corrosion de l'acier est favorisée lorsque l'atmosphère est humide et contient des espèces ioniques dissoutes.

La corrosion est dite *uniforme* lorsque toute la surface du métal en contact avec cette solution est attaquée de la même façon, *différentielle* si ce n'est que partiellement.

Une porte en acier corrodé.

Document 4 Protection de l'acier contre la corrosion

→ TP 4, p. 138
→ Problèmes 1 et 4, p. 140 et 143

La corrosion a des conséquences importantes au niveau économique. Elle est également dangereuse pour la sécurité, car elle fragilise les équipements. La lutte contre la corrosion permet de rallonger la durée de vie des objets en acier. On peut incorporer, par exemple, jusqu'à 26 % de chrome à l'acier pour le protéger et obtenir un acier dit inoxydable.

La protection la plus simple consiste à recouvrir l'acier d'une couche protectrice imperméable. Ce peut être de la peinture, du vernis ou un film plastique. L'acier peut aussi être recouvert d'un autre métal : on peut, par exemple, plonger une pièce en acier dans un bain de zinc fondu ; c'est la galvanisation. Le zinc est alors attaqué à la place du fer. D'autres moyens peuvent être utilisés pour recouvrir l'acier d'une couche protectrice : électrolyse, parkérisation, etc.

La protection de l'acier peut aussi se faire par *anode sacrificielle*. Ce type de protection est utilisé pour les bateaux, les conduites enterrées, les plates-formes pétrolières, etc. Un bloc de zinc est relié à l'objet en acier à protéger : le zinc est alors oxydé et le dioxygène est réduit à la surface du fer, ou de l'acier, qui n'est alors pas corrodé.

D'après « La chimie dans les bateaux », *Découverte*, Palais de la découverte, n° 260, 1998.

Anodes sacrificielles sur la coque d'un navire.

Document 5 Recyclage des aciers

Logo indiquant que cet objet, en acier, est recyclable.

Même protégés, les aciers se corrodent lentement. Les objets en acier corrodé peuvent ensuite être recyclés.

Les exigences en matière de taux de recyclage des véhicules automobiles sont élevées : actuellement, 54 % de l'acier présent dans une voiture est de l'acier recyclé. Avec un taux de recyclage qui dépasse les 62 %, l'acier est le matériau le plus recyclé en Europe.

Le recyclage de l'acier permet de préserver les ressources naturelles, de réduire l'utilisation d'énergie et de diminuer l'émission de gaz à effet de serre.

D'après le site d'Arcelor Mittal Méditerranée.

Pour aller plus loin : www.acier.org

Analyse et synthèse

1 Justifier l'utilisation du bois par les premiers métallurgistes. → *doc. 1*

2 Justifier qu'en mélangeant de la ferraille, principalement constituée de fer et d'oxydes de fer (rouille), et de la fonte on obtienne de l'acier (filière ferraille).

Quel peut être le rôle de l'ajout de dioxygène dans les deux filières ? → *doc. 1 et 2*

3 Pour modéliser la corrosion de l'acier en milieu marin, on dépose une goutte d'eau salée, $Na^+(aq) + Cl^-(aq)$, sur une plaque de fer. On constate que le fer est oxydé dans la partie centrale en ions fer (II), $Fe^{2+}(aq)$, et que des ions hydroxyde, $HO^-(aq)$, se forment sur la partie périphérique par réduction du dioxygène.

a. Faire un schéma légendé de cette expérience et écrire l'équation-bilan de la réaction qui se produit.

b. Le transfert des électrons entre l'oxydant et le réducteur de la réaction se fait-il par contact direct ? Sinon, comment se fait-il ? Justifier le nom de micropile donné à cette expérience. De quel type est cette corrosion ? → *doc. 3 et 4*

4 Pour modéliser le fonctionnement d'une anode sacrificielle, on réalise une pile constituée par une plaque de fer et une plaque de zinc plongeant dans une solution de chlorure de sodium et reliée à un conducteur ohmique. Le zinc est oxydé (couple $Zn(s) / Zn^{2+}(aq)$) et le dioxygène est réduit sur la plaque de fer (couple $O_2(g) / HO^-(aq)$).

a. Faire un schéma légendé de cette expérience et écrire l'équation de la réaction qui se produit.

b. Justifier le rôle des plaques de zinc fixées sur les coques de bateaux en acier.

c. Obtiendrait-on le même résultat si on remplaçait la plaque de zinc par une plaque de cuivre, sachant que, dans une pile fer-cuivre, le cuivre est la borne positive ?

5 Commenter les logos du document 5.

6 **Bilan** À partir des documents fournis et de vos connaissances personnelles, rédiger un commentaire argumenté de la phrase en italique dans le document 5.

2 La vie des plastiques

Recherchés pour leurs propriétés remarquables (légèreté, longue durée de vie, isolant électrique et thermique, faible dégradabilité, grande diversité d'utilisation), les plastiques sont très largement utilisés. Malheureusement, certains de ces avantages se transforment en inconvénients quand ces produits deviennent des déchets. Quelles sont les principales étapes de la vie d'un objet en plastique ?

Document 1 Synthèse de quelques plastiques

Les matières plastiques sont des polymères auxquels sont ajoutés certains additifs tels que des pigments, des stabilisants, etc. Ces polymères sont constitués de molécules à très longues chaînes, ou macromolécules, obtenues à partir d'un grand nombre de molécules appelées monomères.

Le polyéthylène (PE) ou le polyéthylène téréphtalate (PET) sont des polymères synthétisés par polymérisation de monomères obtenus à partir du pétrole.

Le *polyéthylène*, utilisé dans les emballages, les tuyaux, etc., de formule $-(CH_2-CH_2)_n-$, est obtenu par polymérisation par polyaddition de l'éthène, ou éthylène, $H_2C=CH_2$. $-CH_2-CH_2-$ constitue le motif du polymère ; la valeur de n peut varier de quelques centaines à plusieurs milliers. Le *polyéthylène téréphtalate* est obtenu par polymérisation par polyestérification de l'éthylène glycol ou éthane-1,2-diol, $HO-CH_2-CH_2-OH$, et de l'acide téréphtalique, $HO_2C-C_6H_4-CO_2H$.

Il a pour motif :

$$-CH_2-CH_2-O-\underset{\underset{O}{\|}}{C}-C_6H_4-\underset{\underset{O}{\|}}{C}-O-$$

Utilisé pour la fabrication des bouteilles d'eau ou de sodas, le PET se rencontre également dans des fibres textiles.

Des *résines glycérophtaliques* peuvent être obtenues par polyestérification de l'acide téréphtalique avec un triol, le glycérol, $HO-CH_2-CH(OH)-CH_2-OH$.

Document 2 Recyclage des plastiques

TP 5, p. 139

La production annuelle mondiale de matières plastiques est très importante. Ainsi, en 2008, elle était de 245 millions de tonnes. Compte tenu du vieillissement de ces matières et de leur utilisation parfois éphémère, leur recyclage se développe de plus en plus.

Les principaux emballages recyclables sont les bouteilles et flacons ménagers, ainsi que les films d'emballages industriels. Les matériaux qui les constituent, dits *thermoplastiques*, peuvent être refondus après tri, broyage et nettoyage soigneux, pour être transformés en nouveaux objets.

Le recyclage mécanique consiste en un broyage des matériaux, après un tri et un lavage rigoureux ; ils sont ensuite directement transformés en produits finis. C'est le cas des matières plastiques non fusibles, dites *thermodurcissables*.

Le recyclage chimique consiste en une dépolymérisation du polymère permettant de récupérer le monomère.

Thermoplastique, thermodurcissable

Les polymères **thermoplastiques** se ramollissent lors de leur chauffage. Leurs chaînes sont le plus souvent linéaires.

Les polymères **thermodurcissables** durcissent lors de leur chauffage. Leurs chaînes sont réticulées (c'est-à-dire reliées entre elles) et forment une structure tridimensionnelle.

D'après « Le recyclage des emballages plastiques ménagers », *Découverte*, Revue du Palais de la découverte, n° 300, 2002.

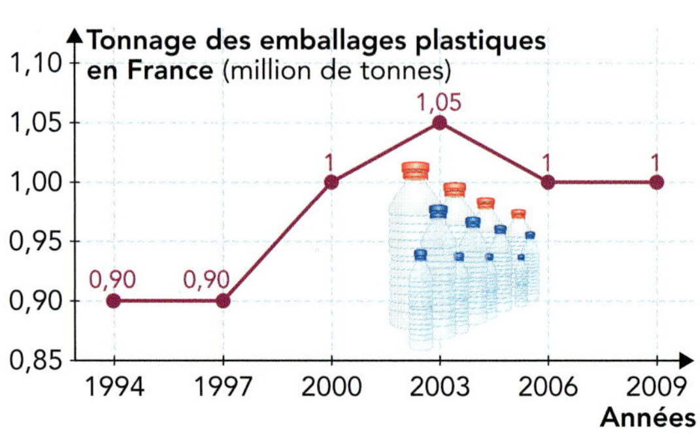

D'après Étude ESTEM 1994-2009 (Éco-Emballages – ADEME).

Évolution de la production des emballages plastiques.

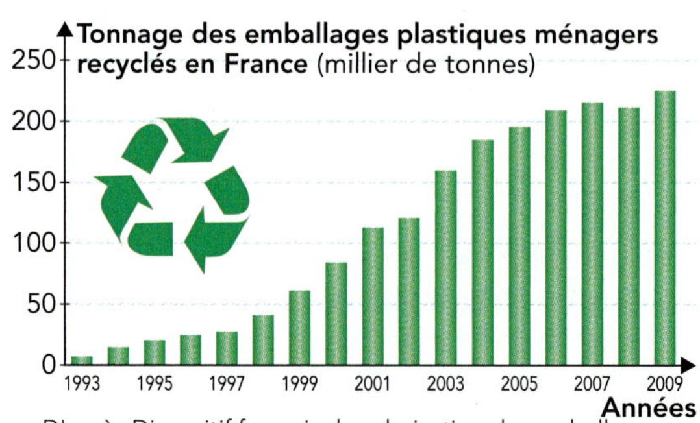

D'après Dispositif français de valorisation des emballages ménagers (tous modes de reprise confondus).

Évolution des tonnages d'emballages plastiques recyclés.

Document 3 Vieillissement des plastiques

Les matières plastiques s'altèrent au cours du temps et leurs propriétés se dégradent : elles vieillissent. Les facteurs de vieillissement sont la température, la lumière, les contraintes mécaniques, l'humidité et les agents oxydants tels que le dioxygène.

Pour ralentir ce vieillissement, on ajoute aux matériaux polymères des adjuvants tels que des anti-UV, des antioxydants, etc. Ces adjuvants, dont certains ne sont pas sans danger, peuvent être lentement libérés lors du vieillissement des matières plastiques. C'est le cas des phtalates, utilisés comme plastifiants, du bisphénol A, utilisé comme antioxydant.

En décharge, le vieillissement des plastiques s'accélère.

Pour aller plus loin :
- www.valorplast.com
- www.laplasturgie.fr

Document 4 Élimination des plastiques

Lorsque les matières plastiques ne peuvent être recyclées, on peut les valoriser énergétiquement en les incinérant de façon contrôlée. Cette combustion permet de récupérer ou d'économiser de l'énergie, mais génère, outre de l'eau et du dioxyde de carbone, des gaz ou des substances toxiques, qu'il convient d'éliminer.

Ainsi, la combustion du polychlorure de vinyle (PVC) libère du chlorure d'hydrogène, HCl.

Le pouvoir calorifique inférieur, PCI, correspond à l'énergie thermique, ou chaleur, dégagée par la combustion d'une unité de masse de combustible. Il s'exprime généralement en $MJ \cdot kg^{-1}$.

Matériau	Gaz naturel	Charbon	Polyéthylène	Polystyrène	Polychlorure de vinyle	Polyéthylène téréphtalate
PCI ($MJ \cdot kg^{-1}$)	38	29	46	46	20	45

D'après le site du Cercle National du Recyclage, www.cercle-recyclage.asso.fr

Analyse et synthèse

1 Pourquoi parle-t-on de macromolécules à propos des polymères ? → *doc. 1*

2 À l'aide de vos connaissances personnelles et en analysant la structure du polyéthylène (PE) et du polyéthylène téréphtalate (PET), préciser la nature des interactions assurant la cohésion, à l'état solide, de ces deux polymères. Justifier alors que le PET se ramollit à une température supérieure à celle permettant le ramollissement du PE.

3 **a.** Le polyéthylène téréphtalate et les résines glycérophtaliques sont des polyesters. Le justifier.

b. Le polyéthylène téréphtalate est thermoplastique, alors que les résines glycérophtaliques sont thermodurcissables.

En étudiant le motif de chacun de ces polymères, expliquer cette différence de comportement. → *doc. 2*

4 Faire une analyse commentée des graphes du document 2, en particulier l'évolution des données de ces dernières années.

5 Comment peut se manifester, à l'échelle macroscopique, le vieillissement d'un plastique ? → *doc. 3*

6 Écrire l'équation de la combustion complète du polychlorure de vinyle de formule brute $C_{2n}H_{3n}Cl_n$.

Que peut-on dire, d'un point de vue écologique, de la nature des rejets obtenus ? L'incinération est-elle une méthode intéressante pour éliminer ce polymère ? Argumenter. → *doc. 4*

7 **Bilan** Faire un schéma légendé présentant le cycle de vie d'un objet thermoplastique, puis d'un objet thermodurcissable.

3 Cycle de vie des matériaux

Alors que les cycles de l'eau, du carbone, de l'azote, de l'oxygène sont indissociables de tout écosystème, le cycle des matériaux est étroitement lié à l'activité humaine. Quelles sont ses caractéristiques ?

Document 1 Du minerai au recyclage

Problème 7, p. 145

La plupart des *objets*, des outils, des instruments qu'utilise l'homme ont été façonnés en utilisant des *matériaux* extraits de *matières premières* naturelles. Après usage ou détérioration, ils constituent des déchets.

Le devenir des matériaux qui constituent les *déchets ménagers* non périssables et les *déchets industriels* est très variable et dépend de leur nature et de leur constitution.

Les principaux *matériaux recyclables* sont le verre, l'acier, l'aluminium, certaines matières plastiques, le carton et le papier.

Les objets sont collectés, puis acheminés vers des centres où ils sont triés de façon automatisée selon leur nature, leur taille, leur forme, etc. Ils sont ensuite acheminés vers les centres de traitement. Le recyclage n'est encore envisagé que pour un nombre très limité d'objets manufacturés.

Différentes fins de vie sont possibles pour les objets manufacturés : la *réutilisation*, le *recyclage pour redonner les matières premières originelles*, le *recyclage pour donner les matériaux* permettant de fabriquer les objets manufacturés similaires ou d'autres objets, la *valorisation énergétique* (combustion) ou la *mise en décharge*.

Certaines bouteilles de verre dans la restauration, des bacs plastiques de transport et manutention sont réutilisés sans modification après nettoyage. Cependant, la *réutilisation* d'objets manufacturés est encore rare.

Document 2 Les métaux de l'électronique

Matériau	% recyclé	Epuisé en
Plomb	72 %	2030
Aluminium	49 %	–
Or	43 %	2025
Nickel	35 %	2048
Cuivre	31 %	2039
Zinc	26 %	2025

Pour chacun des métaux cités, sont indiqués le pourcentage de métal issu du recyclage utilisé dans l'industrie électronique et la date d'épuisement des réserves dans le cadre d'une extraction à un coût admissible.

D'après le site www.eco-info.org

Document 3 Pourquoi recycler ?

Le recyclage permet de réduire l'extraction de matières premières.

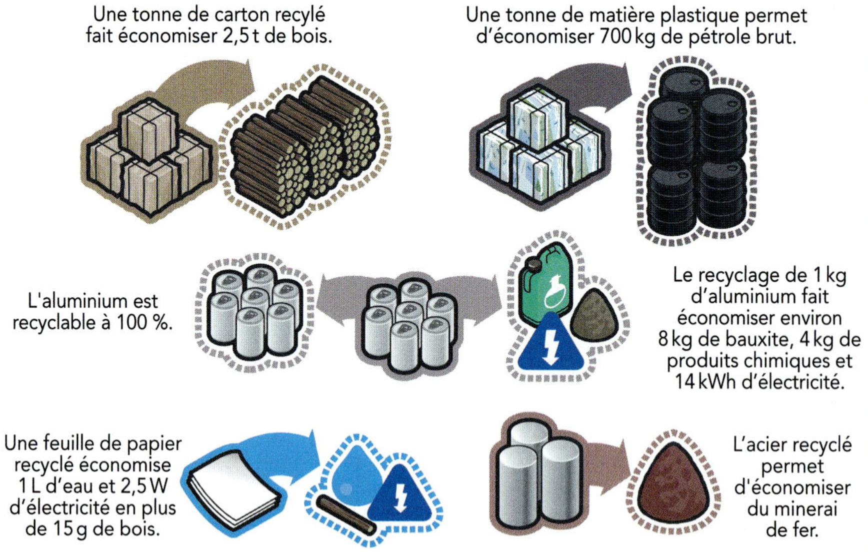

Analyse et synthèse

1 Comment expliquer que, dans le tableau du document 2, aucune date d'épuisement ne soit donnée pour l'aluminium ?

2 Commenter, en argumentant, la phrase du document 3 : « une tonne de matière plastique recyclée permet d'économiser 700 kg de pétrole brut ».

3 Faire un schéma récapitulatif illustrant la vie d'un objet manufacturé de la fabrication à partir des matières premières jusqu'à sa (ses) fin(s) de vie en utilisant les différents mots ou expressions en italique du document 1.

4 Exposer, de façon argumentée, l'intérêt du recyclage des matériaux.

5 **Bilan** Proposer une définition pour l'expression « cycle de vie d'un matériau ».

En quoi cette vie est-elle étroitement liée à l'activité humaine ?

1 Une étape de l'élaboration de l'aluminium : de la bauxite à l'alumine

La bauxite est le minerai utilisé pour produire l'alumine $Al_2O_3(s)$ dont l'électrolyse à l'état fondu permet d'obtenir l'aluminium. La manipulation proposée illustre la méthode mise en œuvre dans l'industrie pour séparer l'alumine de ses impuretés (oxyde de fer (III), $Fe_2O_3(s)$; silice, $SiO_2(s)$).

Cristaux de bauxite.

→ Problème 5, p. 144

A Tests préalables

Test n° 1 Quelques réactions de l'ion aluminium, $Al^{3+}(aq)$, et de ses dérivés

- Dans un tube à essais contenant 1 mL de sulfate d'aluminium, $2\ Al^{3+}(aq) + 3\ SO_4^{2-}(aq)$, à 0,05 mol·L^{-1}, ajouter une ou deux gouttes de solution de soude, ou hydroxyde de sodium, $Na^+(aq) + HO^-(aq)$, à 2,5 mol·L^{-1} et observer.
- Continuer l'addition de la solution de soude et observer. Cesser l'addition lorsque la solution est redevenue limpide.
- Ajouter alors, goutte à goutte et avec précaution, une solution d'acide chlorhydrique à 3 mol·L^{-1} et noter les diverses évolutions du mélange au fur et à mesure de l'ajout.

Test n° 2 Quelques réactions de l'ion fer (III), $Fe^{3+}(aq)$, et de ses dérivés

- Dans un tube à essais contenant 1 mL de solution de sulfate de fer (III), $2\ Fe^{3+}(aq) + 3\ SO_4^{2-}(aq)$, à 0,05 mol·L^{-1}, ajouter quelques gouttes de solution de soude à 2,5 mol·L^{-1} et observer. Continuer à ajouter la solution de soude.

Le précipité disparaît-il ?

- Dans un tube à essais contenant 1 mL de sulfate de fer (III), $2\ Fe^{3+}(aq) + 3\ SO_4^{2-}(aq)$, à 0,05 mol·L^{-1}, ajouter quelques gouttes de solution de thiocyanate de potassium, $K^+(aq) + SCN^-(aq)$, à 0,01 mol·L^{-1} et observer.

L'espèce colorée formée est un ion complexe de formule $[Fe(SCN)]^{2+}(aq)$.

La silice ne réagit pas avec l'hydroxyde de sodium et $Fe_2O_3(s)$ se comporte comme $Fe(OH)_3$ vis-à-vis de l'ion hydroxyde.

1 Sachant que les espèces susceptibles de s'être formées au cours des réactions du **test n° 1** sont $Al^{3+}(aq)$, $Al(OH)_3(s)$ et $[Al(OH)_4]^-(aq)$, écrire les équations des réactions qui se sont produites.

2 L'alumine $Al_2O_3(s)$ peut être obtenue par déshydratation à chaud de $Al(OH)_3(s)$. Écrire l'équation de cette déshydratation. En déduire l'équation de la réaction des ions hydroxyde en excès avec l'alumine.

3 Écrire les équations des deux réactions réalisées avec l'ion fer (III) dans le **test n° 2**.

4 **a.** DÉMARCHE D'INVESTIGATION À partir des résultats des tests préliminaires réalisés ci-dessus, proposer un protocole opératoire permettant d'extraire l'élément aluminium de la bauxite sous forme d'hydroxyde d'aluminium.

b. Le comparer avec le texte donné au paragraphe **B** ci-dessous et adapter en conséquence votre proposition après avoir repéré et si possible interprété les éventuelles différences.

B Séparation des éléments aluminium et fer présents dans la bauxite

- Broyer finement environ 5 g de bauxite dans un mortier, puis introduire la poudre ainsi obtenue dans un erlenmeyer. Y ajouter 25 mL de solution de soude à 2,5 mol·L^{-1} et, tout en agitant, chauffer à 80 °C.
- Laisser refroidir, puis filtrer sur Büchner. Noter la couleur du précipité obtenu (**a**) et celle du filtrat.
- Récupérer le filtrat dans un erlenmeyer.
- Ajouter, progressivement et avec précaution, une solution d'acide chlorhydrique à 3 mol·L^{-1} au filtrat jusqu'à ce que le pH de la solution soit voisin de 6, en vérifiant celui-ci avec un papier pH.
- Filtrer le précipité obtenu (**b**) sur un filtre Büchner, le rincer et le sécher à l'étuve à 80 °C.

5 Écrire l'équation de la réaction qui se produit lors du traitement du minerai par la solution de soude. En déduire la nature du précipité **a**.

6 Proposer un test permettant de vérifier que le filtrat ne contient pas d'ions Fe^{3+}. Après accord de votre professeur, le mettre en œuvre.

7 Quelle est la nature du précipité **b** ? En déduire l'équation de la réaction qui se produit lors de l'ajout au filtrat de la solution d'acide chlorhydrique.

2 Une étape de l'élaboration du cuivre : des ions cuivre (II) au métal cuivre

Dans la nature, le cuivre, lorsqu'il n'est pas natif, se rencontre sous forme de sulfures, de carbonates ou d'hydroxydes de cuivre (II). Le nickel, le plomb, le cobalt, le fer, etc. accompagnent généralement le cuivre. La première étape d'extraction du cuivre à partir de minerais non sulfurés est une lixiviation, c'est-à-dire une réaction du minerai avec les ions hydrogène H^+ (aq) apportés par une solution acide.

Les ions cuivre (II), Cu^{2+} (aq), de la solution ainsi obtenue ont une concentration trop faible pour être réduits par électrolyse. La solution contient par ailleurs très souvent des ions fer (III), Fe^{3+} (aq). L'extraction industrielle de l'élément cuivre d'une telle solution est réalisée grâce à une réduction directe. Le principe de cette séparation fait l'objet de la manipulation proposée.

Cristaux de malachite, $Cu_2CO_3(OH)_2$.

A Tests préalables

Dans un tube à essais T_1 contenant un petit morceau de laine de fer, verser 1 mL de solution de sulfate de cuivre (II) à 0,1 $mol \cdot L^{-1}$. Fermer le tube avec un bouchon et agiter vigoureusement pendant environ une minute.

Observer la couleur de la solution et celle du solide. Prélever un peu de la solution dans un tube à essais et y ajouter une ou deux gouttes de solution de soude à 2,5 $mol \cdot L^{-1}$ et observer.

Dans un tube à essais T_2, recommencer l'expérience en remplaçant la solution de sulfate de cuivre (II) par une solution de sulfate de fer (III) à 0,05 $mol \cdot L^{-1}$. Observer la couleur de la solution après agitation.

Prélever un peu de celle-ci dans un tube à essais, y ajouter une ou deux gouttes de solution de soude à 2,5 $mol \cdot L^{-1}$ et observer.

1 Quand dit-on qu'un métal est natif ?
Donner quelques exemples de métaux natifs.

2 Dans le cas de la malachite, minerai de formule $Cu_2CO_3(OH)_2$, écrire l'équation de la réaction de lixiviation sachant qu'il se forme, entre autres, du dioxyde de carbone.
Quelle est la nature de cette réaction ?

3 À partir des observations effectuées et des tests réalisés, identifier les produits des deux réactions qui ont eu lieu dans les tubes à essais T_1 et T_2.
En déduire les équations de ces deux réactions.

4 DÉMARCHE D'INVESTIGATION **a.** À partir des résultats des tests ci-dessus, proposer un protocole opératoire permettant d'extraire le métal cuivre d'une solution contenant des ions cuivre (II) et fer (III).
b. Le comparer avec le protocole donné ci-après et adapter en conséquence votre proposition, après avoir repéré et si possible interprété les éventuelles différences.

B Extraction du métal cuivre par cémentation

Dans un erlenmeyer, introduire 50,0 mL de solution S[1] et environ 4 g de morceaux de fer-blanc désétamé[2]. Agiter manuellement de temps en temps.

Observer régulièrement la couleur de la solution et la surface des morceaux de fer-blanc.

Au bout d'une demi-heure, récupérer ces morceaux de fer-blanc. En détacher les fins copeaux de cuivre qui s'y sont déposés, les filtrer, les rincer et les sécher.

Peser le métal ainsi recueilli par cette réaction qui est un exemple de cémentation (réduction d'un cation métallique par un métal).

5 Comment peut-on vérifier expérimentalement que tous les ions cuivre (II) ont été extraits de la solution traitée ?
Mettre en œuvre le test proposé.

6 Déterminer la masse maximale de cuivre que l'on pourrait extraire de la solution.
En déduire le rendement de l'extraction réalisée.

1. La solution S, proche de celle obtenue dans l'industrie, contient du sulfate de fer (III) à 0,03 $mol \cdot L^{-1}$, du sulfate de cuivre (II) à 0,15 $mol \cdot L^{-1}$ et de l'acide sulfurique à 0,5 $mol \cdot L^{-1}$.

2. La récupération du métal cuivre étant difficile sur la limaille ou la laine de fer, on utilise des morceaux de fer-blanc, matériau utilisé pour fabriquer des boîtes de conserves. Il est débarrassé de son étain (désétamé) par action d'une solution concentrée de chlorure de fer (III).

3 Protection de l'aluminium par anodisation

L'aluminium Al(s), métal très réducteur, s'oxyde très facilement à l'air : la couche d'alumine Al_2O_3(s) ainsi formée, d'une épaisseur de quelques nanomètres, protège le métal contre la corrosion. Cependant, cette couche naturelle, vu sa très faible épaisseur, est sujette à détérioration par diverses agressions chimiques ou mécaniques. Afin d'obtenir une couche plus épaisse, plus régulière et éventuellement teintée, on procède à une anodisation électrochimique de l'aluminium. L'aluminium ainsi traité est connu sous le nom d'aluminium anodisé.

A Décapage de la plaque d'aluminium à anodiser

- Observer les pictogrammes des réactifs utilisés. Rechercher les risques que peut présenter leur utilisation et s'organiser en conséquence (voir **rabat IV**).
- Décaper une lame d'aluminium en lui faisant subir le traitement suivant : *dégraissage* à l'aide d'un chiffon imbibée d'acétone, *lavage* (une minute environ) par immersion dans une solution concentrée (5 mol·L⁻¹) de soude, *rinçage* à l'eau courante puis *lavage* (quelques secondes) dans une solution d'acide nitrique à 1 mol·L⁻¹ et enfin *rinçage* abondant à l'eau courante.

B Anodisation par électrolyse

Se reporter à la **fiche 13**, p. 213, si nécessaire.

On souhaite réaliser une électrolyse dans laquelle la cathode est une lame de plomb, l'anode est la lame d'aluminium décapée et l'électrolyte est une solution d'acide sulfurique à 2 mol·L⁻¹. Un générateur permet de fixer une intensité voisine de 0,20 A.

1 En s'aidant si nécessaire de la **fiche 13**, p. 213, faire le schéma légendé du montage de cette électrolyse, en précisant les bornes. Le faire valider par le professeur, puis le réaliser.

- Poursuivre l'électrolyse, sans agitation, pendant au moins 20 min.

Relever la durée effective de l'électrolyse et la valeur réelle de l'intensité maintenue si possible constante.

- Repérer la limite supérieure d'immersion de la plaque.

2 **a.** À la cathode, il se dégage du dihydrogène. Écrire l'équation électrochimique correspondante.

b. Écrire l'équation électrochimique de la réaction qui se produit à l'anode.

c. En déduire l'équation globale de la réaction d'électrolyse.

3 L'alumine est un isolant électrique. Quelle mesure simple permettrait de vérifier qu'un dépôt d'alumine s'est produit au cours de cette électrolyse? Faire cette mesure avec l'accord du professeur.

4 En supposant que le dépôt soit de l'alumine pure, déterminer son épaisseur maximale sur la partie effectivement immergée.

Donnée

Masse volumique de l'alumine : $\rho(Al_2O_3) = 3{,}2\ g\cdot cm^{-3}$.

Problème 3, p. 143

C Coloration de l'alumine

- Récupérer la plaque d'aluminium, la laver à l'eau, la plonger dans une solution d'ammoniac à 0,1 mol·L⁻¹ pour enlever les traces d'acide et la rincer à nouveau à l'eau. Noter sa couleur.
- Plonger alors complètement la lame dans une solution de rouge d'alizarine à 0,05 mol·L⁻¹ pendant quelques minutes. Repérer la partie de la plaque qui a été colorée.
- Terminer la manipulation en plongeant la plaque quelques minutes dans de l'eau bouillante.

Observer le résultat de ces diverses opérations.

Plaque d'aluminium anodisée, sans traitement (a), puis traitée par deux colorants : rouge d'alizarine (b) et bleu de méthylène (c).

Info **Interprétation de la coloration**

L'alumine formée à l'anode donne, en présence d'eau, des cristaux qui croissent à la surface du métal. Les pigments apportés par la solution colorante viennent combler les pores, puis des cristaux de *böhmite*, Al_2O_3, H_2O, formés en présence d'eau bouillante, obstruent ces pores.

4 Protection du fer par électrozingage

De nombreux toits et certains murs extérieurs sont recouverts de tôles galvanisées, c'est-à-dire des tôles d'acier, recouvertes d'une fine couche de zinc. Le rôle du zinc et son dépôt par électrolyse peuvent être étudiés au laboratoire.

Un bâtiment recouvert de tôles galvanisées.

A Mise en évidence du phénomène de corrosion, rôle du zinc dans la protection

- Dans un tube à essais contenant 1 mL de solution d'hydroxyde de sodium, $Na^+(aq) + HO^-(aq)$, à 5×10^{-2} mol·L^{-1}, ajouter une ou deux gouttes de phénolphtaléine. Noter la coloration obtenue.
- Dans un tube à essais T contenant 1 mL de solution de sulfate de fer (II) à 0,1 mol·L^{-1}, ajouter une ou deux gouttes d'une solution d'hexacyanoferrate (III) de potassium, $3\,K^+(aq) + [Fe(CN)_6]^{3-}(aq)$, à 3×10^{-2} mol·L^{-1} et observer.

L'électrolyte utilisé, noté S par la suite, a été préparé en dissolvant à chaud, dans 100 mL de chlorure de sodium à 0,5 mol·L^{-1}, 3 g d'agar-agar (gélifiant), puis en ajoutant 5 mL d'hexacyanoferrate (III) de potassium à 3×10^{-2} mol·L^{-1} et 1 mL de solution de phénolphtaléine.

- Dans une boîte de Pétri, disposer deux clous C_1 et C_2 fraîchement décapés ; la tête du clou C_2 aura, au préalable, été recouverte de zinc. Recouvrir alors prudemment C_1 et C_2 avec la solution S tiède et observer.

1 Écrire l'équation de la formation du précipité observé dans T, caractéristique de la présence d'ions Fe^{2+}.

2 Comment expliquer que certaines parties du clou C_1 se colorent en bleu ?

Que traduit cette coloration pour le clou C_1 ?

Écrire l'équation électrochimique correspondante.

3 D'autres parties de C_1 se colorent en rose.

Interpréter cette coloration après avoir cherché la zone de virage de la phénolphtaléine et écrire l'équation électrochimique mise en jeu sachant que le dioxygène est réduit en eau.

4 Le clou C_2 présente-t-il des zones de colorations bleutées ? Quelle conclusion en tirer pour l'oxydation du fer en présence de zinc ?

Quel peut-être le rôle du zinc ?

B Électrozingage

Le zinc protégeant le fer contre la corrosion, l'acier en est très souvent recouvert pour l'empêcher de rouiller. Deux techniques sont utilisées : la galvanisation, réalisée par immersion de la pièce en acier dans un bain de zinc fondu, et l'électrozingage, opération au cours de laquelle du zinc est déposé par électrolyse. C'est cette dernière technique que nous allons illustrer.

On souhaite réaliser une électrolyse dans laquelle la cathode est une plaque de fer fraîchement décapée et l'anode est une plaque de zinc elle aussi décapée.

- Peser soigneusement ces électrodes.

La solution d'électrolyte est la suivante : 100 mL ont été préparés en dissolvant, dans de l'eau distillée, 16,5 g de sulfate de zinc (II), $ZnSO_4(s)$, 10 g de chlorure de potassium $KCl(s)$, 3 g d'acide borique, H_3BO_3. (Le pH doit être compris entre 4,5 et 6 ; sinon l'ajuster avec l'acide borique ou un peu de soude.) Un générateur permet de fixer une intensité voisine de 0,40 A.

- Effectuer l'électrolyse, sans agitation, pendant au moins vingt minutes en observant avec soin les phénomènes qui se produisent aux électrodes, en particulier à la cathode.
- Relever la durée réelle de l'électrolyse et la valeur réelle de l'intensité maintenue si possible constante.
- Après séchage, peser de nouveau les électrodes.

5 En s'aidant si nécessaire de la **fiche 13**, p. 213, faire le schéma légendé du montage de cette électrolyse, en précisant les bornes. Le faire valider par le professeur, puis le réaliser.

6 Écrire les équations des réactions électrochimiques qui se déroulent à chaque électrode.

7 Déterminer la masse théorique de zinc qui aurait dû se déposer à la cathode. La comparer à la masse réelle obtenue.

Proposer une explication justifiant la différence observée.

8 En supposant le dépôt uniforme, déterminer son épaisseur.

9 Quel est l'intérêt d'utiliser une anode en zinc pour cette électrolyse ?

5 Recyclage d'un polymère : le polyméthacrylate de méthyle

Le polyméthacrylate de méthyle (PMMA) est plus connu sous ses noms commerciaux, Plexiglas® ou Altuglas®. D'une très bonne transparence et présentant une très bonne tenue au rayonnement et dans le temps, le PMMA est notamment utilisé pour fabriquer des « vitres » incassables de grandes dimensions et de fortes épaisseurs.

Facilement dépolymérisable, puis repolymérisable, il est industriellement recyclé une fois le monomère obtenu par dépolymérisation purifié. La manipulation ci-après en illustre le principe.

Un fauteuil design en plexiglas.

→ Analyse doc. 2, p. 132

A Dépolymérisation du PMMA

Test préalable

- Préparer trois tubes à essais contenant chacun environ 1 mL d'une solution aqueuse diluée de dibrome aussi appelée eau de brome.
- Ajouter au premier une goutte de cyclohexane, au deuxième une goutte de cyclohexène et au troisième une goutte de 2-méthylbut-2-ène.

Agiter après chaque ajout et noter les observations.

Dépolymérisation

- Dans un tube à essais, introduire une dizaine de petits morceaux de polyméthacrylate de méthyle.
- Adapter un tube à dégagement dont l'extrémité débouche dans un autre tube placé dans un bain eau-glace.
- Chauffer le tube à essais et recueillir le liquide qui se forme.

1 Rechercher les formules des trois espèces organiques ajoutées à la solution de dibrome.

2 À quoi peut-on attribuer les réactions observées avec le cyclohexène et le 2-méthylbut-2-ène ? Quelle est la nature de la réaction mise en jeu ?

3 La formule du méthacrylate de méthyle est :

$$H_2C{=}C(CO_2CH_3)(CH_3)$$

Comment vérifier expérimentalement que le liquide recueilli est le monomère, le méthacrylate de méthyle ?

Après accord du professeur, réaliser le test correspondant en utilisant une goutte du liquide recueilli.

B Repolymérisation du PMMA

- Dans un tube à essais, introduire environ 2 mL du distillat obtenu ci-dessus et une pointe de spatule d'une pâte contenant du peroxyde de benzoyle, qui permet à la réaction de démarrer.
- Adapter un condenseur à air, fixer l'ensemble dans un bain-marie bouillant et observer.

Le mélange devient progressivement visqueux, puis prend en masse : il s'est formé du polyméthacrylate de méthyle.

4 Une polyaddition consiste en l'addition, les unes à la suite des autres, de molécules comportant au moins une double liaison. Par exemple, la polymérisation de l'éthylène conduit au polyéthylène :

$$n\ CH_2{=}CH_2 \rightarrow \ldots -CH_2-CH_2-CH_2-CH_2-CH_2-CH_2- \ldots$$

$-CH_2-CH_2-$ est le motif du polymère.

Le polyméthacrylate de méthyle est également un polymère de polyaddition. Quel est son motif ?

5 À quelles conditions un matériau plastique peut-il être recyclé comme le PMMA ?

Problème résolu

> **COMPÉTENCES**
> - Analyser un protocole.
> - Raisonner.
> - Effectuer des calculs.

1 Nickelage chimique

Énoncé

Analyse doc. 1, p. 130

Une plaque d'acier peut être protégée contre la corrosion en la recouvrant par une fine couche de nickel métallique, Ni(s). Le dépôt peut être réalisé par électrolyse ou par réaction chimique comme le propose cet énoncé.

Le dépôt du nickel se fait par réduction des ions nickel (II), Ni^{2+}(aq), par les ions hypophosphite, $H_2PO_2^-$(aq), ceux-ci étant oxydés en ion dihydrogénophosphate $H_2PO_4^-$(aq).

Les deux faces et les quatre bords de la plaque P ont une surface totale $S = 425$ cm^2.

Le nickelage est effectué à 25 °C en plongeant, le temps nécessaire, la plaque d'acier dans une solution de volume $V_0 = 3{,}00$ L d'une solution de chlorure de nickel (II), Ni^{2+}(aq) + 2 Cl^-(aq), à la concentration *C* en ions nickel (II) et d'hypophosphite de sodium, Na^+(aq) + $H_2PO_2^-$(aq), à la concentration *C'* en ions hypophosphite.

On souhaite réaliser un dépôt d'une épaisseur *e*(Ni) = 0,100 mm.

Données

Masse volumique du nickel : ρ(Ni) = 8,92 g·cm^{-3}.

Solubilité à 25 °C :

- du chlorure de nickel : 2,32 mol·L^{-1} ;
- de l'hypophosphite de sodium : 2,24 mol·L^{-1}.

Ces écrous et ces vis sont protégés de la corrosion par nickelage.

Problème

Quelles doivent être les valeurs minimales de *C* et *C'* pour réaliser ce nickelage chimique ?

Résolution possible

Quel problème pose l'énoncé ? Quelles pistes suivre pour y répondre ?

- L'énoncé demande de trouver la concentration des deux réactifs d'une solution dont le volume est fourni. Il est donc nécessaire de connaître la quantité de ces réactifs.
- La contrainte porte sur l'épaisseur de nickel ; la détermination de la quantité de nickel à déposer constitue une piste pour résoudre ce problème.

Quelles sont les étapes de la résolution ?

Une façon de faire	Comment le faire ?
1 Déterminer la quantité de nickel à déposer.	Calculer la masse de nickel à déposer à l'aide de *S*, *e* et ρ(Ni), puis utiliser la masse molaire du nickel.
2 Relier la quantité de nickel métallique, Ni(s), à celle des ions nickel (II), Ni^{2+}(aq).	Écrire la demi-équation électronique de la réduction des ions Ni^{2+}.
3 Déterminer la concentration *C* des ions nickel (II) dans la solution.	Utiliser la relation liant quantité et concentration pour un ion en solution dans un volume *V*.
4 Déterminer la concentration *C'* des ions hypophosphite dans la solution.	Relier les concentrations *C* et *C'*. Il faut, pour cela, connaître l'équation de la réaction d'oxydoréduction mise en jeu et donc les demi-équations redox relatives aux deux couples. Utiliser le fait que les valeurs minimales de *C* et *C'* sont obtenues pour un mélange stœchiométrique des réactifs.
5 Analyser de façon critique le résultat obtenu.	Vérifier que le résultat obtenu a une valeur crédible et cohérente avec les données fournies.

Solution rédigée

1 La quantité $n(\text{Ni})$ de nickel à déposer se déduit de la masse correspondante :

$$n(\text{Ni}) = \frac{m(\text{Ni})}{M(\text{Ni})}$$

avec $m(\text{Ni}) = V(\text{Ni}) \cdot \rho(\text{Ni})$ et $V(\text{Ni}) = S \cdot e(\text{Ni})$

d'où : $n(\text{Ni}) = S \cdot e(\text{Ni}) . \dfrac{\rho(\text{Ni})}{M(\text{Ni})}$.

Étant donné l'unité de $\rho(\text{Ni})$, le volume peut être exprimé en cm^3, alors :

$$\boldsymbol{n(\text{Ni})} = 425 \times 0{,}100 \times 10^{-1} \times \frac{8{,}92}{58{,}7} = \mathbf{0{,}646\ mol.}$$

2 Au cours de la réaction, les ions nickel (II), $Ni^{2+}(aq)$, sont réduits :

$$Ni^{2+}(aq) + 2\ e^- \longrightarrow Ni(s)$$

d'où : $n_0(Ni^{2+}) = n(\text{Ni})_{\text{déposé}} = 0{,}646$ mol.

3 La concentration C des ions nickel (II) dans la solution se déduit de $n(Ni^{2+})$ et du volume V_0 de la solution en utilisant la relation $C = \dfrac{n(Ni^{2+})}{V_0}$;

soit : $C = \dfrac{0{,}646}{3{,}00} = 0{,}215\ \text{mol} \cdot \text{L}^{-1}$.

La concentration minimale de la solution en ion nickel (II) est donc $\mathbf{C = 0{,}215\ mol \cdot L^{-1}}$.

4 La réaction effectuée met en jeu les couples :

– $Ni^{2+}(aq) / Ni(s)$: $Ni^{2+}(aq) + 2\ e \rightleftharpoons Ni(s)$

– $H_2PO_4^-(aq) / H_2PO_2^-(aq)$: $H_2PO_4^-(aq) + 4\ e^- + 4\ H^+(aq) \rightleftharpoons H_2PO_2^-(aq) + 2\ H_2O(\ell)$

L'équation de la réaction de nickelage peut alors s'écrire :

$$H_2PO_2^-(aq) + 2\ Ni^{2+}(aq) + 2\ H_2O(\ell) \longrightarrow 2\ H_2PO_4^-(aq) + 4\ H^+(aq) + 2\ Ni(s)$$

Le mélange des réactifs est stœchiométrique si $\dfrac{n(H_2PO_2^-)}{1} = \dfrac{n(Ni^{2+})}{2}$;

soit : $\dfrac{[H_2PO_2^-]}{1} = \dfrac{[Ni^{2+}]}{2}$

c'est-à-dire : $C' = \dfrac{C}{2}$;

d'où : $\mathbf{C' = 0{,}108\ mol \cdot L^{-1}}$.

Réponse au problème posé

Les valeurs minimales des concentrations des ions $Ni^{2+}(aq)$ et $H_2PO_2^-(aq)$ pour réaliser le dépôt de nickel souhaité sont donc :

$$\mathbf{[Ni^{2+}(aq)] = C = 0{,}215\ mol \cdot L^{-1}} \quad \text{et} \quad \mathbf{[H_2PO_2^-(aq)] = C' = 0{,}108\ mol \cdot L^{-1}}.$$

5 **Analyse critique de la réponse trouvée**

Les concentrations trouvées pour les deux solutions ont des valeurs crédibles. En effet, elles sont toutes les deux inférieures aux solubilités des deux solides nécessaires à la préparation des solutions.

Problèmes à résoudre

2 Du minerai au métal : cas de l'or et de l'argent

COMPÉTENCES
- **Analyser un protocole.**
- **Raisonner.**
- **Rédiger.**

⚠ L'ion cyanure étant un poison, ne pas tenter de réaliser cette manipulation.

Énoncé

L'or, Au(s), et l'argent, Ag(s), sont des métaux que l'on peut trouver à l'état natif dans la nature, c'est-à-dire sous forme métallique.

Lorsqu'ils sont présents en grains microscopiques dans les minerais, leur récupération s'effectue par cyanuration, c'est-à-dire par action d'une solution de cyanure de potassium en présence de dioxygène.

L'ion or (I), Au^+, l'ion argent (I), Ag^+, et l'ion zinc (II), Zn^{2+}, forment, avec les ions cyanure, CN^-, les ions complexes $[Au(CN)_2]^-$, $[Ag(CN)_2]^-$ et $[Zn(CN)_4]^{2-}$.

À pH = 12, en présence d'ions cyanure, le dioxygène, O_2(g), peut oxyder l'or, Au(s), et l'argent, Ag(s), pour donner respectivement $[Au(CN)_2]^-$ et $[Ag(CN)_2]^-$, le dioxygène est alors réduit en eau, H_2O (ℓ).

Lorsqu'on ajoute du zinc en poudre, Zn(s), à une solution contenant des ions $[Au(CN)_2]^-$ et des ions $[Ag(CN)_2]^-$, ceux-ci sont respectivement réduits en or et argent métalliques qui se déposent sur la poudre de zinc introduite en excès. Au cours de cette réaction, appelée *cémentation*, le zinc est oxydé en ion $[Zn(CN)_4]^{2-}$.

Une solution d'acide sulfurique, $2\,H^+(aq) + SO_4^{2-}(aq)$, réagit avec le métal zinc pour donner des ions zinc (II), Zn^{2+}(aq), et un dégagement de dihydrogène, H_2(g). En revanche, elle est sans action sur l'or ou l'argent.

Les mines du Rouez, dans la Sarthe, ont été exploitées de 1989 à 1992 : elles fournissaient un minerai contenant 11 g d'or et 50 g d'argent par tonne de minerai.

Les autres constituants du minerai sont inertes lors de la cyanuration.

Données : À pH = 12, les équations d'oxydoréduction doivent être écrites avec des ions HO^-(aq) et non H^+(aq).

Argent natif.

Or natif.

Problème

Proposer un protocole décrivant les diverses étapes de l'extraction des métaux or et argent contenus dans le minerai extrait des mines du Rouez. On écrira les équations de toutes les réactions envisagées et on déterminera la masse minimale de zinc solide, Zn(s), nécessaire à l'extraction de l'or et de l'argent présents dans une masse $m = 1{,}00 \times 10^3$ kg de minerai. On ne cherchera pas à séparer ces deux métaux.

Résolution possible

Quel problème pose l'énoncé ? Quelles pistes suivre pour y répondre ?

L'énoncé demande de décrire les étapes de l'extraction de l'or et de l'argent présents dans un minerai. Extraire l'or et l'argent métallique présents dans le minerai en les transformant en complexe cyanurés, puis mettre en jeu une cémentation constitue une piste pour résoudre ce problème.

Quelles sont les étapes de la résolution ?

Une façon de faire	Comment le faire ?
1 Faire un schéma présentant l'ordre des diverses étapes de l'extraction.	Repérer les réactions chimiques à effectuer. Identifier les étapes de séparation à mettre en œuvre.
2 Identifier les diverses réactions mises en jeu et écrire leurs équations.	Identifier les couples redox mis en jeu. Écrire les demi-équations redox et faire leur bilan.
3 Déterminer les quantités d'or et d'argent dans le minerai. En déduire la quantité, puis la masse de zinc nécessaire.	Utiliser les masses molaires des trois métaux.

3 Protection de l'aluminium par anodisation

Voir, si nécessaire, pistes de résolution, p. 214.

COMPÉTENCES
- Raisonner.
- Effectuer des calculs.

Énoncé

L'aluminium, métal très réducteur, s'oxyde très facilement à l'air : la couche d'alumine ainsi formée, d'une épaisseur de quelques nanomètres, protège le métal contre la corrosion. Afin d'obtenir une couche plus épaisse, plus régulière et éventuellement teintée, on procède à une anodisation électrochimique de l'aluminium. L'aluminium ainsi traité est connu sous le nom d'*aluminium anodisé*.

On considère l'anodisation d'une plaque d'aluminium de surface totale $S = 4{,}50\ m^2$. Cette plaque est dans un premier temps décapée, puis traitée par électrolyse. Le sens du courant dans le circuit est imposé par le générateur. Des réactions électrochimiques se produisent aux électrodes. L'électrolyte est une solution d'acide sulfurique à 2 $mol \cdot L^{-1}$, la cathode est une lame de plomb et l'anode la plaque d'aluminium décapée. L'intensité du courant d'électrolyse, maintenue constante, vaut $I = 150$ A.

On admettra qu'en fin d'électrolyse l'anode s'est recouverte d'une couche d'alumine, Al_2O_3, d'épaisseur $e(Al_2O_3) = 20\ \mu m$. Lors de l'électrolyse, l'aluminium est oxydé (couple $Al_2O_3(s) / Al(s)$) et l'eau est réduite (couple $H_2O(\ell) / H_2(g)$).

Structures en aluminium anodisé.

Données

Masse volumique de l'alumine : $\rho(Al_2O_3) = 3{,}20\ g \cdot cm^{-3}$.
La charge électrique Q qui traverse le circuit vaut :
$Q = I \cdot \Delta t = n(e^-) \cdot F$ avec $F = 9{,}65 \times 10^4\ C \cdot mol^{-1}$.

Problème

Après avoir fait un schéma de l'expérience réalisée, calculer la durée t de l'électrolyse dans les conditions de cette anodisation.

TP 3, p. 137

4 Protection du fer par étamage

Voir, si nécessaire, pistes de résolution, p. 214.

COMPÉTENCES
- Analyser un protocole.
- Raisonner.
- Effectuer des calculs.

Énoncé

Certaines boîtes de conserves alimentaires sont en fer-blanc. Le fer-blanc est un matériau constitué d'une feuille d'acier d'environ 0,2 mm recouverte d'une couche d'étain d'environ 1 µm. Cette couche d'étain est déposée par électrolyse. Le sens du courant dans le circuit est imposé par le générateur. Des réactions électrochimiques se produisent aux électrodes.

L'électrolyte est une solution acidifiée de sulfate d'étain (II), $Sn^{2+}(aq) + SO_4^{2-}(aq)$, à 50 $g \cdot L^{-1}$. Divers additifs permettent une bonne adhésion de l'étain sur l'acier lors du chauffage final de la plaque après électrolyse.

La cathode est constituée de la boîte de fer à étamer de surface totale $S = 300\ cm^2$. L'anode est en étain. L'intensité du courant d'électrolyse vaut $I = 2{,}40$ A. Le dépôt réalisé a une épaisseur de 1,00 µm.

On admettra pour simplifier que seul l'élément étain réagit aux électrodes.

Diverses boîtes de conserves en fer-blanc.

Données

Masse volumique de l'étain : $\rho(Sn) = 7{,}30\ g \cdot cm^{-3}$. La charge électrique Q qui traverse le circuit vaut : $Q = I \cdot \Delta t = n(e^-) \cdot F$ avec $F = 9{,}65 \times 10^4\ C \cdot mol^{-1}$.

Problème

Après avoir justifié la nature des électrodes et de l'électrolyte, faire un schéma de l'expérience, puis déterminer la durée minimale, t_{min}, de l'électrolyse.
En réalité, la durée t nécessaire au dépôt voulu est supérieure à t_{min}.
Proposer une explication.

Problèmes à résoudre

5 Du minerai de bauxite à l'alumine

Voir, si nécessaire, pistes de résolution, p. 214.

COMPÉTENCES
- Analyser un protocole.
- Raisonner.
- Rédiger.

Énoncé

L'oxyde de fer (III) ou hématite, Fe_2O_3(s), ne réagit pas avec l'hydroxyde de sodium, Na^+(aq) + HO^-(aq), alors que l'oxyde d'aluminium (III) ou alumine, Al_2O_3(s), réagit avec l'hydroxyde de sodium pour donner le tétrahydroxo-aluminate de sodium, Na^+(aq) + $[Al(OH)_4]^-$(aq).

Une solution de tétrahydroxoaluminate de sodium traitée par une solution concentrée d'acide chlorhydrique, H^+(aq) + Cl^-(aq), donne un précipité blanc d'hydroxyde d'aluminium $Al(OH)_3$(s).

Une fois isolé, ce précipité peut être déshydraté par chauffage. On obtient alors de l'alumine pure.

Dans l'industrie, l'alumine est fondue, puis électrolysée pour donner le métal aluminium.

La bauxite est le minerai naturel d'aluminium. Le minerai de bauxite considéré renferme en masse 58,3 % d'alumine, Al_2O_3(s), 20,1 % d'oxyde de fer (III), Fe_2O_3, et 21,6 % d'impuretés, principalement de la silice, SiO_2.

Les impuretés présentes dans cette bauxite ne réagissent pas avec l'hydroxyde de sodium.

Chargement de bauxite extrait d'une mine.

Problème

Proposer un protocole décrivant les diverses étapes de l'extraction de l'alumine contenue dans cette bauxite. On écrira les équations de toutes les réactions envisagées et on déterminera la masse minimale d'hydroxyde de sodium solide, NaOH(s), nécessaire à l'extraction de l'alumine présente dans une masse $m = 1,00 \times 10^3$ kg de bauxite.

TP 1, p. 135

6 Fonctionnement d'un haut-fourneau

Voir, si nécessaire, pistes de résolution, p. 214.

COMPÉTENCES
- Raisonner.
- Effectuer des calculs.

Énoncé

Le principal minerai de fer est l'hématite ou oxyde de fer (III), Fe_2O_3(s).
Sa réduction par le monoxyde de carbone, CO(g), permet d'obtenir, en trois étapes, le fer ou ses alliages, l'acier et la fonte.

Le carbone réagit avec le dioxygène pour donner, dans une première réaction, du dioxyde de carbone, CO_2(g), qui, dans une seconde réaction, donne du monoxyde de carbone, CO(g), en réagissant avec du carbone solide, C(s).
À la température du haut-fourneau, l'excès de carbone permet la conversion de la totalité du dioxyde de carbone en monoxyde de carbone.

Le monoxyde de carbone produit réduit les oxydes de fer ; on observe alors :
- pour 320 °C < θ < 620 °C, l'hématite, Fe_2O_3(s), est réduite en magnétite, Fe_3O_4(s) ;
- pour 620 °C < θ < 950 °C, la magnétite, Fe_3O_4(s), est réduite en wüstite, FeO(s) ;
- pour θ > 950 °C, la wüstite, FeO(s), est réduite en fer, Fe(s).

Au cours de ces réactions, le monoxyde de carbone, CO(g), est oxydé en dioxyde de carbone, CO_2(g).

Un haut-fourneau reçoit un minerai qui contient en masse 64 % d'hématite.
Ce minerai est réduit pour produire du fer supposé pur.

Un haut-fourneau.

Problème

Quelle masse minimale de carbone est nécessaire à l'extraction du fer présent dans une masse $m = 1,00 \times 10^3$ kg de minerai ?

Analyse doc. 1, p. 130

7 Recyclage des laitons

Voir, si nécessaire, pistes de résolution, p. 214.

COMPÉTENCES
- Extraire et exploiter des informations.
- Raisonner.
- Élaborer un protocole.
- Rédiger.

Énoncé

Document 1 Des alliages de cuivre et de zinc

Les laitons sont des alliages de cuivre et de zinc contenant, en masse, de 5 % à 45 % de zinc. Certains laitons contiennent aussi du plomb. La couleur d'un laiton dépend de sa teneur en zinc :
– lorsqu'elle est voisine de 10 %, le laiton est rose et peut être utilisé en bijouterie ;
– lorsqu'elle est voisine de 15 %, le laiton est jaune ;
– lorsqu'elle est voisine de 45 % le laiton est gris.

Fondant entre 870 °C et 1 085 °C, selon leur teneur en zinc, les laitons peuvent être moulés, travaillés à chaud ou à froid, emboutis, etc.

Le zinc étant moins cher que le cuivre, les laitons remplacent avantageusement le cuivre en serrurerie, robinetterie, quincaillerie, etc. De plus, ils résistent mieux que le cuivre à la corrosion.

Après usage, les objets en laiton peuvent être récupérés afin d'être recyclés. Ils peuvent être directement réutilisés après simple nettoyage et mise en forme. Avant réemploi, leur composition peut aussi être modifiée par ajout de zinc ou de cuivre selon le cas. Il est alors nécessaire de connaître la composition des laitons récupérés.

Document 2 Masse volumique du laiton

La masse volumique ρ des laitons décroît lorsque le pourcentage en masse du zinc dans l'alliage augmente :

% cuivre	100	95	90	85	80	70	60	55
% zinc	0	5	10	15	20	30	40	45
ρ ($kg \cdot m^{-3}$)	8 920	8 831	8 742	8 653	8 564	8 386	8 208	8 166

Document 3 Cuivre, zinc et solutions d'acide chlorhydrique et de soude

Si on introduit une pointe de spatule de poudre de cuivre dans une solution d'acide chlorhydrique, $H_3O^+(aq) + Cl^-(aq)$, à 1,00 $mol \cdot L^{-1}$ aucune réaction ne se produit.

En revanche, si l'on remplace la poudre de cuivre par de la poudre de zinc, on observe un dégagement de dihydrogène, $H_2(g)$, et la disparition du métal.

Si on ajoute progressivement une solution d'hydroxyde de sodium, $Na^+(aq) + HO^-(aq)$, à une solution contenant des ions oxonium, $H_3O^+(aq)$, des ions zinc (II), $Zn^{2+}(aq)$, et des ions chlorure, $Cl^-(aq)$, on observe tout d'abord la réaction d'équation :

$$H_3O^+(aq) + HO^-(aq) \rightarrow 2\,H_2O(\ell)$$

puis la réaction d'équation :

$$Zn^{2+}(aq) + 2\,HO^-(aq) \rightarrow Zn(OH)_2(s)$$

Le déroulement de ces deux réactions peut être suivi par conductimétrie ou pH-métrie.

Problème

Décrire deux méthodes, l'une physique, l'autre chimique, permettant à un laboratoire de déterminer la composition en zinc et en cuivre d'une série de robinets récupérés lors d'une démolition d'immeubles. On admettra que ces robinets sont en laiton ne contenant que du zinc et du cuivre, et que tous ont la même composition.

Problèmes à résoudre

COMPÉTENCES
- Extraire et exploiter des informations.
- Raisonner.
- Calculer.

8 Or jaune, or blanc, or rouge

Voir, si nécessaire, pistes de résolution, p. 214.

Document 1 De l'or à 18 ou à 24 carats ?

Le système « carat » a été inventé au XIVe siècle, en Angleterre, pour faciliter l'usage de l'or dans le commerce. Le carat est une mesure de pureté : de l'or 24 carats est de l'or pur. Un alliage d'or est dit à *N* carats si une masse *m* = 24 g de cet alliage contient une masse d'or égale à *N* g.

La dénomination « or 18 carats » signifie que, dans 24 g d'alliage, il y a 18 g d'or pur, soit 75 % en masse.

L'or 18 carats est l'alliage idéal en joaillerie. L'or pur est un métal très tendre, l'ajout d'autres métaux permet de le rendre plus rigide. L'argent et le cuivre sont les deux métaux les plus souvent alliés à l'or. Selon les proportions respectives de ces trois métaux, l'alliage a une couleur différente :

Nom et couleur	Pourcentage en masse		
	% d'or	% d'argent	% de cuivre
Or blanc	50	50	—
Or jaune	75	12,5	12,5
Or rose	75	9	16
Or rouge	75	5	20

Document 2 L'or, l'argent et le cuivre

L'or, l'argent et le cuivre cristallisent tous les trois dans une structure cubique à faces centrées, c'est-à-dire qu'à chaque sommet d'un cube et au centre de chacune de ses faces se trouve un atome de métal (**a**). Chaque cube d'arête *a* contient ainsi quatre atomes de métal, les atomes étant en contact sur la diagonale des faces du cube (**b**). Lors du passage de l'or pur aux alliages, les atomes d'or sont remplacés par des atomes d'argent ou de cuivre.

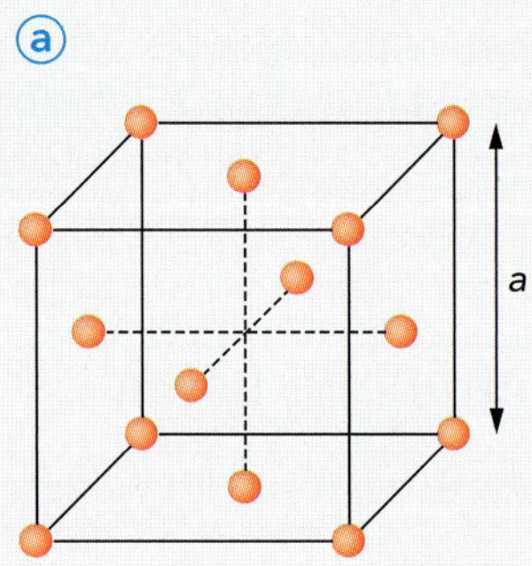

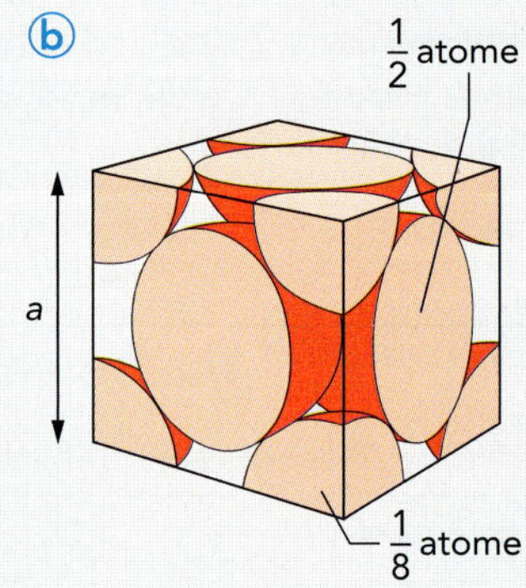

Document 3 Masse volumique, fraction molaire, fraction massique...

La masse volumique $\rho(A)$ d'une espèce A est égale au quotient de sa masse $m(A)$ par son volume $V(A)$:

$$\rho(A) = \frac{m(A)}{V(A)}$$

avec $m(A)$ en kg, $V(A)$ en m^3 et $\rho(A)$ en $kg \cdot m^{-3}$.

Dans un alliage formé de A et B :

– la fraction molaire, $x(A)$, de A vaut :

$$x(A) = \frac{n(A)}{n(A) + n(B)}$$

– la fraction massique $y(A)$ de A vaut :

$$y(A) = \frac{m(A)}{m(A) + m(B)}$$

– $y(A)$ et $x(A)$ sont alors reliées par :

$$y(A) = \frac{x(A) \cdot M(A)}{x(A) \cdot M(A) + (1 - x(A)) \cdot M(B)}$$

où $n(A)$, $m(A)$, $M(A)$ et $n(B)$, $m(B)$, $M(B)$ sont respectivement les quantités, les masses et les masses molaires de A et de B.

Données : rayon métallique : $R(Au) = R(Ag) = 144$ pm ; masses molaires : $M(Au) = 197\ g \cdot mol^{-1}$; $M(Ag) = 108\ g \cdot mol^{-1}$; constante d'Avogadro : $N_A = 6{,}02 \times 10^{23}\ mol^{-1}$.

Problème

- Déterminer la pureté en or (en carat), puis la masse volumique d'un bijou en or pur et d'un bijou en or blanc.
- Montrer alors que la détermination de la masse volumique d'un objet, constitué uniquement d'or et d'argent, permet de déterminer la fraction molaire $x(Au)$, puis la fraction massique $y(Au)$ de l'or présent dans cet objet et d'en déduire sa pureté en or, exprimée en carat.

Structure et propriétés des matériaux

Chapitre 8

Le Maglev, train à grande vitesse japonais, a atteint, le 2 déc. 2003, la vitesse de 581 $km \cdot h^{-1}$. Il est en lévitation sur ses rails grâce à des bobines électromagnétiques supraconductrices.

Un aimant « flotte » au-dessus d'une plaque supraconductrice.

Cet aimant et ce train japonais, le Maglev, sont tous les deux en lévitation. Ils doivent cet état aux propriétés supraconductrices de certains alliages métalliques à de très basses températures.
La supraconductivité est l'un des exemples illustrant l'influence de la structure et des conditions d'utilisation (température, pression, etc.) des matériaux sur leurs propriétés.

Comment relier les propriétés d'un matériau à sa structure ?

Mots-clés

CONDUCTEURS, SUPRACONDUCTEURS, CRISTAUX LIQUIDES
semi-conducteurs, photovoltaïques MEMBRANES
COLLES ET ADHÉSIFS *tensioactifs, émulsions, mousses*

1 Conducteurs, semi-conducteurs, supraconducteurs

Les semi-conducteurs sont des matériaux qui ont une conductivité électrique intermédiaire entre celle des isolants et celle des conducteurs. Les matériaux supraconducteurs ont une résistance électrique nulle dans certaines conditions. Comment expliquer ces différences de conductivité ?

→ TP 1 à 2, p. 153 à 154

Document 1 Bandes d'énergie

Le comportement électrique des conducteurs, des semi-conducteurs et des isolants est modélisé par la théorie des bandes énergétiques. Selon ce modèle, les niveaux d'énergie des électrons des atomes d'une structure cristalline forment des bandes d'énergie appelées bandes permises. Les bandes responsables des propriétés conductrices sont la bande de valence (**BV**) et la bande de conduction (**BC**). Les énergies comprises entre deux bandes permises constituent une bande interdite (**BI**). Seuls les électrons de plus hautes énergies, présents dans la bande de conduction, peuvent se détacher de la structure cristalline et participer à la conduction du courant électrique.

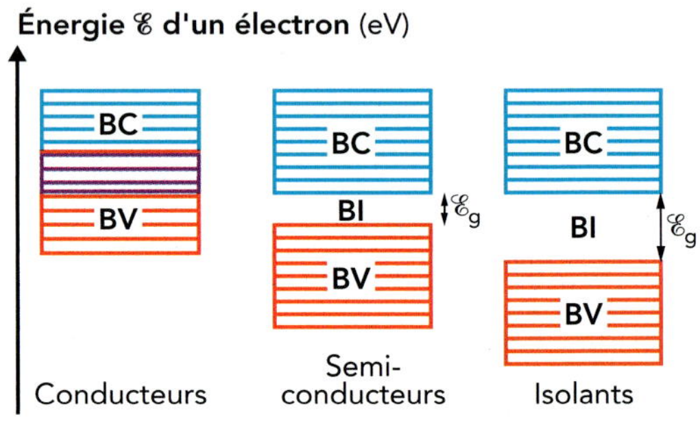

Bande de conduction (BC), de valence (BV) et bande interdite (BI) d'un électron dans une structure cristalline.

Pour les conducteurs, les bandes de valence et de conduction se chevauchent. Ainsi, certains électrons sont libres d'évoluer dans la structure cristalline (cas des métaux). En revanche, pour les semi-conducteurs et les isolants, les bandes de valence et de conduction sont séparées par une bande interdite. La différence entre semi-conducteur et isolant est due à la valeur $\mathscr{E}_g$ de cette bande interdite, voisine de 1 eV pour les semi-conducteurs et de 6 eV pour les isolants.

D'après J.-P. Perez et coll., « Électromagnétisme – Vide et milieux matériels », Masson, 1991.

Document 2 Dopage d'un semi-conducteur

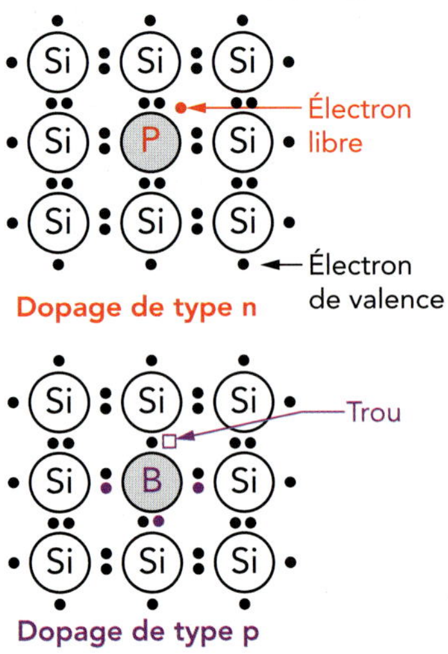

Un réseau monocristallin d'atomes de silicium, Si, est un semi-conducteur. L'atome de silicium ayant quatre électrons de valence, il établit quatre liaisons covalentes avec quatre atomes voisins. Un semi-conducteur au silicium a une conductivité quasi nulle. Afin d'augmenter sa conductivité, on insère dans la structure cristalline des atomes d'autres éléments, appelés dopants.

Pour un semi-conducteur au silicium dopé au phosphore, un atome de phosphore, P, remplace un atome de silicium dans le réseau. L'atome P ayant cinq électrons de valence, il forme quatre liaisons covalentes avec des atomes de silicium voisins ; il reste un électron libre qui peut participer à la conduction électrique. L'atome de phosphore étant donneur d'électron, on parle de dopage de type n (n pour négatif).

Par un raisonnement analogue, un atome dopant possédant trois électrons de valence, comme le bore, B, conduit à un déficit d'électron de valence dans le réseau, appelé trou. Ce trou peut être comblé par un électron de valence d'un atome de silicium voisin, déplaçant ainsi le trou. L'atome de bore étant accepteur d'électron, on parle de dopage de type p (p pour positif).

Les éléments dopants génèrent des niveaux d'énergies dans la bande interdite. Ces niveaux sont proches des bandes de valence ou de conduction.

D'après J.-P. Perez et coll., *Électromagnétisme - Vide et milieux matériels*, Masson, 1991.

Document 3 Des matériaux sans résistance électrique

Les électrons sont responsables de la circulation du courant électrique dans les matériaux conducteurs. Lors de leurs déplacements, les électrons subissent de nombreux chocs qui les ralentissent. On appelle résistance électrique la propriété d'un matériau à ralentir le passage du courant électrique. Cette résistance provoque un échauffement du matériau par effet Joule (grille-pain, ampoule électrique à filament, etc.).

En 1911, H. KAMERLINGH ONNES étudie la résistance électrique du mercure à très basse température. Il découvre qu'en dessous d'une certaine température, appelée température critique, T_C, la résistance du mercure s'annule (schéma ci-contre). Il nomme ce phénomène « supraconductivité ».

Pour confirmer la disparition totale de résistance, il initie un courant électrique dans un anneau d'étain rendu supraconducteur. Il observe effectivement que ce courant continue à circuler indéfiniment.

L'année 2011, centenaire de sa découverte, a été déclarée année mondiale de la supraconductivité.

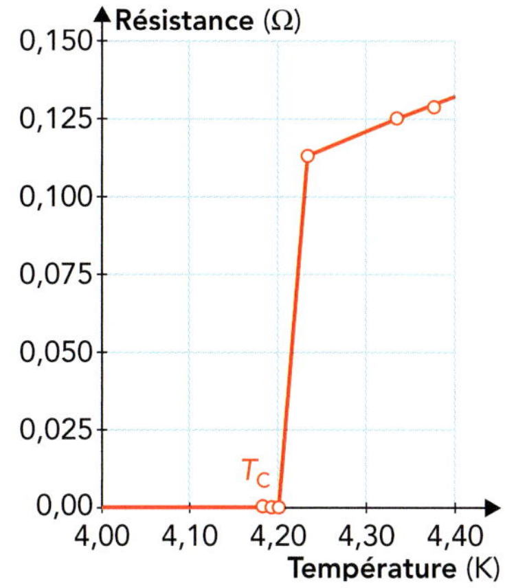

Résistance du mercure.

Le cube métallisé gris sur l'affiche ci-contre est un aimant, il crée autour de lui un champ magnétique qui traverse tout matériau non magnétique, comme la pastille circulaire située au-dessous de lui. À basse température ($T < T_C$), la pastille, généralement une céramique, devient supraconductrice. Elle expulse alors le champ magnétique vers l'extérieur ce qui crée une force sur l'aimant et le fait léviter : c'est l'effet Meissner. Cet effet est utilisé, entre autres, dans le fonctionnement d'un train japonais (voir p. 147).

D'après le site www.supraconductivite.fr

1911-2011, cent ans de supraconductivité.

Analyse et synthèse

1 **a.** En utilisant la théorie des bandes, expliquer la conductivité électrique élevée des métaux. → *doc. 1*

b. Qu'est-ce qui différencie un semi-conducteur d'un isolant dans la théorie des bandes ? → *doc. 1*

2 Pourquoi un semi-conducteur constitué d'un monocristal de silicium a-t-il une conductivité quasi nulle ? → *doc. 2*

3 **a.** Les principaux semi-conducteurs sont constitués de réseaux cristallins d'atomes de silicium, Si, ou de germanium, Ge. Où sont situés ces deux éléments dans la classification périodique ? Où sont situés les métaux ?

b. Rechercher, dans la classification, d'autres éléments que le bore ou le phosphore pouvant assurer un dopage de type p ou de type n.

4 À température ambiante, l'énergie d'agitation thermique est d'environ 25 meV. Pourquoi, à température ambiante, un semi-conducteur dopé peut-il conduire le courant électrique ?

5 Comment justifier que la résistance des métaux augmente lorsque la température croît ? → *doc. 3*

6 **a.** Exprimer, en degré Celsius, la valeur de la température critique, T_C, du mercure.

b. @ Comment, au début de XXe siècle, H. KAMERLINGH ONNES a-t-il pu atteindre une température aussi basse pour refroidir le mercure ?

7 Comment varie la résistance du mercure avec la température pour $T > T_C$ et pour $T < T_C$? → *doc. 3*

8 @ Aujourd'hui, les appareils de RMN et d'IRM ainsi qu'un train japonais à grande vitesse utilisent la supraconductivité. Expliquer pourquoi.

9 **Bilan** **a.** Pourquoi le dopage d'un semi-conducteur améliore-t-il sa conductivité électrique ?

b. Rappeler les principales propriétés d'un matériau supraconducteur et citer des applications qui en découlent.

2 Cellules photovoltaïques

Les cellules photovoltaïques convertissent l'énergie lumineuse du Soleil en énergie électrique. Comment fonctionnent-elles ?

→ TP 3, p. 155 → Problème 7, p. 164

Document 1 Cellule photovoltaïque

Une cellule photovoltaïque est un composant électronique d'épaisseur comprise entre 0,2 et 0,3 mm, et de 10 cm de côté environ. Elle est composée de cinq couches différentes : une couche antireflet **1**, deux couches conductrices (cathode en forme de grille **2** et anode compacte **5**) et deux couches de silicium dopé **3** et **4**.

Un atome de silicium compte 4 électrons périphériques. La couche de silicium supérieure **3**, exposée au Soleil, est dopée avec des atomes de phosphore possédant 5 électrons périphériques, soit un de plus que les atomes de silicium.

La couche de silicium inférieure **4** est dopée avec des atomes de bore ayant 3 électrons périphériques, soit un de moins que les atomes de silicium (présence d'un trou). La couche **3** est donc excédentaire en électrons et la couche **4** est déficitaire. Lorsque les deux couches sont mises en contact, les électrons en excès de la couche **3** diffusent dans la couche **4**. Ainsi, la couche **3** se charge positivement, tandis que la couche **4** se charge négativement. Un équilibre se crée et un champ électrique interne apparaît.

D'après F. Mathé et A. Ganier, *Les défis du CEA*, n° 131.

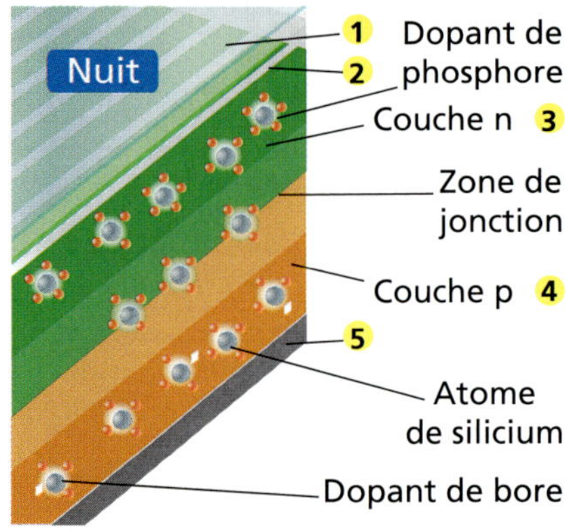

Document 2 Le rôle du Soleil

Les photons du Soleil qui pénètrent dans la cellule photovoltaïque peuvent arracher des électrons aux atomes de silicium présents dans les couches **3** et **4**. Le champ électrique interne à la cellule entraîne les électrons libérés vers la cathode **2** (–), où ils empruntent un circuit extérieur, générant ainsi un courant électrique qui alimente, par exemple, une ampoule électrique. Les électrons rejoignent ensuite l'anode **5** (+), où ils se recombinent avec des trous.

Plus le nombre de photons absorbés est important, plus le nombre d'électrons libérés, et donc le courant généré, est important. Les cellules sont regroupées en modules formant des panneaux solaires. Aujourd'hui, les rendements énergétiques moyens des panneaux solaires sont de l'ordre de 15 %.

D'après F. Mathé et A. Ganier, *Les défis du CEA*, n° 131.

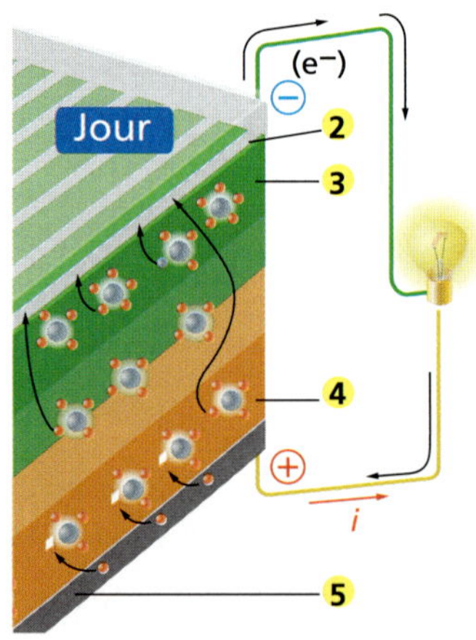

Analyse et synthèse

1 a. Pourquoi la cathode **2** est-elle une grille et non une plaque comme l'anode **5** ? → *doc. 1*

b. Pourquoi utiliser des semi-conducteurs dopés dans les couches **3** et **4** ? → *doc. 1*

2 Soit $h \cdot \nu$ l'énergie transportée par un photon et $\mathscr{E}_g$ le « gap » de la bande interdite du silicium. Quelle inégalité doit-il exister entre $h \cdot \nu$ et $\mathscr{E}_g$ pour qu'un photon arrache un électron à un atome de silicium ?

3 Quel est le rôle du champ électrique interne dans la cellule photovoltaïque ? → *doc. 2*

4 De quel(s) paramètre(s) peut dépendre l'intensité du courant électrique débité par la cellule photovoltaïque ?

5 La tension aux bornes d'une cellule photovoltaïque dépend peu de l'éclairement : elle vaut 0,56 V. L'intensité du courant débité, pour une surface exposée perpendiculairement à la direction de lumière solaire, vaut environ 200 $A \cdot m^{-2}$.

Calculer la puissance électrique, $\mathscr{P}_E$, fournie par la cellule photovoltaïque, en $W \cdot m^{-2}$.

6 La puissance maximale du rayonnement solaire vaut $\mathscr{P}_S = 1\,000\ W \cdot m^{-2}$. Calculer le rendement de la cellule et l'exprimer en pourcentage. Comparer la valeur trouvée à celle donnée dans le texte. → *doc. 2*

7 **Bilan** Commenter la valeur du rendement énergétique moyen des panneaux solaires.

3 Tensioactifs, émulsions, mousses

Une mayonnaise, un shampoing, la mousse surmontant un capuccino ont un point commun : leur existence et leur stabilité résultent de la présence de tensioactifs. Qu'est-ce qu'un tensioactif ? Comment agit-il ?

→ TP 4, p. 156

Document 1 Démixtion, micelles, tensioactifs

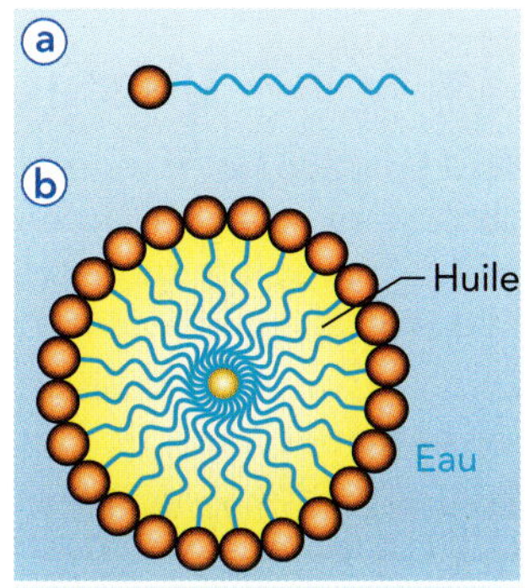

Ion dodécylsulfate (a) formant une micelle d'huile dans l'eau (b).

Si on met en présence un peu d'huile et de l'eau, les deux liquides ne se mélangent pas. Si on agite fortement l'ensemble, l'huile forme de fines gouttelettes mélangées à l'eau, qui, après un bref repos du mélange, vont se séparer de la phase aqueuse : il y a démixtion.

Si on ajoute un peu de dodécylsulfate de sodium à la préparation et que l'on agite à nouveau, les deux phases ne se séparent plus : l'huile, incluse dans des micelles de dodécylsulfate de sodium, reste sous forme de fines gouttelettes en suspension, ou en émulsion dans l'eau (**b**). Le dodécylsulfate de sodium est un exemple de tensioactif : il fait baisser la tension superficielle de l'eau.

Une molécule de tensioactif est amphiphile, c'est-à-dire qu'elle est constituée d'une tête polaire, hydrophile, donc lipophobe, susceptible de se lier à l'eau, et d'une queue apolaire, lipophile, donc hydrophobe, susceptible de se lier aux chaînes carbonées des espèces organiques. On distingue entre autres (R est un radical alkyle présentant une longue chaîne carbonée) :

– les **tensioactifs anioniques** tels que les alkylsulfate de sodium, $R-SO_3^- + Na^+$ ou les carboxylate de sodium, $R-CO_2^- + Na^+$, présents dans les savons ;
– les **tensioactifs cationiques** tels que les chlorure d'alkylammonium quaternaire, $R-NH_3^+ + Cl^-$;
– les **tensioactifs non ioniques** tels que les éther-alcools, $R-O-CH_2-CH_2-OH$.

D'après M. Defranceschi, *La Chimie au quotidien*, Ellipses, 2006.

Document 2 Mousse, tensioactifs, tension superficielle

→ TP 3, Chap. 1, p. 20

« Une *mousse* est un gaz dispersé dans un liquide ou un solide Les mousses savonneuses, par exemple, sont constituées de bulles de savon : des bulles d'air reliées entre elles par des films d'eau savonneuse. [...] Pour disperser un gaz dans un liquide, on peut insuffler le gaz, le fabriquer *in situ* ou battre le liquide en présence du gaz [...]. Dans tous les cas, on ne peut obtenir de mousse dans un liquide pur. En effet, la formation de mousse et sa durée de vie reposent entièrement sur la présence de certains composés [...] les tensioactifs...

Une mousse est constituée de bulles de gaz en contact avec un liquide [...].

La formation de la mousse augmente nécessairement l'interface liquide/gaz, autrement dit, la surface du liquide. Or, cette dernière ne peut s'étendre indéfiniment [...]. Cela est dû à l'existence de forces électrostatiques qui s'exercent entre les molécules du liquide et qui lui confère une tension superficielle ou tension de surface. La tension superficielle de l'eau pure est de l'ordre de 72 $mN \cdot m^{-1}$. Si on ajoute un agent susceptible de diminuer la tension superficielle, la surface de l'eau peut s'étirer et ainsi "accueillir" des bulles [...]. »

Extrait de C. Treiner, « Les secrets des mousses », *Revue du Palais de la découverte*, n° 332.

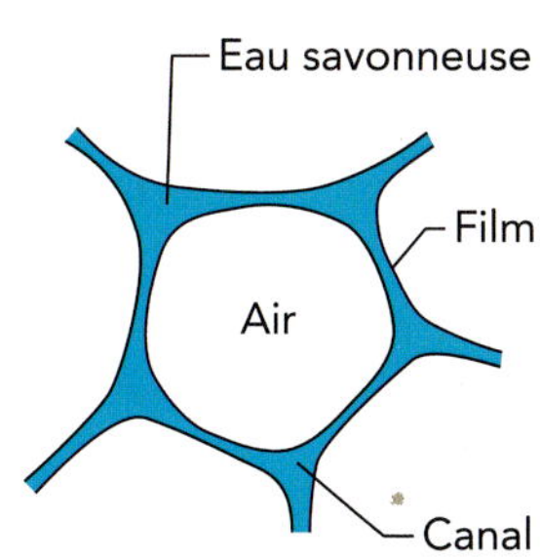

Structure d'une mousse liquide.

Analyse et synthèse

1 Pour chacun des trois types de tensioactifs proposés, préciser la nature des interactions susceptibles de s'établir entre la tête du tensioactif et l'eau, et entre la queue et l'octane, par exemple. → *doc. 1*

2 En justifiant les schémas proposés, dessiner, en mettant en évidence la position des tensioactifs stylisés :

a. la surface d'une eau recouverte par un film de tensioactif ;

b. une bulle de savon dans une eau savonneuse.

3 **Bilan** Lors d'une lessive avec une eau savonneuse, l'élimination d'une tache de graisse (espèce organique) résulte de la formation d'une micelle formée d'une monocouche de tensioactifs, et l'élimination d'une tache de terre (espèce ionique) nécessite la formation d'une micelle formée d'une bicouche de tensioactifs. Justifier, à l'aide de textes et de schémas.

4 Les cristaux liquides

Les cristaux liquides utilisés dans certains thermomètres, dans l'affichage numérique, dans certains écrans plats, etc. doivent leurs remarquables propriétés à leur structure spatiale.
Que sont ces matériaux, intermédiaires entre les solides et les liquides ? Quelles sont leurs propriétés ?

→ Analyse doc. 7, chap. 9, p. 173 → TP 5, p. 157

Document 1 Un siècle, de leur découverte à leur utilisation

En 1888, le botaniste autrichien F. REINITZER étudie les réactions du benzoate de cholestéryl quand il note que ce composé a deux points de « fusion » différents : à 149 °C, ce solide devient un liquide opaque, à 179 °C, il devient transparent. Le premier cristal liquide vient d'être observé.

En 1971, la société suisse Hoffmann-Laroche met au point le premier panneau à cristaux liquides. Puis, ils font leur apparition dans les montres et les calculatrices. Il faut attendre 1985 pour que soit présenté le premier écran plat (*liquid crystal display*, ou LCD) utilisable dans un micro-ordinateur.

D'après G. MESSADIE, *Les Grandes Découvertes de la Science*, Bordas, 1987.

Cristaux liquides observés en lumière polarisée.

Document 2 Un nouvel état de la matière aux multiples applications

Un cristal liquide est un état de la matière, état *mésomorphe*, qui présente à la fois des caractéristiques des liquides et des solides. Il est souvent constitué de molécules organiques dissymétriques, généralement polaires, relativement « rigides », allongées en bâtonnets ou en forme de disques qui, selon les conditions expérimentales (température, action d'un champ électrique, etc.), peuvent se déplacer et s'orienter parallèlement les unes aux autres donnant ainsi un ordre local, comme dans un solide.

Les cristaux liquides se présentent sous trois phases différant par l'arrangement des molécules. Dans la phase nématique (du grec *nema*, « fil ») ⓐ, les molécules ont une orientation selon une direction donnée ; dans la phase smectique (du grec *smegma*, « savon ») ⓑ, les molécules sont ordonnées en couches, comme dans le savon ; dans la phase cholestérique ⓒ, l'orientation des molécules est unique dans chaque plan, mais varie d'un plan à l'autre conduisant à une structure en hélice dont le pas dépend de la température.

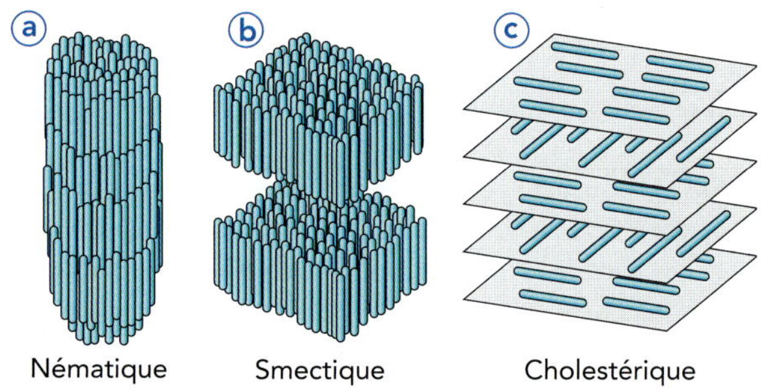

Phases nématique (a), smectique (b) et cholestérique (c).

- Les molécules des cristaux liquides étant polaires, on peut faire varier leur orientation à l'aide d'un champ électrique, ce qui modifie leurs propriétés optiques. C'est le cas dans les *écrans plats* LCD.
- Certains vitrages contiennent des cristaux liquides nématiques, sous forme de fines gouttelettes incluses dans un polymère maintenu entre deux plaques de verre recouvertes d'une très fine couche métallique. Ce *vitrage à opacité variable* passe d'un état laite ux en l'absence de tension, à un état transparent lorsqu'il est sous tension.
- La lumière réfléchie par les cristaux cholestériques est liée à leur couleur ; comme celle-ci dépend de la température, ces cristaux sont utilisés dans les *thermomètres à contact*. Afin d'éviter la contre-façon, l'*encre* utilisée pour imprimer la valeur des billets de 50 € et plus contient des cristaux cholestériques dont la couleur change avec l'angle d'incidence de la lumière.

D'après P. ATKINS, *Chimie Générale*, Inter Éditions, 1992.

Analyse et synthèse

1. En utilisant les divers états évoqués pour les « cristaux liquides », commenter les observations de F. REINITZER.
2. Après avoir relu, si nécessaire, les textes relatifs aux tensioactifs (voir p. 151) et en s'aidant de schémas, justifier l'origine du nom smectique.
3. Quel paramètre physique de la structure des cristaux cholestériques est à l'origine de leur changement de couleur dans les thermomètres à contact ?
4. **Bilan** En s'aidant éventuellement de schémas, préciser les caractéristiques des cristaux nématiques et cholestériques à l'origine des applications citées.

1 Caractéristique d'une diode

Une diode est un composant très utilisé en électronique. Quelle est la caractéristique d'une diode au silicium ? Comment fonctionne-t-elle ?

→ Analyse doc. 1, p. 148

A Caractéristique d'une diode au silicium

- Une diode est un composant dont le symbole est :

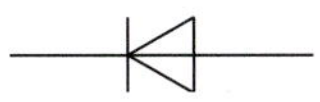

- Réaliser le montage du **document 1**.
- Régler l'ampèremètre pour qu'il mesure l'intensité I en milliampère (mA), puis le voltmètre pour qu'il mesure la tension U_D aux bornes de la diode, en volt (V).

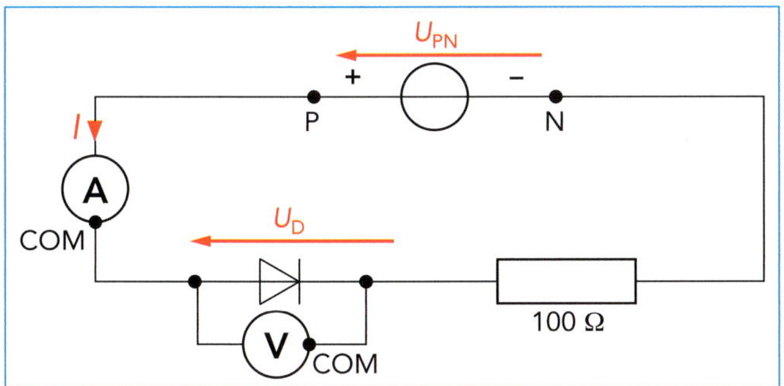

Doc. 1 Schématisation du montage.

- Faire varier la tension U_{PN} entre les valeurs –3,0 V et +6,0 V, et relever pour chaque tension les valeurs de la tension U_D aux bornes de la diode et de l'intensité I qui la traverse. Porter ces valeurs dans un tableau. Les valeurs négatives de la tension U_{PN} sont obtenues en inversant les pôles du générateur.
- Tracer le graphe $I = f(U_D)$.

1 Décrire l'allure du graphe $I = f(U_D)$. Indiquer sur quelle partie de la caractéristique la diode :
a. conduit le courant électrique (diode passante) ;
b. bloque le courant électrique (diode bloquée).

2 Déterminer graphiquement la valeur de la tension aux bornes de la diode lorsqu'elle devient passante (appelée tension de seuil et notée U_S).

3 Choisir une valeur de U_{PN} pour laquelle la diode est passante. Inverser le sens de branchement de la diode. Qu'observe-t-on ?

4 La diode n'est pas un dipôle symétrique. Justifier.

B Fonctionnement interne d'une diode

Une diode est formée par la mise en contact de deux semi-conducteurs, l'un dopé n, l'autre dopé p. La zone de contact est appelée jonction **(doc. 2)**.

Le semi-conducteur dopé n conduit le courant par « sauts d'électrons », les charges négatives sont schématisées par ⊖. Le semi-conducteur dopé p conduit le courant par « sauts de trous ». Les trous sont assimilables à des charges positives schématisées par ⊕.

Lorsque l'on applique une tension électrique aux bornes de la diode, les électrons et les trous migrent en sens inverses. Selon la polarisation choisie, les porteurs de charge migrent vers la jonction ou s'en éloignent. Dans le premier cas, soit un électron « comble » un trou, soit les porteurs de charges traversent l'autre semi-conducteur jusqu'à atteindre l'électrode opposée. Dans le second cas, la jonction est dépeuplée de porteurs de charges.

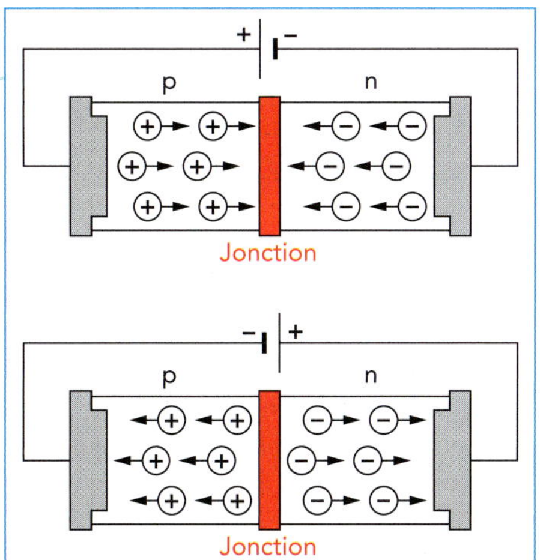

Doc. 2 Déplacement des électrons et des trous.

5 Quel est le sens conventionnel de circulation du courant électrique, I ? Quel est celui des électrons ?

6 Sur les schémas **(doc. 2)**, justifier le sens de déplacement des porteurs de charges (trous et électrons).

7 Une diode peut être passante ou bloquée. Associer, à chacun des deux états de la diode, l'un des schémas.

8 Reproduire le schéma ci-contre ; indiquer le sens du courant électrique I pour que la diode soit passante et compléter les pointillés.

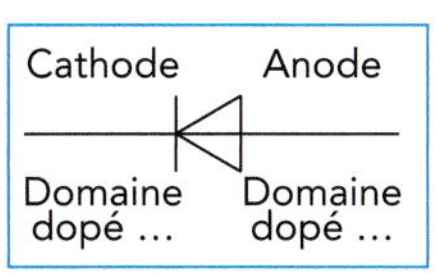

9 Justifier les termes *anode* et *cathode* par analogie avec l'oxydoréduction en chimie.

2 Du semi-conducteur à la tension continue

L'accumulateur d'un téléphone portable est rechargé à partir d'une prise secteur délivrant une tension alternative.
Comment transformer, avec des semi-conducteurs à diode, une tension alternative en tension continue ?

→ Analyse doc. 1, p. 148

A Redressement mono-alternance avec une diode

▸ Réaliser le montage du **document 3** en réglant le générateur basse fréquence (GBF) en tension sinusoïdale de fréquence $f = 500$ Hz et d'amplitude 2,0 V.

▸ La voie 1 mesure la tension $u_{GBF}(t)$ aux bornes du générateur et la voie 2 mesure la tension $u_R(t) = R \cdot i(t)$ aux bornes de la résistance.

▸ Paramétrer le logiciel d'acquisition pour visualiser 3 ou 4 périodes.

1 Indiquer, sur l'acquisition, les domaines pour lesquels la diode est passante, puis bloquée.

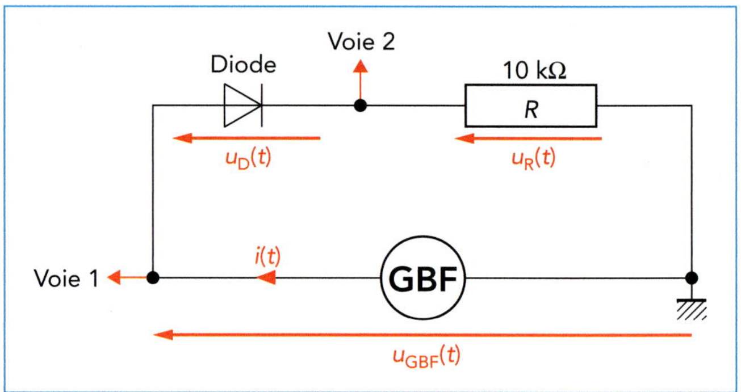

Doc. 3 Schéma du montage.

B Redressement bi-alternance avec un pont de diodes

Utilisation d'un logiciel de simulation

▸ Ouvrir le logiciel Crocodile Physics® et construire le montage du **document 4** avec les outils du logiciel.

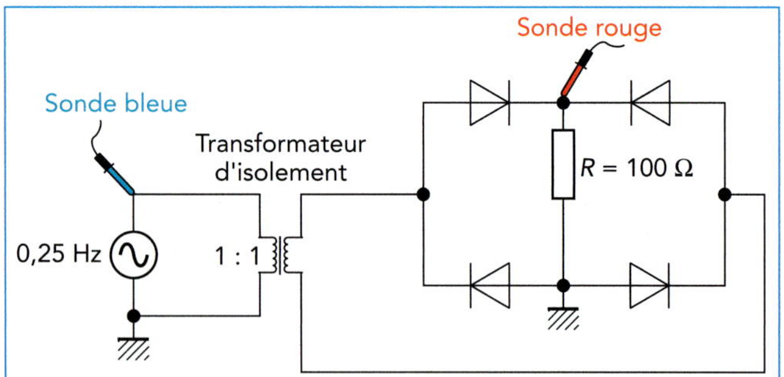

Doc. 4 Schéma du montage.

▸ Régler l'oscilloscope associé au logiciel pour visualiser les tensions aux bornes du GBF (sonde bleue) et de la résistance *R* (sonde rouge).

2 Reproduire le schéma **(doc. 4)** et indiquer le sens du courant dans le pont de diodes lorsque la tension aux bornes du GBF est positive, puis négative.

3 Combien de fois le courant traverse-t-il la résistance au cours d'une période du générateur ?

Réalisation pratique

▸ Dans la pratique, on utilise un pont de diodes intégrées pour obtenir un redressement double alternance.

▸ Réaliser le montage du **document 5**, puis faire une acquisition. Vérifier qu'elle est conforme à la simulation précédente et reproduire l'acquisition.

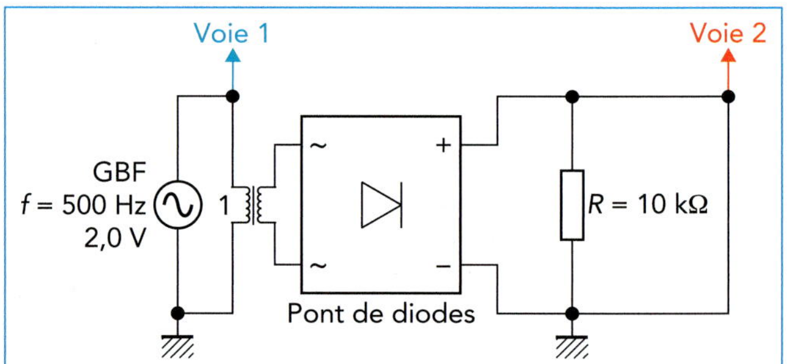

Doc. 5 Schéma du montage.

▸ Placer un condensateur de capacité $C = 1$ µF en parallèle avec la résistance *R*. Faire une acquisition.

4 Reproduire l'acquisition réalisée. Quel est le rôle du condensateur sur la tension redressée ?

5 Le lissage de la tension redressée est d'autant plus efficace que la constante de temps $\tau = R \cdot C$ de l'association en parallèle du condensateur et de la résistance est grande devant la période $T = \frac{1}{f}$ du GBF.

Parmi les trois valeurs de capacité *C*, 10 µF, 1 µF et 0,1 µF, laquelle donnera le meilleur lissage ? Justifier.

6 Quelle est la valeur de la tension constante correspondant au meilleur lissage ?

3 Étude d'une cellule photovoltaïque

Lorsqu'elle est éclairée par de la lumière, une cellule photovoltaïque génère un courant électrique et une tension électrique apparaît entre ses bornes. Quelle est la caractéristique d'une cellule photovoltaïque ? Comment fonctionne-t-elle ?

→ Analyse doc. 2, p. 150

A Caractéristiques et rendement d'une cellule photovoltaïque

- Réaliser le montage du **document 6**.
- La cellule photovoltaïque est éclairée par une lampe de bureau.

On note *E* l'éclairement de la lampe, mesuré en lux, par un luxmètre. Orienter la lampe pour que l'éclairement soit maximal. Relever la valeur *E* de l'éclairement et ne plus déplacer ni la lampe ni la cellule.

- Reproduire et compléter le tableau **(doc. 7)** en faisant varier la résistance *R* du potentiomètre. La valeur $I = 0$ mA est obtenue en retirant la résistance *R*.

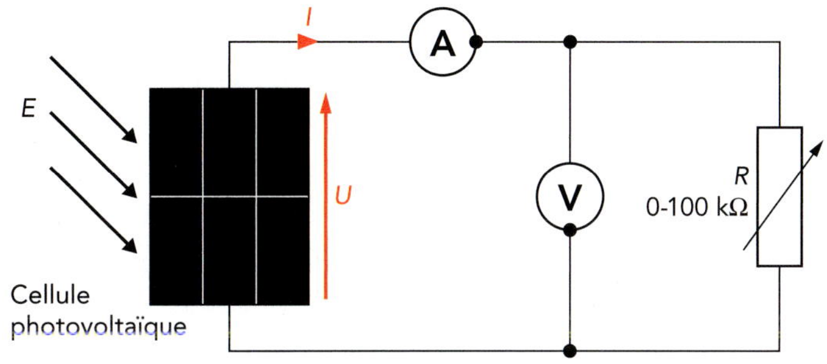

Doc. 6 Schéma d'étude de la cellule photovoltaïque.

***I* (mA)**												0,0
***U* (V)**	0,0											

Doc. 7 Tableau de mesures.

1 Tracer la caractéristique courant-tension $I = f(U)$. Commenter l'allure de la caractéristique.

2 La caractéristique d'un récepteur passe par l'origine, contrairement à celle d'un générateur. La cellule photovoltaïque est-elle un récepteur ou un générateur ?

3 On note I_{cc} l'intensité délivrée par la cellule en court-circuit lorsque la tension est nulle et U_{co} la tension en circuit ouvert aux bornes de la cellule lorsque l'intensité est nulle. Quelles sont les valeurs de I_{cc} et de U_{co} ?

4 Modifier l'éclairement *E*. Relever les nouvelles valeurs de I_{cc} et U_{co}. Que constate-t-on ?

5 Ajouter une ligne au tableau et calculer la puissance électrique, $\mathcal{P} = U \cdot I$, en mW, fournie par la cellule.

6 Tracer la caractéristique puissance-tension, $\mathcal{P} = f(U)$. Commenter l'allure de la caractéristique.

7 Quelle est la puissance maximale, notée $\mathcal{P}_m$, fournie par la cellule photovoltaïque ?
Le rendement η d'une cellule photovoltaïque est le quotient $\eta = \frac{\mathcal{P}_m}{E \cdot S}$, où *E* est l'éclairement, en $W \cdot m^{-2}$, et *S* la surface de la cellule, en m².
Pour la lumière émise par la lampe, on admettra qu'un éclairement de 100 lux correspond à environ 1 $W \cdot m^{-2}$.

8 **a.** Déterminer la surface *S* de la cellule.
b. Déterminer un ordre de grandeur du rendement de la cellule photovoltaïque étudiée.

B Relation intensité-éclairement ; associations de cellules

DÉMARCHE D'INVESTIGATION

9 Proposer un montage expérimental permettant d'étudier l'influence de l'éclairement *E* de la lampe sur l'intensité en court-circuit, I_{cc}.

10 Après accord du professeur, réaliser le montage et faire une série de cinq mesures.

11 À l'aide d'un graphe, montrer qu'il existe une relation entre l'éclairement, *E*, et l'intensité en court-circuit, I_{cc}.

Les générateurs photovoltaïques sont réalisés par association, en série et/ou en parallèle d'un grand nombre de cellules élémentaires. On dispose de deux cellules photovoltaïques élémentaires, C_1 et C_2. Ces deux cellules peuvent être associées en série ou en parallèle. Pour chaque type d'association, il existe une loi, soit sur les intensités en court-circuit I_{cc}, soit sur les tensions en circuit ouvert U_{co}, entre chaque cellule et son association.

12 Proposer un montage expérimental permettant d'associer une loi électrique :
– à l'association de C_1 et C_2 en série ;
– à l'association de C_1 et C_2 en parallèle.
Réaliser les mesures correspondantes et conclure.

4 Synthèse et propriétés d'un savon

Les savons sont des mélanges de carboxylates de sodium ou de potassium, de formule $R-CO_2^- + M^+$, où R est une longue chaîne carbonée. Leurs propriétés détergentes sont dues au caractère tensioactif des ions carboxylates. Les savons sont industriellement obtenus par saponification d'esters gras, les triglycérides, par une base forte telle que la soude, $Na^+(aq) + HO^-(aq)$, ou la potasse, $K^+(aq) + HO^-(aq)$. Cette synthèse et l'étude de quelques propriétés des savons font l'objet de la manipulation proposée.

→ Analyse doc. 3, p. 151

A Fabrication d'un savon

- Observer les pictogrammes des réactifs à utiliser.

Rechercher les risques que peut présenter leur utilisation et s'organiser en conséquence (voir **rabat IV**).

- Dans un ballon de 250 mL, introduire 20 mL de soude à 10 mol·L⁻¹, 15 mL d'huile alimentaire, 20 mL d'éthanol à 90° et quelques grains de pierre ponce.
- Réaliser un montage de chauffage à reflux et porter à ébullition douce pendant vingt minutes.
- Refroidir le mélange, puis le verser dans un erlenmeyer contenant environ 100 mL de solution saturée de chlorure de sodium.
- Agiter, puis laisser reposer.
- Filtrer le mélange obtenu sur un filtre Büchner.

Rincer avec de l'eau distillée, puis le mettre à sécher sur un verre de montre.

- Introduire dans un tube à essais un petit morceau du savon obtenu. Ajouter 2 ou 3 mL d'eau distillée, agiter et observer.

⚠ Il est déconseillé d'utiliser le savon obtenu pour se laver les mains; en effet, il contient encore beaucoup de soude et est donc caustique.

$$\begin{array}{l} R\ -CO_2-CH_2 \\ \qquad\qquad\quad | \\ R'\ -CO_2-CH \\ \qquad\qquad\quad | \\ R''-CO_2-CH_2 \end{array}$$

R, R' et R'' sont de longues chaînes carbonées saturées ou non.

Doc. 8 Formule générale d'un triglycéride.

1 Écrire l'équation de la réaction de saponification effectuée sachant, qu'en plus du savon, il se forme du glycérol, ou propane-1,2,3-triol :

$$HO-CH_2-CH(OH)-CH_2-OH$$

2 L'éthanol introduit n'est pas un catalyseur.
Quel peut-être son rôle ?

3 Quelle est l'utilité du chauffage à reflux ?

4 Pourquoi verse-t-on le contenu du ballon dans une solution saturée de chlorure de sodium ?

5 Que met en évidence l'expérience réalisée dans le tube à essais ? Interpréter ce résultat à l'aide de la formule du savon.

B Quelques propriétés des savons

DÉMARCHE D'INVESTIGATION

Matériel et produits disponibles

- Des tubes à essais munis de bouchons dans un portoir ;
- des pipettes Pasteur ;
- des agitateurs en verre ;
- une solution savonneuse préparée par filtration d'un mélange obtenu par agitation de 2 ou 3 g de savon ordinaire (dit savon de Marseille) dans environ 100 mL d'eau distillée tiédie ;
- une solution saturée de chlorure de sodium ;
- une solution d'acide chlorhydrique, $H_3O^+(aq) + Cl^-(aq)$, à 1 mol·L⁻¹ ;
- des solutions de chlorure de calcium, $Ca^{2+}(aq) + 2\,Cl^-(aq)$, de chlorure de magnésium, $Mg^{2+}(aq) + 2\,Cl^-(aq)$, de chlorure de fer(III), $Fe^{3+}(aq) + 3\,Cl^-(aq)$ à 0,1 mol·L⁻¹ ;
- une solution d'EDTA à 0,5 mol·L⁻¹ ;
- de l'eau déminéralisée ;
- des eaux minérales de Volvic (eau douce) et de Contrexéville (eau dure).

6 Rédiger un protocole opératoire permettant d'étudier l'action d'ions oxonium ou d'ions métalliques sur une eau savonneuse. Après accord du professeur, réaliser les expériences proposées.
En déduire les conditions favorables à l'action détergente d'un savon.

7 Rédiger un protocole opératoire permettant de mettre en évidence qu'une eau dure empêche un savon de mousser, ce qui nuit à son pouvoir détergent, et de montrer que la présence d'EDTA dans un savon permet d'utiliser celui-ci même en présence d'eau dure. Après accord du professeur, réaliser les expériences proposées et conclure.

Info Une eau dure est une eau qui présente une concentration élevée en ions calcium ou magnésium. L'EDTA (acide éthylène diamine tétra acétique) forme, avec les ions calcium et magnésium, des ions complexes très stables : on dit que l'EDTA séquestre ces ions.

5 Synthèse de cristaux liquides

Un cristal liquide correspond à un état de la matière intermédiaire entre l'état solide et l'état liquide. La synthèse proposée est celle d'une imine ayant un comportement de cristal liquide. Cette imine est obtenue par *condensation* d'un aldéhyde et d'une amine avec élimination d'eau. La réaction est accélérée en milieu acide.

→ Analyse doc. 4, p. 152

Doc. 9 Écran plat à cristaux liquides.

A Synthèse

Info L'amine et l'aldéhyde utilisés sont solubles dans l'éthanol quelle que soit la température, alors que l'imine préparée y est soluble à chaud, mais très peu à froid.

- Dans un ballon de 100 mL, introduire :
  - 1,76 g de 4-heptyloxybenzaldéhyde **(doc. 10a)** ;
  - 1,28 g de 4-butylaniline **(doc. 10b)** ;
  - 20 mL d'éthanol ;
  - 10 gouttes d'acide éthanoïque pur ;
  - quelques grains de pierre ponce.
- Réaliser un montage de chauffage à reflux.
- Chauffer progressivement et maintenir une douce ébullition à reflux pendant environ trente minutes.
- Arrêter le chauffage et attendre la fin de l'ébullition. Retirer le chauffe-ballon. En maintenant la circulation d'eau dans le réfrigérant, laisser refroidir le ballon à l'air, puis dans un mélange eau-glace.

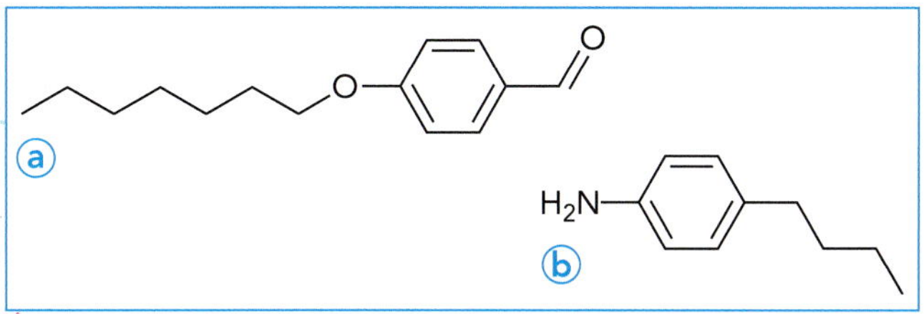

Doc. 10 4-heptyloxybenzaldéhyde (a) ; 4-butylaniline (b).

- Filtrer les cristaux obtenus sur filtre Büchner.

Retirer la pierre ponce, arrêter l'aspiration. Rincer le ballon et les cristaux avec deux fois 2 mL d'éthanol froid, puis remettre l'aspiration.

1 Écrire l'équation de la réaction de la synthèse. À quelle catégorie appartient-elle ?

2 Quel est le rôle de l'éthanol ? de l'acide éthanoïque ?

3 Réaliser un schéma légendé du montage. Quelle est l'utilité du support élévateur ?

4 Pourquoi rince-t-on les cristaux avec de l'éthanol froid ? Pourquoi arrête-t-on l'aspiration lors du rinçage ?

B Recristallisation

- Récupérer les cristaux obtenus dans un erlenmeyer, y ajouter 2 ou 3 mL d'éthanol, adapter un réfrigérant à air et chauffer au bain-marie jusqu'à dissolution complète (si nécessaire, ajouter un peu d'éthanol).
- Verser le contenu du ballon dans un bécher de 50 mL, refroidir à l'air, puis dans un mélange glace-sel.
- Filtrer ensuite sur filtre Büchner, rincer avec 1 mL d'éthanol froid et essorer les cristaux.
- Les placer sur un verre de montre taré et les mettre à l'étuve. Les peser lorsqu'ils sont secs.

5 Justifier le choix du solvant utilisé pour la recristallisation. Quel est le rôle du mélange glace-sel ?

6 Comment sait-on que les cristaux sont secs ?

7 Déterminer le rendement de cette synthèse. Pour quelles raisons celui-ci n'est-il pas de 100 % ?

C Mise en évidence du comportement de cristal liquide

- Placer quelques cristaux dans une coupelle, sur une plaque chauffante ; chauffer progressivement et observer, si possible avec une loupe, l'évolution des cristaux.
- Placer quelques cristaux sur un banc Kofler et les déplacer lentement dans le sens des températures croissantes. Observer, si possible avec une loupe, l'évolution des cristaux **(doc. 11)**.

Doc. 11 Fusion progressive des cristaux liquides.

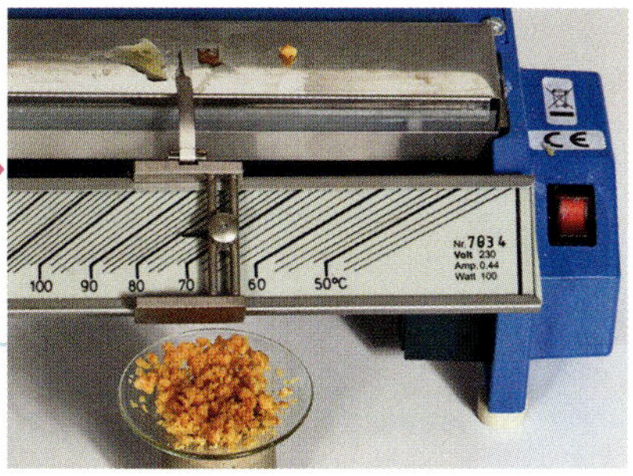

8 Rédiger un compte rendu des observations effectuées lors de cette étude. Identifier, dans la formule de la molécule d'imine préparée, la partie rigide lui conférant ses propriétés de cristal liquide.

Résolution de problèmes scientifiques

Problème résolu

COMPÉTENCES
- Extraire des informations.
- Raisonner.
- Faire des schémas.

1 Liposomes, niosomes : des membranes biologiques

Énoncé

Les liposomes, du grec *lipos* signifiant « graisse » et *sôma* signifiant « corps », sont des petites sphères creuses, ou vésicules. Leur membrane est constituée d'une double couche (ou bicouche) de molécules phospholipidiques (**doc. 1**) incluant un petit volume de solvant aqueux. D'origine naturelle, les liposomes sont aujourd'hui préparés au laboratoire.

La principale application des liposomes est le transport de substances biologiques ou chimiques préalablement encapsulées. En effet, ils permettent de faire passer au travers de la membrane cellulaire des substances qui n'ont pas d'affinité pour celle-ci.

Les liposomes peuvent « dissoudre » un médicament et le libérer lentement sur une cible prédéterminée. Le médicament hydrophile ou lipophile est ainsi véhiculé sans être dilué ou altéré.

Les liposomes sont utilisés pour traiter des empoisonnements par des ions de métaux lourds (Pb^{2+}, Hg^{2+}, etc.). En effet, les substances utilisées pour ces traitements forment avec ces ions, des complexes ioniques très stables qui peuvent être dissous dans les liposomes et ainsi être éliminés de l'organisme.

C'est l'utilisation des liposomes dans les produits cosmétiques qui les a fait connaître au grand public. Les composés hydratants, les substances antioxydantes, le collagène, etc. « dissous » dans les liposomes sont en suspension dans des solutions aqueuses. Cela évite l'emploi d'alcool, de glycérol ou d'huile pour appliquer ces traitements.

D'autres composés que les phospholipides peuvent être utilisés pour former des vésicules. C'est le cas des lipo-polyglycérols, de formule générale :

$$CH_3-(CH_2)_n-CH(OH)-CH_2-(O-CH_2-CH(OH)-CH_2)_3-OH$$

avec $n \geqslant 10$; les microcapsules alors obtenues sont appelées niosomes.

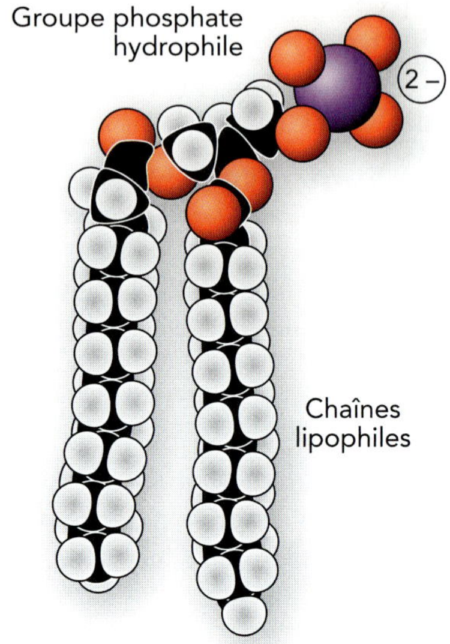

Doc. 1 Modèle moléculaire d'un glycéro-phospholipide.

Problème

En s'aidant de schémas, justifier que les glycéro-phospholipides et des lipo-polyglycérols peuvent être utilisés dans la synthèse de liposomes ou de niosomes pour « dissoudre » et donc véhiculer des substances organiques ou des composés ioniques dans l'organisme.

Résolution possible

Quel problème pose l'énoncé ? Quelles pistes suivre pour y répondre ?

- L'énoncé demande de justifier le caractère hydrophile et lipophile des espèces constitutives des vésicules considérées et d'exploiter ces propriétés.
- Analyser la formule de ces espèces et la structure des vésicules constitue une piste pour résoudre ce problème.

Quelles sont les étapes de la résolution ?

Une façon de faire	Comment le faire ?
1 Rechercher, dans les formules des deux espèces proposées, la partie lipophile et la partie hydrophile.	Identifier, d'une part, les longues chaînes carbonées et, d'autre part, les groupes ioniques ou les groupes susceptibles d'établir des liaisons hydrogène avec l'eau.
2 Analyser le texte pour dessiner les vésicules formées par ces espèces amphiphiles.	Rechercher dans le texte la description des vésicules. Cela permet de positionner les têtes polaires des tensioactifs dans les vésicules.
3 Identifier dans quelle partie des vésicules des espèces organiques et des espèces ioniques peuvent être « dissoutes ».	Utiliser le fait qu'une espèce organique est le plus souvent lipophile et hydrophobe, alors qu'une espèce ionique est au contraire hydrophile et lipophobe.

Solution rédigée

1 Les glycéro-phospholipides et les lipo-polyglycérols présentent de longues chaînes carbonées ; celles-ci sont à l'origine du **caractère lipophile** de ces deux espèces.

Les glycéro-phospholipides possèdent une tête phosphatée ionique, $-OPO_3^{2-}$, qui peut se lier à l'eau, molécule polaire, par des interactions de type ion-dipôle et liaison hydrogène (**doc. 2a**).

Les lipo-polyglycérols possèdent plusieurs groupes hydroxyle, $-OH$, susceptibles de former des liaisons hydrogène avec l'eau (**doc. 2b**).

Ces têtes ioniques ou polaires confèrent à ces espèces un **caractère hydrophile**.

À la fois lipophiles et hydrophiles, ces espèces sont **amphiphiles** et sont donc des **tensioactifs**.

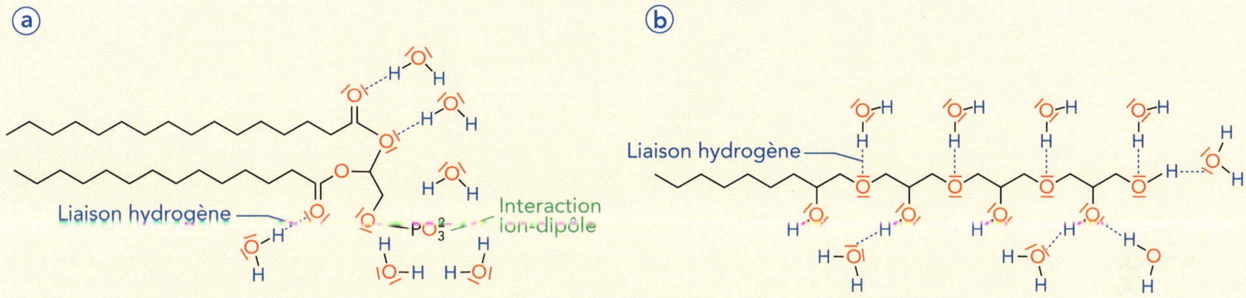

Doc. 2 Caractère amphiphile des glycérophospholipides (a) et des lipo-polyglycérols (b).

2 Les vésicules ayant « une membrane constituée d'une double couche ou bicouche de molécules phospholipidiques incluant un petit volume de solvant aqueux », on en déduit que les têtes polaires des tensioactifs forment la surface interne et la surface externe des vésicules. Une vésicule de liposome peut donc être représentée par le schéma du **document 3**. Pour un niosome, le schéma serait le même, mais le tensioactif n'aurait qu'une seule chaîne lipidique et non deux.

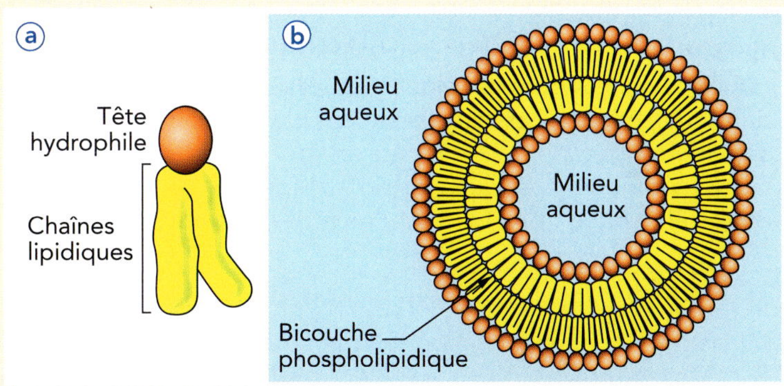

Doc. 3 Phospholipide stylisé (a) et coupe diamétrale d'un liposome (b).

3 Les espèces ioniques, hydrophiles et lipophobes, vont naturellement se « dissoudre » dans le petit volume de solvant aqueux, inclues dans la vésicule, alors que les espèces organiques, généralement lipophiles et hydrophobes, vont se « dissoudre » dans le volume formé par les chaînes carbonées de la membrane (**doc. 4**).

Doc. 4 Encapsulage d'espèces hydrosolubles ou liposolubles.

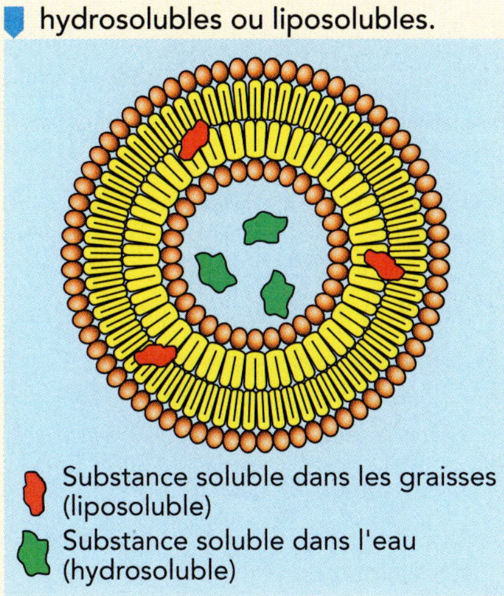

Réponse au problème posé

Présentant des domaines lipophiles et hydrophiles, les liposomes et les niosomes peuvent « dissoudre » des espèces organiques (lipophiles) ou ioniques (hydrophiles) et ainsi véhiculer ceux-ci dans l'organisme.

Résolution de problèmes scientifiques

Problèmes à résoudre

2 Des supraconducteurs pour l'imagerie médicale

COMPÉTENCES
- Raisonner.
- Calculer.

Énoncé

Analyse doc. 2, p. 149

Un champ magnétique intense

« 11,7 teslas, c'est la valeur du champ magnétique du futur aimant Iseult qui rejoindra en 2012 NeuroSpin, centre de neuro-imagerie situé au CEA à Saclay. Objectifs : étudier, mieux diagnostiquer et traiter des maladies. »

Extrait de *Les défis du CEA*, n° 137, fév. 2009.

Le solénoïde : une bobine longue

• Le passage d'un courant électrique d'intensité I dans un solénoïde (bobine longue) contenant n spires circulaires par mètre, crée au centre du solénoïde un champ magnétique B, pratiquement uniforme et parallèle à l'axe et de valeur $\boldsymbol{B = 4\pi \times 10^{-7} \cdot n \cdot I}$, avec B en tesla (T) et I en ampère (A).

• La résistance R d'un fil métallique de longueur ℓ, de section s et de résistivité ρ est donnée par la relation $\boldsymbol{R = \rho \cdot \ell / s}$, avec R en ohm (Ω), ℓ en mètre (m), s en mètre carré (m^2) et ρ en ohm-mètre (Ω·m).

• Un conducteur de résistance R parcouru par un courant électrique d'intensité I s'échauffe (effet Joule) et reçoit une puissance électrique $\mathcal{P}$ telle que $\boldsymbol{\mathcal{P} = R \cdot I^2}$, avec $\mathcal{P}$ en watt (W), R en ohm (Ω) et I en ampère (A).

• Lorsque la température d'un corps de masse m et de capacité thermique massique c varie de $\Delta\theta$, l'énergie thermique mise en jeu vaut $\boldsymbol{\mathscr{E} = m \cdot c \cdot \Delta\theta}$, avec $\mathscr{E}$ en joule (J), m en kilogramme (kg), c en $J \cdot kg^{-1} \cdot °C^{-1}$ et $\Delta\theta$ en degré Celsius (°C).

Le cuivre : un bon conducteur électrique

Le cuivre, bon conducteur électrique, est souvent utilisé pour fabriquer des bobines magnétiques. Les caractéristiques physiques de ce métal sont les suivantes :
masse volumique : $\mu = 8{,}92 \times 10^3\ kg \cdot m^{-3}$;
capacité thermique massique : $c = 390\ J \cdot kg^{-1} \cdot °C^{-1}$;
résistivité électrique : $\rho = 1{,}7 \times 10^{-8}\ \Omega \cdot m$; température de fusion : $\theta_{fus} = 1\,083\ °C$.

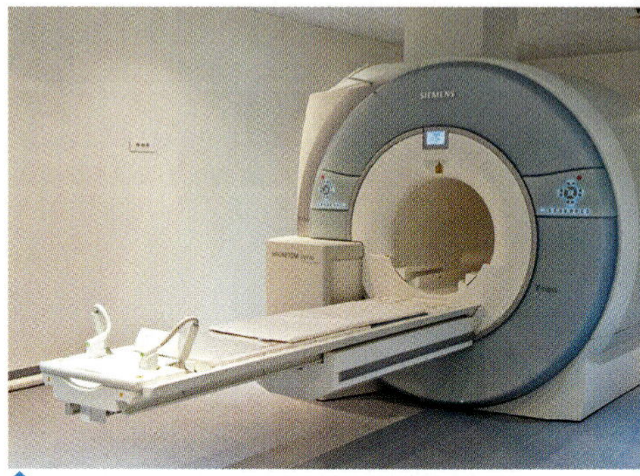

Ce spectromètre-imageur par résonnance magnétique est utilisé en recherche médicale chez l'homme (centre de résonnance magnétique biologique et médicale de Marseille).

Info Le champ magnétique terrestre vaut $B_t = 4{,}7 \times 10^{-5}$ T à Paris, en 2012.

Problème

Peut-on réaliser un champ magnétique B de 11,7 T à l'aide d'un solénoïde de diamètre $D = 1{,}00$ m, de longueur $L = 1{,}00$ m et formé par l'enroulement d'une seule rangée de spires jointives en cuivre recouvert d'un film isolant ?

Le fil de cuivre a un diamètre $d = 1{,}00$ mm et on néglige l'épaisseur du film isolant.

Résolution possible

Quel problème pose l'énoncé ? Quelles pistes suivre pour y répondre ?

- L'énoncé demande de montrer si l'obtention d'un champ magnétique aussi intense est possible avec un solénoïde en cuivre.
- Une piste pour résoudre ce problème consiste à déterminer la valeur de l'intensité du courant et montrer que sa valeur induit un effet Joule très important.

Quelles sont les étapes de la résolution ?

Une façon de faire	Comment le faire ?
1 Déterminer l'intensité du courant électrique.	Utiliser la formule donnant la valeur du champ B.
2 Déterminer la puissance électrique reçue par le fil.	Exploiter les formules et les données fournies.
3 Établir que le fil de cuivre atteint sa température de fusion en un temps très bref.	Relier la puissance électrique reçue par le fil par effet Joule et l'énergie thermique correspondante.

3 Comment la colle colle-t-elle ?

Voir, si nécessaire, pistes de résolution, p. 214.

COMPÉTENCES
- Raisonner.
- Faire des schémas.

Énoncé

Colles et adhésifs

Une colle, ou un adhésif, est une substance liquide ou gélatineuse servant à lier des matériaux entre eux. Cette substance, généralement un polymère, peut être d'origine naturelle (à base de latex, d'os, etc.) ou synthétique (vinylique, époxy, cyanoacrylate).

Les colles sont réparties en deux catégories : celles à prise physique et celles à prise chimique.

Les colles à prise physique sont constituées d'un polymère dissous ou en suspension dans un solvant susceptible de s'évaporer ou d'un polymère sous-fondu (colle thermofusible ou *hotmelt*) qui va durcir après application ; aucune réaction chimique ne se produit alors.

Les colles à prise chimique sont des colles dans lesquelles le polymère se forme ou se termine au moment de leur utilisation. Un catalyseur, le dioxygène ou l'eau de l'atmosphère, un rayonnement UV provoquent la réaction.

L'adhésion des colles aux matériaux peut faire intervenir des liaisons covalentes, des liaisons ioniques, des liaisons hydrogène et des interactions de van der Waals.

Collage de matériaux cellulosiques

La cellulose, polymère naturel, est le constituant essentiel du bois, du papier, du carton et de très nombreux textiles. Ces matériaux sont souvent assemblés par collage à l'aide de colles phénoliques ou de colles isocyanates **(doc. 1 et 2)**.

D'après M. DEFRANCESCHI, *La chimie au quotidien*, Ellipses, 2006.

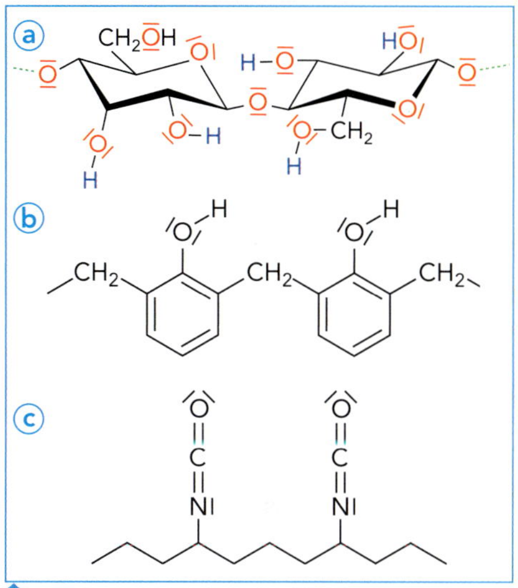

Doc. 1 Motifs de la cellulose (a), d'adhésifs phénolique (b) ou isocyanate (c).

$$R{-}O{-}H + R'{-}\bar{N}{=}C{=}O \rightarrow R'{-}\underset{\displaystyle H}{\underset{|}{\bar{N}}}{-}\underset{\displaystyle O{-}R}{\underset{|}{C}}{=}O$$

Doc. 2 Obtention d'un uréthane.

Problème

Justifier que les deux collages utilisés pour coller des cartons illustrent les deux catégories de colles : à prise physique et à prise chimique.

4 Électrolyseur à membrane

Voir, si nécessaire, pistes de résolution, p. 214.

COMPÉTENCES
- Extraire des informations.
- Raisonner.

Énoncé

Électrolyse du chlorure de sodium

L'électrolyse d'une solution aqueuse de chlorure de sodium correspond à la réduction de l'eau sur la cathode en acier et à l'oxydation des ions chlorure sur l'anode en titane, et fournit du dihydrogène, des ions hydroxyde et du dichlore. En milieu basique le dichlore, Cl_2(aq), réagit avec les ions hydroxyde, HO^-(aq), pour donner des ions hypochlorite, ClO^-(aq), et chlorure, Cl^-(aq). Il est donc nécessaire de séparer à l'aide d'une membrane les compartiments anodique et cathodique.

Les membranes pouvant être utilisées sont semi-perméables et ne laissent passer que les cations. Ce sont des polymères perfluorés sur lesquels des groupes, susceptibles de s'ioniser en solution, ont été greffés **(doc. ci-contre)**.

① $-(CF_2-\underset{|}{C}F-CF_2-CF_2)_n-$ avec $O-CF_2-CF_2-SO_2OH$ sur le CF

② $-(CF_2-\underset{|}{C}F-CF_2-CF_2)_n-$ avec $O-CF_2-CF_2-NH_3^{\oplus}$ sur le CF

③ $-(CF_2-\underset{|}{C}F-CF_2-CF_2)_n-$ avec $O-CF_2-CF_2-CO_2H$ sur le CF

Exemples de polymères utilisés pour les membranes.
① : $pK_A = 1{,}3$; ② : $pK_A = 10{,}8$;
③ : $pK_A = 4{,}8$.

Problème

Après avoir justifié la nécessité de séparer les deux compartiments de l'électrolyseur, montrer qu'un choix judicieux de membranes parmi celles proposées permet d'assurer la séparation souhaitée.

Problèmes à résoudre

5 Niveau de Fermi d'un semi-conducteur intrinsèque au silicium

Voir, si nécessaire, pistes de résolution, p. 214.

COMPÉTENCES
- Extraire et exploiter des informations.
- Faire un calcul.

Énoncé

Document 1 Semi-conducteur intrinsèque

Dans un solide cristallin, les niveaux d'énergie accessibles aux électrons des atomes forment des bandes d'énergies appelées bandes permises. La bande de plus haute énergie permise est la bande de conduction (BC), la bande précédente est la bande de valence (BV). Ces deux bandes permises sont séparées par une bande interdite.

Un semi-conducteur intrinsèque au silicium est un monocristal de silicium présentant un haut degré de pureté : moins de 1 atome étranger pour 10^{11} atomes de silicium. Le« gap » de la bande interdite d'un tel semi-conducteur vaut :

$$\mathscr{E}_G = \mathscr{E}_C - \mathscr{E}_V = 1{,}12 \text{ eV}, \quad \text{à } 300 \text{ K}.$$

À $T = 0$ K, seuls les niveaux d'énergie inférieure à une certaine valeur $\mathscr{E}_{Fi}$, appelée niveau de Fermi intrinsèque, sont occupés pour un semi-conducteur intrinsèque. Si le niveau de Fermi, $\mathscr{E}_{Fi}$, est situé dans une bande interdite, tous les niveaux de la bande de valence sont occupés par des électrons, tandis que tous ceux de la bande de conduction sont vides. Le semi-conducteur est alors un isolant.

Pour $T > 0$ K, certains niveaux au-dessus du niveau de Fermi peuvent être occupés. L'énergie nécessaire pour que les électrons y accèdent est fournie par l'agitation thermique. L'ordre de grandeur de l'énergie d'agitation thermique, liée à la température T, en K, est $k \cdot T$, avec k, la constante de Boltzmann, qui vaut $k = 8{,}6 \times 10^{-5}$ eV·K^{-1}.

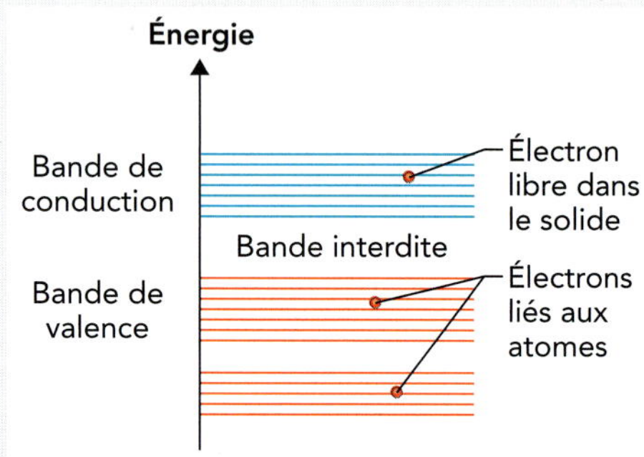

Bandes d'énergie dans un cristal.

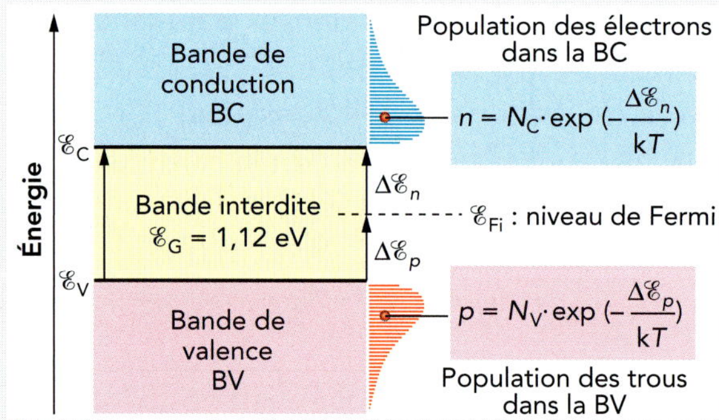

Population des électrons et des trous du silicium intrinsèque et position du niveau de Fermi $\mathscr{E}_{Fi}$.

Document 2 Un peu de statistique

Lorsqu'un électron passe de la bande de valence à la bande de conduction, il laisse un trou dans la bande de valence. La statistique de Fermi-Dirac donne, pour une température T, le nombre d'électrons libres par unité de volume dans la bande de conduction, noté n, et le nombre de trous par unité de volume dans la bande de valence, noté p :

$$n = N_C \cdot \exp\left(-\frac{\Delta\mathscr{E}_n}{kT}\right) \quad \text{et} \quad p = N_V \cdot \exp\left(-\frac{\Delta\mathscr{E}_p}{kT}\right)$$

avec, pour du silicium intrinsèque à 300 K : $N_C = 2{,}82 \times 10^{19}$ électrons·cm^{-3} et $N_V = 1{,}83 \times 10^{19}$ trous·cm^{-3}.

$\Delta\mathscr{E}_n = \mathscr{E}_C - \mathscr{E}_{Fi}$ représente la différence d'énergie entre le niveau $\mathscr{E}_C$ de la bande de conduction et le niveau de Fermi, $\mathscr{E}_{Fi}$.

$\Delta\mathscr{E}_p = \mathscr{E}_{Fi} - \mathscr{E}_V$ représente la différence d'énergie entre le niveau de Fermi, $\mathscr{E}_{Fi}$, et le niveau $\mathscr{E}_V$ de la bande de valence. Pour un semi-conducteur intrinsèque, le nombre d'électrons libres par unité de volume dans la bande de conduction est égal au nombre de trous par unité de volume dans la bande de valence.

Analyse doc. 1, p. 148
TP 1 à 2, p. 153 à 154

Problème

En choisissant comme niveau d'énergie de référence $\mathscr{E}_V = 0$ eV, déterminer la valeur du niveau d'énergie de Fermi, $\mathscr{E}_{Fi}$, en eV à 300 K, d'un semi-conducteur intrinsèque au silicium. Vérifier que $\mathscr{E}_V < \mathscr{E}_{Fi} < \mathscr{E}_C$.

Info $\ln(a \cdot b) = \ln(a) + \ln(b)$; $\ln(a^n) = n \cdot \ln(a)$.

6 Conception d'un détecteur d'inondation

Voir, si nécessaire, pistes de résolution, p. 214.

COMPÉTENCES
- Extraire et exploiter des informations.

Énoncé

TP 2, p. 154

Document 1 Pile, tension et courant

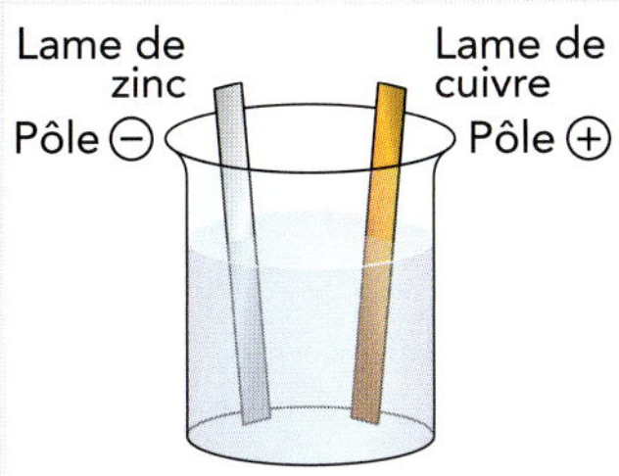

Une lame de zinc (Zn) et une lame de cuivre (Cu) plongent dans un bécher rempli d'eau du robinet.

L'ensemble constitue une pile électrochimique dont la tension vaut environ 0,49 V.

Dans un circuit électrique, le sens conventionnel du courant est le sens des « potentiels décroissants ».

Ainsi, entre deux points A et B d'un récepteur :
- si $U_{AB} > 0$, le courant I circule de A vers B ;
- si $U_{AB} < 0$, le courant I circule de B vers A.

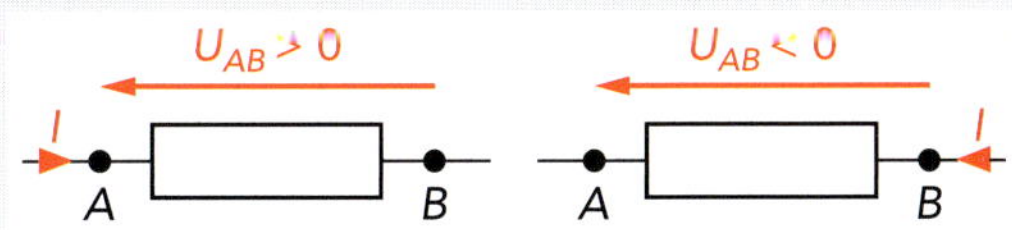

Document 2 Diode électroluminescente (DEL)

Une diode électroluminescente, DEL, est un composant électronique capable d'émettre de la lumière lorsqu'il est traversé par un courant électrique. Comme une diode classique, une DEL ne laisse passer le courant que dans un seul sens, le sens passant, lorsque le courant électrique d'intensité I entre par l'anode (+) et sort par la cathode (–). En sens inverse, la DEL est bloquée : elle n'émet aucune lumière.

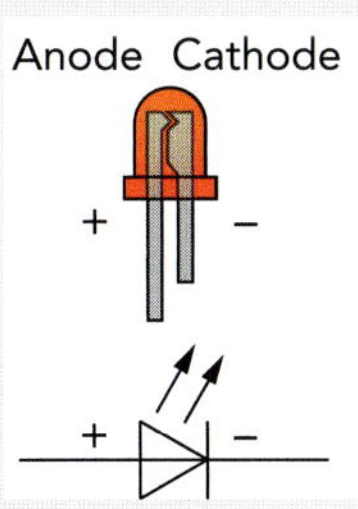

La lumière émise par une DEL résulte des recombinaisons entre électrons et trous dans la zone de jonction des semi-conducteurs du composant.

Dans le sens passant, la DEL émet une lumière lorsque la tension U entre ses bornes est supérieure à la tension de seuil U_S qui vaut environ 2 V.

Une DEL est toujours associée avec une résistance de protection R montée en série.

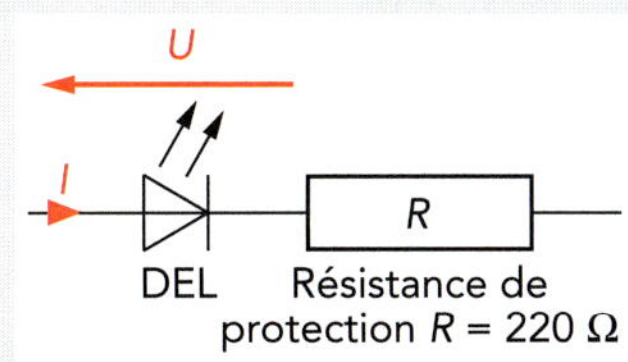

Document 3 Amplificateur inverseur

Le montage ci-contre est un amplificateur inverseur de tension. La tension de sortie U_{SM} est plus grande (en valeur absolue) que la tension d'entrée U_{EM} et de signe opposé : si $U_{EM} > 0$, alors $U_{SM} < 0$, et inversement.

La relation entre U_{SM} et U_{EM} dépend des valeurs des résistances R_1 et $R_2 > R_1$ selon $U_{SM} = -\frac{R_2}{R_1} U_{EM}$.

Ce montage nécessite une alimentation qui n'a pas été représentée. La tension U_{SM} ne peut pas être supérieure à + 15 V (en valeur absolue).

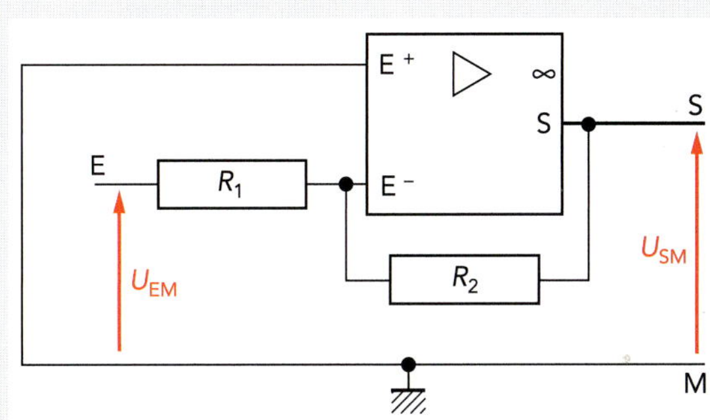

Problème

Proposer, en le justifiant, un schéma de montage pour réaliser un « détecteur d'inondation », comprenant tout ou partie du matériel présenté. Il doit permettre d'allumer une DEL lorsque de l'eau apparaît entre des lames de zinc et de cuivre. Le réaliser.

Problèmes à résoudre

7 Générateur photovoltaïque versus centrale nucléaire

COMPÉTENCES
- Extraire et exploiter des informations.
- Faire un calcul.

Voir, si nécessaire, pistes de résolution, p. 214.

Énoncé

TP 3, p. 155

Document 1

Panneaux photovoltaïques

Un constructeur donne la caractéristique intensité-tension d'un module photovoltaïque au silicium de surface S = 0,150 m^2, pour deux éclairements, 500 W·m^{-2} et 1000 W·m^{-2}.

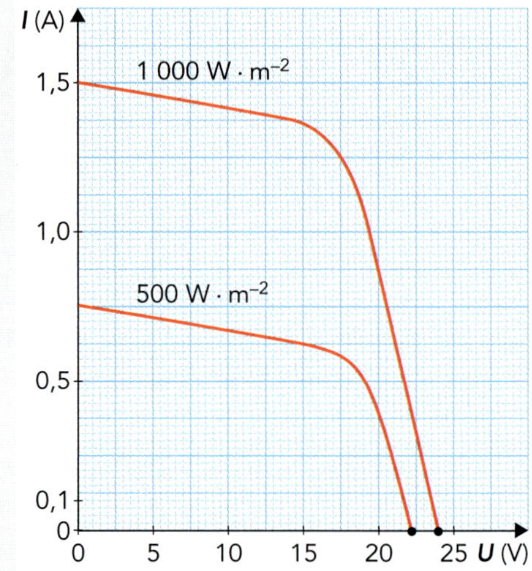

Pour un éclairement donné, la puissance électrique fournie par un photogénérateur délivrant un courant d'intensité I avec une tension électrique U entre ses bornes est $\mathcal{P} = U \cdot I$ (U en V, I en A et $\mathcal{P}$ en W).

La puissance fournie par un module photovoltaïque est généralement insuffisante pour les applications domestiques ou industrielles. De ce fait, les générateurs photovoltaïques sont réalisés par association d'un grand nombre de modules photovoltaïques.

Le rendement η d'un générateur photovoltaïque est le quotient de la puissance électrique maximale, $\mathcal{P}_{max}$, fournie par le générateur par la puissance lumineuse $\mathcal{P}_{lum}$ reçue :

$$\eta = \frac{\mathcal{P}_{max}}{\mathcal{P}_{lum}}$$

La puissance lumineuse reçue par une surface S sous un éclairement E est $\mathcal{P}_{lum} = E \cdot S$ (E en W·m^{-2}, S en m^2 et $\mathcal{P}_{lum}$ en W).

On admet que le rendement d'un générateur photovoltaïque est le même que celui des modules le constituant.

Document 2

Centrale nucléaire

Centrale de Cruas (Ardèche).

Une centrale nucléaire génère de l'électricité grâce à la fission des noyaux atomiques.

La chaleur produite lors de la fission sert à vaporiser de l'eau, cette vapeur entraînant la rotation d'une turbine qui produit de l'électricité.

Un réacteur nucléaire classique fournit une puissance électrique de l'ordre de 900 MW.

Problème

Pour un éclairement de 1 000 W·m^{-2}, déterminer la surface d'un générateur photovoltaïque qui fournirait la même puissance électrique que celle d'une centrale nucléaire. Commenter.

Chapitre 9

Nouveaux matériaux

Surface nanostructurée pour être superhydrophobe (environ × 800).

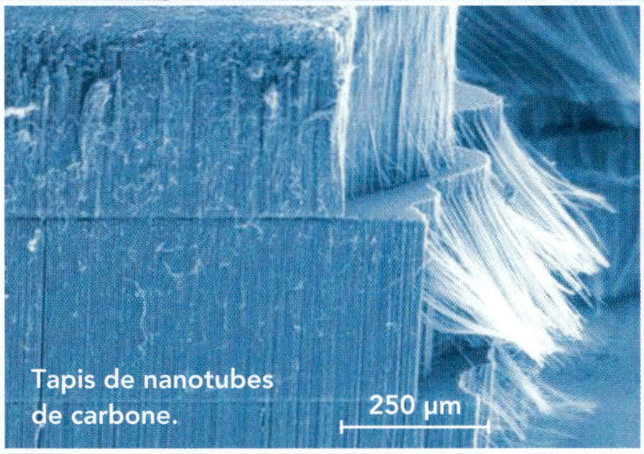

Tapis de nanotubes de carbone.

Céramique d'alumine frittée (× 2000).

Des matériaux composites aux performances exceptionnelles, des matériaux nanostructurés aux comportements surprenants, des textiles aux propriétés innovantes, etc., sont entrés dans notre environnement et même parfois dans notre organisme.

Quelles sont les propriétés et les utilisations de ces nouveaux matériaux ?

Mots-clés

NANOTUBES, NANOPARTICULES *céramiques, verres*
matériaux nanostructurés MATÉRIAUX COMPOSITES
MATÉRIAUX BIOCOMPATIBLES, TEXTILES INNOVANTS

1 Des nanotubes de carbone aux nanobagues

Les nanotubes de carbone constituent une nouvelle variété de carbone appartenant à la famille des fullerènes. Ils peuvent être utilisés pour synthétiser des nano-objets biocompatibles, tels que les nanobagues, pouvant servir notamment à vectoriser des médicaments dans le corps.
Que sont les nanotubes de carbone ? Comment permettent-ils d'obtenir des nanobagues ?

→ TP 1, p. 174

Document 1 Les fullerènes

Les atomes de carbone peuvent se lier entre eux en formant des structures nanométriques, ce sont des fullerènes. On les rencontre principalement sous forme de « nanoballons » ou de nanotubes.

Des « nanoballons » de carbone

En 1996, H. Kroto, R. Curl et R. Smalley reçurent le prix Nobel de Chimie pour la découverte, en 1985, d'une molécule comportant 60 atomes de carbone. De forme polyédrique, son rayon est voisin de 0,6 nm. Cette molécule, nommée C_{60} ou « footballène », est synthétisée en grande quantité depuis 1990. D'autres fullerènes, ressemblant à des ballons de rugby, à des anneaux ou à des cônes ont été découverts et synthétisés depuis.

Le fullerène C_{60} a une structure qui ressemble à un ballon de football.

Des nanotubes de carbone

Un nanotube de carbone est un feuillet d'atomes de carbone assemblés selon un réseau d'hexagones et roulé sur lui-même. Il peut mesurer jusqu'à plusieurs millimètres de longueur.

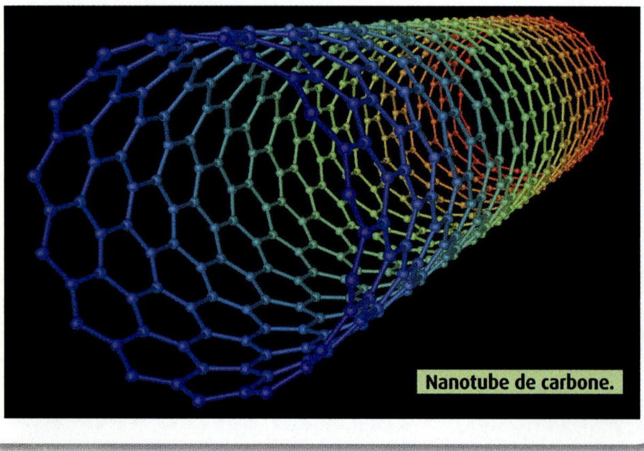

Nanotube de carbone.

Document 2 Différents types de nanotubes

L'enroulement du feuillet d'atomes de carbone peut se faire de différentes manières. Selon la direction d'enroulement du plan du feuillet par rapport aux hexagones, on obtient différents types de nanotubes.

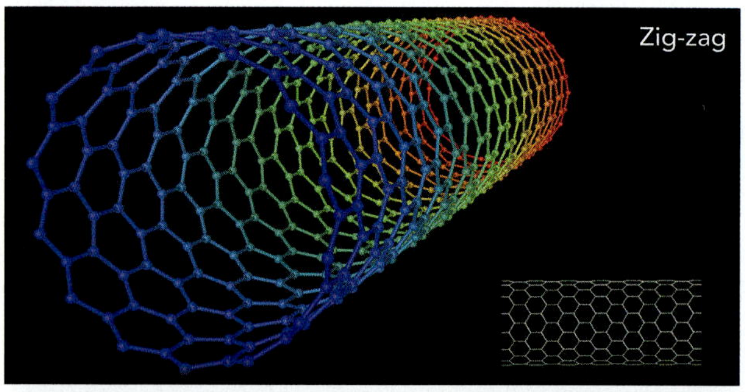

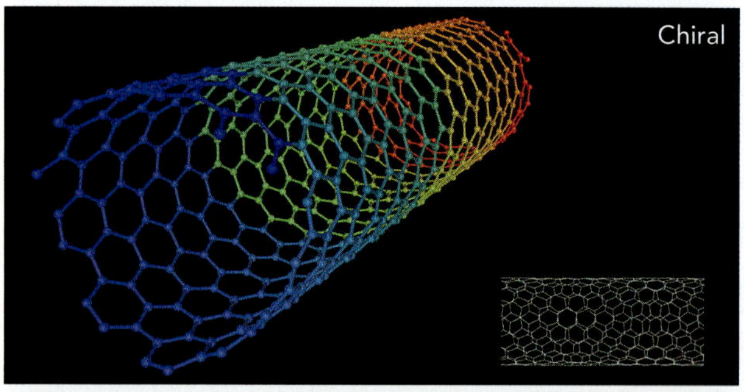

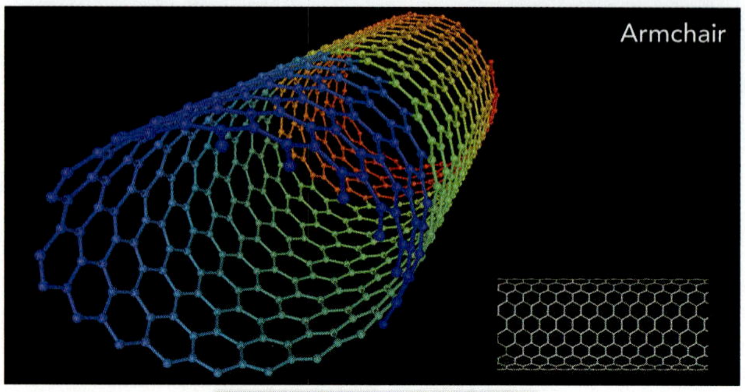

Différents types de nanotubes.

Les propriétés mécaniques sont identiques quel que soit l'enroulement du feuillet. En revanche, les propriétés électroniques diffèrent selon le type de nanotubes :
– le type « fauteuil » (*armchair*) est un très bon conducteur électrique ;
– les types « zig-zag » et « chiral » sont semi-conducteurs.

Document 3 Les tensioactifs

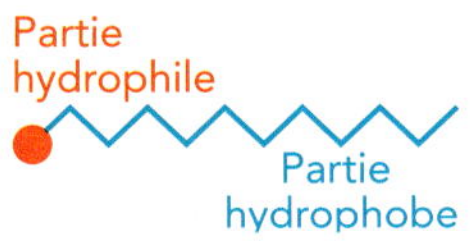

Les molécules tensio-actives sont généralement constituées d'une longue **chaîne carbonée** apolaire et d'une **tête polaire**.

La tête polaire est hydrophile, alors que la chaîne carbonée est hydrophobe. Les molécules présentant ce double caractère sont dites amphiphiles. Les acides gras sont des exemples de molécules tensioactives.

Document 4 Organisation des molécules tensioactives autour des nanotubes de carbone

Les nanotubes de carbone existent sous la forme d'agrégats insolubles dans tous les solvants.

Cependant, l'ajout de molécules tensioactives amphiphiles permet la formation de suspensions stables dans l'eau. En effet, les chaînes carbonées des molécules tensioactives interagissent avec la surface de carbone des nanotubes, par l'intermédiaire de liaisons de type Van der Waals. Les têtes polaires de ces molécules sont alors orientées vers le milieu aqueux environnant.

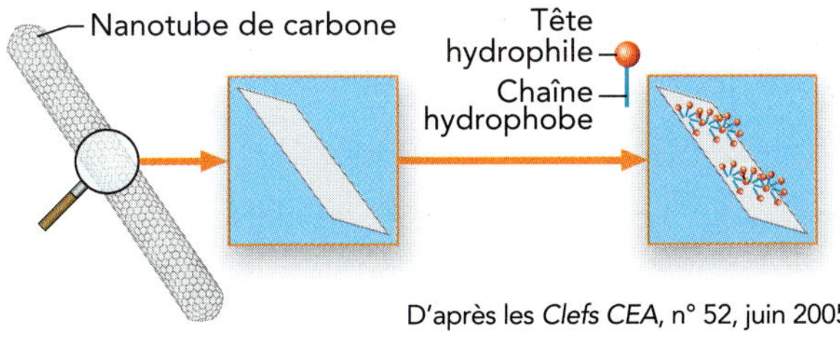

D'après les *Clefs CEA*, n° 52, juin 2005.

Document 5 Formation des nanobagues

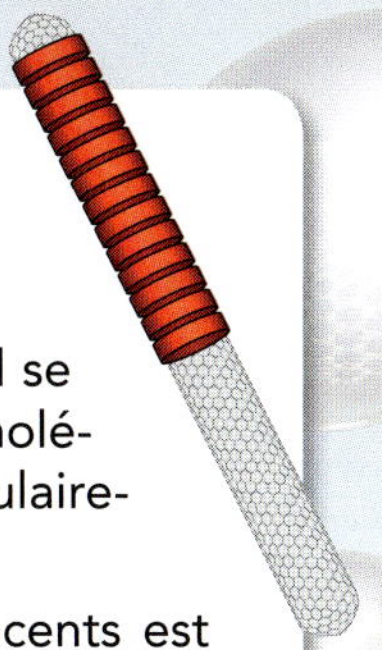

Autour des nanotubes de carbone, il se forme des nanobagues constituées de molécules tensioactives orientées perpendiculairement à l'axe du tube.

La distance séparant deux anneaux adjacents est de l'ordre de 3 nm. Les anneaux peuvent être rigidifiés par polymérisation. Pour cela, les molécules tensio-actives utilisées comportent des groupements photo-réactifs capables de se lier entre eux, lorsqu'ils sont irradiés par une lumière ultraviolette. Chaque molécule tensioactive peut alors polymériser avec deux autres molécules voisines pour former un réseau, qui confère de la rigidité à l'arrangement supramoléculaire.

D'après les *Clefs CEA*, n° 52, juin 2005.

Document 6 Récupération des nanobagues

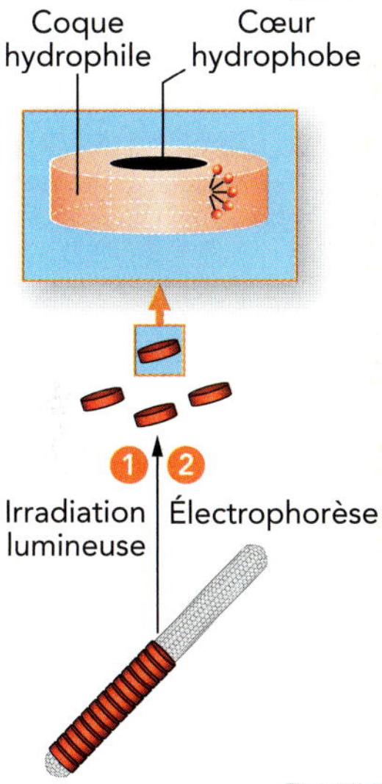

La réticulation des molécules tensio-actives offre donc aux bagues une certaine cohésion qui leur permet d'exister en tant qu'objets individuels, une fois isolées de leur support carboné.

La séparation des nanobagues de la surface du nanotube se fait par électrophorèse. Cette opération consiste à placer les nanotubes bagués dans un champ électrique. Les têtes polaires des molécules tensioactives étant chargées, les anneaux vont glisser le long des nanotubes de carbone, conduisant ainsi à la libération des nanobagues au cœur hydrophobe et à la coque externe hydrophile.

Ces nanobagues sont biocompatibles. Elles peuvent alors servir de vecteur pour transporter des principes actifs qui seront ensuite libérés progressivement au voisinage de cellules cibles.

D'après les *Clefs CEA*, n° 52, juin 2005.

Analyse et synthèse

1 Quelles sont les variétés du carbone généralement rencontrées dans la nature ?

2 @ Rechercher l'origine du nom « fullerènes ».
Citer des applications pratiques des nanoballons et des nanotubes.

3 Expliquer pourquoi seules les chaînes carbonées des molécules tensioactives interagissent avec la surface des nanotubes de carbone. → *doc. 3 et 4*

4 Pourquoi les têtes polaires des molécules tensioactives pointent-elles vers le milieu aqueux ? → *doc. 3 et 4*

5 Comment les molécules tensioactives permettent-elles la formation de suspensions de nanotubes de carbone stables dans un solvant aqueux ? → *doc. 3 et 4*

6 Quel est le rôle des groupements photo-réactifs présents dans les molécules tensioactives ? → *doc. 5*

7 @ Qu'est-ce que la réticulation des molécules ?
Pourquoi dit-on qu'il y a « réticulation des molécules tensioactives » ? → *doc. 5 et 6*

8 @ Qu'est qu'une électrophorèse ?
Comment l'électrophorèse permet-elle de séparer les nanobagues des nanotubes de carbone ? → *doc. 6*

9 Pourquoi les nanobagues formées sont-elles des matériaux biocompatibles ? → *doc. 6*

10 Pourquoi les nanobagues ont-elles un cœur hydrophobe et une coque externe hydrophile ? → *doc. 3 et 6*

11 **Bilan** Pourquoi les nanobagues peuvent-elles vectoriser des principes actifs hydrophobes dans l'organisme ?

2 Dépolluer avec des nanotubes de carbone

Pour dépolluer les eaux contenant des métaux lourds, tels que le mercure ou le plomb, des filtres utilisant des nanotubes de carbone ont été mis au point. Comment fonctionnent ces filtres ?

→ TP 1, p. 174 → Problème 3, p. 181

Document 1 Structure et fonctionnement des filtres pour métaux lourds

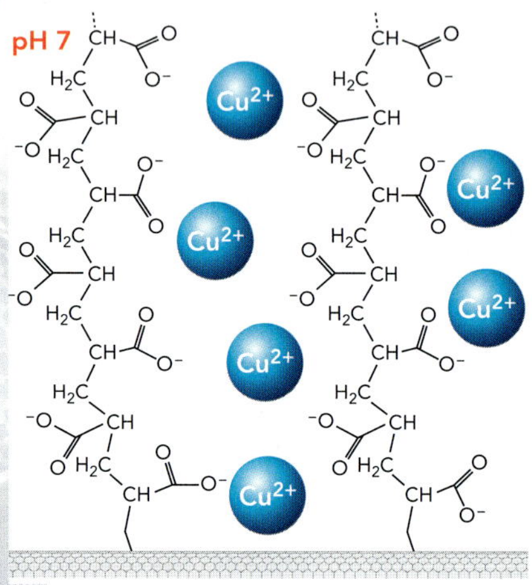

Surface du nanotube de carbone greffé.

« Les filtres destinés à la filtration des métaux lourds sont des feutres de carbone dont la surface est recouverte de nanotubes de carbone. Leur surface spécifique est très élevée (6 000 cm^2/g). Les filtres peuvent être obtenus par dépôt chimique en phase vapeur (CVD) de nanotubes de carbone sur des fibres de carbone préalablement revêtues d'une couche de céramique.

Des molécules d'acide polyacrylique (PAA) sont ensuite greffées sur la surface des nanotubes formant ainsi des films dont l'épaisseur est de quelques dizaines de nanomètres.

Lors de la filtration, l'eau polluée traverse d'abord les nanotubes de carbone, puis le filtre de PAA.

Les cations métalliques sont alors retenus par les charges négatives portées par le polymère. L'eau ayant traversé le filtre est ainsi dépolluée. »

Extrait des *Clefs CEA*, n° 59, 2010.

Document 2 Rinçage du filtre

Lorsque le film est saturé par les polluants, il est nécessaire de le régénérer en évacuant les cations métalliques. Pour cela, le filtre est soumis à une tension électrique suffisante pour déclencher l'électrolyse de l'eau.

À la surface des nanotubes de carbone, il se produit la réaction de demi-équation suivante :

$$H_2O(\ell) \longrightarrow \frac{1}{2} O_2(g) + 2\,H^+(aq) + 2\,e^-$$

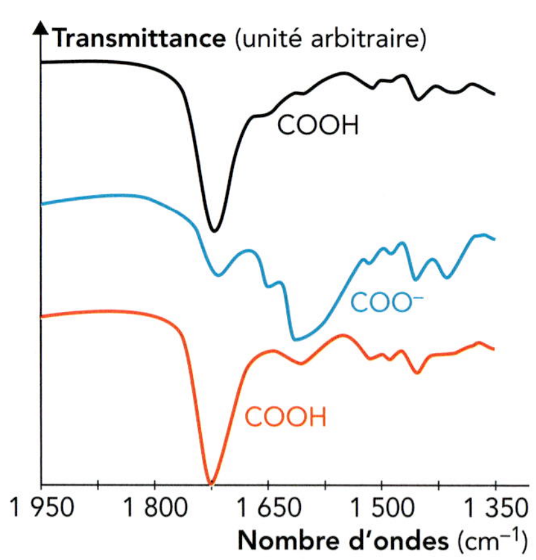

Les protons formés se substituent aux cations métalliques qui sont ainsi libérés.

Ce phénomène ne se produisant que pendant l'application de la tension électrique, on parle de « rinçage acide électrocommandé ».

Durant la phase de rinçage du filtre, le flux d'eau à dépolluer est stoppé. Il est remplacé par un flux d'eau de rinçage, circulant en boucle fermée, dont la concentration en cations métalliques augmente à chaque rinçage.

Des spectres infrarouge permettent de vérifier la qualité du rinçage électrocommandé, en comparant les spectres avant (en noir) et après (en bleu) la captation des ions cuivre (II) $Cu^{2+}(aq)$, puis après le rinçage acide électrocommandé (en rouge) du film PAA.

D'après les *Clefs CEA*, n° 59, 2010.

Les spectres ont été décalés verticalement pour une meilleure lisibilité.

Analyse et synthèse

1 Pourquoi le filtre décrit est-il un matériau composite nanostructuré en surface ? → *doc. 1*

2 **a.** L'acide polyacrylique est obtenu par polymérisation de l'acide acrylique ou acide prop-2-enoïque $CH_2{=}CH{-}CO_2H$ de pK_A = 5.

Écrire la formule semi-développée de l'acide polyacrylique PAA, puis celle de l'ion polyacrylate.

b. Quelle est la forme prédominante du polymère greffé quand le pH du milieu est égal à 7 ?

3 Pourquoi des cations métalliques sont-ils retenus par le polymère ? → *doc. 1*

4 Pourquoi le « rinçage électrocommandé » se produit-il au voisinage de la surface des nanotubes ? → *doc. 2*

5 **Bilan** Comment le spectre infrarouge du film PAA permet-il de vérifier le déroulement des étapes de captation des cations métalliques et de « rinçage acide électrocommandé » ?

3 La super-hydrophobie : un traitement... de surface

Les feuilles d'un grand nombre de végétaux ont une surface nanostructurée super-hydrophobe. Cette propriété leur permet de sécher immédiatement après avoir été mouillées et assure aussi leur nettoyage.
Comment imiter la nature pour rendre des surfaces super-hydrophobes ?

→ TP 2, p. 176

Document 1 Des végétaux super-hydrophobes

Les feuilles de la fougère aquatique *Salvinia Molesta* (**a**) restent toujours sèches. Lorsqu'elles sont plongées dans l'eau, une fine couche d'air les recouvre, car, comme sur un coussin d'air, l'eau reste au-dessus de la surface de chaque feuille. Cette propriété est due à la présence de petits capillaires en forme de fouets de cuisine (**b**) à la surface des feuilles, dont l'une des extrémités est hydrophobe, l'autre hydrophile. Ainsi, les gouttes d'eau restent posées sur le haut des capillaires emprisonnant l'air.

Document 2 Surface nanostructurée et super-hydrophobie

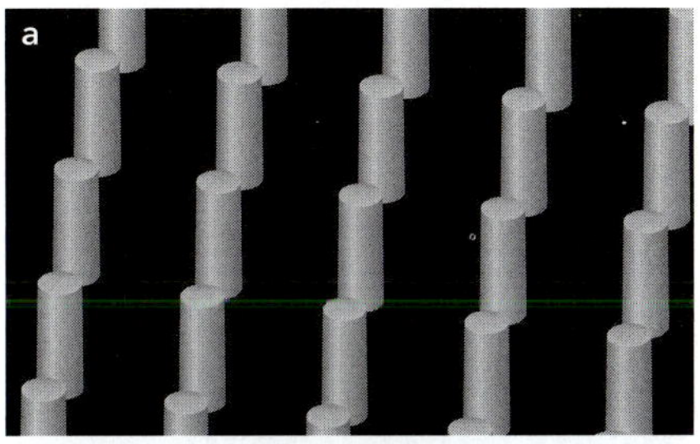

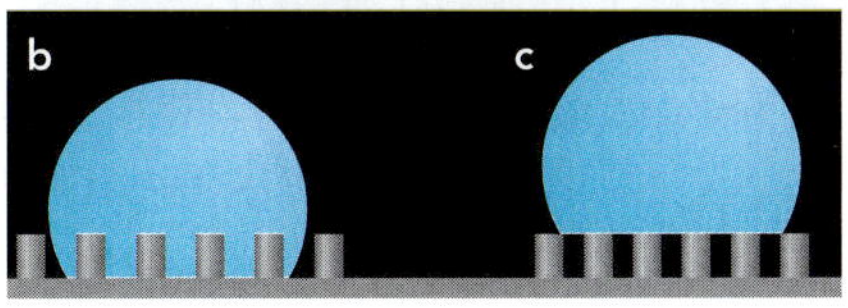

Par micro-lithogravure, il est possible de graver une surface de façon à la recouvrir de plots micrométriques dont la hauteur et la distance entre les plots valent ici 10 µm (**a**).

Selon la répartition des plots, deux cas sont possibles :
– la goutte d'eau épouse la forme de la surface (**b**) ;
– la goutte repose uniquement sur les sommets des plots (**c**). Ce dernier cas correspond au phénomène de super-hydrophobie.

Des travaux de recherche menés au Collège de France ont montré que la super-hydrophobie apparaît quand la surface des sommets des plots représente environ 10 % de la surface totale apparente.

Analyse et synthèse

1 Faire un schéma représentant la surface de la feuille de *Salvinia Molesta* à l'échelle microscopique et quelques capillaires en forme de « fouets de cuisine ».
Où sont situées les parties hydrophile et hydrophobe des capillaires ?
Représenter une goutte d'eau posée sur les capillaires.
→ *doc. 1*

2 @ Rechercher des exemples d'autres feuilles de végétaux super-hydrophobes.
Expliquer le nom d'« effet lotus » donné aux traitements rendant les surfaces super-hydrophobes.

3 @ Rechercher des exemples de matériaux faisant, ou pouvant faire l'objet, d'un traitement super-hydrophobe.

4 @ Rechercher ce qu'est une lithogravure en électronique. Qu'est-ce que la micro-lithogravure ?

5 **a.** Le schéma **c** du document 2 montre une surface super-hydrophobe. La goutte d'eau posée sur cette surface est dans un état appelé « état fakir » : justifier cette appellation.

b. En s'aidant des schémas **b** et **c** du document 2, comparer le comportement d'une goutte d'eau sur les deux types de surface et expliquer le caractère super-hydrophobe correspondant au schéma **c**.

6 **Bilan** Pourquoi peut-on considérer que les surfaces super-hydrophobes synthéthiques imitent les surfaces super-hydrophobes naturelles ?

4 « Entre terre et mer », la fibre Crabyon®

Les industries textiles sont à la recherche de nouvelles fibres possédant des propriétés spécifiques.
Comment l'ajout d'un polymère d'origine naturelle peut-il modifier les propriétés d'un textile ?

→ TP 3, p. 177

Document 1 La chitine

La chitine est un polysaccharide naturel composant principal de la carapace des crustacés (crabes, homards, crevettes, etc.) et de la coquille interne des calmars, dont elle constitue jusqu'à 40 % en masse. On la trouve aussi chez les insectes comme les libellules, les sauterelles et les coléoptères, et dans les membranes cellulaires des champignons.

Ainsi, la chitine est le deuxième polymère de la biomasse après la cellulose.

Document 2 Le chitosan

La chitine peut être désacétylée* pour obtenir le chitosan, appelé également chitosane :
– par voie chimique, à haute température et en utilisant une base concentrée (soude, par exemple) ;
– par voie enzymatique avec la chitine-désacétylase.

La frontière entre chitosan et chitine correspond à un degré de désacétylation (DD) de 60-70 % : en deçà, le composé est nommé chitine, au-delà, chitosan.

Le chitosan est soluble en milieu acide (à pH < 6,5).

La chitine et le chitosan sont biocompatibles, biodégradables et non toxiques.

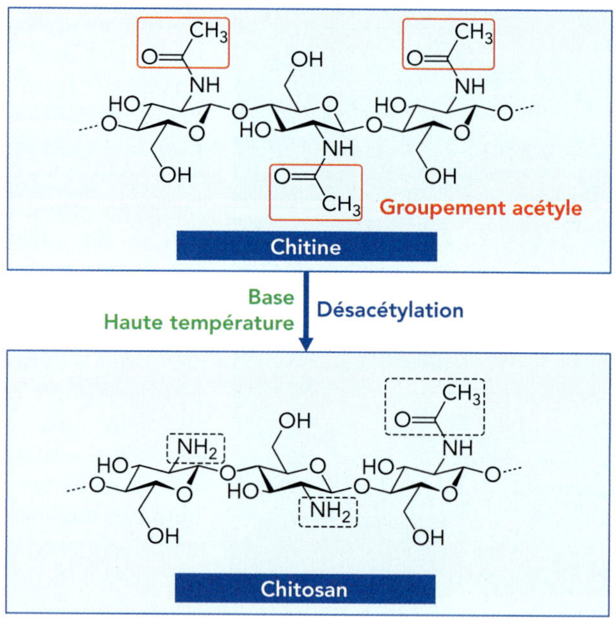

* Retrait du groupe « acétyle » $CH_3-C=O$.

D'après « Chitine, chitosan », *fiches Bibliomer*, Ifremer, août 2010, http://www.bibliomer.com.

Document 3 Une fibre textile contenant du chitosan

« La fibre Crabyon® est produite par la société japonaise *Omikenshi Company*. C'est une fibre réalisée à partir de chitine et de cellulose. [...]

Un procédé permet [...] d'obtenir une viscose contenant un certain pourcentage de poudre de chitine. Cette viscose de chitine est mélangée à une viscose cellulosique puis extrudée. La fibre ainsi créée est la fibre Crabyon®. »

Extrait de www.kelbio.com

Document 4 Quelques utilisations du chitosan

En alimentation et cosmétique, le chitosan est utilisé en agent de conservation (antibactérien et antifongique). Dans le domaine biomédical et des biotechnologies, les propriétés antibactériennes et antifongiques du chitosan sont utilisées dans le traitement des brûlures et des lésions épidermiques. Il sert de matrice pour la régénération des os et substituts de cartilages, etc.

D'après « Chitine, chitosan », *fiches Bibliomer*, Ifremer, août 2010, http://www.bibliomer.com.

Analyse et synthèse

1 **a.** @ Rechercher ce qu'est la viscose.

b. Qu'est-ce qu'un polysaccharide ?

c. Pour quelles raisons la chitine ou le chitosan sont-ils intégrés à la cellulose ?

2 @ Pourquoi est-il intéressant, d'un point de vue économique et écologique, d'utiliser la chitine et ses dérivés ?

3 Justifier le nom de « désacétylation » donné au procédé qui permet d'obtenir le chitosan à partir de la chitine.
À quelle catégorie appartient cette réaction ? → *doc. 2*

4 Quel groupe fonctionnel, présent dans le chitosan et absent de la chitine, est responsable de la solubilité du chitosan en milieu acide ?

5 **Bilan** Pourquoi la fibre Crabyon® peut-elle être considérée comme antibactérienne et antifongique ?

5 Des principes actifs encapsulés

Les consommateurs apprécient les textiles ou les papiers présentant des propriétés particulières, délivrant, par exemple, un cosmétique ou un parfum dès qu'ils sont en contact avec la peau. Ces propriétés peuvent être obtenues en fixant des microcapsules aux fibres textiles ou papetières.

Que sont les microcapsules et comment libèrent-elles le principe actif qu'elles contiennent ?

→ TP 3, p. 177

Document 1 Les microcapsules

La micro-encapsulation consiste à enfermer un principe actif dans des réservoirs de forme sphérique et de diamètre compris entre 1 micromètre et 1 millimètre. Les microcapsules sont ensuite fixées aux fibres textiles grâce à un liant.

Microcapsules fixées sur fibre textile (microscopie électronique à balayage, × 4 000).

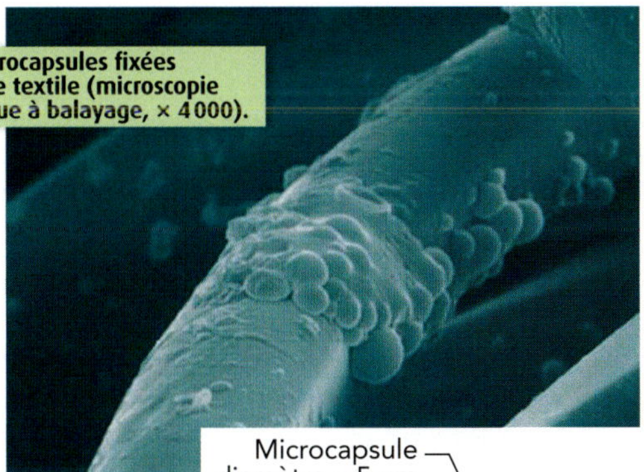

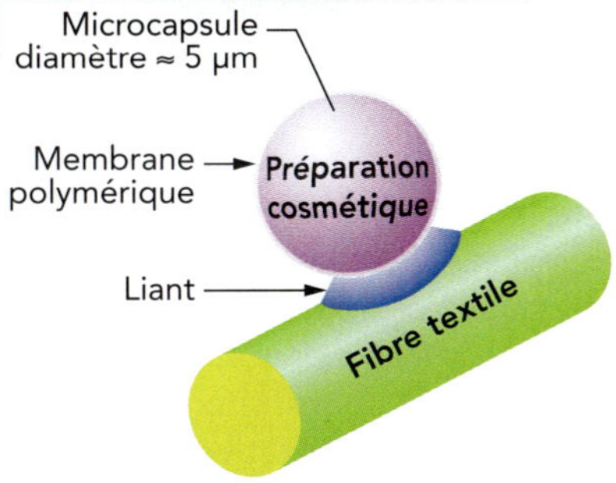

On distingue deux types de microcapsules.

• Les microcapsules de protection sont des réservoirs hermétiquement clos, isolant leurs contenus du milieu extérieur.

• Les microcapsules à relargage contrôlé sont des réservoirs dont les contenus sont libérés lors de la rupture de leur enveloppe. Cette libération, appelée relargage, a lieu au moment de l'éclatement des microcapsules sous l'effet d'une action mécanique (frottement, cisaillement, écrasement), de la chaleur (du corps ou de l'air ambiant), ou bien à la suite de la dégradation de l'enveloppe sous l'effet d'une réaction chimique (variation de pH, action des enzymes), de radiations (rayons ultraviolets de la lumière du jour), etc.

Des microcapsules peuvent être déposées ou fixées sur des fibres textiles ou papetières. On peut ainsi fabriquer des collants hydradants, des mouchoirs parfumés, des articles d'hygiène dont les microcapsules s'ouvrent à la suite d'une variation du pH ou du taux d'humidité, par exemple.

D'après le site www2.cnrs.fr/journal/1904.htm

Document 2 Un procédé de fabrication

La polycondensation interfaciale est un procédé de fabrication *in situ* de la membrane des microcapsules.

Dans le cas d'un principe actif lipophile, une émulsion est réalisée en mélangeant deux solutions :
– une solution aqueuse contenant un monomère 1 hydrophile et un tensioactif ;
– une solution organique contenant le principe actif et un monomère 2 hydrophobe.

Les monomères 1 et 2 sont des espèces chimiques susceptibles de réagir entre elles pour former un polymère.

Les deux solutions sont mélangées, puis l'ensemble est émulsionné.

La réaction de polymérisation se produit à l'interface entre la solution aqueuse et la solution organique.

La taille des microcapsules obtenues, généralement comprises entre 0,5 et 100 µm, dépend de la taille des microgouttelettes de l'émulsion, elle-même liée aux conditions d'agitation du mélange.

Il est ainsi possible d'encapsuler des composés odorants, des huiles essentielles, des huiles végétales ou minérales, des vitamines, des insecticides, des bactéricides, etc.

Analyse et synthèse

1 @ Rechercher des exemples d'utilisation de microcapsules de protection et de microcapsules à relargage dans des fibres textiles ou des fibres papetières. *→ doc. 1*

2 **a.** @ Rechercher la composition de la fibre de coton et de la fibre de papier.

b. Pourquoi est-il possible d'envisager de fixer de la même manière des microcapsules sur des fibres de coton et des fibres de papier ?

3 Qu'est-ce qu'une émulsion ? Quel est le rôle d'un tension-actif dans la stabilisation d'une émulsion ? *→ doc. 2*

4 Qu'est-ce qu'un polymère ? Quel est le rôle du polymère dans la formation des microcapsules ?

5 **Bilan** Faire un schéma des différentes étapes de la formation d'une microcapsule décrite dans le document 2 et faire le schéma de la microcapsule obtenue.

6 Des prothèses biocompatibles

L'augmentation de la durée de la vie humaine et l'amélioration des techniques médicales conduisent à une utilisation de plus en plus fréquente de prothèses et d'implants.
Comment rendre biocompatibles les prothèses et les implants pour éviter leur rejet ?

Document 1

Des matériaux pour améliorer la biocompatibilité

Un stent actif est un implant cardiovasculaire en acier inoxydable (**a**) recouvert d'une couche de polymère d'épaisseur 50 nm. Celle-ci isole la structure métallique du milieu organique (**b**) et améliore la biocompatibilité du stent en libérant lentement un médicament anti-rejet.

Punaise et stent à la même échelle (image CEA DRECAM).

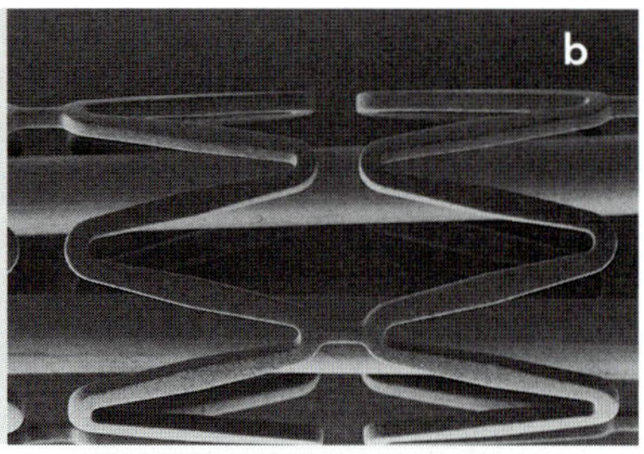

Image en microscopie électronique à balayage du stent fonctionnalisé (image *Sté Alchimer*, × 41).

Le polymère utilisé pour recouvrir le stent est de l'acide polylactique, PLA, biocompatible et biodégradable. La dégradation progressive du revêtement de PLA permet la recolonisation du stent par les cellules de la paroi des vaisseaux sanguins.

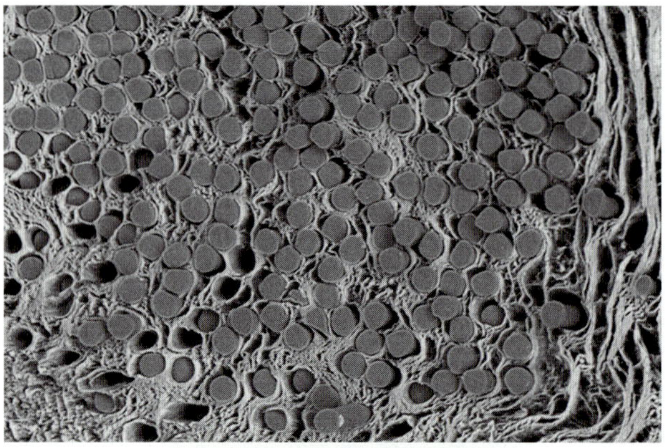

Ligaments artificiels, dits bioactifs, vus au microscope optique (× 200).

Pour améliorer l'acceptation par le corps des ligaments artificiels, il est nécessaire de greffer des polymères bio-actifs sur ces ligaments. Ces polymères possèdent des motifs chimiques que l'on retrouve dans l'environnement des cellules.

D'après le site http://iramis.cea.fr/Comm/20070330NanoLaVillette/ObjetsExpose.php

Document 2

Des matériaux pour aider un organe à se régénérer

« Bien que notre organisme tende à rejeter les matières qui lui sont étrangères, des prothèses telles que des couronnes dentaires en céramique ou des têtes de fémur en titane sont bien tolérées, car elles interagissent très peu chimiquement avec notre corps.

Cependant, les prothèses ne s'appliquent qu'au remplacement des dents ou des os. Conduire l'organisme à régénérer ses propres tissus est un tout autre défi.

En travaillant sur des biomatériaux tels que des céramiques de phosphate de calcium et des hydrogels, il est possible de concevoir des substituts des tissus osseux : d'une composition chimique très proche de celle des os, ils sont acceptés par l'organisme et servent de charpente pour l'adhésion et la prolifération des cellules ostéoblastes qui produisent le tissu osseux.

De plus, ils sont dégradés progressivement par un autre type de cellules, les ostéoclastes, pour être remplacés par un tissu osseux neuf. [...] *L'intégration au vivant de matériaux actifs, [...] nécessite l'alliance de disciplines scientifiques très différentes comme la chimie des matériaux, la biologie cellulaire et la médecine régénérative.* »

Extrait de P. WEISS, « Tuteurs de vie », *Têtes chercheuses* n° 2, été 2007, http://www.tetes-chercheuses.fr

Analyse et synthèse

1 **a.** Pourquoi utilise-t-on des implants et des prothèses ?
b. Donner quelques exemples d'implants et de prothèses issus des documents fournis ou de connaissances personnelles.

2 Pourquoi les prothèses et les implants doivent-ils être biocompatibles ? → *doc. 1 et 2*

3 **a.** @ Que sont les céramiques de phosphate de calcium ? les hydrogels ? l'acide polylactique ?
b. Pourquoi ces matériaux sont-ils biocompatibles ?

4 Que sont les molécules bioactives ? Pourquoi greffe-t-on des polymères bioactifs sur les ligaments artificiels ? → *doc. 1*

5 **Bilan** Rédiger une courte synthèse expliquant la phrase en italique du document 2.

7 Des vitrages tout en discrétion

Les vitrages « obturateurs » passent de l'état diffusant à l'état transparent grâce à l'inclusion d'un film actif. Comment est obtenu le film actif et comment agit-il ?

→ Analyse doc. 4, chap. 8, p. 152

Document 1 Un vitrage surprenant

Dans les vitrages « obturateurs », le passage du vitrage diffusant au vitrage transparent se fait avec un simple interrupteur.

D'après le site http://evmglass.com

Document 2 Structure du vitrage

Au repos, lorsqu'aucune tension électrique n'est appliquée, le vitrage est diffusant. Il devient transparent lorsqu'une tension électrique est appliquée.

Il n'y a pas d'effet « mémoire » et le temps de réponse est très court (inférieur à 0,1 s). Ces vitrages sont constitués de deux feuilles de verre dont les faces en regard sont recouvertes d'un dépôt conducteur électrique à base d'oxyde d'étain et d'indium, et séparées par un film actif. L'épaisseur totale du vitrage est de l'ordre de 3 millimètres.

Le film actif est obtenu à partir d'un mélange de molécules polymérisables, de cristaux liquides et d'un petit nombre de billes de silice de quelques dizaines de micromètres de diamètre.

Les billes de silice servent « d'espaceurs » en maintenant constante l'épaisseur du film au cours de la polymérisation tout en étant pratiquement invisibles.

Après polymérisation, le film actif formé renferme de fines gouttelettes de cristaux liquides dont le diamètre est de l'ordre de quelques micromètres.

Document 3 Le rôle des cristaux liquides

Les molécules de cristaux liquides sont choisies de sorte que l'indice de réfraction des gouttelettes soit égal à l'indice de réfraction du polymère.

À l'intérieur d'une gouttelette, les molécules de cristaux liquides sont toutes alignées selon une même direction, appelée axe optique. Mais les axes optiques des gouttes sont tous différents. Lorsqu'aucune tension n'est appliquée, le film actif n'est pas homogène, la lumière est donc diffusée comme le fait un brouillard. Le vitrage est opaque.

Sous l'effet d'un champ électrique, les axes optiques des gouttelettes s'alignent. Le film actif devient donc homogène pour la lumière incidente et la lumière n'est pas diffusée. Le vitrage devient transparent.

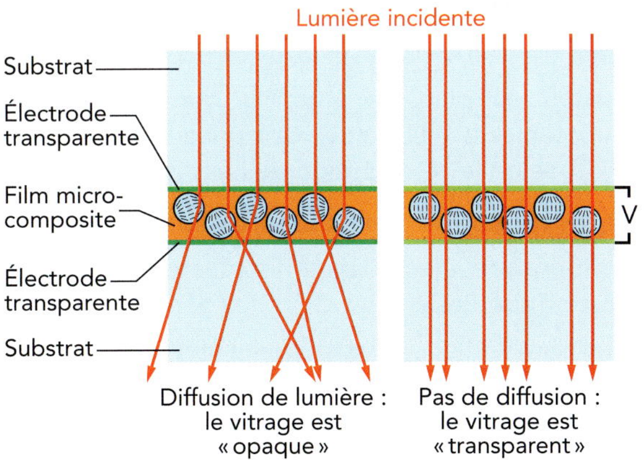

D'après S. ÉTIENNE, « Les verres à couches », Laboratoire de physique des matériaux, UMR CNRS, fév. 2009, www.idverre.net (doc. 2 et 3).

Analyse et synthèse

1 Que sont les cristaux liquides ?

2 Qu'est-ce qu'un polymère ? Justifier que le film actif est un matériau composite. Quel est son rôle ? Quel est celui des billes de silice ?

3 Pourquoi les indices de réfraction des cristaux liquides et du polymère doivent-ils être identiques, ou très proches, pour que le vitrage devienne transparent quand une tension est appliquée ?

4 **a.** @ Pourquoi un brouillard diffuse-t-il la lumière ?

b. En faisant une analogie entre le brouillard et la structure du film polymère lorsqu'aucune tension n'est appliquée, expliquer pourquoi le film est alors diffusant.

5 **Bilan** Rédiger quelques phrases de synthèse expliquant le fonctionnement de ces vitrages.

1 Comprendre un procédé de fabrication : comment synthétiser des nanotubes de carbone ?

Il existe divers procédés de fabrication des nanotubes de carbone. L'un d'eux, le dépôt chimique en phase vapeur, ou CVD (***c**hemical **v**apor **d**eposition*), ne nécessite pas des températures très élevées et sa mise en œuvre industrielle est relativement simple.
Quelles sont les différentes étapes de ce procédé ?

→ Analyse doc. 1, p. 166

Étape 1 Préparation de la solution

Dans une enceinte fermée, une solution est préparée en mélangeant un hydrocarbure liquide (cyclohexane C_6H_{12}, toluène C_7H_8, etc.), principale source de carbone pour la formation des nanotubes et un précurseur contenant du fer (ferrocène $C_5H_{10}-Fe-C_5H_{10}$) ou du nickel (nickelocène $C_5H_{10}-Ni-C_5H_{10}$).

La solution est envoyée vers un système injecteur.

Étape 2 Formation de l'aérosol – contrôle de l'injection

Dans l'injecteur, la solution est transformée en aérosol grâce à un gaz inerte. Celui-ci passe par un tube d'évaporation où il est porté à une température d'environ 200 °C.

Les vapeurs formées sont envoyées vers le réacteur sous la forme de jets dont le volume et la durée sont étroitement contrôlés.

Étape 3 Formation des nanotubes de carbone

Le réacteur est placé dans un four dont la température est maintenue à une valeur comprise entre 500 °C et 1 000 °C, selon la composition de l'aérosol.

Phase 1 : formation des nanoparticules métalliques

La température élevée dans le réacteur provoque la décomposition des constituants de l'aérosol injecté.

En phase vapeur, des nanoparticules métalliques se forment rapidement et se déposent sur les parois du réacteur.

Autour de ces nanoparticules, qui jouent le rôle de catalyseur, les atomes de carbone vont s'organiser pour former les nanotubes de carbone.

Phase 2 : croissance des nanotubes de carbone

Les nanotubes croissent par la base, perpendiculairement à la paroi du réacteur. Les liaisons carbone–carbone se forment au voisinage des nanoparticules.

Au bout de quelques minutes, un tapis de nanotubes est formé.

Des jets successifs d'aérosol permettent d'apporter de nouvelles nanoparticules métalliques et d'autres atomes de carbone afin de poursuivre la formation d'un tapis multicouches de nanotubes.

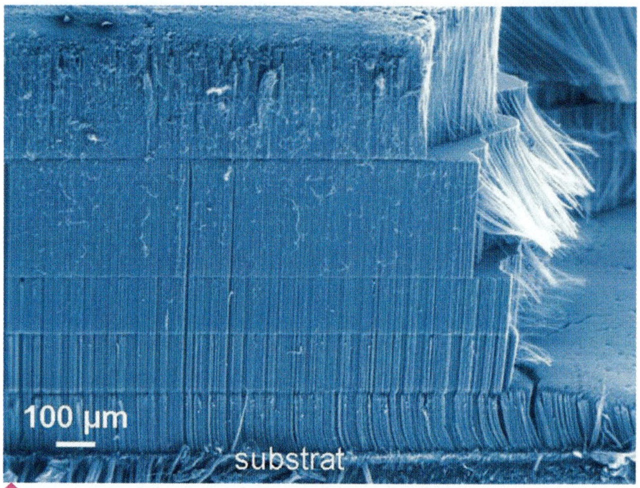

Doc. 1 Image MEB (**m**icroscope **é**lectronique à **b**alayage) d'un tapis multi-couches synthétisé en cinq séquences d'injection d'aérosol de durées différentes.

Chaque injection conduit à la formation d'une nouvelle couche sous la précédente.

Au bout de 15 minutes, le réacteur est tapissé d'une forêt de nanotubes d'environ 1 mm de longueur et contenant environ 1 milliard de nanotubes par centimètre carré.

Leur diamètre dépend de la nature du précurseur et des conditions physiques dans le réacteur.

Les nanotubes obtenus par ce procédé présentent des caractéristiques géométriques (longueur, diamètre) très uniformes.

Étape 4 Récupération des nanotubes

Le réacteur est placé dans une enceinte ventilée dans laquelle les nanotubes sont récupérés.

Étape 5 Purification des nanotubes

Pour libérer les nanoparticules sur lesquelles se sont développés les nanotubes, ces derniers sont recuits dans une atmosphère de gaz inerte.

Cette opération permet en outre d'éliminer certains défauts comme la présence de morceaux de graphène.

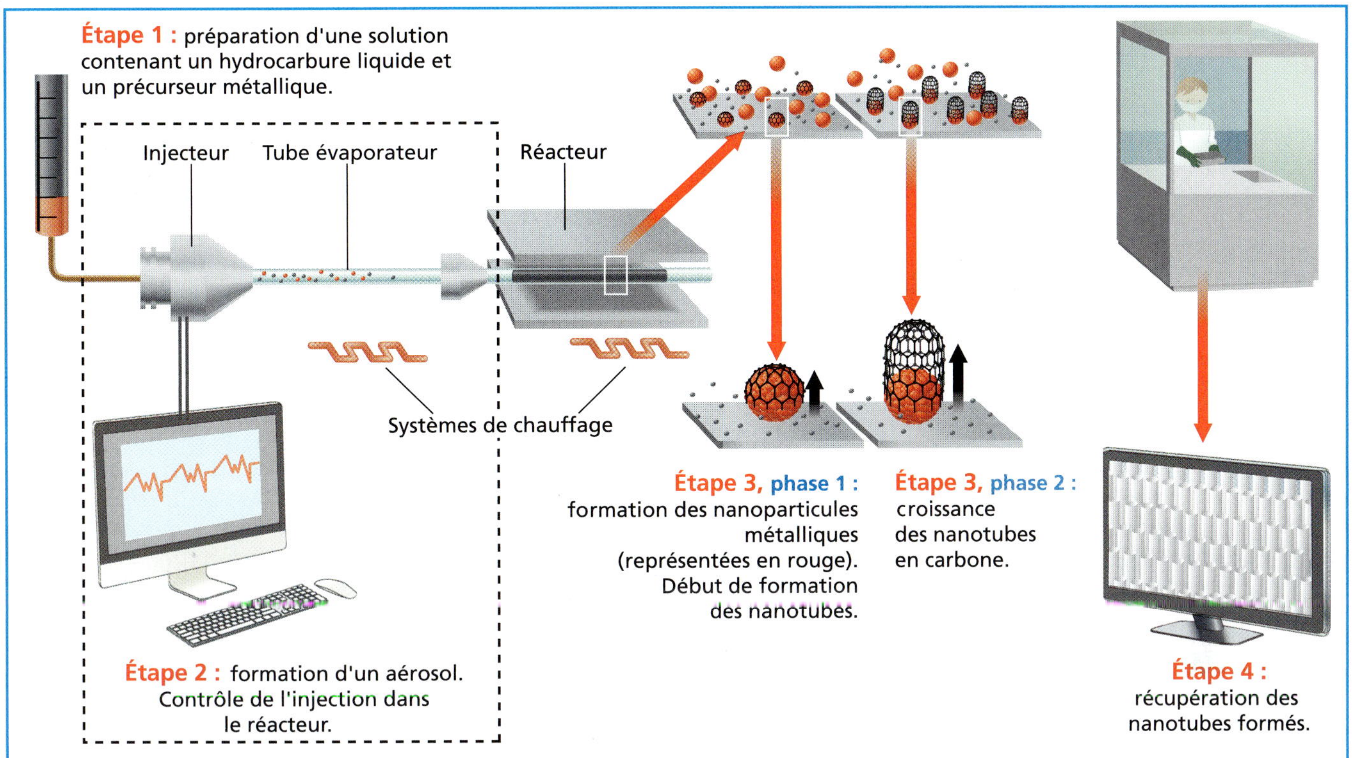

Doc. 2 Les différentes étapes de la fabrication des nanotubes de carbone.

Comprendre les différentes étapes de ce procédé

Étape 1

1 Écrire la formule semi-développée de chacun des deux hydrocarbures cités dans le protocole sachant qu'ils présentent tous les deux un cycle à 6 atomes de carbone.

2 @ Qu'est-ce qu'un précurseur ?

3 D'où proviennent les atomes de carbone qui formeront les nanotubes ?

Étape 2

4 @ Qu'est-ce qu'un aérosol ?
Citer des exemples de gaz inertes vis-à-vis du carbone et de l'hydrogène.

5 @ Quelle est la température d'ébullition du cyclohexane et celle du toluène ?
Justifier la valeur de la température du tube d'évaporation.

6 Pourquoi utiliser un gaz inerte pour former cet aérosol ?

Étape 3

Phase 1

7 Pourquoi une température élevée favorise-t-elle la décomposition des espèces chimiques injectées ?

8 On suppose que le précurseur est le ferrocène. Quel est le rôle des atomes de fer provenant du ferrocène dans la synthèse des nanotubes ?

Étape 3

Phase 2

9 Quelle est la caractéristique géométrique liée à la durée de l'injection ?

10 Pourquoi injecter régulièrement l'aérosol ?

Étape 4

11 Pourquoi les nanotubes sont-ils récupérés dans une enceinte ventilée ?

12 Quels sont les avantages de ce procédé de fabrication des nanotubes ?

Étape 5

13 a. @ Rechercher ce qu'est le graphène.
b. Comment expliquer la présence de graphène entre les nanotubes de carbone ?

Caractéristiques et utilisations des nanotubes de carbone

14 @ Quelles sont les principales caractéristiques des nanotubes de carbone ?

15 @ Rechercher quelques exemples d'utilisation des nanotubes de carbone.

2 Comment obtenir une surface super-hydrophobe ?

La fumée issue de la combustion des matières organiques est constituée de très fines particules de carbone. Il est possible de rendre une surface super-hydrophobe avec cette fumée.

Document 3 Mouillabilité d'une surface

Lorsqu'une goutte de liquide est posée sur une surface plane, la goutte s'étale plus ou moins.

L'angle de contact du liquide, noté α, est l'angle entre la surface de contact du liquide et la tangente à la goutte au point de contact C.

- Si $\alpha < 90°$, la goutte de liquide s'étale, la surface de contact entre la surface étudiée et la goutte est grande : la surface est dite mouillable.

Si le liquide est l'eau, la surface est qualifiée d'hydrophile.

- Si $90° < \alpha < 150°$, la goutte de liquide ne s'étale pas, sa base s'écrase plus ou moins sur la surface étudiée, mais la surface de contact est faible : la surface est dite non mouillable. Si le liquide est l'eau, la surface est qualifiée d'hydrophobe.
- Si $\alpha > 150°$ et si le liquide est l'eau, la surface est alors super-hydrophobe.

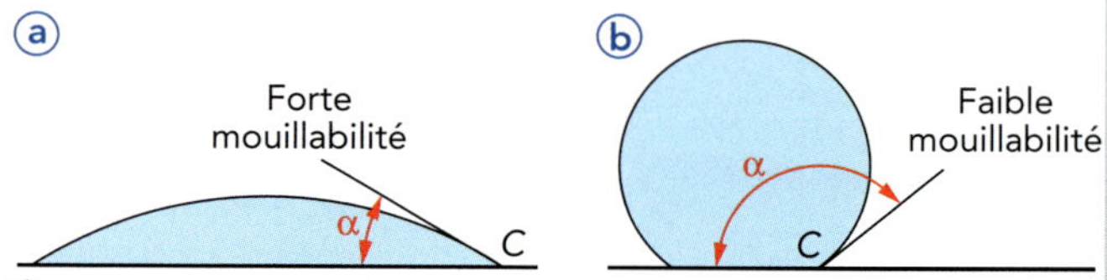

Surface mouillable (a) et non mouillable (b).

Manipulation

- Après avoir dégraissé la surface de la plaque de verre avec du liquide vaisselle, l'essuyer soigneusement et vérifier son caractère hydrophile **(doc. 3a)**.

Ensuite, essuyer à nouveau soigneusement la plaque.

- Placer la flamme d'une allumette au-dessous de la plaque de verre de façon à y déposer la suie issue de la combustion de l'allumette.

Déplacer régulièrement l'allumette de façon à recouvrir le plus uniformément possible la surface de la plaque.

- Poser très délicatement, à l'aide d'une pipette Pasteur, une goutte d'eau sur la surface de la plaque de verre recouverte par la suie.
- Observer la forme prise par la goutte d'eau **(doc. 3b)**.
- En utilisant une webcam ou un appareil photo numérique, photographier la goutte d'eau.
- Faire le nécessaire pour que l'image de la goutte apparaisse sur l'écran d'un ordinateur.

Doc. 4 Matériel mis à disposition.

1. Mesurer, sur l'image obtenue et le plus précisément possible, l'angle de contact entre la goutte et la surface.
2. La surface a-t-elle acquis un caractère hydrophobe ou super-hydrophobe ?
3. @ Rechercher la composition de la fumée résultant de la combustion de matières organiques, puis la composition de la suie. Quelle est, ici, la matière organique dont on utilise la suie ?
4. Justifier le caractère super-hydrophobe du dépôt de suie.
5. Pourquoi peut-on dire que la surface de la plaque de verre est nanostructurée en surface ?
6. Le traitement de surface réalisé est-il résistant ? Le vérifier et expliquer le résultat observé.

3 Comment obtenir des microcapsules ?

Les coacervats sont formés d'espèces chimiques de masses molaires moléculaires élevées qui s'associent, en milieu aqueux, pour former des gouttelettes microscopiques assimilables à des microcapsules.
Ces microcapsules peuvent être obtenues en laboratoire.

→ Analyse doc. 5, p. 171

A Un exemple de microcapsules : les coacervats

Les coacervats sont des gouttelettes limitées par une enveloppe obtenue, par exemple, par l'association de deux polymères chargés électriquement.

Les polymères les plus couramment utilisés sont le chitosane et la gélatine (chargés positivement), la gomme arabique (chargée négativement).

Comme les cellules vivantes, ces coacervats peuvent maintenir un environnement interne différent de l'environnement externe et absorber sélectivement certaines substances dans leur environnement.

B Préparation des microcapsules

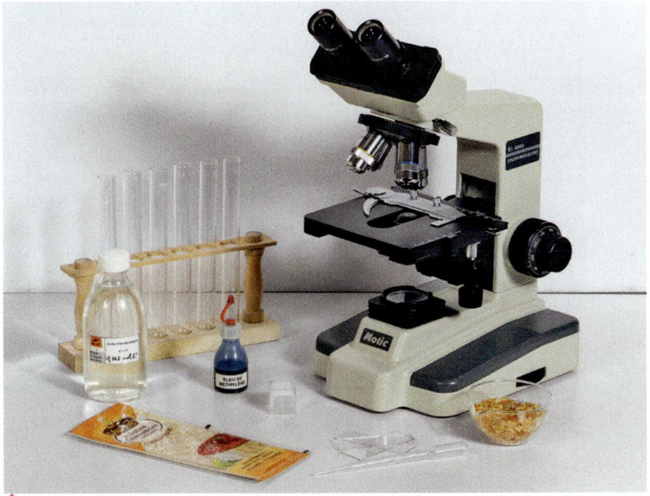

Doc. 5 Matériel et produits disponibles.

Préparation de la solution de gélatine à 1 %

- Découper 1 g de gélatine (soit une feuille de gélatine alimentaire) en petits morceaux.
- Mettre ces morceaux dans 100 mL d'eau.
- Chauffer au four à micro-ondes ou au bain-marie sans faire bouillir : le flacon doit pouvoir être pris dans la main sans se brûler.
- Mélanger pour bien dissoudre la gélatine.
- Laisser refroidir.

Préparation de la solution de gomme arabique à 1 %

- Procéder exactement comme pour la gélatine avec la gomme arabique en poudre.

Obtention de microcapsules

- Mélanger dans un tube à essais 10 mL de la solution de gélatine avec 5 mL de la solution de gomme arabique.
- Verser une goutte d'acide chlorhydrique dilué dans le tube et mélanger.
- Si un trouble n'apparaît pas immédiatement, ajouter goutte à goutte l'acide chlorhydrique dilué jusqu'à apparition d'un trouble.

Préparation de la solution à observer

- Dans un tube à essais, verser environ 1 mL de la suspension obtenue précédemment et environ 10 mL d'eau.
- Boucher le tube à essais et agiter.
- Prélever une goutte de la solution et la placer sur une lame de microscope.
Déposer une goutte de bleu de méthylène.
Recouvrir d'une lamelle.

Observation au microscope

- Observer la lamelle au microscope.
- Rechercher une zone de la préparation où les coacervats ne sont pas trop serrés les uns contre les autres.
- Faire un schéma de ce qui est observé au microscope.

1 @ Expliquer, en quelques lignes, comment sont obtenues la gélatine et la gomme arabique.
Justifier alors que ces espèces ont des masses molaires moléculaires élevées.

2 Justifier le choix du bleu de méthylène comme colorant.

3 À l'aide du grossissement du microscope, déterminer la taille de quelques-unes des microcapsules observées.
Les capsules obtenues sont-elles de taille micrométrique ?

Résolution de problèmes scientifiques

Problème résolu

COMPÉTENCES
- Extraire et exploiter des informations.
- Élaborer un protocole expérimental.

1 Céramiques techniques : des caractéristiques précises

Énoncé

Document 1 — Que sont les céramiques ?

Les céramiques sont des matériaux inorganiques et non métalliques. Les céramiques techniques sont des céramiques conçues pour des applications industrielles particulièrement exigeantes. Elles sont généralement caractérisées par une grande résistance mécanique, une grande dureté, une résistance élevée à l'usure, aux chocs thermiques et aux agressions chimiques, une faible conductivité thermique. Les céramiques sont aussi d'excellents isolants électriques même si, dans certaines conditions, certaines deviennent supra-conductrices.

Les étapes de la réalisation d'une pièce en céramique sont les suivantes :
– réduction en poudre de la matière première ;
– mise en forme, par compression mécanique dans un moule, à la forme de la pièce voulue, à température ambiante ;
– frittage de la poudre.

Le frittage est l'ensemble des transformations qui conduisent un ensemble de grains disjoints à un objet de structure interne plus compacte et très dense, par traitement thermique et sans fusion totale du matériau.

Le frittage est dit « en phase solide » lorsque tous les constituants restent solides. La densification est produite par la soudure des grains entre eux et par leur changement de taille et de forme.

Document 2 — Deux types de pores

La porosité ouverte, P_o, d'une céramique est le rapport entre le volume des pores ouverts, V_{po}, et le volume total de la pièce, V_t. La porosité fermée, P_f, d'une céramique est le rapport entre le volume des pores fermés, V_{pf}, et le volume total de la pièce, V_t.

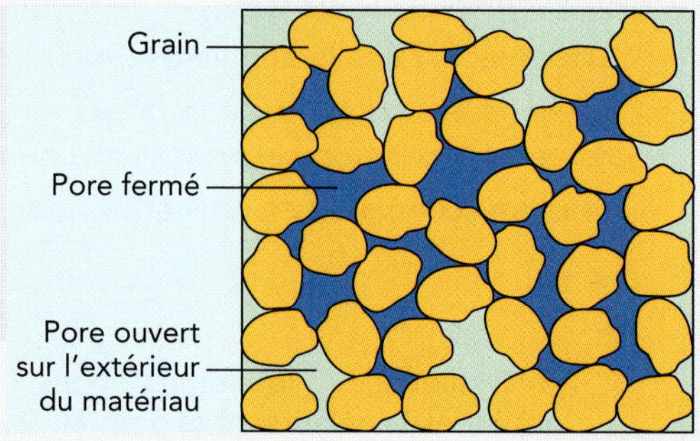

Schéma d'une céramique.

Document 3 — Frittage d'une pièce en alumine

Les photographies ci-dessous illustrent trois étapes du frittage en phase solide de l'alumine :

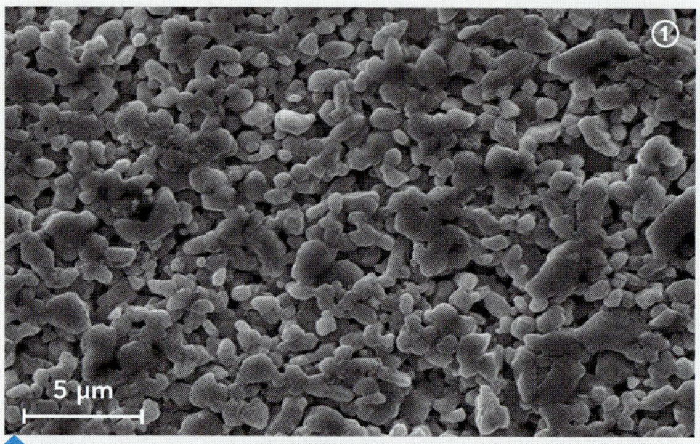

Céramique au tout début du frittage.

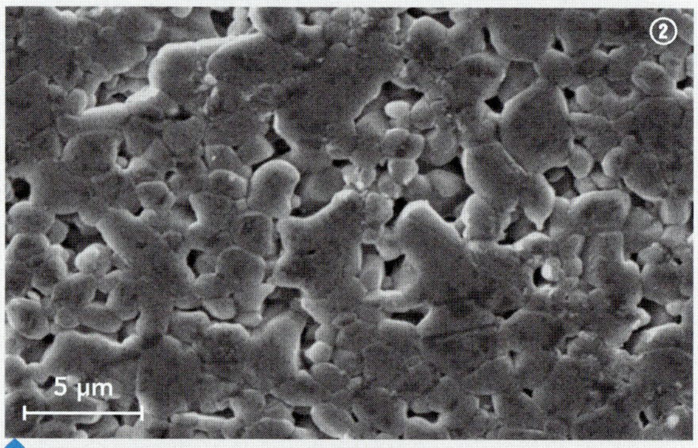

Céramique en cours de frittage.

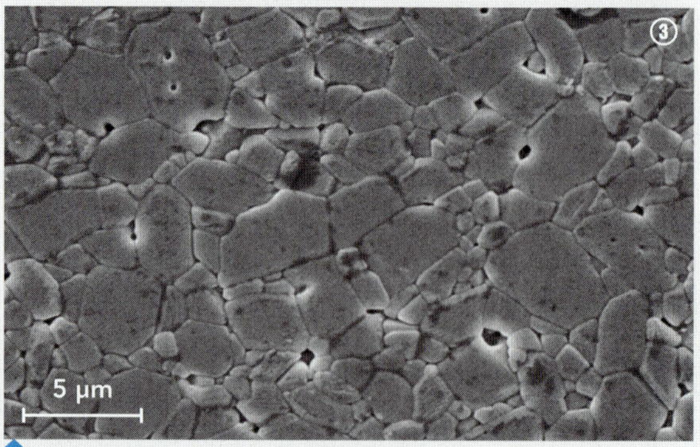

Céramique à la fin du frittage.

Problèmes

1. Utiliser les photographies du **document 3** pour décrire l'effet du frittage sur les grains d'alumine.

2. Les propriétés des céramiques techniques dépendent de la taille des grains formés, des caractéristiques des joints entre les grains et de leur porosité. La porosité fermée, P_f, est responsable de la fragilité de la pièce en céramique et la porosité ouverte, P_o, est responsable de ses propriétés de surface.
Élaborer une méthode permettant de déterminer les porosités P_o et P_f d'un cube de céramique de côté a et de masse volumique ρ.

Résolution possible

Quel problème pose l'énoncé ? Quelles pistes suivre pour y répondre ?

L'énoncé demande d'étudier des photographies prises en cours de frittage pour montrer son effet sur les grains de matière première.

L'énoncé demande enfin de déterminer une méthode de mesure de la porosité fermée d'une céramique.

Quelles sont les étapes de la résolution ?

Une façon de faire	Comment le faire ?
1 Montrer l'effet du frittage sur les grains de matière première.	Regarder attentivement les photographies.
2 Mettre au point une démarche expérimentale permettant de déterminer la porosité d'une céramique.	Utiliser le schéma du **document 2** pour repérer les différents volumes qu'il faudra déterminer : le volume total de la pièce, V_t, le volume des pores fermés, V_{pf}, et le volume des pores ouverts, V_{po}.

Solution rédigée

1 La photographie **1** montre des grains d'alumine de forme arrondie et irrégulière ainsi que la présence de nombreux espaces vides entre les grains.

La photographie **2** montre qu'au cours du frittage, la taille des grains augmente.

Elle montre aussi que la forme des grains évolue, ils deviennent polygonaux et le volume des pores enfermés entre les grains diminue. Des joints commencent à apparaître entre les grains.

La photographie **3** montre des grains de grande taille, de formes polygonales, très serrés et laissant très peu de pores entre eux.

On peut donc en déduire que la densité du matériau augmente très fortement au cours du frittage.

2 • Le volume total de la pièce est lié à sa géométrie. Comme la pièce est cubique, son volume total est :

$$V_t = a^3$$

• Lorsque la pièce est plongée dans un fluide, il est possible, par déplacement de fluide, de déterminer le volume effectivement occupé par la pièce, V_{oc}. Ce volume tenant compte des pores ouverts, on obtient V_{po} en faisant la différence entre le volume géométrique, V_t, et le volume occupé, V_{oc} :

$$V_{po} = V_t - V_{oc}$$

• Le volume des pores fermés, V_{pf}, est obtenu en faisant la différence entre le volume V_{oc} occupé par la pièce et le volume de matière, V_m, qu'elle contient :

$$V_{pf} = V_{oc} - V_m$$

Le volume de matière, V_m, est obtenu en cherchant, dans une base de données chimiques, la masse volumique ρ du matériau et en mesurant le plus précisément possible la masse de la pièce formée :

$$V_m = \frac{m}{\rho}$$

Réponse au problème posé

On peut ainsi exprimer :

$$P_o = \frac{V_{po}}{V_t} = \frac{(a^3 - V_{oc})}{a^3} = 1 - \frac{V_{oc}}{a^3} \quad \text{et} \quad P_f = \frac{V_{pf}}{V_t} = \frac{(V_{oc} - m/\rho)}{a^3}$$

Problèmes à résoudre

2 Des zéolithes pour des textiles innovants

Voir, si nécessaire, pistes de résolution, p. 214.

COMPÉTENCES
- Extraire et exploiter des informations.

Énoncé

Document 1 — Coton et cellulose

Le coton est une fibre végétale transformée en fil, puis tissée pour fabriquer des tissus.
C'est la fibre textile la plus utilisée au monde. Une fibre de coton est constituée d'environ 90 % de cellulose, polymère linéaire du glucose.
La cellulose, dont la formule est donnée ci-dessous, est le constituant principal de la paroi cellulaire des végétaux terrestres.

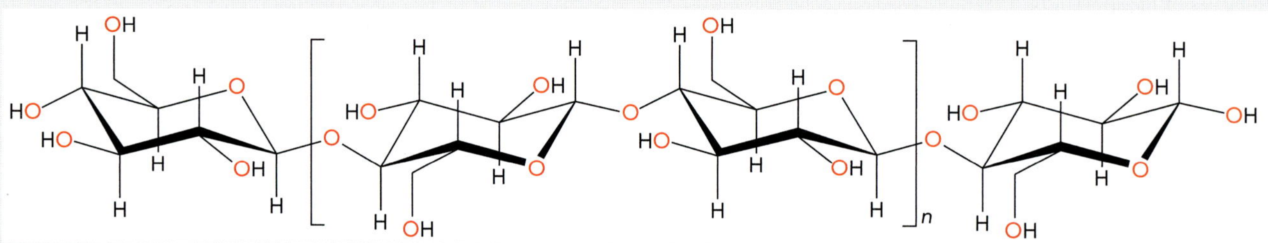

Document 2 — *Trichoderma reesei*

Le champignon filamenteux *Trichoderma reesei* a été découvert pendant la Seconde guerre mondiale à cause de sa capacité à dégrader les toiles de coton de l'armée américaine.

Il est considéré comme le champignon de référence pour la saccharification des polysaccharides de la paroi végétale.

Fibres de coton colonisées par un champignon.

Document 3 — Que sont les zéolithes ?

Les zéolithes sont des roches naturelles dont les gisements sont souvent associés aux volcans qui libèrent du dioxyde d'aluminium (alumine), Al_2O_3, et du dioxyde de silicium (silice), SiO_2, dans un environnement où la température est élevée. L'alumine et la silice se dissolvent dans les solutions très basiques créées par le ruissellement des eaux de pluie sur les roches volcaniques. Les minéraux dissous peuvent ensuite cristalliser en zéolithes.

Les zéolithes sont très poreuses et sillonnées de canaux très fins, d'un diamètre de l'ordre du nanomètre, contenant de l'eau. Quand elles sont chauffées, l'eau contenue dans les canaux s'évapore, d'où leur nom dont l'étymologie est « pierre qui bout » (du grec *zein*, « bouillir » et *lithos*, « pierre »). Cette déshydratation se fait sans altérer la structure cristalline, les zéolithes peuvent donc capter à nouveau des molécules d'eau et se réhydrater.

Les zéolithes sont synthétisées en laboratoire depuis le début du XXe siècle et sont très utilisées dans l'industrie.

D'après C. PERRAULT, « Zéolithes de synthèse », *Pour la Science*, n° 143, sept. 1989.

Document 4 — Électrolyse et zéolithes

Lors de la fabrication de zéolithes de synthèse, il est possible d'inclure des ions métalliques (association ions argent-ions cuivre, ou association ions argent-ions zinc) à la structure cristalline.

Ces ions provoquent l'apparition, au cœur même des cristaux, de différences de potentiels très faibles, mais suffisantes pour réaliser une électrolyse de l'eau. Le dioxygène libéré lors de cette électrolyse provoque l'oxydation des membranes cellulaires des organismes vivants situés à proximité des zéolithes et contribue ainsi à leur destruction.

Problème

Comment l'inclusion de zéolithes de synthèse dans les fibres de coton peut-elle les protéger contre le développement de micro-organismes ?

3 Les nanoparticules de dioxyde de titane

Voir, si nécessaire, pistes de résolution, p. 214.

COMPÉTENCES
- Extraire et exploiter des informations.

Énoncé

Document 1 Définition d'un nanomatériau en cosmétologie

L'ICCR (*International Cooperation on Cosmetic Regulation, 2010*) donne la définition des nanomatériaux dans les produits cosmétiques. Ainsi, il indique qu'« une substance utilisée dans un cosmétique est considérée comme étant un nanomatériau s'il s'agit d'un ingrédient insoluble, délibérément fabriqué, dont au moins une dimension est de l'ordre de 1 à 100 nanomètres dans la formulation finale, qui est suffisamment stable et persistant dans un milieu biologique pour permettre une interaction éventuelle avec des systèmes biologiques ».

Document 2 Les UV et la peau

Les UVB sont responsables des brûlures de la peau (ou « coups de soleil »), mais également d'autres pathologies telles que les cancers cutanés.

Document 3 Taille de particules et toxicologie

Il est généralement admis que les nanomatériaux peuvent présenter des propriétés chimiques, optiques, magnétiques et structurales originales. Par conséquent la forme nanoparticulaire peut présenter des différences de profil toxicologique par rapport à celui de la forme micrométrique.

Document 4 Le dioxyde de titane

Le dioxyde de titane, TiO_2, existe sous trois formes cristallines : anatase, rutile et brookite. Les propriétés d'absorption des rayons UV ne sont effectives qu'avec les formes anatase et rutile étant donné leur capacité d'absorption pour une longueur d'onde située aux alentours de 400 nm.

Outre leur utilisation dans l'industrie cosmétique en tant que filtre UV, les formes anatase et rutile du TiO_2 sont utilisées dans d'autres industries en tant que nettoyant et/ou désinfectant de certaines surfaces en raison de leurs propriétés photocatalytiques.

Toutefois, ces propriétés photocatalytiques ne sont pas recherchées et sont plutôt à éviter dans les produits de protection solaire, car générant des espèces réactives qui peuvent léser l'ADN, mais également endommager d'autres molécules biologiques telles que les lipides insaturés, les protéines, et conduire à des phénomènes de cytotoxicité, d'apoptose et de nécrose.

La forme anatase possède des propriétés photocatalytiques supérieures à celles présentées par la forme rutile.

Document 5 Couleur des crèmes solaires

« La taille des particules détermine également le degré d'opacité des formulations à base de particules de TiO_2. [...] Ainsi, la revue de l'U.S. EPA (2009) spécifie que des particules dont la taille est supérieure à 200 nm dans les produits de protection solaire ou dans les produits cosmétiques en général, laissent sur la peau après application un film de couleur blanche considéré comme peu esthétique ; alors que des formulations contenant des agglomérats de particules de TiO_2 d'une taille de 100-120 nm (taille primaire des particules 10 nm) ou 120-125 nm (taille primaire des particules 15 nm) seraient presque transparentes après application. »

Extraits du rapport de la commission de cosmétologie, AFSSAPS, mars 2011, www.afssaps.fr

Info Quelques définitions

Cytotoxicité : propriété d'un agent chimique ou biologique d'altérer des cellules et d'éventuellement les détruire.

Apoptose : processus d'autodestruction des cellules programmé génétiquement.

Nécrose : processus de destruction des cellules dû à un dysfonctionnement ou à une agression extérieure.

Problème

Justifier que les nanoparticules de dioxyde de titane, TiO_2, principalement sous forme rutile, sont utilisées dans les produits cosmétiques de protection solaire.

Analyser les dangers que peuvent présenter ces nanoparticules.

Exercices Bac

1 L'oxygène : un traceur des courants marins

COMPÉTENCES E xtraire et exploiter des informations; raisonner; effectuer des calculs.

Document 1 Solubilité du dioxygène dans l'eau de mer

La solubilité du dioxygène dissous dans les eaux océaniques varie avec la température et la salinité des eaux.

$[O_2]^{sat}$ est la solubilité du dioxygène, exprimée en µmol·kg^{-1} d'eau de mer;

T est la température de l'eau de mer, exprimée en K; $T(K) = \theta(°C) + 273$

S est la salinité, exprimée en g·kg^{-1} d'eau de mer.

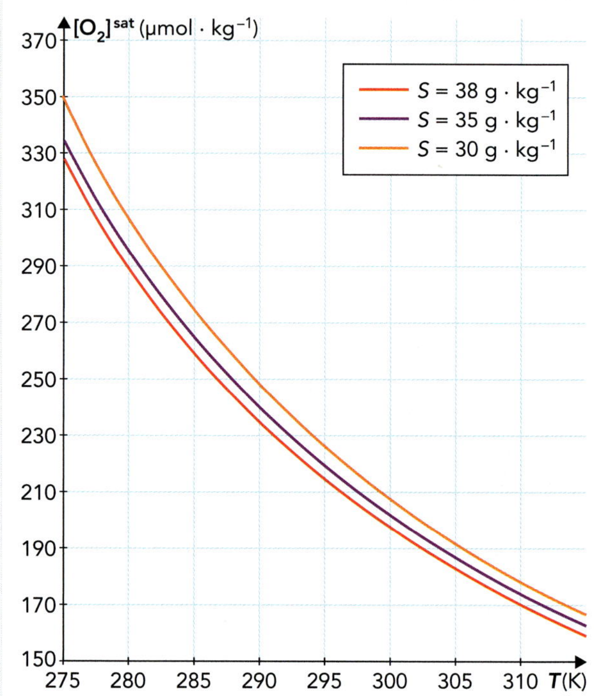

Document 2 Saturation en dioxygène des eaux de surface

À la surface des océans, le dioxygène se dissout dans l'eau de mer. Si l'eau de mer est laissée assez longtemps en contact avec l'atmosphère, la concentration en dioxygène de l'eau de mer s'équilibre avec celle de l'atmosphère selon la loi de Henry :

$[O_2]^{sat} = \alpha \cdot P_{O_2}{}^{atm}$, où α est le coefficient de solubilité, exprimé en mol·kg^{-1}·atm^{-1}, $[O_2]^{sat}$ est la solubilité du dioxygène, exprimée en mol·kg^{-1} et $P_{O_2}{}^{atm}$ est la pression exercée par le dioxygène sur l'eau de mer, exprimée en atm.

On définit le degré de saturation de l'eau de mer comme le rapport de la concentration $[O_2]^{diss}$ en dioxygène dissous dans l'eau de mer et de la solubilité $[O_2]^{sat}$, $s = \dfrac{[O_2]^{diss}}{[O_2]^{sat}}$.

Ainsi, l'eau de mer est dite sous-saturée en dioxygène si $s < 1$.

Ce déséquilibre peut provenir de la consommation du dioxygène lors de la respiration des organismes vivants, de la décomposition des matières organiques par les bactéries, d'une variation de température, etc. Dans les eaux de surface, cette consommation est en partie compensée par l'activité photosynthétique.

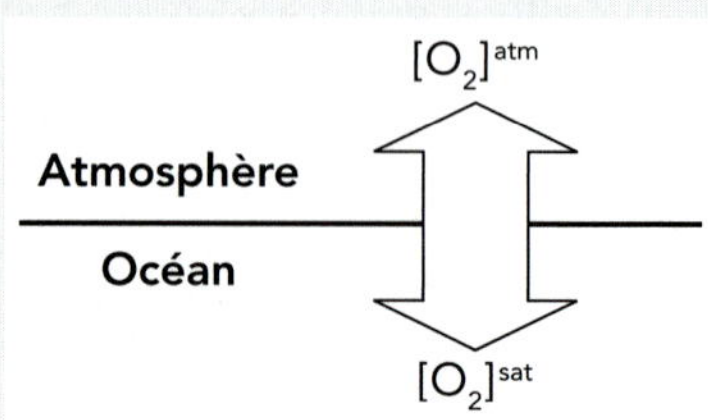

Document 3 Concentration en dioxygène des eaux profondes

Pour exprimer le déficit en dioxygène des eaux profondes, les océanographes utilisent l'utilisation apparente de l'oxygène (ou UAO). Cette grandeur mesure la différence entre la solubilité du dioxygène, $[O_2]^{sat}$, et sa concentration, $[O_2]^{diss}$, mesurée dans l'eau de mer. L'UAO évalue la quantité de dioxygène utilisée par les êtres vivants depuis le moment où les eaux quittent la surface et ne sont plus en équilibre avec l'atmosphère.

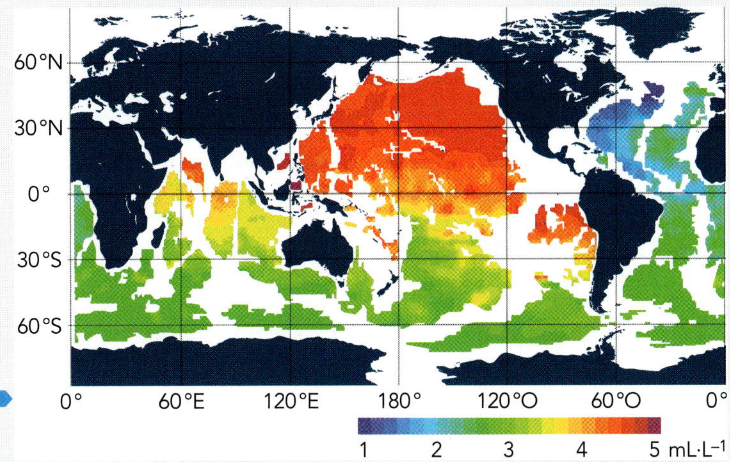

UAO à 4000 m de profondeur. D'après l'Atlas de Levitus. ($1 \text{ mL} \cdot \text{L}^{-1} = 43{,}5 \text{ µmol} \cdot \text{kg}^{-1}$.)

Document 4 Dosage du dioxygène dissous par la méthode de Winkler

La concentration en dioxygène dissous dans l'eau de mer peut être mesurée de manière simple, par la méthode dite de Winkler (1888), adaptée par D.E. Carritt et J.H. Carpenter (1966) au dosage du dioxygène dans l'eau de mer. Ce dosage fait intervenir des réactions mettant en jeu les espèces dissoutes et précipitées de l'élément manganèse, Mn.

Dans un erlenmeyer, on verse un volume V_{mer} = 50,0 mL d'eau de mer prélevée le jour même dans le Pacifique Nord. On ajoute rapidement un volume donné d'une solution de chlorure de manganèse (II), Mn^{2+}(aq) + $2Cl^-$(aq), de concentration connue, un volume donné d'une solution d'iodure de potassium, K^+(aq) + I^-(aq), de concentration connue, et quelques millilitres d'une solution d'hydroxyde de sodium de concentration connue. On constate la formation d'un précipité blanc d'hydroxyde de manganèse, $Mn(OH)_2$(s). L'erlenmeyer est alors bouché, de telle sorte que la solution soit isolée du dioxygène de l'air. Après une agitation de 3 heures, un précipité brun se forme dans l'erlenmeyer.

L'erlenmeyer est rapidement débouché et la solution est acidifiée par ajout d'une solution d'acide sulfurique concentrée. Le précipité brun disparaît et le mélange se colore en orangé.

La totalité de la solution ($V_1 = V_{mer}$ = 50,0 mL) est dosée par une solution de thiosulfate de sodium, 2 Na^+(aq) + $S_2O_3^{2-}$(aq), de concentration molaire $C_2 = 5{,}0 \times 10^{-3}$ mol·L⁻¹. Le dosage de 50,0 mL de l'échantillon nécessite un volume équivalent de thiosulfate de sodium V_{2E} = 9,1 mL.

Étude qualitative

1 Comment évolue la solubilité du dioxygène en fonction de la température ? de la salinité ? → *doc. 1*

2 **a.** Pourquoi les eaux de surface sont-elles saturées en dioxygène ? → *doc. 2*

b. Pourquoi peuvent-elles être parfois sous-saturées ?

3 **a.** Dans les eaux plus profondes, l'intensité lumineuse est faible : expliquer pourquoi le dioxygène ne s'y renouvelle pas. → *doc. 3*

b. Qu'évalue l'UAO ?

c. Une valeur élevée de l'UAO correspond-elle à des eaux riches ou pauvres en dioxygène ?

d. La circulation thermohaline est la circulation permanente de l'eau des océans de la planète. Elle est due aux écarts de température et de salinité des masses d'eau. Les eaux froides et salées de l'Atlantique Nord plongent et alimentent les courants profonds et refont surface au niveau du Pacifique Nord, quelques siècles plus tard.

À l'aide de la figure du **document 1**, expliquer pourquoi la mesure de la quantité de dioxygène dissous peut donner une information sur la direction des courants marins lors de la circulation thermohaline, à 4000 m de profondeur.

Étude quantitative → *doc. 4*

1 Écrire l'équation (notée **(1)**) de la réaction de précipitation de l'hydroxyde de manganèse (II), $Mn(OH)_2$(s), à partir de l'ion manganèse (II).

2 **a.** Montrer que l'équation de la réaction (notée **(2)**) correspondant à la formation du précipité brun est :

$$4\ Mn(OH)_2(s) + O_2(aq) + 2\ H_2O(\ell) \rightleftharpoons 4\ Mn(OH)_3(s)$$

Les couples mis en jeu sont $Mn(OH)_3$(s) / $Mn(OH)_2$(s) et O_2(aq) / $H_2O(\ell)$.

b. Cette transformation est-elle lente ou rapide ?

3 Ajuster l'équation de la réaction de dissolution (notée **(3)**) du précipité brun par les ions oxonium $H_3O^+(aq)$:

$Mn(OH)_3(s) + \ldots H_3O^+(aq) \rightleftharpoons Mn^{3+}(aq) + \ldots H_2O(\ell)$

4 **a.** Les ions iodure, $I^-(aq)$, introduits en excès, réagissent avec les ions manganèse (III) pour former des ions manganèse (II) et du diiode, $I_2(aq)$.

Ajuster l'équation de la réaction (notée **(4)**) :

$\ldots I^-(aq) + \ldots Mn^{3+}(aq) \rightleftharpoons \ldots I_2(aq) + \ldots Mn^{2+}(aq)$

b. Est-ce une réaction acido-basique ou une réaction d'oxydoréduction ? Justifier.

5 **a.** Montrer que l'équation support du titrage (notée **(5)**) s'écrit :

$$I_2(aq) + 2\ S_2O_3^{2-}(aq) \rightleftharpoons 2\ I^-(aq) + S_4O_6^{2-}(aq)$$

Les couples redox mis en jeu sont $I_2(aq)$ / $I^-(aq)$ et $S_4O_6^{2-}(aq)$ / $S_2O_3^{2-}(aq)$.

b. Lors du titrage, on ajoute une pointe de spatule d'empois d'amidon qui donne une teinte violet foncé en présence de diiode.

Comment repère-t-on visuellement l'équivalence ?

6 **a.** À l'aide des équations précédentes, montrer que les quantités de dioxygène dissous, $n(O_2)^{diss}$ et d'ions manganèse (III), $n(Mn^{3+})$, produits lors de la réaction **(3)**, sont liées par la relation $n(Mn^{3+}) = 4 \cdot n(O_2)^{diss}$.

b. Montrer que les quantités de diiode, $n(I_2)$, formé, lors de la réaction **(4)**, et celle d'ions manganèse (III), $n(Mn^{3+})$ sont liées par la relation $n(Mn^{3+}) = 2 \cdot n(I_2)$.

c. En déduire que la quantité d'ions thiosulfate, $n_E(S_2O_3^{2-})$, versée lors du titrage, et celle de diiode sont liées par la relation $n_E(S_2O_3^{2-}) = 2 \cdot n(I_2)$.

7 **a.** Établir une relation entre $n(O_2)$, C_2 et V_{2E}.

b. Montrer que l'expression de la concentration molaire en dioxygène dissous, $[O_2]^{diss}$, dans l'eau de mer est égale à :

$$[O_2]^{diss} = \frac{C_2 \cdot V_{2E}}{4\ V_1}$$

c. Calculer $[O_2]^{diss}$. L'exprimer en $mol \cdot kg^{-1}$ (on admettra, pour simplifier, qu'un litre de solution a une masse d'un kilogramme).

8 L'eau de mer prélevée dans le Pacifique Nord a une salinité $S = 35\ g \cdot kg^{-1}$, à 25 °C (298 K).

a. Déterminer graphiquement la valeur de la concentration $[O_2]^{sat}$. → *doc. 1*

b. Calculer le degré de saturation *s* pour l'eau de mer étudiée. Commenter le résultat. → *doc. 2*

c. Quel phénomène biologique peut expliquer cette valeur de degré de saturation ?

9 **a.** La pression $P_{O_2}^{atm}$ du dioxygène dans l'atmosphère est environ égale à 0,21 atm. Calculer $[O_2]^{sat}$ grâce à la loi de Henry. → *doc. 2*

Donnée : $\alpha = 1{,}019 \times 10^{-3}\ mol \cdot kg^{-1} \cdot atm^{-1}$ pour une eau de salinité $S = 35$ ‰, à 25 °C.

b. Comment expliquer l'écart observé avec la valeur calculée à la question **8.a.** ?

2 Un béton autonettoyant et anti-pollution

COMPÉTENCES Extraire et exploiter des informations.

Document 1 Un ciment rend le béton autonettoyant

Le béton est un matériau de construction obtenu par mélange de granulats et d'un liant. Le liant le plus couramment utilisé est le ciment.

Grâce à l'ajout de nanoparticules de dioxyde de titane, TiO_2, dans le ciment, le béton devient autonettoyant et anti-pollution. En effet, ces nanoparticules permettent à la fois d'éviter le noircissement des façades dû aux dépôts de polluants atmosphériques et de réduire cette pollution dans l'air.

Ce béton a été testé en conditions réelles sur le bâtiment principal de la Cité des Arts de Chambéry (voir ci-contre), construit en 1999.

Document 2 Évolution de l'aspect de la façade

Au cours des années qui ont suivi l'inauguration de la Cité des Arts de Chambéry, des campagnes de mesures ont été effectuées sur les quatre façades du bâtiment permettant de contrôler l'action autonettoyante du béton. La méthode de mesure utilisée est basée sur l'évolution, au cours du temps, de la luminance de la façade.

L'œil étant sensible à la luminance, sa mesure permet de caractériser une source de lumière par la sensation perçue par l'œil. Généralement, on considère que l'œil est capable de percevoir une variation de luminance d'une source de l'ordre de 5 %.

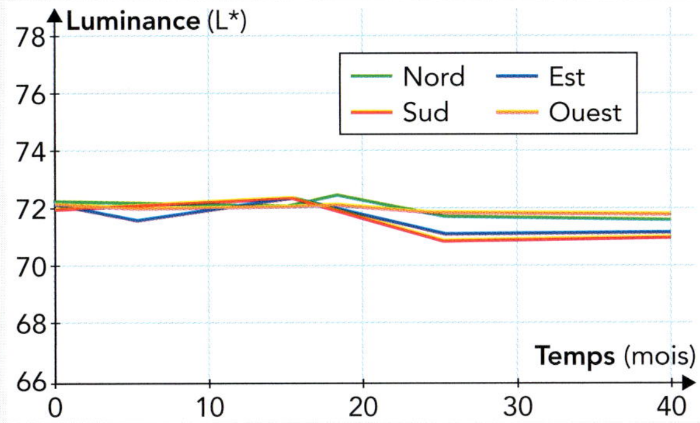

Le graphique ci-contre montre l'évolution de la luminance de portions des façades nord, sud, est et ouest au cours des 40 mois suivant l'inauguration du bâtiment.

Document 3 Les polluants atmosphériques

À cause des activités industrielles et des trafics routiers, l'air des villes contient du dioxyde de soufre, SO_2, du monoxyde d'azote, NO, du dioxyde d'azote, NO_2, des particules fines, des **c**omposés **o**rganiques **v**olatils, COV (comme le benzène ou le toluène), du monoxyde de carbone, CO, de l'ozone, O_3, etc.

Le monoxyde d'azote est rapidement oxydé en dioxyde d'azote sous l'action du dioxygène ou de l'ozone. Le dioxyde d'azote est un gaz roux qui fragilise la muqueuse pulmonaire et provoque une hyperréactivité bronchique chez les asthmatiques.

Document 4 Comment tester les performances du ciment ?

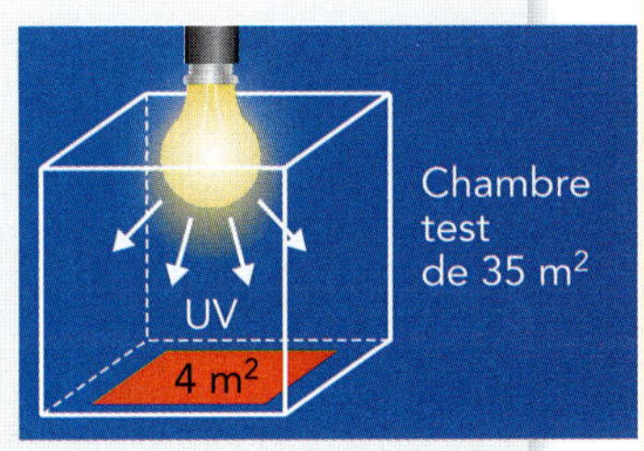

Avant de tester le béton autonettoyant en conditions réelles d'utilisation, le ciment contenant des nanoparticules de dioxyde de titane a fait l'objet de deux types de tests :

– des tests statiques : une plaque recouverte du ciment à tester est placée dans une enceinte fermée dont l'air a été enrichi en dioxyde d'azote ; en quelques heures, le dioxyde d'azote est devenu indétectable ;

– des tests dynamiques : dans une maquette représentant un paysage urbain à l'échelle 1/5e, un moteur thermique, dont les gaz d'échappement sont répartis au sol de la maquette grâce à des tubes percés, génère et répartit les polluants dans la maquette ; des capteurs de température et de vitesse de déplacement de l'air, ainsi que des capteurs de dioxyde d'azote, mesurent les variations de la concentration en NO_2 en fonction de la température et des déplacements de l'air ; entre 20 % et 80 % du dioxyde d'azote disparaît, selon les conditions, en quelques heures.

Document 5 Spectre de la lumière émise par le Soleil

Courbe de l'intensité lumineuse rayonnée par le Soleil en fonction de la longueur d'onde.

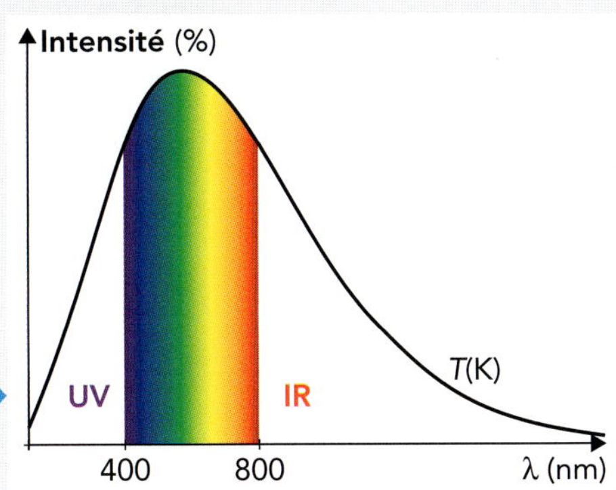

Document 6 Déplacement des molécules dans un gaz

La théorie cinétique des gaz relie le déplacement aléatoire des constituants (atomes, molécules) d'un gaz à sa température. Plus la température est grande, plus la vitesse de déplacement des constituants du gaz est importante.

Ce déplacement aléatoire s'ajoute au déplacement d'ensemble (courant d'air par exemple) des constituants du gaz le cas échéant.

Document 7 Un photocatalyseur très efficace

Un photocatalyseur est une espèce chimique qui augmente la vitesse d'une réaction chimique lorsqu'elle est soumise à un rayonnement naturel ou artificiel. Le dioxyde de titane, TiO_2, est un photocatalyseur très utilisé dont l'efficacité est d'autant plus importante que les particules de TiO_2 sont petites ; elle est vraiment significative quand les particules ont une taille inférieure à 100 nm.

Le dioxyde de titane est un semi-conducteur dont la bande interdite a pour hauteur 3,2 eV. Quand un rayonnement d'énergie suffisante arrive sur le dioxyde de titane, des électrons passent de la bande de valence à la bande de conduction. Il apparaît ainsi des trous dans la bande de valence et un excès d'électrons dans la bande de conduction. Le photocatalyseur est alors activé : les molécules de dioxygène et d'eau se trouvant à proximité de la surface de la nanoparticule de dioxyde de titane sont transformées en radicaux libres, espèces chimiques extrêmement réactives. Ces radicaux libres réagissent immédiatement avec les composés organiques situés à proximité.

Ainsi, les membranes cellulaires de certains organismes vivants qui colonisent les façades (algues, lichens, mousses) sont détruites, ce qui entraîne la disparition de ces salissures. De même, les hydrocarbures déposés sur le béton sont transformés en dioxyde de carbone et en eau, le dioxyde d'azote est transformé en ion nitrate, NO_3^-. Les polluants atmosphériques, non déposés sur la surface, sont également transformés en d'autres substances moins polluantes.

1 Pourquoi le béton est-il un matériau composite ?

2 L'aspect visuel des façades du bâtiment de la Cité des Arts de Chambéry a-t-il changé au cours des 40 premiers mois suivant sa construction ? Quelle(s) autre(s) courbe(s) faudrait-il avoir pour confirmer le rôle autonettoyant du béton utilisé ?

3 Écrire l'équation de la réaction du monoxyde d'azote avec :
– le dioxygène, O_2 ;
– l'ozone, O_3.

4 Comment expliquer la diminution de la concentration en dioxyde d'azote dans le test statique ?

5 Pourquoi réaliser des tests dynamiques avant de passer à des tests en situation réelle ?

6 **a.** La différence d'énergie $\Delta\mathscr{E}$ entre deux niveaux d'énergie est donnée par la relation $\Delta\mathscr{E} = \frac{h \cdot c}{\lambda}$, où $h = 6{,}63 \times 10^{-34}$ J·s, $c = 3{,}00 \times 10^{8}$ m·s^{-1} et λ est la longueur d'onde correspondant au passage d'un niveau d'énergie à l'autre. Sachant que 1,0 eV = $1{,}6 \times 10^{-19}$ J, calculer, en joule, la hauteur de la bande interdite du dioxyde de titane.

En déduire la longueur d'onde, dans le vide, du rayonnement permettant à un électron de passer de la bande de valence à la bande de conduction.

b. Justifier le choix d'une lampe UV pour les tests statiques réalisés sur le ciment autonettoyant contenant des nanoparticules de dioxyde de titane.

c. Pourquoi l'effet autonettoyant est-il possible avec le rayonnement solaire ?

7 Pourquoi les particules de dioxyde de titane incluses dans le ciment doivent-elles être nanométriques ?

8 **Bilan** Faire un bilan de l'action autonettoyante du ciment étudié en précisant son action sur les hydrocarbures et le dioxyde d'azote.

Justifier son rôle à la fois autonettoyant et dépolluant atmosphérique.

3 Rendement du puits à la roue

COMPÉTENCES Extraire et exploiter des informations ; raisonner ; effectuer des calculs.

Document 1 Analyse du cycle de vie ou rendement du puits à la roue ?

« L'analyse du cycle de vie d'un produit est une méthode normalisée (ISO 14040) d'évaluation des impacts sur l'environnement au cours de son cycle de vie (consommation de ressources naturelles, émissions dans l'air et dans l'eau, production de déchets) depuis l'extraction des ressources naturelles jusqu'à l'élimination des déchets. Cette analyse, parfois aussi appelée écobilan, est un bilan quantitatif détaillé des entrées et des sorties mesurées aux frontières du système.

Dans le cas des filières de combustibles et de carburants, et en particulier dans celui d'une filière hydrogène, on procède plus volontiers à une évaluation « du puits à la roue » (pour l'application au secteur des transports) ou « de la source à l'utilisation » (pour les autres utilisations) des besoins d'énergie et des émissions atmosphériques de la filière, sans qu'il s'agisse formellement d'une analyse du cycle de vie. Tous les procédés de la chaîne énergétique sont alors pris en compte : approvisionnement en énergie primaire, production, transport, stockage, distribution et utilisation du dihydrogène. »

Extrait de J.-M. AGATOR, *Clefs CEA*, n° 50/51 2004-2005.

Document 2 La production de dihydrogène

Aujourd'hui, la quasi-totalité de la production de dihydrogène dans le monde se fait à partir du reformage à la vapeur de combustibles fossiles utilisant un catalyseur au nickel. Pour fabriquer du dihydrogène à grande échelle, cette technologie est commercialement éprouvée et de loin la plus abordable. Dans la plupart des cas, le gaz naturel (méthane) constitue la matière première la moins onéreuse pour produire du dihydrogène par reformage à la vapeur d'eau :

(1) $CH_4 + H_2O \rightarrow CO + 3\,H_2$
méthane, eau → monoxyde de carbone, dihydrogène

(2) $CO + H_2O \rightarrow CO_2 + H_2$
dioxyde de carbone

La production de dihydrogène à partir de gaz naturel coûte pourtant encore le double ou le triple de la production d'essence à partir de pétrole brut, sans compter le coût de la capture et du stockage du dioxyde de carbone émis au cours du processus.

La production de dihydrogène par électrolyse de l'eau est à ce jour minime, car elle requiert de grandes quantités d'électricité, dont le coût est élevé. L'électrolyse pourrait cependant servir à produire de petites quantités de dihydrogène à proximité du point d'utilisation, par exemple, à des stations de réapprovisionnement. Les avantages écologiques de « l'énergie hydrogène » obtenue par électrolyse dépendent de la façon dont l'électricité est produite. Si elle provient du nucléaire ou de sources d'énergie renouvelables (vent, solaire, biomasse), l'électrolyse produit du dihydrogène exempt de carbone (sans émission de CO_2). Il faudrait néanmoins de fortes baisses du coût de l'électricité issue du renouvelable et du nucléaire pour permettre au dihydrogène produit par électrolyse de concurrencer les sources d'énergie conventionnelles à grande échelle.

D'après « L'économie de l'hydrogène », Programme des Nations Unies pour l'environnement, 2006.

Document 3 — Production embarquée de dihydrogène

« Le développement des véhicules à pile à combustible, bien qu'encouragé par l'excellent rendement du convertisseur et par l'absence de pollution locale, est actuellement freiné, entre autres facteurs, par le fait que le dihydrogène ne se stocke pas facilement dans un véhicule et qu'il n'existe pas encore de capacités industrielles de production et de distribution dédiées à ce nouveau carburant. Afin de contourner cette difficulté, des développements ont été menés pour le produire directement à bord, via un reformeur alimenté par un hydrocarbure ou un alcool ; mais le véhicule embarque alors un sous-système supplémentaire, lourd, complexe et coûteux qui, de plus, produit du CO_2. »

Extrait de F. HEURTAUX, Renault, T. ALLEAU, « Applications de la pile à combustible et de l'hydrogène dans le transport automobile », « Mémento de l'Hydrogène », fiche 9.1, site AFH2, 2009.

Document 4 — Rendement des procédés et émissions de dioxyde de carbone

Le rendement de la production de dihydrogène par électrolyse est mauvais : il est dû au faible rendement des électrolyseurs (voisin de 60 %) et des usines de production d'électricité. En effet, le rendement de production de l'énergie électrique nécessaire à l'obtention du combustible dihydrogène varie entre 35 % (filière nucléaire) et 60 % (filière gaz naturel). Le rendement du transport et de la distribution de l'électricité est lui de 93 %.

Le rendement global de la production du dihydrogène à partir du méthane dans des unités industrielles est meilleur puisqu'il est de 75 %.

Le rendement du transport, de la compression et du stockage du dihydrogène à bord d'un véhicule est voisin de 75 %.

On peut aujourd'hui produire le dihydrogène à bord même du véhicule par reformage de méthanol stocké à bord. Le rendement global de l'obtention du dihydrogène est alors voisin de 60 %. Vu le poids du système de reformage, le rendement de la pile à combustible utilisée n'est, dans ce cas, que de 45 %.

Filière automobile	Émission de CO_2
Véhicule essence référence	$150\ g \cdot km^{-1}$
Véhicule diesel	$115\ g \cdot km^{-1}$
Véhicule PAC H_2 issu de l'électrolyse :	
avec électricité gaz naturel	$145\ g \cdot km^{-1}$
avec électricité nucléaire ou renouvelable	$5\text{-}10\ g \cdot km^{-1}$
Véhicule PAC H_2 issu du méthanol	$80\ g \cdot km^{-1}$
Véhicule PAC H_2 issu du gaz naturel	$65\ g \cdot km^{-1}$

D'après B. DESSUS, « La fée électrique sous le capot », *Les cahiers de Global Chance*, n° 26, 2009.

Données

- Les piles à combustibles, PAC, développées dans le domaine des transports ont une température optimale de fonctionnement inférieure à 100 °C.
- L'énergie libérée par la formation d'une mole d'eau liquide vaut $\mathcal{E} = 280$ kJ.
- L'énergie libérée par la formation d'une mole d'eau gazeuse vaut $\mathcal{E} = 242$ kJ.
- Équation de la réaction de fonctionnement des PAC utilisant le combustible dihydrogène :

$$2\,H_2 + O_2 = 2\,H_2O$$

- Les piles à combustible testées actuellement consomment en moyenne 1,14 kg de dihydrogène aux 100 km, l'énergie fournie par la pile au véhicule est alors $\mathcal{E}_{upac} = 87{,}8$ MJ.
- Rendement d'un système : $\rho = \dfrac{\text{énergie utile}}{\text{énergie reçue}}$
- Masse molaire atomique de l'hydrogène $M(H) = 1{,}0\ g \cdot mol^{-1}$; $T_{eb}(\text{eau}) = 100$ °C.

À partir des documents ci-dessus, mais aussi de ses propres connaissances, développer un argumentaire raisonné pour répondre aux questions suivantes :

a. Quelle est la filière automobile mettant en jeu une PAC qui correspond au meilleur rendement du puits à la roue ?

b. Correspond-elle au meilleur bilan carbone ?

c. Quel critère, cité dans le document 2, n'est pas pris en compte dans cette analyse ?

4 Le chant des cordes

COMPÉTENCES **Extraire et exploiter des informations ; calculer.**

Document 1 — L'aluminium chante...

Peut-on produire un son très aigu à la limite du supportable avec une simple tige en aluminium ? Grâce à la physique des ondes sonores, c'est parfaitement possible. Cette expérience étonne un grand nombre de personnes, les physiciens eux-mêmes ! Dans une tige métallique, on peut avoir plusieurs mouvements de vibration qui engendrent un son.

• L'onde est transversale : la tige oscille autour de son axe. Déformer une tige selon ce mouvement demande peu de force. La vibration est de faible énergie, d'où un son de basse fréquence (note grave).

C'est le même phénomène qui se produit quand un marteau frappe une plaque de xylophone.

• L'onde est longitudinale : la tige se contracte et se dilate le long de son axe. Il faut plus d'énergie pour imposer ce mouvement à la tige. La vibration demandant plus d'énergie, d'où un son de fréquence élevée (note aiguë). C'est le phénomène qui se produit quand un archet glisse sur la corde d'un violon.

[...] On peut ainsi à l'aide de plusieurs tiges, fabriquer un instrument de musique à condition de respecter les contraintes imposées par la gamme tempérée de BACH.

Une gamme musicale est déterminée par les écarts de fréquence entre les notes qui composent la gamme. Il existe un grand nombre de gammes selon leur origine culturelle.

D'après le site www.scienceamusante.net

Document 2 — Modes de vibration d'une tige

Une onde stationnaire résulte de la superposition d'une onde progressive sinusoïdale incidente et de son onde réfléchie sur un obstacle fixe. Si on note λ la longueur d'onde du son de fréquence f produit par une tige, les ondes stationnaires s'établissent si la longueur L de la tige est un multiple entier de la demi-longueur d'onde $\frac{\lambda}{2}$: $L = \frac{n \cdot \lambda}{2}$.

À l'aide d'un microphone, on capte le son produit par une tige et on visualise sur l'écran d'un oscilloscope une tension électrique, image du mouvement vibratoire de la tige. Le spectre en fréquences de ce son est représenté sur le graphique ci-contre.

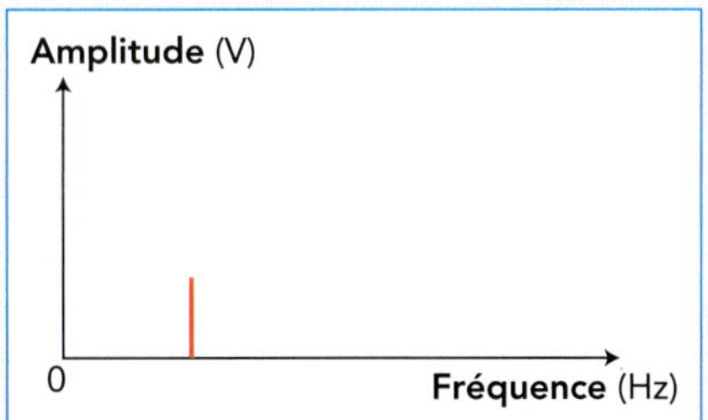

Spectre en fréquences du son produit par la tige.

Document 3 — La gamme tempérée

Dans la gamme tempérée de J.-S. BACH, il y a 12 notes séparées chacune d'un intervalle appelé « demi-ton » (tableau ci-dessous).

En notant f_0 la fréquence d'une note, la fréquence f_{12} est celle de la même note à l'octave supérieure.

Par définition de l'octave, $f_{12} = 2 \cdot f_0$. Le rapport k de fréquences entre deux notes consécutives est appelé intervalle ou degré ou demi-ton ; k est égal à $2^{\frac{1}{12}}$.

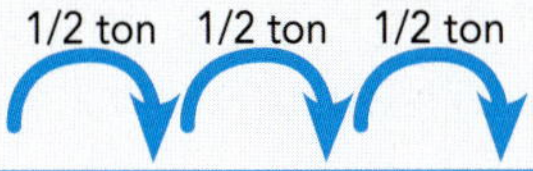

Fréquence (Hz)	$f_0 = 2093$	f_1	f_2	f_3	f_4	f_5	f_6	f_7	f_8	f_9	f_{10}	f_{11}	f_{12}
Note	Do	Do #	Ré	Ré #	Mi	Fa	Fa #	Sol	Sol #	La	La #	Si	Do

Extrait de la gamme tempérée de J.-S. BACH.

Document 4 **Des tiges musicales**

On peut obtenir les notes de la gamme tempérée en produisant des ondes longitudinales dans des tiges d'aluminium.

Une tige de longueur L_0 = 1,00 m vibre dans son mode fondamental. Elle produit alors un son de fréquence f_0 = 2093 Hz.

La tige est un milieu non dispersif, la célérité des ondes y est indépendante de leurs fréquences.

Problème

Quelle doit être la longueur de la tige d'aluminium pour que la note, obtenue lors d'un mouvement vibratoire longitudinal, soit un La#? Proposer un protocole expérimental qui permettrait de vérifier la fréquence de cette note.

5 Halte aux bruits

COMPÉTENCES **Extraire et exploiter des informations ; calculer.**

Un haut-parleur a le diagramme d'émission représenté dans le **document 1**.

Quelle que soit la distance, ce diagramme permet de connaître la perte relative du niveau d'intensité sonore en fonction de l'angle par rapport à l'axe principal du haut-parleur. Le niveau d'intensité sonore mesuré sur cet axe (θ = 0°) constitue la valeur de référence (perte nulle).

On suppose ce diagramme utilisable pour toutes les fréquences audibles.

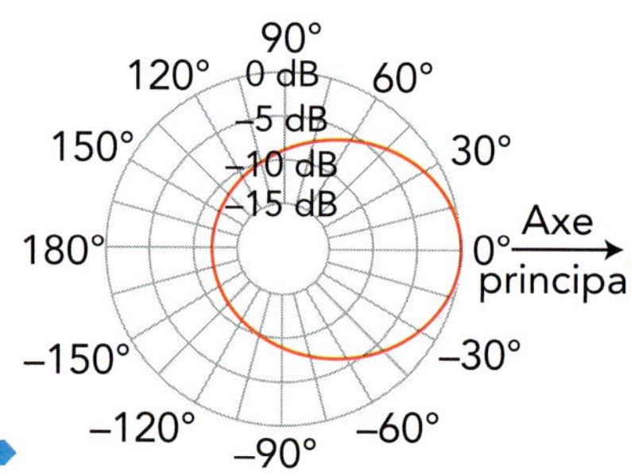

Doc. 1 Diagramme d'émission d'un haut-parleur.

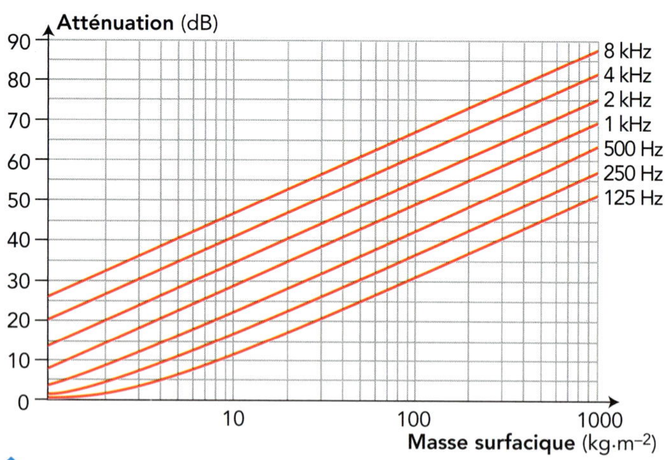

Doc. 2 Atténuation provoquée par un mur en fonction de sa masse surfacique et de la fréquence du son.

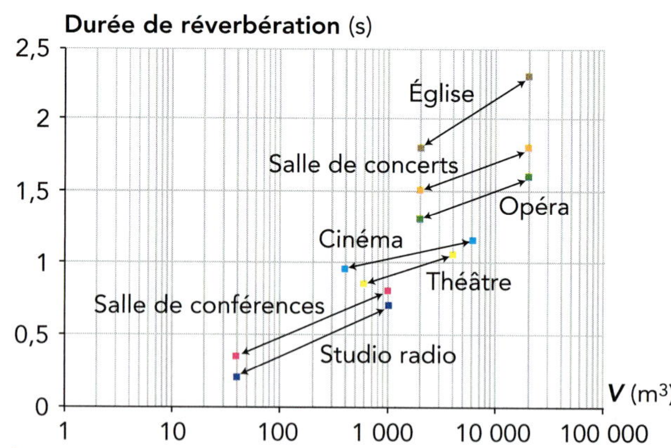

Doc. 3 Durée de réverbération aux fréquences moyennes (500-1 000 Hz) en fonction du volume de la salle.

D'après F. KUZNIK, G. KRAUSS et R. YEZOU, « Acoustique du bâtiment », INSA Lyon, 2009.

La durée de réverbération, TR, se calcule à partir de la formule de Sabine $TR = 0{,}16\dfrac{V}{A}$, avec V le volume de la salle (en m^3) et A sa surface équivalente d'absorption (en m^2 Sabine).

On définit la surface équivalente d'absorption de la salle A par :

$A = \sum_i \alpha_i S_i$, où α_i représente le facteur (ou coefficient) d'absorption du matériau de surface S_i.

Doc. 4 Durée de réverbération.

Le haut-parleur décrit dans les documents proposés se trouve à l'extérieur d'un bâtiment, à 50 m de celui-ci.

À cette distance, lorsque le haut-parleur fonctionne, le niveau d'intensité sonore sur son axe principal est de 55 dB. Le son émis a une fréquence de 500 Hz. Le mur du bâtiment est rigide et homogène.

L'unique pièce de ce bâtiment a une durée de réverbération de 1,5 s pour un volume de 600 m^3.

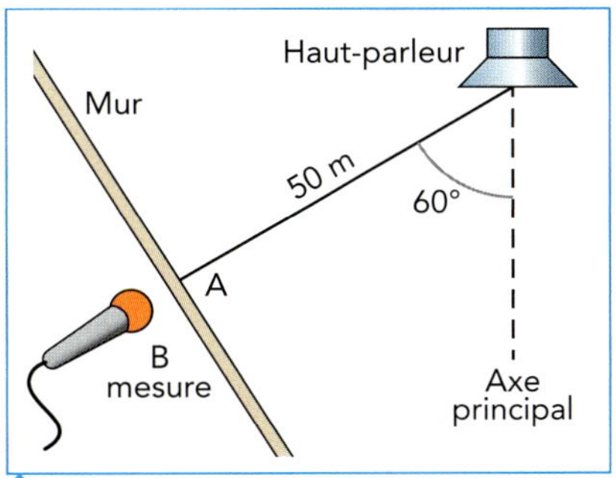

Doc. 5 Schématisation de la situation.

Problème

1. En admettant que seule la nuisance sonore au niveau du mur orienté vers le haut-parleur est à prendre en compte, quelle doit être la masse surfacique du matériau utilisé pour que le calme total soit observé dans la pièce lorsque le haut-parleur est en fonctionnement ?
2. Cette salle ne peut être utilisée comme studio radio. Expliquer pourquoi.
3. Proposer un aménagement de la salle qui permettra d'atteindre cette fonctionnalité.

TP Bac

6 Rendement d'une cellule photovoltaïque TP

A Contexte du sujet

Les cellules photovoltaïques qui composent les panneaux solaires convertissent l'énergie lumineuse du Soleil en énergie électrique. Lorsqu'elle est éclairée par de la lumière, une cellule photovoltaïque génère un courant électrique et une tension électrique apparaît entre ses bornes.

Le but de ce TP est de tracer la caractéristique d'une cellule photovoltaïque et d'en déduire son rendement.

B Documents mis à disposition du candidat

Document 1 **Tension, courant et puissance électrique**

- La tension électrique, notée *U*, entre les bornes d'un générateur se mesure avec un voltmètre monté en dérivation aux bornes de ce générateur. Elle s'exprime en volt (V). Les bornes du multimètre utilisé en voltmètre sont les bornes « V » et « COM ».
- L'intensité d'un courant électrique, notée *I*, délivrée par un générateur se mesure avec un ampèremètre branché en série avec ce générateur. Elle s'exprime en ampère (A). Les bornes du multimètre utilisé en ampèremètre sont les bornes « A » ou « mA » et « COM ».
- La puissance électrique $\mathcal{P}$, fournie par un générateur, vaut $\mathcal{P} = U \cdot I$, avec $\mathcal{P}$ en watt (W), *U* en volt (V) et *I* en ampère (A).

Document 2 **Rendement d'une cellule photovoltaïque**

- Le rendement η d'une cellule photovoltaïque est le quotient de la puissance électrique maximale $\mathcal{P}_{max}$ générée par la cellule par la puissance lumineuse $\mathcal{P}_{lum}$ qu'elle reçoit : $\eta = \dfrac{\mathcal{P}_{max}}{\mathcal{P}_{lum}}$.

$\mathcal{P}_{lum} = E \cdot S$, où E est l'éclairement de la cellule, exprimée en $W \cdot m^{-2}$, et *S* la surface de la cellule, exprimée en m^2.

L'éclairement est mesuré avec un luxmètre : on admet qu'un éclairement de 100 lux correspond à $1\ W \cdot m^{-2}$.

C Liste du matériel disponible

- Une cellule photovoltaïque.
- Deux multimètres.
- Un potentiomètre dont la résistance *R* peut varier entre 0 et 100 kΩ.
- Une lampe de bureau.
- Un luxmètre et sa notice.
- Six fils électriques (3 rouges, 3 noirs).
- Un tableur ou un logiciel de tracé de graphes ou du papier millimétré.
- Une règle graduée.

Exemple de cellule photovoltaïque.

D Travail à effectuer

1. Élaboration et réalisation d'un montage (Durée conseillée : 10 min)

COMPÉTENCES Analyser ; réaliser.

Proposer un schéma de montage permettant, avec le matériel disponible, de mesurer la tension U aux bornes de la cellule photovoltaïque et l'intensité I qu'elle génère lorsqu'elle est éclairée par une lampe de bureau.

Dans le montage, le potentiomètre, qui se branche en série avec la cellule, doit permettre de faire varier les valeurs de la tension U et de l'intensité I.

....

....

....

....

....

....

Appel n° 1 Appeler le professeur pour lui présenter le montage. COMMUNIQUER
Réaliser le montage validé par le professeur. RÉALISER

2. Tracés des caractéristiques (Durée conseillée : 30 min)

COMPÉTENCES Réaliser.

Éclairer la cellule photovoltaïque avec la lampe de bureau et relever la valeur de l'éclairement E.

Sans modifier l'éclairement, tracer la caractéristique courant-tension $I = f(U)$.

Tracer ensuite la caractéristique puissance-tension $\mathcal{P} = f(U)$.

Appel n° 2 Appeler le professeur pour lui présenter les caractéristiques obtenues. COMMUNIQUER

3. Détermination du rendement de la cellule photovoltaïque (Durée conseillée : 15 min)

COMPÉTENCES Analyser.

Proposer une méthode permettant de déterminer le rendement η de la cellule photovoltaïque étudiée.

Le calculer et l'exprimer en pourcentage.

....

....

....

....

....

....

Appel n° 3 Appeler le professeur pour lui présenter la méthode proposée. COMMUNIQUER
Mettre en œuvre la méthode validée par le professeur. RÉALISER

4. Interprétation du résultat obtenu (Durée conseillée : 5 min)

COMPÉTENCES Analyser.

Commenter la valeur du rendement obtenu.

....

....

....

....

....

....

Appel n° 4 Appeler le professeur pour lui présenter votre conclusion. COMMUNIQUER

Ranger le matériel utilisé avant de quitter la salle.

1 Extraire et exploiter des informations

Un document peut se présenter sous diverses formes : texte, image, graphique, fichier audio ou vidéo, etc.
Il faut savoir en **extraire les informations** qui seront ensuite **exploitées** pour répondre à des questions.
Les trois pages de cette fiche illustrent cela sur un exemple.

Document 1 Récupérer l'énergie du quotidien

« En 2010, deux scientifiques coréens ont eu l'idée d'utiliser la vibration engendrée par un son pour faire bouger un matériau piézoélectrique et produire de l'électricité. [...] Certes, la puissance reste très limitée, mais les chercheurs espèrent un jour alimenter des portables grâce aux conversations des utilisateurs... ou réutiliser le bruit du trafic routier. »

« Profiter de l'eau qui coule autour de nous pour produire de l'électricité, l'idée a déjà fait son chemin avec les barrages. Mais redéployer ce système à petite échelle, au niveau des conduites d'eau elles-mêmes, il fallait y penser... »

« 37,5 °C. Le corps humain est un miniradiateur ambulant qui chauffe tout autour de lui... À lui seul, il fournit une puissance de 50 à 100 watts en permanence. À partir de cette idée, Jernhusen, une entreprise suédoise, s'est mis en tête, en 2007, de récupérer cette source thermique inédite pour chauffer un immeuble de 13 étages.

[...] Pour disposer d'une énergie suffisante, un seul individu ne suffit évidemment pas. Mais à 200 m du lieu de construction dudit immeuble, un "radiateur" semble tout trouvé : la gare de Stockholm où plus de 200 000 visiteurs circulent tous les jours ! [...] Pour y parvenir, l'astuce fut d'installer un système de ventilation qui récupère la chaleur humaine pour chauffer un circuit d'eau *via* un échangeur thermique. »

D'après M. Valin, « Objectif : Récupérer l'énergie du quotidien », *Science&Vie*, n° 1122, mars 2011.

Document 2 Recharger son portable en se baladant

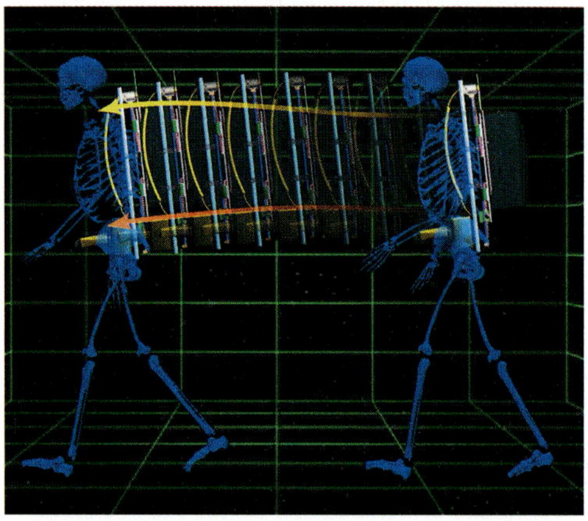

Le sac à dos énergétique de Larry Rome (*University of Pennsylvania*) produit de l'électricité grâce au mouvement du sac à chaque pas du marcheur.

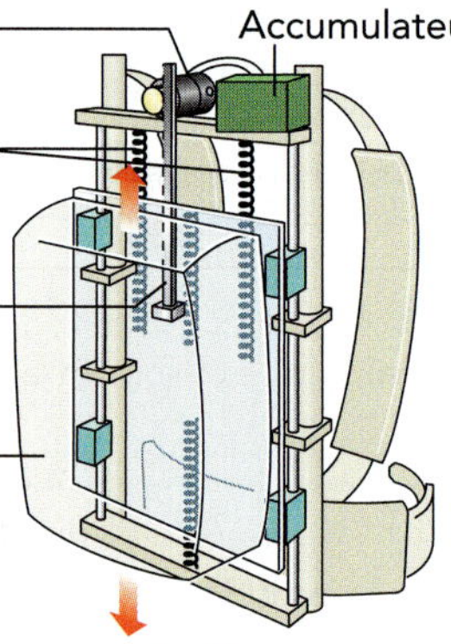

Document 3 Une expérience de piézoélectricité

Évolution temporelle de la tension aux bornes d'un cristal de quartz subissant des contraintes mécaniques

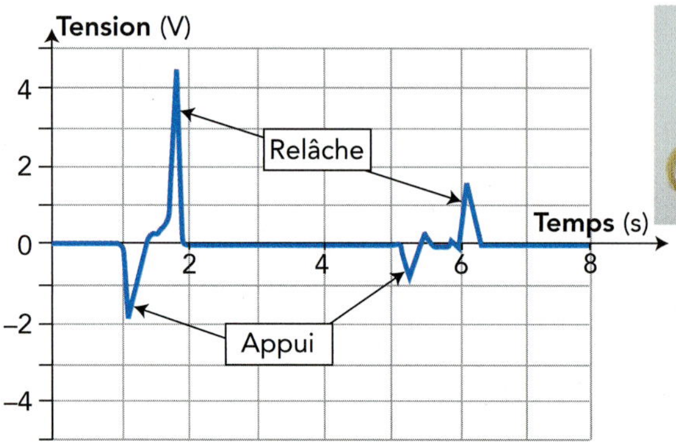

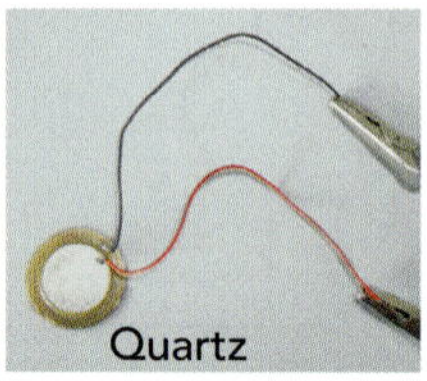

Acquisition de mesure réalisée avec le quartz d'un haut-parleur.

Document 4 Production mondiale d'énergie

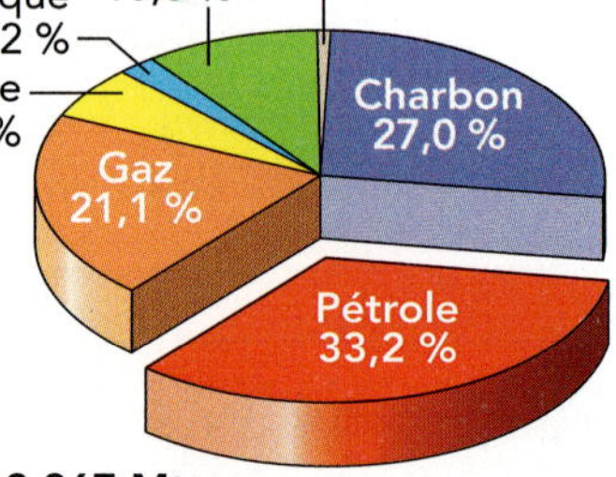

A Extraire les informations

➔ À partir d'un texte (document 1)

- Lire le titre et la source du texte (origine, auteur, date, etc.).
- Lire le texte entièrement.
- Extraire les mots-clés et les organiser, par exemple, dans une carte mentale. Certains mots-clés peuvent être reformulés, d'autres mots peuvent être rajoutés. La lecture de la carte permet de reconstituer l'essentiel du texte.

Une carte possible :

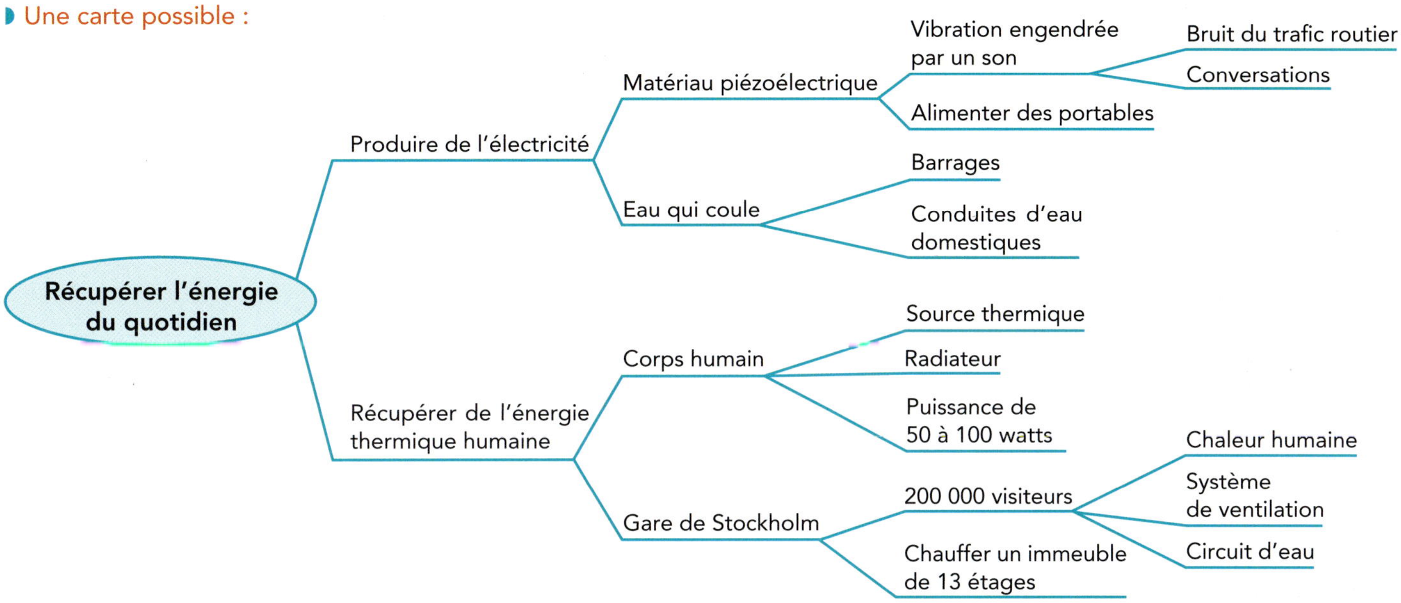

➔ À partir d'un schéma (document 2)

- Lire le titre, la légende et la source du document.
- Observer le schéma dans son ensemble pour en comprendre l'organisation.
- Entrer dans les détails en lisant les légendes et les symboles.
- S'interroger sur les relations entre les éléments.

➔ À partir d'un graphique (documents 3 et 4)

- Lire le titre et tous les éléments informatifs (résumé, légendes, sources, etc.).
- Repérer la nature du graphique, les échelles choisies.
- Repérer les grandeurs portées sur les axes ainsi que leurs unités.
- Noter l'évolution générale, les éventuels codes de couleurs.
- Identifier les points caractéristiques.

B S'interroger sur les informations

Le destinataire d'une information doit s'interroger sur la qualité de cette information, notamment sur sa fiabilité (valeur de la source, etc.). Les questions suivantes contribuent à l'examen critique du document :

Analyser, décrire un document

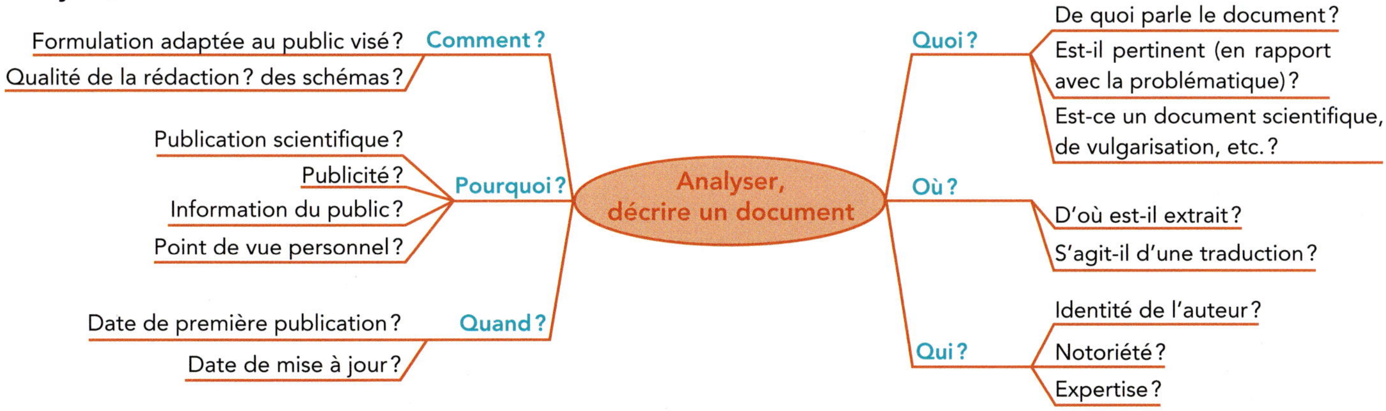

C Exploiter les informations

→ Énoncé

1. Résumer l'ensemble des documents en quelques lignes.
2. Expliquer ce qu'est la piézoélectricité.
3. Établir un tableau de synthèse montrant les différentes techniques évoquées pour récupérer de l'énergie du quotidien. Associer à chaque technique le ou les principe(s) physique(s) ainsi que les formes d'énergie mises en jeu.
4. Quelles sont les ressources énergétiques les plus utilisées actuellement ? Justifier l'importance de développer d'autres moyens de production d'énergie.

→ Solution possible

	Origine de l'information
1. Des systèmes aussi différents qu'un quartz, un sac à dos, les canalisations d'eau d'un immeuble et même une foule de personnes permettent de récupérer de l'énergie.	→ Tous les documents
Ainsi, il est possible de produire de l'électricité à partir d'ondes sonores qui viennent frapper un matériau piézoélectrique. Les vibrations permettent de créer une tension électrique. Les chercheurs envisagent de recharger un téléphone portable grâce à ce dispositif.	→ Doc. 1
Tout comme les barrages hydrauliques permettent de produire de l'électricité, de petites turbines installées dans les canalisations d'immeubles pourraient à moindre échelle, jouer le même rôle.	→ Doc. 1
Le corps humain est source d'énergie thermique. Dans un lieu public où se rassemblent beaucoup d'humains, la récupération de cette énergie permettrait de chauffer un bâtiment de 13 étages.	→ Doc. 1
L'image du **document 2** évoque la possibilité de produire de l'électricité en sautillant. Sur le schéma du sac à dos, les flèches rouges signalent que le sac oscille verticalement. Le mouvement de la masse, donc le travail mécanique qu'il effectue, est converti en énergie électrique par un alternateur. Cette énergie est stockée sous forme chimique dans un accumulateur.	→ Doc. 2
La représentation graphique du **document 3** montre que, lorsque l'utilisateur appuie sur le cristal de quartz, la tension à ses bornes passe par une valeur négative et revient à zéro. Lorsqu'il relâche, la tension passe par une valeur positive. La tension ne s'écarte de zéro que lors du mouvement de la surface du quartz.	→ Doc. 3

2. Lorsqu'on exerce une force sur le quartz, on observe l'apparition d'une tension. Ainsi, le travail mécanique peut être transformé en énergie électrique. C'est le principe de la piézoélectricité. Des oscillations périodiques de la surface d'un quartz permettent d'obtenir une tension alternative périodique.

3.

Objet	Principe	Source énergétique	Production	Origine
Conduite d'eau + alternateur	Induction électromagnétique	Énergie cinétique	Énergie électrique	Doc. 1
Quartz	Piézoélectricité	Énergie acoustique	Énergie électrique	Doc. 1 et 3
Sac à dos + alternateur	Induction électromagnétique	Énergie cinétique + énergie potentielle de pesanteur	Énergie électrique	Doc. 2
Personnes	Métabolisme	Énergie thermique	Énergie thermique	Doc. 1

4. Le graphique **(document 4)** représente la répartition mondiale, en pourcentage, des principales sources d'énergie en 2008. Les ressources fossiles ou fissiles (pétrole, charbon, gaz ou nucléaire) constituent l'essentiel des ressources (plus de 87 %), alors que les ressources renouvelables en représentent moins de 13 %. Les 0,7 % d'énergies étiquetés « autres » peuvent correspondre aux différentes productions de très faibles puissances présentées dans ce document.

Les ressources fossiles ou fissiles s'épuisent petit à petit. C'est pourquoi il est nécessaire de mettre en œuvre des solutions alternatives.

2 Mesures et erreurs de mesures

La mesure de grandeurs physiques (température, masse, vitesse, tension, longueur, etc.) est une étape essentielle de l'activité scientifique. Elle intervient aussi dans de nombreuses activités quotidiennes comme le pesage dans le commerce, la mesure de vitesse avec un radar, l'analyse biologique, etc. Cependant, toute mesure, aussi soigneuse soit-elle, est toujours imprécise. L'évaluation de l'incertitude associée à une mesure est donc indissociable de la mesure elle-même.

Mesurer une grandeur, c'est rechercher une valeur de cette grandeur et lui associer une incertitude afin d'évaluer la qualité de la mesure.

A Définitions

- Le **mesurage** est l'ensemble des opérations permettant de déterminer expérimentalement l'intervalle de valeurs que l'on peut raisonnablement attribuer à une grandeur. Le terme mesurage est préféré à celui de mesure, car le mot mesure a de nombreux sens dans la langue française.
- Le **résultat d'un mesurage** est un ensemble de valeurs attribuées à la grandeur mesurée. C'est un intervalle de valeurs à l'intérieur duquel se trouve la **valeur mesurée**.
- La **valeur vraie** d'une grandeur est la valeur que l'on obtiendrait si le mesurage était parfait. Un mesurage n'étant jamais parfait, cette valeur est toujours inconnue.

L'**erreur de mesure** est l'écart entre la valeur mesurée et la valeur vraie.
Par définition, cette erreur est inconnue puisque la valeur vraie est elle-même inconnue.

B Erreurs et notions associées

Les erreurs de mesures peuvent être dues à l'instrument de mesure, à l'opérateur ou à la variabilité de la grandeur mesurée. On les classe en deux catégories.

→ L'erreur de mesure aléatoire

Lorsqu'un même opérateur répète plusieurs fois le mesurage d'une même grandeur, les valeurs mesurées peuvent être différentes. On parle alors d'**erreur de mesure aléatoire**.

Cette dispersion des valeurs mesurées est due à la qualité du mesurage réalisé par l'opérateur et à la qualité de l'instrument de mesure.

→ L'erreur de mesure systématique

Un appareil défectueux, mal étalonné ou utilisé incorrectement conduit à des valeurs mesurées proches les unes des autres, mais éloignées de la valeur vraie. On parle alors d'**erreur de mesure systématique**.

Si la valeur vraie est au centre de la cible et si les flèches représentent des valeurs mesurées :

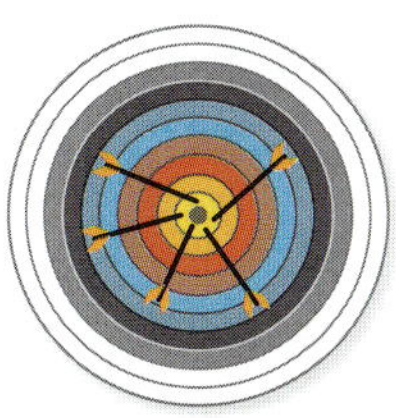

Tous les impacts sont proches du centre de la cible : les erreurs aléatoires et systématiques sont faibles.

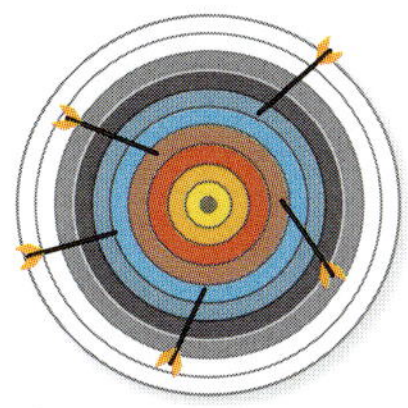

Les impacts sont éloignés du centre de la cible, mais centrés, en moyenne, sur le centre de la cible : les erreurs aléatoires sont importantes, mais les erreurs systématiques sont faibles.

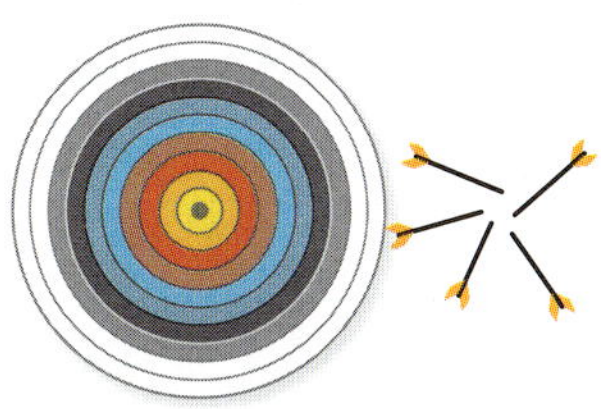

Les impacts sont groupés, mais loin du centre : les erreurs aléatoires sont faibles, mais les erreurs systématiques sont importantes.

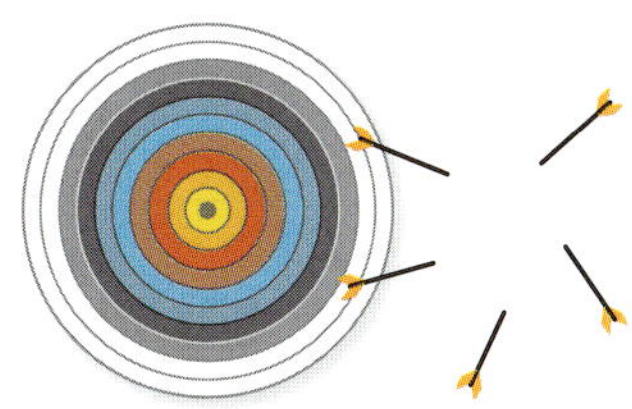

Les impacts sont étalés et loin du centre : les erreurs aléatoires et systématiques sont importantes.

3 Évaluation des incertitudes de mesure

L'**incertitude de mesure** est une estimation de l'erreur de mesure.

- L'incertitude de mesure sera notée U (de l'anglais « *uncertainty* »).

Elle permet de définir un intervalle dans lequel la valeur vraie a de grandes chances de se trouver. Cet intervalle est centré sur la valeur mesurée, notée m.

On parle **d'intervalle de confiance**.

- En général, la largeur de cet intervalle est choisie pour avoir 95 % ou 99 % de chance de trouver la valeur vraie à l'intérieur. Pour un même mesurage, le second intervalle (correspondant à un niveau de confiance de 99 %, en vert sur le schéma ci-contre) sera plus large que le premier (correspondant à un niveau de confiance de 95 %, en rouge sur le schéma ci-contre).

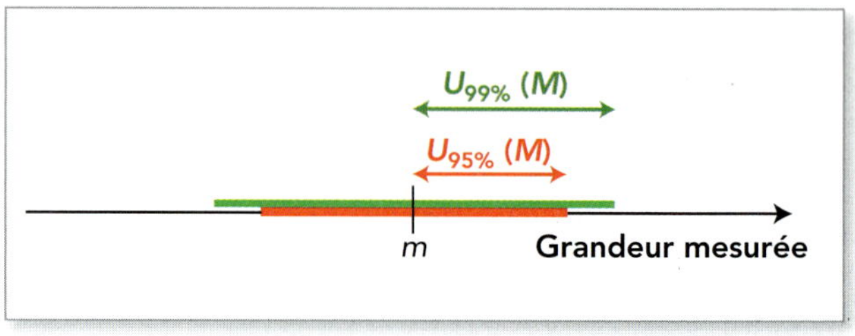

- La qualité de la mesure est d'autant meilleure que l'incertitude associée est petite.

A Évaluer une incertitude de répétabilité

- Lorsqu'un même opérateur répète plusieurs fois le mesurage de la même grandeur, dans les mêmes conditions expérimentales, il peut trouver des résultats différents.
- Il en est de même pour des opérateurs différents réalisant simultanément le mesurage de la même grandeur avec du matériel similaire.
- Dans de tels cas, on utilise des notions de statistiques (moyenne et écart type) pour analyser les résultats.

L'incertitude de mesure correspondant à des mesures répétées d'une même grandeur est appelée **incertitude de répétabilité**. Elle est liée à l'écart type de la série de mesures.

- Pour une série de n mesures indépendantes donnant des valeurs mesurées m_k, l'**écart type de la série de mesures** est :

$$\sigma_{n-1} = \sqrt{\frac{\sum_{k=1}^{n}(m_k - \overline{m})^2}{n-1}}$$

où $\overline{m}$ est la **valeur moyenne de la série** de mesures, que l'on notera aussi m_{moy}.

L'écart type est obtenu en utilisant les fonctions statistiques d'une calculatrice ou d'un tableur.

- L'**incertitude de répétabilité** associée à la mesure est $U(M) = k \times \frac{\sigma_{n-1}}{\sqrt{n}}$.

Elle dépend du nombre n de mesures indépendantes réalisées, de l'écart type de la série de mesures et d'un coefficient k appelé **facteur d'élargissement**.

- Le **facteur d'élargissement k** dépend du nombre de mesures réalisées et du niveau de confiance choisi.

Sa valeur figure dans un tableau issu de la loi statistique dite « loi de Student ».

Un extrait de ce tableau est donné ci-dessous pour un nombre de mesures compris entre 2 et 16, et pour des niveaux de confiance de 95 % et de 99 % :

n	2	3	4	5	6	7	8	9	10	11	12	13	14	15	16
$k_{95\%}$	12,7	4,30	3,18	2,78	2,57	2,45	2,37	2,31	2,26	2,23	2,20	2,18	2,16	2,15	2,13
$k_{99\%}$	63,7	9,93	5,84	4,60	4,03	3,71	3,50	3,36	3,25	3,17	3,11	3,06	3,01	2,98	2,95

Ce tableau montre que :

– Pour un même nombre de mesures, plus le niveau de confiance est grand et plus k est grand.

– Pour un même niveau de confiance, plus le nombre n de mesures indépendantes est grand et plus k est petit.

***Remarque :* en Terminale S, l'expression de l'incertitude de répétabilité et l'extrait de la table de Student correspondant à un(aux) niveau(x) de confiance choisi(s) seront donnés.**

Exemple : la mesure Δt de la durée de chute d'un objet depuis une fenêtre a été répétée 16 fois avec un chronomètre de qualité. Les résultats obtenus, exprimés en seconde, sont les suivants :

1,38	1,45	1,41	1,45	1,43	1,41	1,46	1,39
1,43	1,48	1,38	1,44	1,40	1,42	1,39	1,44

La série des valeurs mesurées des durées précédentes conduit à un écart type σ_{n-1} = 0,029 65 s.

Avec un niveau de confiance de 95 %, l'incertitude de répétabilité est :

$$U_{\text{répétabilité}}(\Delta t) = 2{,}13 \times \frac{\sigma_{n-1}}{\sqrt{n}} = 2{,}13 \times \frac{0{,}02965}{\sqrt{16}} = 0{,}016 \text{ s.}$$

Avec un niveau de confiance de 99 %, l'incertitude de répétabilité est :

$$U_{\text{répétabilité}}(\Delta t) = 2{,}95 \times \frac{\sigma_{n-1}}{\sqrt{n}} = 2{,}95 \times \frac{0{,}02965}{\sqrt{16}} = 0{,}022 \text{ s.}$$

B Évaluer une incertitude sur une mesure unique

Lorsqu'une mesure ne peut pas être reproduite plusieurs fois, il est impossible d'estimer une incertitude de répétabilité.

Il est alors nécessaire d'analyser les différentes sources d'erreurs liées à l'instrument de mesure. Les valeurs des exemples suivants correspondent à un niveau de confiance de 95 %.

En Terminale S, les relations à utiliser seront données.

Le thermomètre est gradué en degré Celsius. L'incertitude sur une mesure unique de la température θ est :

$$U_{\text{lecture}}(\theta) = \frac{2 \times 1}{\sqrt{12}} = 0{,}58 \text{ °C.}$$

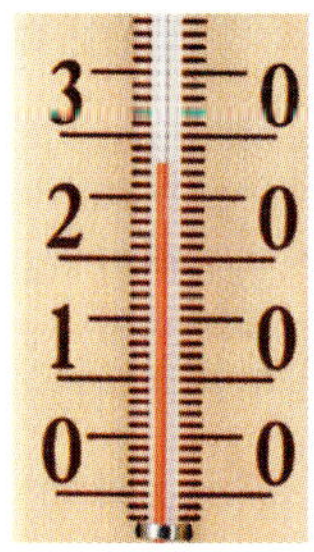

Cas d'une lecture simple sur une échelle graduée

Lorsque la mesure est obtenue par lecture sur une échelle ou un cadran, pour un niveau de confiance de 95 %, l'incertitude de la mesure liée à la lecture est estimée à :

$$U_{\text{lecture}} = \frac{2 \text{ graduations}}{\sqrt{12}}$$

Cas d'une double lecture sur une échelle graduée

Lorsque la mesure nécessite une double lecture, les incertitudes liées à la lecture peuvent se cumuler ou se compenser, totalement ou partiellement. Pour un niveau de confiance de 95 %, l'incertitude liée à la lecture est estimée à :

$$U_{\text{double lecture}} = \sqrt{2\left(\frac{2 \text{ graduations}}{\sqrt{12}}\right)^2} = \sqrt{2}\, U_{\text{lecture}}$$

La mesure de la distance d entre la lentille et le plan de formation de l'image nécessite de repérer les positions de ces deux instruments sur le banc d'optique. Celui-ci étant gradué en mm, l'incertitude liée à la double-lecture est :

$$U_{\text{double lecture}}(d) = \sqrt{2} \times \frac{2 \times 1}{\sqrt{12}} = 0{,}82 \text{ mm.}$$

En pratique, cette incertitude est souvent arrondie à 1 mm.

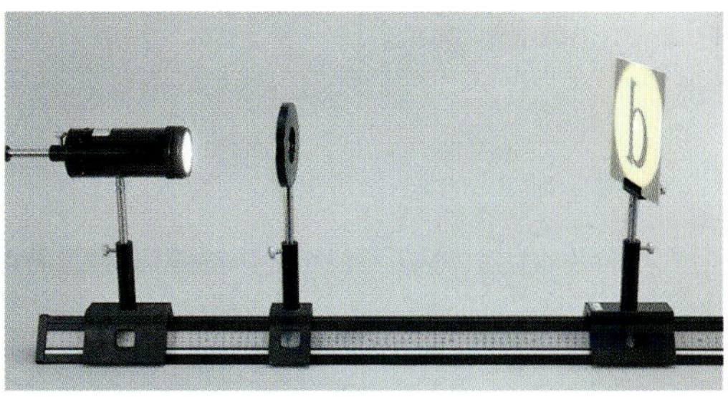

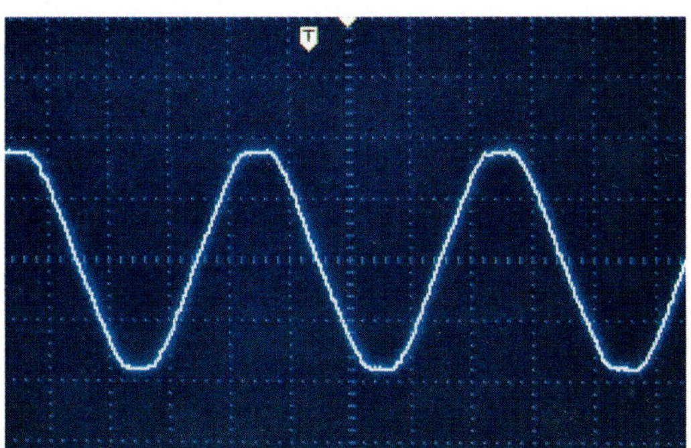

La mesure de la période T d'un signal périodique affiché sur l'écran d'un oscilloscope nécessite de repérer deux points de la courbe et de lire leurs abscisses. Celui-ci étant gradué en cinquièmes de division, l'incertitude liée à la double lecture est :

$$U_{\text{double lecture}}(T) = \sqrt{2} \times \frac{2 \times 0{,}2}{\sqrt{12}} = 0{,}163 \text{ DIV.}$$

Si la base de temps est réglée sur 5,0 ms/DIV, l'incertitude de lecture sur la valeur mesurée de la période est :

$$U_{\text{double lecture}}(T) = 5{,}0 \times 0{,}163 = 0{,}82 \text{ ms.}$$

En pratique, cette incertitude est souvent arrondie à 1 ms.

➔ Cas d'une mesure obtenue avec un appareil de tolérance connue

Lorsque la mesure est obtenue avec un appareil pour lequel le constructeur indique la tolérance t (notée $\pm t$), l'incertitude liée à la tolérance de cet appareil est estimée à $\frac{2\,t}{\sqrt{3}}$.

Par exemple, pour une pipette jaugée de 10,0 mL de classe A, la tolérance est $\pm 0{,}02$ mL.
L'incertitude sur la mesure de volume V liée à la tolérance de la pipette est :

$$U_{\text{tolérance}}\,(V) = \frac{2 \times 0{,}02}{\sqrt{3}} = 0{,}023 \text{ mL}.$$

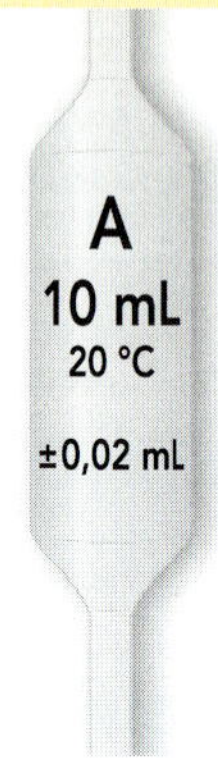

Sur la verrerie jaugée utilisée en chimie, le fabricant indique toujours sa tolérance.

C Évaluer une incertitude sur une mesure dans laquelle interviennent plusieurs sources d'erreurs

Lors d'un mesurage, il est fréquent d'avoir plusieurs sources d'erreurs à prendre en compte.
C'est notamment le cas lorsque :
– le mesurage fait intervenir une ou plusieurs lectures avec un appareil de tolérance donnée ;
– le mesurage fait intervenir un calcul avec des valeurs dont les incertitudes sont connues.
En Terminale S, les relations à utiliser seront données.

➔ Exemple de l'incertitude sur la valeur d'un volume V versé, mesurée avec une burette graduée

- Une burette graduée de tolérance $t = \pm 0{,}05$ mL est graduée en dixième de millilitre.

On suppose que l'opérateur utilise une méthode de lecture du volume correcte. On ne prendra donc en compte que l'incertitude de lecture sur l'échelle graduée de la burette.

- Pour faire une mesure de volume versé, il faut faire deux lectures de volume successives (le zéro et le volume versé) et l'incertitude associée à chaque lecture est :

$$U_{\text{lecture}}\,(V) = \frac{2 \times 0{,}1}{\sqrt{12}} \text{ mL}.$$

- D'autre part, l'incertitude liée à la tolérance indiquée par le constructeur est :

$$U_{\text{tolérance}}\,(V) = \frac{2 \times 0{,}05}{\sqrt{3}} \text{ mL}.$$

- En prenant en compte les deux sources d'erreur, l'incertitude (formule fournie) sur le volume versé avec cette burette est :

$$U(V) = \sqrt{2\,(U_{\text{lecture}})^2 + (U_{\text{tolérance}})^2} = \sqrt{2 \times \left(\frac{2 \times 0{,}1}{\sqrt{12}}\right)^2 + \left(\frac{2 \times 0{,}05}{\sqrt{3}}\right)^2} = 0{,}1 \text{ mL}.$$

Sur cette burette graduée, le fabricant a indiqué :
– le volume maximal mesurable : 25 mL;
– la graduation la plus petite : 0,1 mL;
– la classe de l'instrument : A;
– la température pour laquelle l'indication du volume est la plus précise : 20 °C;
– la tolérance : ±0,05 mL.

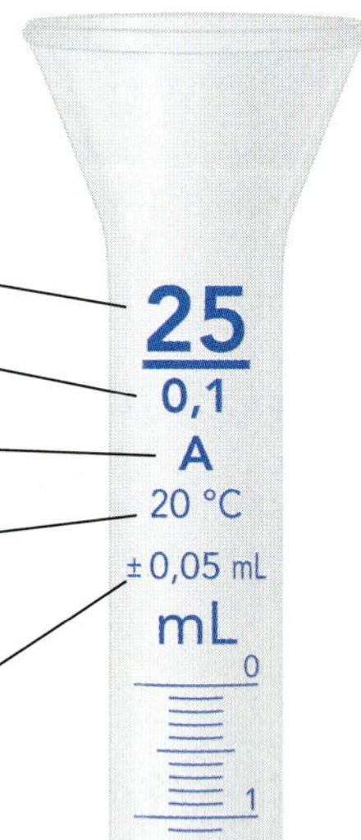

➔ Exemple de l'incertitude sur la valeur calculée d'une vitesse obtenue par une mesure de distance et une mesure de durée

- Une moto parcourt une distance $d = 125{,}35$ m en une durée $\Delta t = 2{,}164$ s.

La valeur de la vitesse moyenne calculée à partir de ces mesures est $v = \frac{d}{\Delta t} = \frac{125{,}35}{2{,}164} = 57{,}93 \text{ m}\cdot\text{s}^{-1}$.

Cependant, une incertitude est associée à cette valeur de la vitesse. Cette incertitude est liée aux incertitudes sur les mesures des grandeurs intervenant dans le calcul.

Les incertitudes liées aux instruments de mesures utilisés sont telles que :
– l'incertitude sur la mesure de la distance est $U(d) = 0{,}15$ m ;
– l'incertitude sur la mesure de la durée est $U(\Delta t) = 0{,}002$ s.

- L'incertitude (formule fournie) sur la valeur de la vitesse moyenne de la moto est alors, dans ce cas :

$$U(v) = v \cdot \sqrt{\left(\frac{U(d)}{d}\right)^2 + \left(\frac{U(\Delta t)}{\Delta t}\right)^2} = 57{,}93 \times \sqrt{\left(\frac{0{,}15}{125{,}35}\right)^2 + \left(\frac{0{,}002}{2{,}164}\right)^2} = 0{,}088 \text{ m}\cdot\text{s}^{-1}.$$

4 Expression et acceptabilité du résultat

A Convention d'écriture pour l'expression du résultat

Le résultat du mesurage d'une grandeur M est un intervalle de confiance associé à un niveau de confiance. L'intervalle de confiance est centré sur la valeur m (valeur mesurée lors d'une mesure unique ou valeur moyenne des mesures lors d'une série de mesures) et a pour demi-largeur l'incertitude de mesure $U(M)$.

Le résultat du mesurage s'écrit $M = m \pm U(M)$ ou $M \in [m - U(M) ; m + U(M)]$. Si elle existe, l'unité est précisée.
Par convention, l'incertitude sera arrondie à la valeur supérieure avec au plus deux chiffres significatifs et les derniers chiffres significatifs conservés pour la valeur mesurée m sont ceux sur lesquels porte l'incertitude $U(M)$.

Ainsi, le dernier chiffre significatif de la valeur mesurée doit être à la même position décimale que le dernier chiffre significatif de l'incertitude.

Dans le résultat de la forme $M = m \pm U(M)$	
Pour la valeur mesurée m, on garde :	Pour l'incertitude U, on garde :
– les chiffres « exacts » (ceux sans incertitude) ; – le 1er chiffre entaché d'erreur ; – le 2e chiffre entaché d'erreur que l'on arrondit.	– le 1er chiffre non nul ; – le chiffre suivant majoré.

Dans certains cas, il est utile d'écrire le résultat de la mesure au format scientifique, la puissance de 10 utilisée doit alors être la même pour la valeur mesurée m et pour l'incertitude associée $U(M)$.

Par exemple :

	Valeur mesurée m	Incertitude $U(M)$	Résultat du mesurage M
Vitesse de la moto (p. 586)	57,925 $m \cdot s^{-1}$	0,088 $m \cdot s^{-1}$	$V = (57{,}925 \pm 0{,}088)\ m \cdot s^{-1}$
Charge électrique	$1{,}6042 \times 10^{-19}$ C	$0{,}0523 \times 10^{-19}$ C	$q = (1{,}604 \pm 0{,}053) \times 10^{-19}$ C

Lorsque le niveau de confiance est connu, il est précisé dans l'écriture du résultat.

B Incertitude relative d'une mesure

L'**incertitude relative** d'une mesure est le quotient de l'incertitude de mesure U par la valeur mesurée m, soit $\frac{U}{m}$

L'incertitude (ou la précision) relative d'une mesure s'exprime en pourcentage : $(\frac{U}{m} \times 100)$ %. C'est un indicateur de la qualité de la mesure : plus elle est petite et plus la mesure est précise. Généralement, on considère que :

Si $\frac{U}{m} \leq 0{,}01$, alors la mesure est de bonne qualité.

C Comparaison du résultat d'une mesure à une valeur de référence

Dans certains cas, la grandeur mesurée a une valeur déjà connue précisément, considérée comme une valeur de référence. La qualité du résultat de la mesure est obtenue par un calcul d'incertitude relative.

Si la grandeur mesurée a une valeur de référence $m_{\text{référence}}$ et une valeur mesurée $m_{\text{mesurée}}$, alors l'incertitude relative est :

$$r = \frac{|m_{\text{mesurée}} - m_{\text{référence}}|}{m_{\text{référence}}}$$

D Amélioration de la qualité d'une mesure

Quand l'incertitude relative est supérieure à 1 %, il faut chercher comment améliorer la qualité de la mesure effectuée :
- le matériel choisi doit présenter une tolérance suffisamment faible ;
- le matériel doit être utilisé correctement (lecture du niveau de liquide dans une burette, par exemple) ;
- le nombre de mesures indépendantes doit être suffisant ;
- lors de calculs successifs, il faut garder les résultats intermédiaires dans la mémoire de la calculatrice.

5 La gamme tempérée de Jean-Sébastien Bach

Une **gamme musicale** est déterminée par les écarts de fréquences des notes de musique qui la constituent. Les combinaisons des notes doivent produire des effets sonores agréables.

La gamme utilisée dans la musique occidentale classique et moderne a été élaborée par Jean-Sébastien Bach (1685-1750). Elle est connue sous le nom de « **gamme tempérée** ».

- Deux notes dont le rapport de fréquences est 2 sont séparées par une **octave**.
Une octave comprend **(doc. 1)** :
les sept notes : Do, Ré, Mi, Fa, Sol, La, Si et les cinq notes Do#, Ré#, Fa#, Sol# et La#, chaque note # (dièse) est séparée de sa note de base d'un demi-ton.

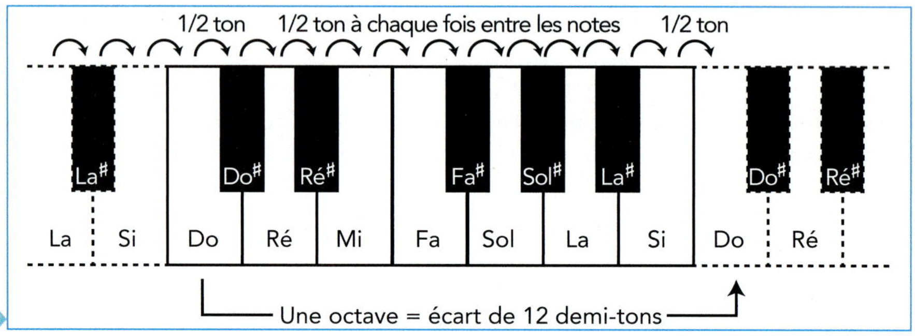

Doc. 1 Gamme tempérée de Bach.

- L'octave est divisée en douze intervalles de fréquences égaux appelés **demi-tons (doc. 2)**.
Le rapport de fréquences de deux demi-tons consécutifs est égal à $2^{1/12} = \sqrt[12]{2}$.

Note	Do	Do#	Ré	Ré#	Mi	Fa	Fa#	Sol	Sol#	La	La#	Si	Do
Rapport de fréquence	1	$2^{1/12}$	$2^{2/12}$	$2^{3/12}$	$2^{4/12}$	$2^{5/12}$	$2^{6/12} = \sqrt{2}$	$2^{7/12}$	$2^{8/12}$	$2^{9/12}$	$2^{10/12}$	$2^{11/12}$	$2^{12/12} = 2$

Doc. 2 Rapport des fréquences des notes sur une octave de la gamme tempérée (# : dièse).

- On peut aussi utiliser la notation b (bémol) à la place de la notation # (dièse). Un Ré# (un demi-ton au-dessus du Ré) est aussi un Mi^b (un demi-ton en dessous du Mi).
On comprend que le « Do# » et le « Ré^b » sont « les mêmes notes » au son, à l'oreille. Seulement, pour la lecture d'une partition, le « # » incite à monter et le « b » incite à descendre, ce qui limite l'hésitation de la part du musicien qui lit une partition **(doc. 3)**.

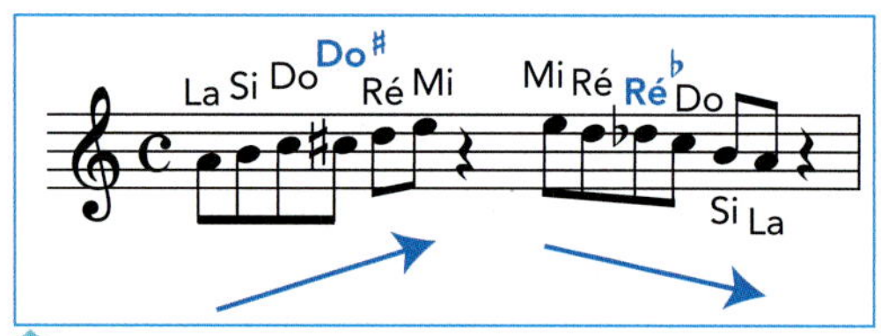

Doc. 3 Extrait d'une partition avec Do# et Ré^b.

- Chaque note de la gamme tempérée a une fréquence bien précise **(doc. 3)**.

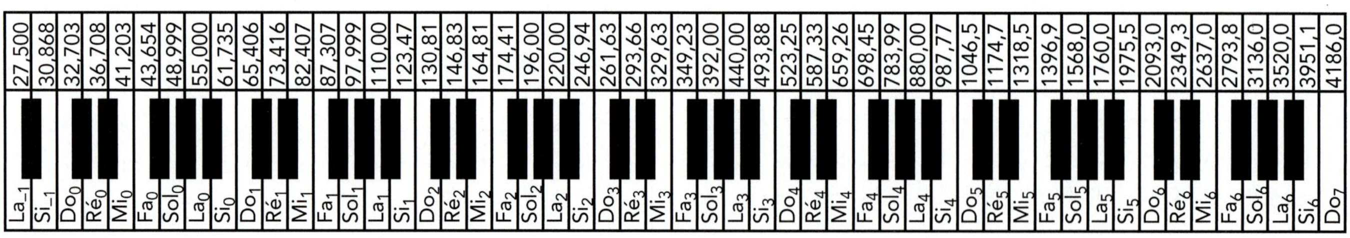

Doc. 4 Clavier d'un piano associant la fréquence à la note correspondante.

- Certains **intervalles** dans la gamme tempérée produisent des sons agréables pour l'oreille humaine :

Nom	Largeur
tierce mineure	3 demi-tons
tierce majeure	4 demi-tons
quarte juste	5 demi-tons

Nom	Largeur
quinte juste	7 demi-tons
sixte mineure	8 demi-tons
sixte majeure	9 demi-tons

6 Paramétrer un logiciel d'acquisition

- Les systèmes d'acquisition informatisés utilisés au lycée peuvent être différents. Cependant, certains paramétrages sont communs à tous.
- Lors d'une acquisition informatisée, on peut définir :

– **la durée totale Δt de l'acquisition** ;

– le nombre de mesures n à effectuer durant l'acquisition ;

– **la période d'échantillonnage T_e**, c'est-à-dire la durée séparant deux mesures consécutives ;

– **la fréquence d'échantillonnage f_e**, c'est-à-dire le nombre de mesures effectuées par seconde.

- Ces valeurs sont liées par la relation :

$$\Delta t = n \times T_e \quad \text{ou} \quad \Delta t = \frac{n}{f_e}$$

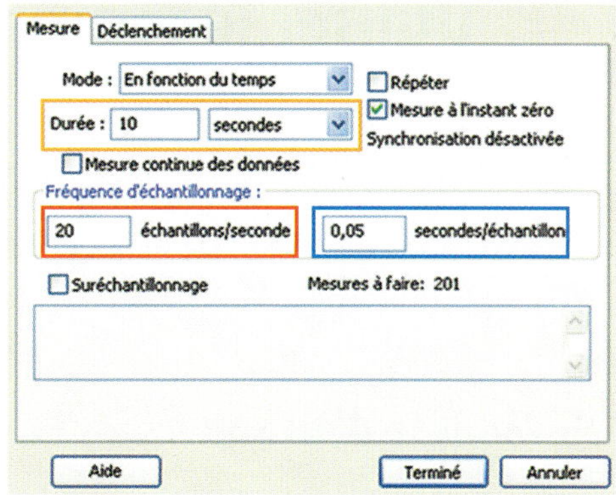

Exemple d'écran de paramétrage d'un logiciel d'acquisition.

A Durée totale de l'acquisition

- Il est important d'avoir une idée de la durée totale du phénomène que l'on souhaite étudier.
De même, il est intéressant d'avoir un ordre de grandeur de la fréquence ou de la période s'il s'agit d'un phénomène périodique.
- Par exemple, un son grave dont la fréquence est environ 10^2 Hz a une période proche de 10 ms.
Une durée totale d'acquisition égale à 50 ms permettra d'afficher cinq périodes de ce son.

B Nombre de mesures et fréquence d'échantillonnage

- Effectuer une acquisition comportant un nombre de mesures trop restreint ou une fréquence d'échantillonnage trop faible par rapport à la fréquence du signal peut modifier l'allure du signal.
- Afin d'obtenir un affichage correct d'un signal périodique, on admet qu'il faut au minimum 20 points de mesure par période. Cela revient à choisir une fréquence d'échantillonnage au moins 20 fois supérieure à la fréquence du signal périodique.

Acquisition d'un La_3 de fréquence 440 Hz émis par un diapason avec 10 points de mesure par période.

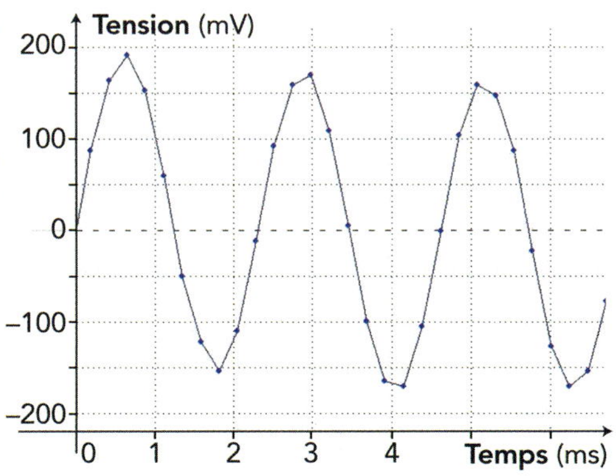

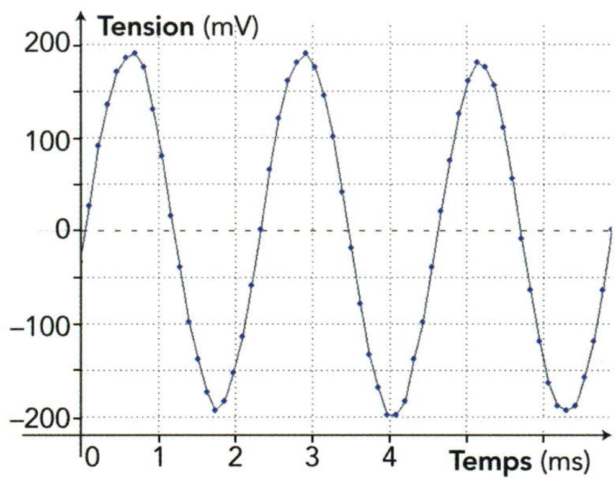

Acquisition d'un La_3 de fréquence 440 Hz émis par un diapason avec 20 points de mesure par période.

Des signaux plus complexes peuvent nécessiter un nombre plus important de points par période :

Acquisition d'un La_1 de fréquence 110 Hz émis par une guitare avec 20 points de mesure par période.

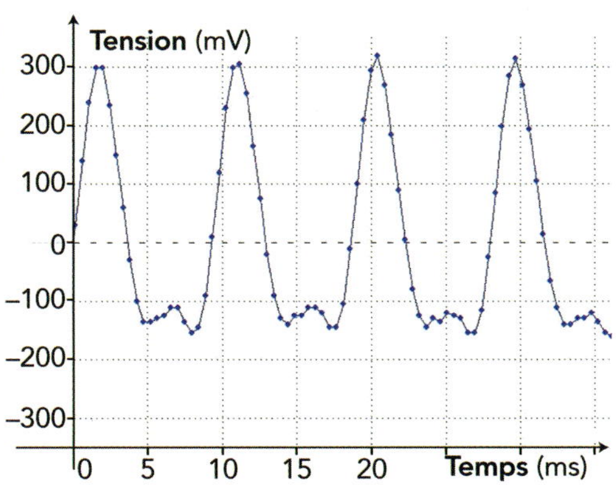

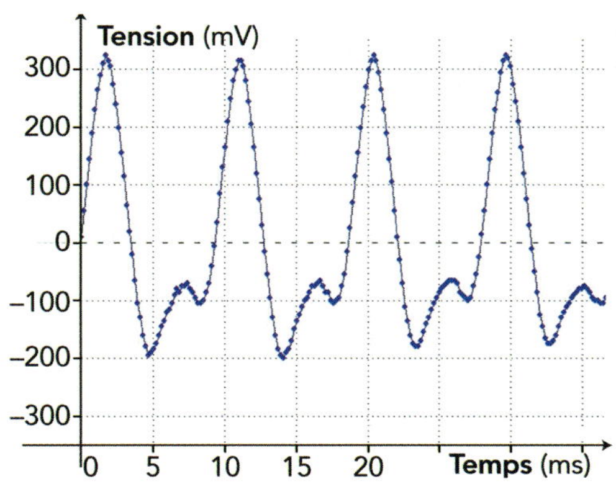

Acquisition d'un La_1 de fréquence 110 Hz émis par une guitare avec 50 points de mesure par période.

7 Utiliser le logiciel Scilab®

Le logiciel libre Scilab® est un logiciel de calcul numérique. Il est téléchargeable sur le site http://www.scilab.org

Conseil : placer les fichiers et les programmes dans le même répertoire qu'il faut déclarer dans la console Scilab (**Fichier, Changer de répertoire courant**). Dans la suite de la fiche, ce répertoire est appelé « mon répertoire Scilab ».

A Analyse d'un son

À l'aide de Scilab, on souhaite analyser un son, c'est-à-dire afficher l'amplitude de ce son au cours du temps, son spectre en fréquence et son spectrogramme.

Ouvrir **SciNotes**, à partir de la **Console dans Applications**, **SciNotes** ou en cliquant sur l'icône . Dans la fenêtre de **SciNotes**, écrire le programme **analyse_son.sce** :

Fichier Edit Rechercher Préférences Fenêtre Exécuter ?

analyse_son.sce (C:\Documents and Settings\mdneiges\Mes documents\Hachette\TSspe\scilab\analyse_son.sce) - Sc

analyse_son.sce | creer_sonsynt.sce

```
1 fe=44100;
2 son=loadwave("la.wav");
3 f=scf(0);
4 subplot(131);plot(son);
5 subplot(132);analyze(son,fmin=50,fmax=3000,rate=fe,points=8192);
6 f.color_map=rainbowcolormap(128);
7 subplot(133);mapsound(son,dt=0.1,simpl=1,fmin=50,fmax=3000,rate=fe);
8 e=gce();colorbar(min(e.data.z),0);
```

- Ligne 1 : fe est la fréquence d'échantillonnage. Sa valeur correspond au nombre de fois par seconde où le fichier son est analysé.
- Ligne 2 : loadwave permet de charger le fichier à analyser, ici nommé « la.wav », qui se trouve dans « mon répertoire Scilab » et de le placer dans la variable son.
- Ligne 3 : f = scf(0), f est la fenêtre « figure0 ».
- Ligne 4 : plot (son) permet d'afficher l'amplitude du son en fonction du temps, subplot(131) permet d'afficher dans le premier tiers de la fenêtre, l'amplitude du son au cours du temps.
- Ligne 5 : analyze permet de déterminer le profil spectral du son pour des fréquences comprises entre 50 Hz et 3000 Hz. $8192=2^{13}$ est le nombre de points utilisés pour tracer le spectre en fréquence. Ce nombre de points doit être une puissance de 2. Cette valeur permet une bonne résolution du spectre.
- Ligne 6 : rainbowcolormap(128) est la palette de couleurs « 128 couleurs » utilisée pour la figure variant du rouge au violet en passant par le orange, le jaune, le vert et le bleu.
- Ligne 7 : mapsound permet d'afficher le spectrogramme du son.
- Ligne 8 : colorbar permet d'afficher le code des couleurs pour ce spectrogramme.

Lorsqu'on exécute le programme , la fenêtre s'ouvre contenant les trois figures. La fenêtre de la **console Scilab** permet de voir le déroulement de l'exécution du programme.

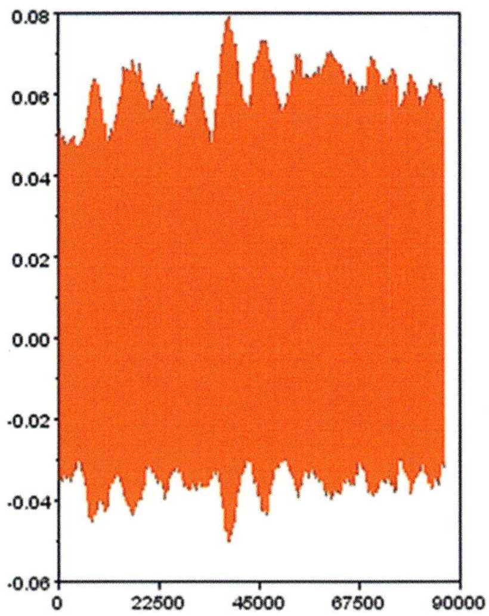

Doc. 1 Amplitude en fonction du temps.

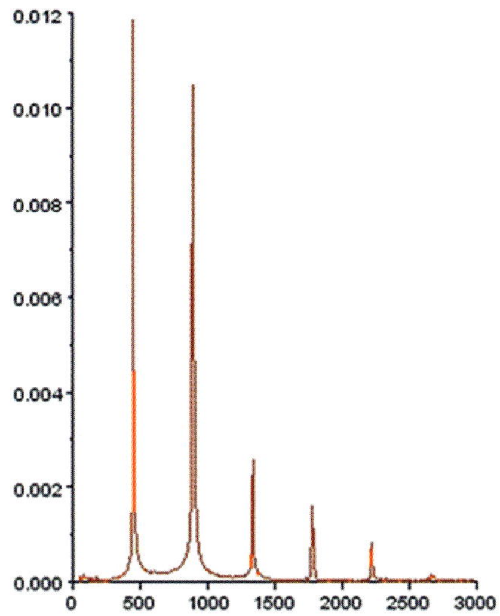

Doc. 2 Spectre en fréquence.

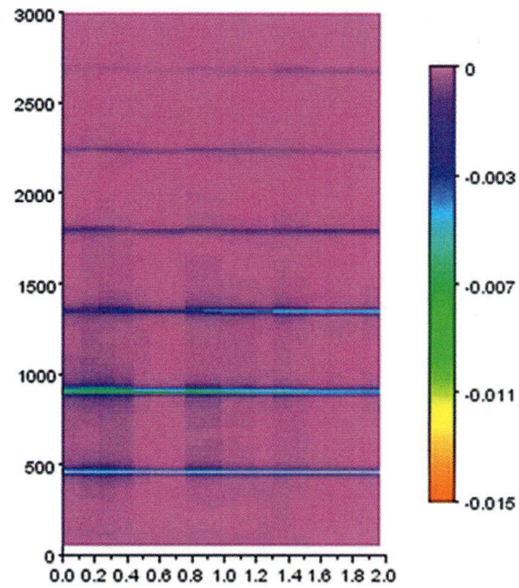

Doc. 3 Spectrogramme.

B Synthèse d'un son

Dans la fenêtre de **SciNotes**, écrire le programme **creer_sonsynt.sce** :

Fichier Edit Rechercher Préférences Fenêtre Exécuter ?

creer_sonsynt.sce (C:\Documents and Settings\mdneiges\Mes documents\Hachette\TSspe\scilab\creer_sonsynt.sce) - SciNotes

analyse_son.sce | creer_sonsynt.sce

```
1  n=2;
2  fe=44100;
3  t=soundsec(n, fe);
4  f1=441;
5  sonsynt=0.5*cos(2*%pi*f1*t)+0.25*cos(2*%pi*2*f1*t+%pi/2);
6  sonamplifie=2*sonsynt;
7  savewave("sonlasynthe.wav",sonsynt,fe);
8  subplot(131);plot(t,sonsynt);
9  subplot(132);analyze(sonamplifie,fmin=50,fmax=2000,rate=fe,points=8192);
10 f=scf(0);
11 f.color_map=rainbowcolormap(128);
12 subplot(133);mapsound(sonamplifie,dt=0.1,simpl=1,fmin=50,fmax=2000,rate=fe);
13 e=gce();colorbar(min(e.data.z),0);
```

- Ligne 1 : *n* est la durée du son que l'on va créer.
- Ligne 2 : f_e est la fréquence d'échantillonnage. Attention, il faut que f_e soit un multiple de f_1. f_1 est la fréquence du fondamental du son que l'on souhaite créer.
- Ligne 3 : *t* est la variable temps, de durée *n* secondes avec un pas de $1/f_e$.
- Ligne 4 : f_1 est la fréquence du fondamental.
- Ligne 5 : la variable sonsynt est définie comme la somme de fonctions sinusoïdales de fréquences f_1, 2 f_1 et d'amplitudes 0,5 et 0,25.
- Ligne 6 : on amplifie le sonsynt pour que chaque pic ait l'amplitude correspondant au coefficient multiplicateur de la fonction cosinus dans la formule.
- Ligne 7 : permet de sauvegarder le son synthétisé pour l'écouter dans un autre logiciel comme Audacity®.
- Lignes 8 à 13 : on analyse le son synthétisé comme dans le programme précédent.

8 Utiliser le logiciel Audacity®

Le logiciel libre Audacity® permet d'enregistrer des sons, de les analyser et de les modifier. Il est téléchargeable sur le site http://audacity.sourceforge.net

A Vue d'ensemble de la fenêtre principale

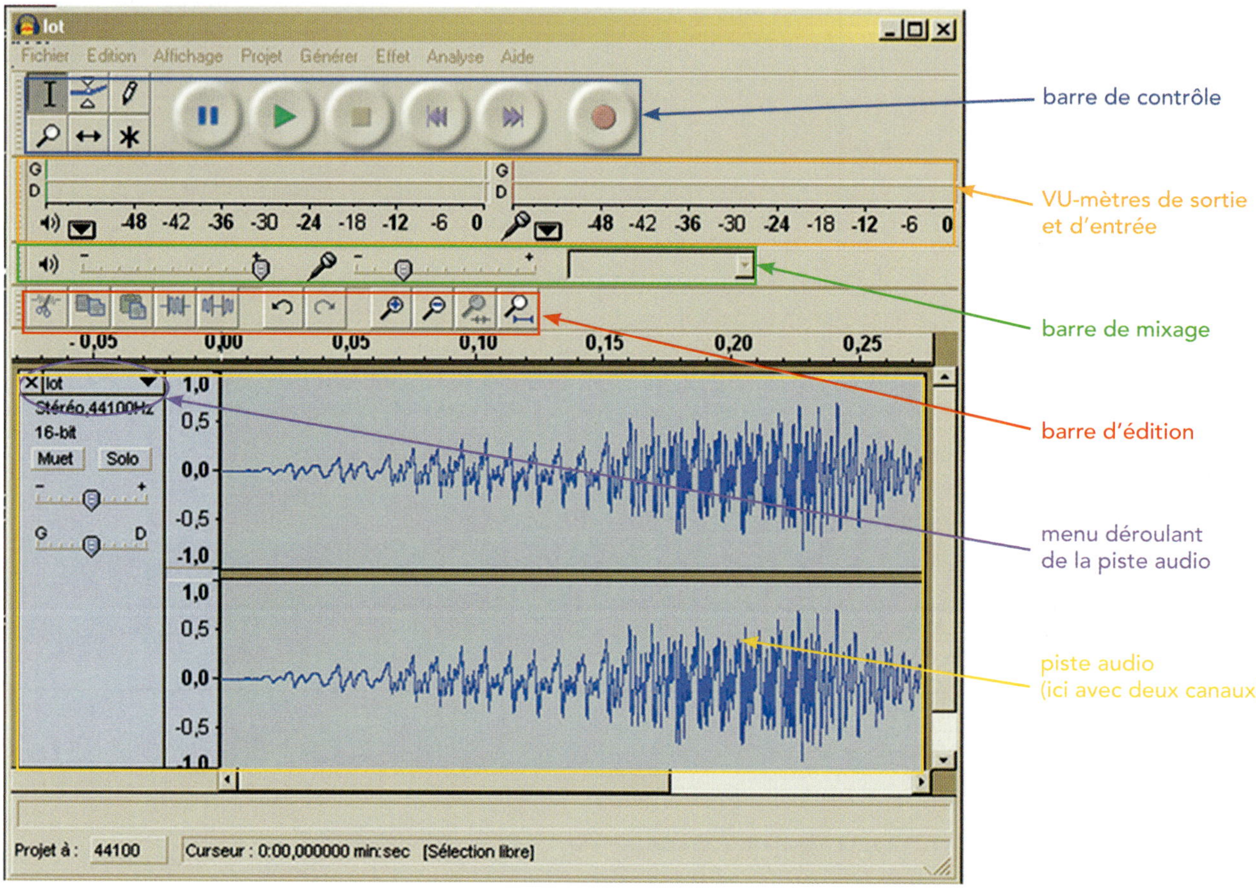

B Ouverture d'un fichier son

Ce logiciel permet d'ouvrir les fichiers son (wav, mp3, etc.) : cliquer dans **Fichier**, puis **Ouvrir**.

Une piste apparaît alors, où l'on trouve la représentation graphique de l'amplitude du signal sonore en fonction du temps (une ou deux représentations graphiques selon que le fichier est un enregistrement sonore mono ou stéréo). Ce type d'affichage est appelé **Forme d'onde** dans le logiciel.

C Acquisition d'un son

Il est possible d'enregistrer un son à l'aide d'un microphone relié à l'ordinateur équipé d'une carte son, où est installé le logiciel Audacity®. Dans le menu **Edition**, cliquer sur **Préférences** et choisir l'**entrée microphone** dans l'onglet **E/S Audio**.

L'acquisition est lancée en cliquant sur l'icône **Enregistrement** de la barre de contrôle.

Elle est stoppée en cliquant sur l'icône **Stop**. Un nouveau clic sur **Enregistrement** relance l'acquisition sur une nouvelle piste.

Un clic sur l'icône **Pause** permet de suspendre momentanément l'acquisition. Un second clic la relance sur la même piste, à la suite de ce qui précède.

D Sauvegarde d'un fichier son

◗ La sauvegarde est réalisée dans le menu **Fichier** en cliquant sur **Enregistrer le Projet sous**. On obtient un fichier *.aup* ce qui permet de lire ou de modifier le fichier à l'aide d'Audacity®.

◗ Pour obtenir un fichier wav ou mp3 (format compressé) qui pourra être lu par d'autres lecteurs que celui d'Audacity®, il faut choisir **Exporter en WAV** ou **Exporter comme mp3** dans le menu **Fichier**. Pour obtenir un fichier mp3, il faut que la librairie de compression *lame.dll* soit présente sur l'ordinateur (cette bibliothèque est téléchargeable).

E Lecture d'un fichier son après acquisition par Audacity®

◗ Depuis Audacity®, la lecture d'un fichier son est réalisée en cliquant sur l'icône **Lecture** ▶. Les icônes **Stop** ■ et **Pause** ❚❚ ont la même fonction que dans un lecteur classique.

◗ Depuis un autre lecteur, il faut préalablement avoir sauvegardé le fichier sous forme d'un fichier wav ou mp3.

Chaque piste fait partie du même fichier et sera jouée en même temps que les autres (superposition) lors de la lecture de ce fichier.

F Édition d'un fichier son après acquisition par Audacity®

◗ Après sélection à la souris d'une partie de la **Forme d'onde**, on peut utiliser les icônes **Couper**, **Copier**, **Coller**, **Supprimer en dehors de la sélection** et **Rendre la sélection muette** dans la barre d'édition afin de modifier le signal de la piste.

◗ L'icône **Outil de glissement temporel** ↔ permet de déplacer le long de l'axe des abscisses la totalité du signal de la piste par un cliquer-déplacer.

◗ Le menu **Effet** permet d'appliquer différents effets sonores à la partie du signal sélectionnée. Par exemple, il est possible de supprimer le son correspondant au bruit de fond.

Après avoir sélectionné la partie du signal correspondant au bruit de fond, choisir **Élimination du bruit** dans le menu **Effet**. Cliquer sur le bouton **Prendre le profil du bruit** dans la nouvelle fenêtre.

Sélectionner ensuite la partie du signal de la piste sur laquelle on supprime le bruit de fond et choisir de nouveau l'option **Élimination du bruit**. Dans la nouvelle fenêtre, après avoir réglé, grâce au curseur, la quantité de bruit à supprimer, cliquer sur le bouton **Supprimer le bruit** pour valider.

G Changement du mode d'affichage du signal

◗ En cliquant dans le menu déroulant portant le nom de la piste audio, il est possible d'afficher le signal en mode *spectre*, ce qui correspond à l'affichage du spectrogramme du son.

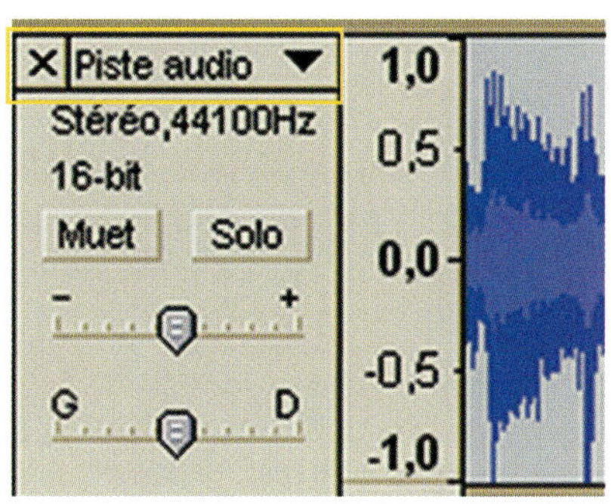

9 Les logarithmes décimaux

Le logarithme décimal est la fonction réciproque de la fonction puissance de 10 :

si $y = \log x$, alors $10^y = x$.

Exemples

$0 = \log 1$	alors	$10^0 = 1$	$2 = \log 100$	alors	$10^2 = 100$
$1 = \log 10$	alors	$10^1 = 10$	$6 = \log 1\,000\,000$	alors	$10^6 = 1\,000\,000$

Remarque

Le logarithme décimal est relié au logarithme népérien (étudié en cours de mathématiques) par :

$$\ln x = \ln 10 \cdot \log x \approx 2{,}3 \log x$$

A Exemples d'utilisation en physique-chimie

En physique, le niveau d'intensité sonore, L, est défini comme dix fois le logarithme décimal du rapport de l'intensité sonore mesurée, I, et de l'intensité sonore I_0 correspondant au seuil d'audibilité : $L = 10 \log\left(\frac{I}{I_0}\right)$.

En chimie, le pH d'une solution aqueuse est défini comme l'opposé du logarithme décimal du nombre $[H_3O^+]$ représentant la concentration en ions oxonium de la solution : $pH = -\log [H_3O^+]$.

B Logarithme décimal et représentation graphique

Lorsque les valeurs à représenter graphiquement sont **très étalées**, l'échelle linéaire classique est **mal adaptée (doc. 1)**. On utilise dans ce cas une échelle **logarithmique** dans laquelle la graduation n de l'échelle linéaire est remplacée par la graduation $\log n$ dans l'échelle logarithmique **décimale (doc. 2)**.

Ainsi, les deux graduations n et $k \cdot n$ se trouvent séparées sur l'axe toujours de la **même** distance, proportionnelle à $\log k$, quelle que soit la graduation n considérée.

Par exemple, la distance qui sépare la graduation 100 et 1 000 est la même que celle qui sépare 1 000 et 10 000. Elle est proportionnelle à log 10. De la même manière, la distance qui sépare 100 et 200 est la même que celle qui sépare 200 et 400 ou 1 000 et 2 000. Elle est proportionnelle à log 2.

Exemple : Courbe de réponse d'un haut-parleur

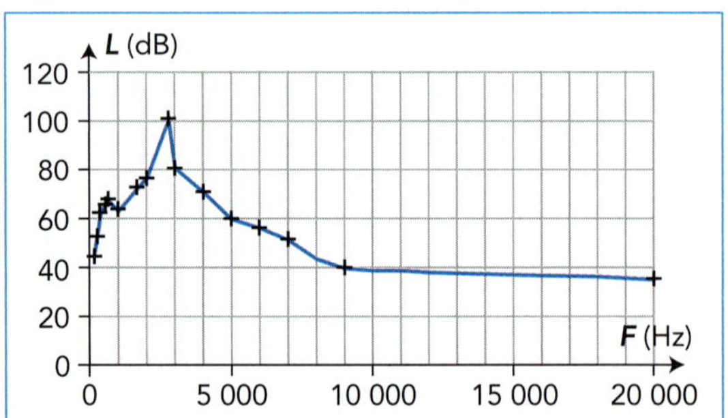

Doc. 1 Sur un axe gradué linéairement, les graduations sont régulières. Les points aux faibles abscisses sont très rapprochés.

Par exemple, il est difficile de lire le niveau d'intensité sonore pour une fréquence de 400 Hz.

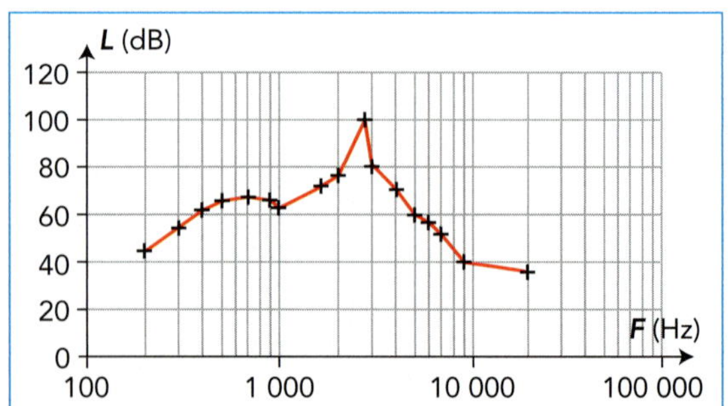

Doc. 2 Sur un axe gradué logarithmiquement, deux graduations consécutives ne sont pas toujours séparées de la même distance, mais cette variation est périodique. Les points sont régulièrement répartis sur toute la largeur de la représentation.

Par exemple, on lit facilement, pour une fréquence de 400 Hz, un niveau d'intensité sonore de 60 dB.

10 La sécurité au laboratoire de chimie

1. Avant la séance de travaux pratiques

- Porter des chaussures fermées et un vêtement couvrant les jambes.
- Maintenir les cheveux attachés lorsqu'ils sont longs.

2. Avant la manipulation

- Se munir d'une blouse et de lunettes de protection. Le port de lentilles est déconseillé.
- Lire entièrement l'étiquette des flacons et respecter les consignes de sécurité correspondantes.
- Lire les fiches de données de sécurité fournies.
- Porter des gants lorsque le risque chimique l'impose.

ACÉTONE

DANGER

Liquide et vapeurs très inflammables.
Provoque une sévère irritation des yeux.
Peut provoquer somnolence ou vertiges.
Tenir hors de portée des enfants.
Tenir à l'écart de la chaleur/des étincelles/des flammes nues/des surfaces chaudes.
Ne pas fumer.
En cas de contact avec les yeux : rincer avec précaution à l'eau pendant plusieurs minutes. Enlever les lentilles de contact si la victime en porte et si elles peuvent être facilement enlevées. Continuer à rincer.
Stocker dans un endroit bien ventilé.
Maintenir le récipient fermé de manière étanche.
L'exposition répétée peut provoquer dessèchement ou gerçures de la peau.

3. Pendant la manipulation

- Manipuler la verrerie avec précaution.
- Ne jamais pipeter un liquide avec la bouche, mais employer une propipette ou une poire d'aspiration.
- Ne pas trop enfoncer une pipette dans la poire à pipeter pour éviter de la casser au montage ou au démontage.
- Utiliser des spatules pour prélever des solides.
- Toujours reboucher un flacon après usage.
- Manipuler sous la hotte lorsque le produit utilisé présente des risques par inhalation.
- Assurer la stabilité des montages avec des pinces et des noix.
- Chauffer un tube en l'agitant et en évitant de diriger son extrémité vers une autre personne.
- Plonger progressivement les récipients dans les bains chauds ou froids.
- Laisser refroidir un récipient avant de le poser sur la paillasse.
- Ne jamais sentir un produit quel qu'il soit.
- Ne pas boire, ne pas manger et ne jamais rien porter à la bouche.
- Garder un plan de travail propre et dégagé.

4. Après la manipulation

- Verser les résidus dans les bacs de récupération prévus à cet effet.
- Toujours diluer les solutions rejetées à l'évier en laissant couler l'eau quelques instants (attendre l'accord du professeur pour ces rejets).
- Se laver les mains en fin de séance.

11 Méthodes physiques utilisées en chimie

A Conductimétrie

▶ Un **conductimètre**, relié à une sonde conductimétrique, est un appareil qui permet de mesurer **la conductivité σ** d'une solution ionique (**doc. 1** et **doc. 2**). Avant d'être utilisé, un conductimètre doit être généralement **étalonné** avec une solution étalon dont la conductivité est connue (**doc. 3**).

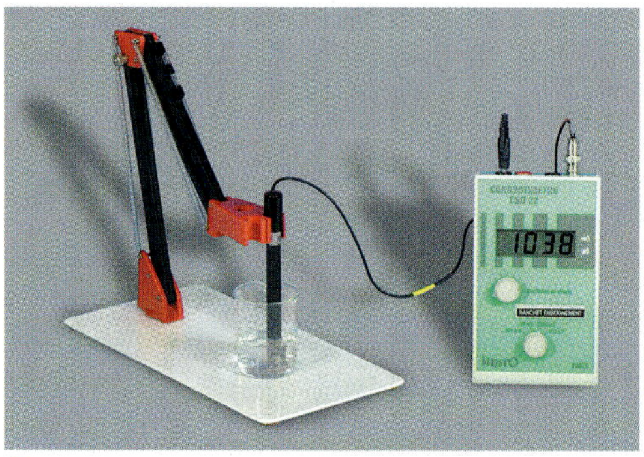

Doc. 1 Conductimètre et sonde conductimétrique.

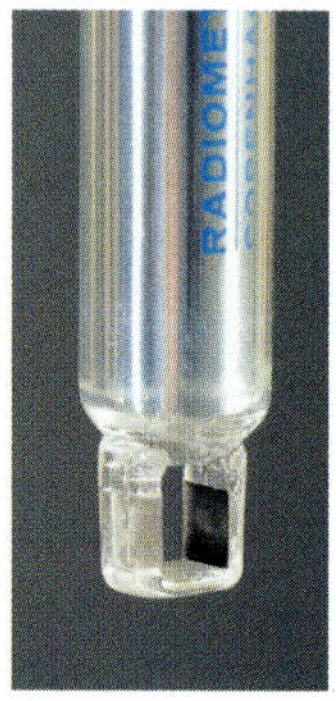

Doc. 2 Cellule conductimétrique.

Température (°C)	KCl 0,100 mol · L⁻¹
	Conductivité (mS · cm⁻¹)
18	11,190
19	11,430
20	11,700
21	11,960
22	12,220
23	12,470
24	12,730
25	12,970

Doc. 3 Conductivité d'une solution étalon.

▶ **Étalonnage d'un conductimètre**
– Remplir un petit bécher avec la solution étalon.
– En tenant compte de la température de la solution, ajuster la valeur de la conductivité de la solution étalon.
– Ne plus toucher au bouton d'étalonnage du conductimètre.

▶ **Conductivité :** Une solution ionique diluée, contenant des ions X_i de concentration $[X_i]$ et de conductivité molaire ionique λ_{X_i}, a une conductivité σ :

$$\sigma = \sum_i \lambda_{X_i} \cdot [X_i]$$

σ en $S \cdot m^{-1}$; λ_{X_i} en $S \cdot m^2 \cdot mol^{-1}$; $[X_i]$ en $mol \cdot m^{-3}$

B pH-métrie

▶ Un **pH-mètre**, relié à une sonde pH-métrique, est un appareil qui permet de mesurer **le pH** d'une solution aqueuse (**doc. 4** et **doc. 5**). Avant d'être utilisé, un pH-mètre doit être **étalonné**, généralement avec deux solutions étalon de pH connu (**doc. 6**).

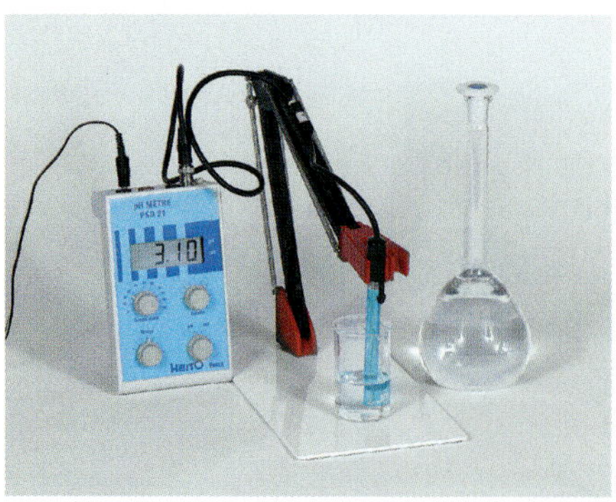

Doc. 4 pH-mètre et sonde pH-métrique.

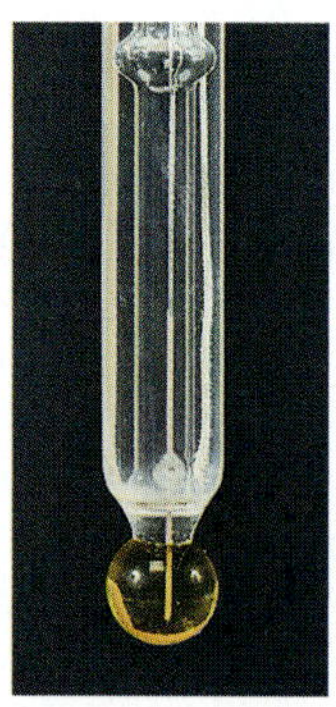

Doc. 5 Sonde pH-métrique.

Doc. 6 Solutions étalon de pH connu.

▶ **Étalonnage d'un pH-mètre**
– Régler la température.
– Rincer la sonde pH-métrique à l'eau distillée, puis la plonger dans un bécher contenant la première solution étalon et régler le pH-mètre sur la valeur de pH de cette solution.
– Recommencer le réglage du pH-mètre avec la seconde solution étalon après avoir rincé la sonde.
– Ne plus toucher aux boutons d'étalonnage du pH-mètre.

▶ **pH et concentration $[H_3O^+]$:** pour une solution aqueuse diluée :

$$pH = -\log[H_3O^+] \quad \text{et} \quad [H_3O^+] = 10^{-pH}$$

Indicateur coloré

Un indicateur coloré acido-basique est un couple acide/base, noté $HInd/Ind^-$, dont les espèces conjuguées HInd et Ind^- ont des teintes différentes.
Un papier pH est un papier imbibé d'un mélange d'indicateurs colorés qui permet une évaluation rapide et approchée du pH d'une solution.

Le pK_A du couple $HInd/Ind^-$ est noté pK_{Ai}.

Doc. 7 Teinte acide, teinte sensible et teinte basique du bleu de bromothymol (BBT).

Indicateur	Teinte acide	Zone de virage Teinte sensible	Teinte basique
Hélianthine	Rouge	3,1 4,4 Orange	Jaune
Rouge de méthyle	Rouge	4,2 6,2 Orange	Jaune
Bleu de bromothymol	Jaune	6,0 7,6 Vert	Bleu
Rouge de crésol	Jaune	7,2 8,8 Orange	Rouge
Phénolphtaléine	Incolore	8,2 10 Rose	Rouge violacé

C Spectrophotométrie

Un spectrophotomètre (doc. 8) est un appareil qui permet de mesurer **l'absorbance *A*** d'une espèce chimique en solution diluée. L'absorbance *A* est une grandeur sans unité qui mesure la proportion de lumière absorbée par une solution pour une longueur d'onde λ donnée. Le graphe $A = f(\lambda)$ est appelé **spectre d'absorption**.

Loi de Beer-Lambert

L'absorbance *A* d'une espèce chimique en solution est proportionnelle à la concentration molaire *C* de cette espèce et à l'épaisseur ℓ de solution traversée :

$$\mathbf{A = \varepsilon \cdot \ell \cdot C}$$

A : Sans unité ; ε : $L \cdot mol^{-1} \cdot cm^{-1}$; ℓ : cm ; C : $mol \cdot L^{-1}$

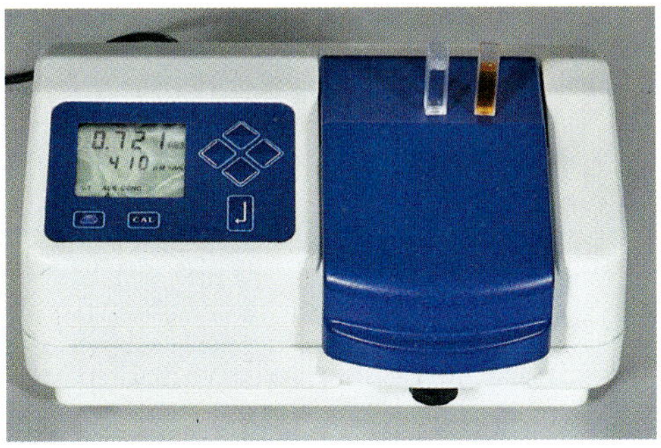

Doc. 8 Spectrophotomètre.

Avant toute mesure, il faut régler le **zéro d'absorbance** du spectrophotomètre en utilisant une cuve ne contenant que **le solvant** dans lequel est dissoute l'espèce colorée.

Mesure de l'absorbance d'une solution

1. Régler le spectrophotomètre sur la longueur d'onde λ choisie.
2. Remplir une cuve avec le solvant, la placer dans le spectrophotomètre et régler le zéro d'absorbance.
3. Placer dans le spectrophotomètre une deuxième cuve contenant la solution colorée et mesurer la valeur de l'absorbance *A*.

D Manométrie

Un **manomètre** ou **pressiomètre** est un appareil qui permet de mesurer la pression *P* des gaz contenus dans un flacon (doc. 9).

Dans le modèle du gaz parfait, la pression *P*, le volume *V*, la température *T* et la quantité *n* de gaz parfait sont reliés par :

$$\mathbf{P \cdot V = n \cdot R \cdot T}$$

P : Pa ; V : m^3 ; n : mol ; T : K

1 hPa = 100 Pa ; 1 bar = 10^5 Pa ; 1 m^3 = 10^3 L = 10^6 mL ;
R est la constante des gaz parfaits : R = 8,314 $J \cdot mol^{-1} \cdot K^{-1}$; *T* (K) = θ (°C) + 273.

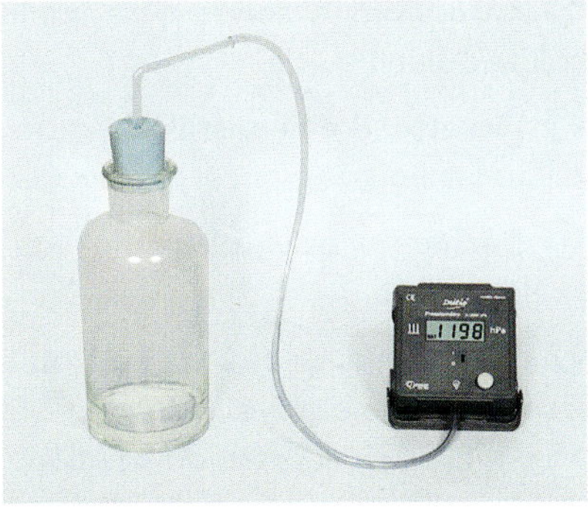

Doc. 9 Manomètre mesurant la pression $P = P(CO_2) + P(air)$, en hPa, dans le flacon.

12 Le matériel de laboratoire de chimie

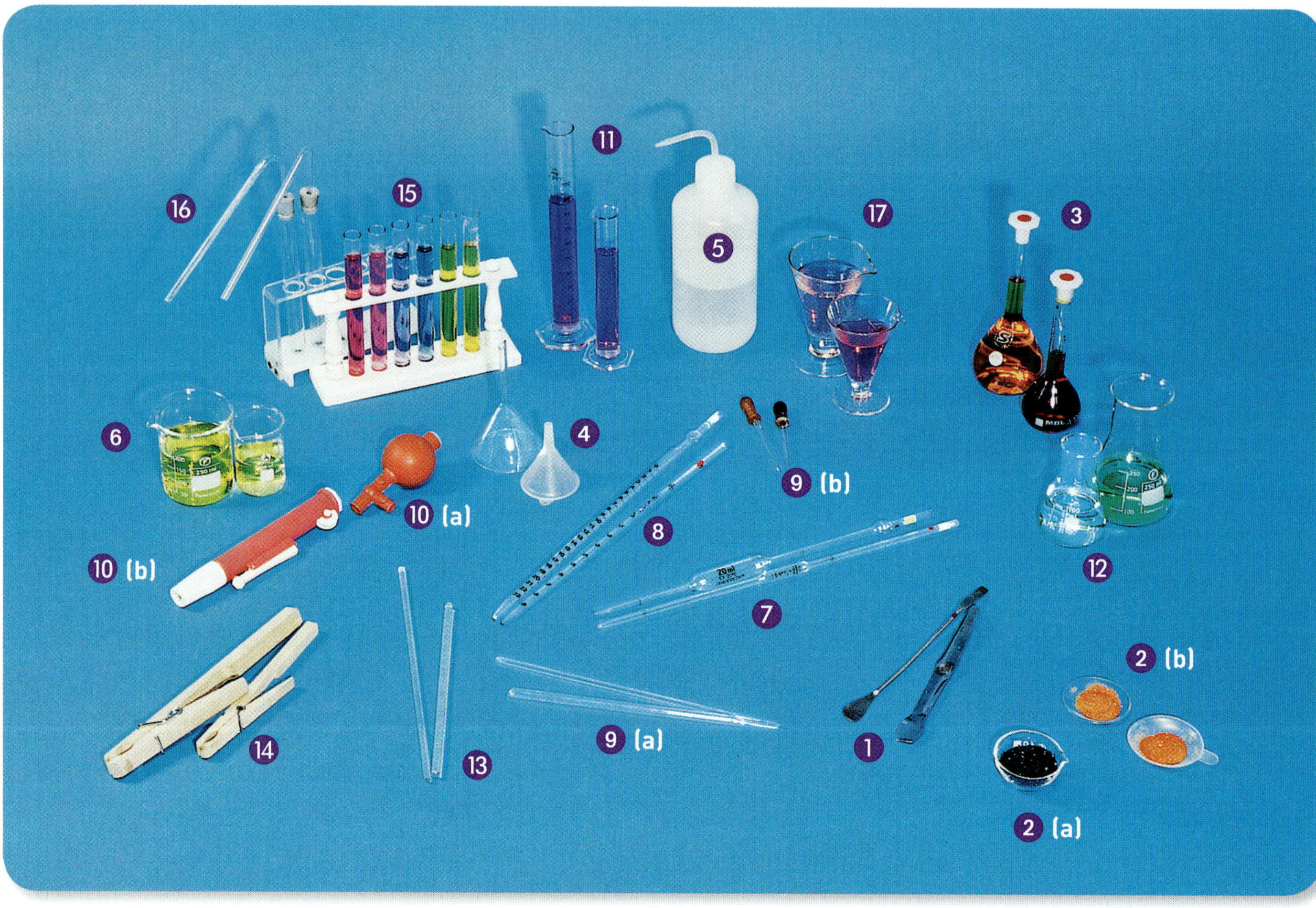

1 Spatules : pour prendre un solide dans un flacon.

2 Capsule (a) et verres de montre (b) : pour contenir les solides à peser.

3 Fioles jaugées avec bouchons : pour préparer un volume bien déterminé (25,0 mL, 50,0 mL, 100,0 mL, 200,0 mL, 250,0 mL, 500,0 mL, 1,00 L, etc.) de solution.

4 Entonnoirs à solide et à liquide : Pour transvaser un solide ou un liquide.

5 Pissette d'eau distillée : pour dissoudre les solides, diluer les liquides, rincer les capsules et les entonnoirs, etc.

6 Béchers : pour placer le liquide à pipeter pour un prélèvement.

7 Pipettes jaugées à un trait ou à deux traits : pour prélever un volume précis (1,00 mL, 2,00 mL, 10,0 mL, 20,0 mL, 25,0 mL, 50,0 mL, etc.) de solution.

8 Pipettes graduées : pour prélever des volumes précis qui ne peuvent l'être avec des pipettes jaugées (6,7 mL par exemple).

9 Pipettes simples (a) et pipettes Pasteur (b) : pour finir de compléter une fiole jaugée jusqu'au trait de jauge.

10 Propipette (a) ou pipeteur (b) : pour pipeter un liquide en toute sécurité.

11 Éprouvettes graduées : pour mesurer approximativement un volume de liquide.

12 Erlenmeyers : pour placer les solutions à doser ou agiter pour une dissolution.

13 Agitateurs en verre : pour agiter des solutions contenues dans des béchers ou des tubes à essais.

14 Pinces en bois : pour tenir un tube à essais lors de son chauffage.

15 Tubes à essais : pour réaliser des tests.

16 Tubes à dégagement : pour faire barboter un gaz dans une solution.

17 Verres à pied : pour réaliser des expériences sur des volumes plus importants qu'avec des tubes à essais.

13 L'électrolyse

A Principe de l'électrolyse

Une électrolyse s'effectue dans un **électrolyseur** comportant deux électrodes au contact d'un électrolyte.

Une **électrolyse** est une **réaction d'oxydoréduction forcée** par un **générateur de tension continue.**

Le sens du courant électrique, et donc celui des électrons, est imposé par le générateur.

Lorsque la tension aux bornes de l'électrolyseur est suffisante, il se produit des **réactions électrochimiques** aux électrodes.

L'électrode à laquelle se produit l'**oxydation** est l'**anode** ; elle est reliée au **pôle +** du générateur. L'électrode à laquelle se produit la **réduction** est la **cathode** ; elle est reliée au **pôle –** du générateur.

Selon la valeur de la tension aux bornes de l'électrolyseur, il est possible d'observer plusieurs réactions électrochimiques aux électrodes.

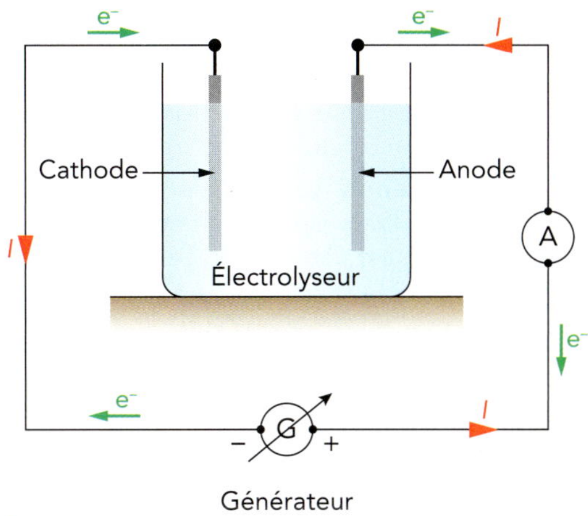

Le sens du courant dans le circuit est imposé par le générateur.

B Charge électrique mise en jeu lors d'une électrolyse

Lors d'une électrolyse, lorsque le générateur débite un courant d'intensité constante I pendant la durée Δt, une charge électrique (ou quantité d'électricité) **Q** traverse l'électrolyseur :

$$Q = I \cdot \Delta t$$

Q en coulomb (**C**) — I en ampère (**A**) — Δt en seconde (**s**)

Cette charge électrique Q est égale à la valeur absolue de la charge totale des électrons échangés aux électrodes. Si, pendant la durée Δt, il est échangé une quantité $n(e^-)$ d'électrons, alors :

$$Q = n(e^-) \cdot N_A \cdot e = n(e^-) \cdot F$$

où N_A est la constante d'Avogadro, $N_A = 6{,}02 \times 10^{23}\ mol^{-1}$;

e est la charge élémentaire, $e = 1{,}60 \times 10^{-19}$ C ;

F est le faraday, $F = N_A \times e = 9{,}65 \times 10^4\ C \cdot mol^{-1}$.

Le faraday est la valeur absolue de la charge d'une mole d'électrons.

C Quantité de matière mise en jeu lors d'une électrolyse

La quantité de matière mise en jeu lors d'une électrolyse est proportionnelle à la quantité d'électrons échangés par les réactions électrochimiques se déroulant aux électrodes.

Ainsi, lors de l'électrolyse d'une solution de chlorure d'aluminium, $Al^{3+}(aq) + 3\ Cl^-(aq)$, on peut observer :

– à la cathode, un dépôt d'aluminium, Al(s), selon la réaction électrochimique :

$$Al^{3+}(aq) + 3\ e^- \rightarrow Al(s)$$

alors $n(Al)_{formé} = \frac{1}{3} n(e^-)$ et $n(Al^{3+})_{consommé} = \frac{1}{3} n(e^-)$

– à l'anode, un dégagement de dichlore, $Cl_2(g)$, selon la réaction électrochimique :

$$2\ Cl^-(aq) \rightarrow Cl_2(g) + 2\ e^-$$

alors $n(Cl_2)_{formé} = \frac{1}{2} n(e^-)$ et $n(Cl^-)_{consommé} = n(e^-)$

Pistes de résolution

Chapitre 1

3 Le carbone 14 (^{14}C) : un traceur océanique

L'énoncé demande de justifier l'utilisation d'un traceur et d'interpréter les résultats fournis par celui-ci.

• Le **document 1** permet de comprendre que le traceur évoqué est d'origine radioactive ; c'est-à-dire qu'il se désintègre de façon aléatoire au cours du temps.

• Le **document 2** précise que si le traceur ^{14}C reste en contact avec l'atmosphère, sa quantité reste constante, car sa disparition est compensée par la production de ^{14}C dans l'atmosphère.

En revanche, s'il est isolé de l'atmosphère (donc, dissous dans l'océan), sa quantité diminue selon une fonction du temps.

• Les **documents 3** et **4** montrent que d'une part, la mesure de la quantité de ^{14}C restant à une profondeur donnée permet d'évaluer le temps de séjour de ce traceur dans l'océan et, d'autre part, qu'en profondeur, le courant connaît une circulation caractérisée par sa lenteur.

Il faut bien comprendre, pour résoudre ce problème, que l'eau qui remonte le Pacifique Nord est la même que celle qui est descendue de l'Atlantique Nord voici plusieurs centaines d'années, via la circulation thermohaline.

Pour évaluer l'ordre de grandeur de la vitesse moyenne de la circulation océanique profonde, il faut exploiter le document montrant l'âge des eaux profondes à 3000 m de profondeur.

4 Le système des carbonates dans l'océan (1)

• L'énoncé demande de prévoir si les coraux synthétiseront du carbonate de calcium, $CaCO_3(s)$, en cas d'augmentation de la concentration en acide carbonique, $CO_2, H_2O(aq)$, de l'eau de mer.

• Pour cela, il convient d'écrire l'équation de la réaction qui a lieu entre l'acide carbonique et l'ion carbonate, puis de discuter des effets d'une augmentation de la concentration en acide carbonique.

5 Le système des carbonates dans l'océan (2)

• L'énoncé demande de déterminer si une augmentation de 50 % de $P_{CO_{2atm}}$ a une influence sur le pH de l'océan.

• Pour cela, il faut :
– déterminer les concentrations respectives des différentes espèces carbonées en utilisant les expressions des constantes K_{A1} et K_{A2}, ainsi que celle entre la concentration $[CO_2^{océan}]$ et $P(CO_2)^{océan}$;
– en déduire la valeur du DIC ;
– calculer les nouvelles valeurs de :
  • $P'_{CO_2}{}^{océan}$;
  • DIC' ;
  • $[CO_2^{océan}]'$;
– donner l'expression du DIC' en fonction de $[CO_2^{océan}]'$ et $[H_3O^+]'$;
– résoudre l'équation du second degré en $[H_3O^+]'$.

6 L'acide nitrique des eaux de pluie

• L'énoncé demande de déterminer si dans une eau de pluie, le carbonate de zinc peut se former.

• Pour cela, il faut exploiter les relations données au **document 5**, c'est-à-dire pour un pH = 5,6 et une concentration $[Zn^{2+}] = 0{,}4\ mol \cdot L^{-1}$:

1) montrer que :
$$[CO_3^{2-}] = 3{,}24 \times 10^{-6} \times [CO_2, H_2O] ;$$

2) montrer qu'il y a précipitation du carbonate de zinc si $[CO_2, H_2O] \geqslant 7{,}7 \times 10^{-6}\ mol \cdot L^{-1}$ et exploiter le **document 1** pour conclure ;

3) interpréter le **document 3**.

7 La pollution au plomb

• L'énoncé demande de déterminer la quantité minimale de terre ou de plante à ingérer pour qu'un enfant ou un adulte soit intoxiqué.

• Pour cela :

1) écrire la loi de Beer-Lambert pour l'émission ;

2) calculer les concentrations en plomb dans la terre et dans la plante, puis en déduire le facteur de déconcentration dans les plantes étudiées ;

3) déterminer la masse minimale de terre pour qu'un enfant ou un adulte soit contaminé.

Chapitre 2

3 Le système des carbonates dans l'océan (1)

• L'énoncé demande de déterminer la somme des concentrations molaires à partir des indications fournies par le **document 4**.

• Pour cela, il convient :
– d'exploiter les équations de réaction pour en déduire la relation entre $n_i(Ca^{2+}) + n_i(Mg^{2+})$ et $n_{versé}(Y^{4-})$ au changement de couleur ;
– d'en déduire $[Ca^{2+}] + [Mg^{2<+}]$;
– de comparer cette valeur à celle trouvée sur l'étiquette après avoir converti les concentrations massiques données sur l'étiquette, en concentrations molaires.

4 Recovery magnesium from sea water

• L'énoncé demande de calculer la masse d'eau, puis de coquillages, c'est-à-dire de carbonate de calcium qu'il faut utiliser pour fabriquer une masse donnée de magnésium.

• Pour cela, il faut :
– écrire les équations de toutes les réactions ;
– relier les quantités de matière de carbonate de calcium et d'ions magnésium à la quantité de magnésium produite.

5 Adoucissement et dessalement des eaux par osmose inverse

• L'énoncé demande de déterminer la pression minimum à exercer pour adoucir l'eau de Las Cruces et dessaler l'eau de mer.

• Pour cela, il faut :
– calculer la concentration en carbonate de calcium et celle en chlorure de sodium ;
– calculer les pressions osmotiques après avoir déterminé le coefficient de van't Hoff ;

– comparer la pression exercée à la somme de la pression osmotique et de la pression atmosphérique.

6 Les hydrates de méthane

• L'énoncé demande de calculer le nombre de cages $5^{12}6^4$ présentes dans la structure II.

• Pour cela, il faut exploiter le **document 3** en comparant la surface des bandes relatives aux cages 5^{12} et $5^{12}6^4$.

7 Titrage conductimétrique des ions sulfate

• L'énoncé demande de calculer la concentration en ions sulfate de l'eau minérale et de la comparer à celle donnée par l'étiquette.

• Pour cela, il faut :
– écrire l'équation de la réaction de précipitation ;
– établir la relation entre les quantités de réactifs à l'équivalence.

Chapitre 3

3 Rendement d'une pile à combustible PEMFC

L'énoncé demande d'analyser en terme de rendement et de puissance le point de fonctionnement choisi pour une pile à combustible motorisant une voiture.

Utiliser les formules de la puissance fournie et du rendement puis étudier leur évolution avec la densité de courant constitue une piste pour résoudre le problème.

4 Fonctionnement d'une pile à combustible MCFC

L'énoncé demande d'expliquer le fonctionnement d'une pile à combustible en analysant un schéma modélisant son fonctionnement.

Rechercher la nature des réactifs, celle des porteurs de charge responsables du passage du courant et exploiter le sens de déplacement de ces porteurs de charge pour établir les équations des réactions qui se produisent aux électrodes constitue une piste pour résoudre le problème.

5 Pouvoir énergétique du dihydrogène

L'énoncé demande de comparer les rapports énergie libérée/masse brûlée et énergie liberée/volume brûlé pour différents combustibles.

Déterminer l'énergie thermique libérée par la combustion d'une même unité de masse de chacun des combustibles proposés, puis l'énergie thermique libérée par la combustion d'une même unité de volume de ces combustibles constitue une piste pour résoudre le problème.

Chapitre 4

3 Bonne utilisation d'un microphone

• L'énoncé demande d'expliquer une phrase du **document 2** concernant une variation de niveau de réponse.

• Pour cela, il faut poser la définition de la grandeur concernée (niveau) et l'appliquer à l'exemple numérique cité.

• L'énoncé demande de choisir le bon réglage du microphone pour les trois situations décrites.

• Pour cela, dans chaque cas, il faut repérer la ou les caractéristique(s) du microphone permettant de s'adapter aux conditions de tournage et aux exigences du réalisateur. À l'aide des informations du texte et des documents, on choisit ensuite les bons réglages.

4 Reconnaissance vocale

• L'énoncé demande d'identifier quatre mots sur un spectrogramme.

• Pour cela, il est nécessaire de repérer les informations permettant de lire les spectrogrammes fournis. Il est en partie indispensable de bien repérer le spectrogramme correspondant aux phonèmes connus et celui correspondant aux mots à identifier.

5 Directivité d'un haut-parleur

• L'énoncé demande de déterminer un niveau d'intensité sonore à une distance et sous un angle imposé.

• Pour cela, on examine les conditions de tracé du diagramme d'émission du haut-parleur pour identifier les informations que l'on peut en tirer : la notion d'angle intervient-elle ? La notion de distance intervient-elle ? Par rapport au problème posé, comment peut-on utiliser la relation intensité sonore-surface ?

6 Forum de discussion

• L'énoncé demande de faire preuve d'esprit critique et d'esprit de synthèse.

• Pour cela, chaque contribution au forum doit être analysée et critiquée en mettant en parallèle ses propres connaissances et les affirmations lues.

7 Remplacement de haut-parleur

Problème 1

• L'énoncé demande de proposer un protocole expérimental pour déterminer une fréquence puis d'évaluer une distance en fonction d'un critère d'audibilité.

• Pour cela, il faut identifier le matériel nécessaire et indiquer comment exploiter les mesures ou acquisitions réalisées pour déterminer la grandeur fréquence ; puis il faut exploiter la représentation graphique du **document 2** et celle du **document 3** par rapport au problème posé. Faire le lien entre les deux informations obtenues et la distance recherchée.

Problème 2

• L'énoncé demande de déterminer un rendement énergétique dans des conditions d'utilisations imposées du haut-parleur 1 puis de prévoir si le second haut-parleur peut remplacer, pour toute fréquence, le premier.

• Pour cela, il faut donc repérer toutes les informations en rapport avec la puissance du haut-parleur (puisque puissance et énergie sont reliées par la durée d'utilisation). Pour savoir si le second haut-parleur peut remplacer le premier, il faut rechercher les informations permettant de comparer ces haut-parleurs.

Pistes de résolution (AP)

Chapitre 5

3 Instruments à percussion

• L'énoncé demande d'expliquer l'accordage d'un instrument de percussion.

• Pour cela, il faut mettre en relation les informations données par les différents documents, les reformuler si nécessaire avec le vocabulaire scientifique adapté puis en faire la synthèse.

4 Instruments à vent

Problème 1

• L'énoncé demande de comparer deux instruments à vent en termes des notes pouvant être jouées.

• Pour cela, il faut identifier le(s) différent(s) paramètre(s) influençant la production d'une note par un instrument à vent, puis comparer les caractéristiques des deux instruments pour les relier à (aux) paramètre(s) identifié(s) et expliquer le nombre de notes qu'il est possible de jouer.

Problème 2

• L'énoncé demande de déterminer un rapport de deux distances, les longueurs des coulisses 2 et 3.

• Pour cela, il faut étudier le problème quantitativement en repérant les conditions d'application de la formule reliant la fréquence de la note jouée à la longueur de la colonne d'air.

Chapitre 6

3 Coefficient d'absorption acoustique

• L'énoncé demande de calculer un coefficient d'absorption acoustique puis de comparer deux parois en termes d'absorption acoustique.

• Pour cela, il faut identifier la contrainte imposée : pour la configuration « salle de cinéma », la durée de réverbération doit être abaissée par rapport à celle de la salle de départ. À l'aide des informations du texte et des données géométriques de la salle, on définit le matériau à choisir pour le plafond de la salle de cinéma en appliquant la formule de Sabine qui relie la grandeur sur laquelle porte la contrainte et la grandeur à calculer. Puis, en comparant la durée de réverbération de la salle de cinéma et celle attendue pour une salle de réunion, on peut conclure sur la nature du matériau à choisir.

4 Transformer un réfectoire en salle de spectacle

• L'énoncé demande de calculer un nombre de panneaux, connaissant la surface de chacun.

• Pour cela, il faut déterminer la surface d'absorption équivalente à partir de la durée de réverbération attendue. On en déduit alors le nombre de panneaux nécessaires.

5 Aménagement d'un auditorium

• L'énoncé demande d'identifier un matériau en tenant compte de plusieurs contraintes.

• Pour cela, il faut examiner le cahier des charges de l'aménagement de la pièce en respectant à la fois la durée de réverbération attendue et en minimisant le coût du chantier.

6 Critères de choix d'un matériau

Problème 1

• L'énoncé demande relier les propriétés acoustiques d'une paroi de séparation à l'utilisation des pièces de part et d'autre de cette paroi.

• Pour cela, il faut identifier les différents phénomènes physiques qui peuvent avoir des conséquences sur l'acoustique de chacune des pièces.

Problème 2

• L'énoncé demande d'étudier la réponse impulsionnelle dans une salle.

• Pour cela, il faut repérer la forme d'une réponse impulsionnelle, ses différentes phases avant de voir quels paramètres peuvent modifier cette forme.

7 Quand les galeries chuchotent

• L'énoncé demande de schématiser un phénomène acoustique.

• Pour cela, il faut extraire les informations des textes mais aussi de la gravure et de la photographie. Les schémas doivent être clairs et légendés avec les termes scientifiques appropriés.

Chapitre 7

3 Protection de l'aluminium par anodisation

• L'énoncé demande de trouver la durée d'une électrolyse connaissant l'intensité du courant utilisé. Il est donc nécessaire de connaître la charge électrique ayant traversé l'électrolyseur. Celle-ci est proportionnelle à la quantité d'électrons mis en jeu et donc à la quantité d'alumine à déposer.

• L'écriture des équations des réactions électrochimiques aux électrodes et la détermination de la quantité d'alumine à déposer constituent les pistes pour résoudre ce problème.

• On pourra se reporter à la **fiche 13**, page 213, sur l'électrolyse.

4 Protection du fer par étamage

• L'énoncé demande de justifier les conditions expérimentales d'une électrolyse, puis de trouver la durée d'une électrolyse connaissant l'intensité du courant utilisé. Il est donc nécessaire d'établir les équations des réactions se produisant aux électrodes et de connaître la charge électrique ayant traversé l'électrolyseur. Celle-ci est proportionnelle à la quantité d'électrons mis en jeu et donc à la quantité d'étain à déposer.

• La recherche de la nature des réactions électrochimiques qui se produisent aux électrodes, l'écriture de leurs équations, puis la détermination de la quantité d'étain à déposer constituent les pistes pour résoudre ce problème.

• On pourra se reporter à la **fiche 13**, page 213, sur l'électrolyse.

5 Du minerai de bauxite à l'alumine

• L'énoncé demande de décrire les étapes de l'extraction de l'alumine présente dans une bauxite. Il suffit d'exploiter les diverses informations données par l'énoncé. Commencer par faire réagir la bauxite avec de l'hydroxyde de sodium, puis déterminer la quantité de bauxite à traiter, constituent les pistes pour résoudre ce problème.

6 Fonctionnement d'un haut-fourneau

• L'énoncé demande de trouver la masse de carbone nécessaire pour extraire le fer d'un oxyde présent dans un minerai de masse connue. Il est nécessaire pour cela de relier les quantités de carbone et d'oxyde.

• Commencer par écrire les équations de toutes les réactions mises en jeu, puis en faire le bilan et l'exploiter constituent les pistes pour résoudre ce problème.

7 Recyclage des laitons

• L'énoncé demande de trouver, par deux méthodes, la composition d'un laiton. Il suffit d'exploiter les **documents 2** et **3**.

• Imaginer une manipulation permettant de déterminer la masse volumique d'un objet homogène de forme quelconque permet d'élaborer un protocole pour la méthode physique et exploiter le fait que l'acide chlorhydrique réagit avec le zinc, mais non avec le cuivre met sur la piste de la méthode chimique qui s'appuiera sur un titrage.

8 Or jaune, or blanc, or rouge

• L'énoncé demande de déterminer la pureté de bijoux en or à partir de la détermination de la masse volumique.

• Imaginer une manipulation permettant de déterminer la masse volumique d'un objet homogène de forme quelconque, puis exprimer la masse volumique d'un alliage en or et en argent en exploitant le fait que dans un cube élémentaire il y $4x_{Au}$ atomes d'or et $4(1 - x_{Au})$ atomes d'argent est une piste pour résoudre ce problème.

Chapitre 8

3 Comment la colle colle-t-elle ?

• L'énoncé demande d'expliquer comment deux colles différentes peuvent être utilisées pour coller des cartons.

• Examiner la structure du constituant principal du carton et celles des « principes actifs » des deux colles proposées, puis étudier la nature des réactions susceptibles de s'établir entre ces deux colles et le carton, constituent les pistes pour résoudre ce problème.

4 Électrolyseur à membrane

• L'énoncé demande de justifier la nécessité de séparer deux compartiments par une membrane sélective et de choisir celle-ci.

• Commencer par écrire les équations des réactions qui ont lieu aux électrodes, identifier les réactions parasites à éviter et déterminer la forme prédominante des trois membranes proposées vu le pH du milieu afin de déterminer quel ion ne doit pas pouvoir traverser cette membrane, constituent les pistes pour résoudre ce problème.

5 Niveau de Fermi d'un semi-conducteur intrinsèque au silicium

• L'énoncé demande de déterminer la valeur du niveau de Fermi $\mathscr{E}_{Fi}$, en eV, d'un semi-conducteur intrinsèque au silicium et de vérifier que $\mathscr{E}_V < \mathscr{E}_{Fi} < \mathscr{E}_C$.

• Commencer par égaler le nombre d'électrons libres par unité de volume *n*, au nombre de trous par unité de volume *p*, soit $n = p$, et utiliser les relations sur les logarithmes pour isoler le terme demandé, constituent les pistes pour résoudre ce problème.

6 Conception d'un détecteur d'inondation

• L'énoncé demande de proposer un montage permettant de simuler un détecteur d'inondation, avec allumage d'une DEL lorsque de l'eau apparaît entre les lames de cuivre et de zinc.

• Commencer par comparer la tension aux bornes du générateur et la tension de seuil de la DEL, puis constater que le montage amplificateur inverseur change le signe de la tension d'entrée, constituent les pistes pour résoudre ce problème.

7 Générateur photovoltaïque versus centrale nucléaire

• L'énoncé demande de déterminer la surface *S* qui fournirait la même puissance électrique que celle fournie par une centrale nucléaire de puissance électrique égale à 900 MW.

• Commencer par calculer la puissance électrique $\mathscr{P}$ fournie par un module photovoltaïque de surface $S = 0{,}150$ m² à partir des coordonnées de quelques points de sa caractéristique correspondant à un éclairement de 1000 $W \cdot m^{-2}$, puis déterminer la puissance maximale fournie par le module, constituent les pistes pour résoudre ce problème.

Chapitre 9

2 Des zéolithes pour des textiles innovants

• L'énoncé demande de comprendre comment les zéolithes peuvent empêcher la dégradation des fibres de cellulose par des micro-organismes comme le *Trichoderma reesei.*

• Commencer par s'intéresser à l'électrolyse de l'eau, puis relier cette électrolyse à la destruction des membranes cellulaires.

3 Les nanoparticules de dioxyde de titane

• L'énoncé propose de comprendre pourquoi les nanoparticules de dioxyde de titane sont utilisées dans les produits de protection solaire. L'énoncé demande aussi de réfléchir sur les dangers associés à l'utilisation de ces nanoparticules.

• Commencer par réfléchir au choix de particules de taille nanométrique, puis au choix de la forme cristalline. S'intéresser ensuite aux risques de lésions liées à la réactivité des nanoparticules de dioxyde de titane.

Lexique

Les mots-clés du programme

Thème 1
L'eau

■ **Climat :** ensemble des conditions atmosphériques relatives à une région de la planète.
→ Analyse doc. 3, p. 12. → TP 2, p. 17. → Problèmes 1, p. 20, 4, p. 24, et 5, p. 24.

■ **Concrétion :** agrégats de particules en un corps solide. Par exemple, les stalactites se forment par concrétion.
→ Analyse doc. 1, p. 10.

■ **Dissolution :** passage en solution d'une espèce solide, liquide ou gazeuse. Par exemple : dissolution dans l'eau du dioxyde de soufre (gaz).
→ Analyses doc. 1, p. 10, et 2, p. 11. → TP 1, p. 16, 3, p. 18, et 4, p. 19. → Problèmes 2 à 7, p. 22 à 26.

■ **Eau potable :** une eau est dite « potable » quand elle satisfait à des normes qui la rend propre à la consommation humaine. Ces normes varient suivant les pays. On peut retenir certains critères comme la qualité organoleptique (couleur, odeur, goût, etc.), des paramètres physico-chimiques (pH, température, composition chimique, etc.) ou micro-biologiques (présence ou non d'agents pathogènes, etc.).
→ Analyses doc. 2 à 5, p. 29 à 32. → TP 1 à 4, p. 34 à 37. → Problèmes 1 à 3, p. 38 à 41, et 5, p. 43.

■ **Érosion :** dégradation, usure des roches de l'écorce terrestre par un agent extérieur (eau, agents atmosphériques). Le degré d'érosion dépend des propriétés des roches (dureté, dilatation, composition chimique, etc.).
→ Analyse doc. 1, p. 10.

■ **Hydrates de gaz** (ou clathrates) **:** solides cristallins composés de molécules de gaz entourées de molécules d'eau. L'hydrate de gaz le plus courant est l'hydrate de méthane. D'autres hydrates sont constitués d'éthane, de propane, de dioxyde de carbone, de sulfure d'hydrogène, etc. Le méthane des hydrates de gaz provient majoritairement de bactéries anaérobies qui décomposent la matière organique dans les sédiments des fonds océaniques. La basse température et la haute pression concourent à la formation des hydrates. Les ressources mondiales d'hydrates de gaz sont évaluées à plusieurs millions de kilomètres cubes.
→ Analyse doc. 6, p. 33. → Problème 6, p. 44.

■ **Mer :** étendue d'eau salée qui couvre une partie du globe.
→ Analyses doc. 1, p. 10, 3, p. 12, 5, p. 14, et 6, p. 15.
→ TP 2 à 4, p. 17 à 19. → Problèmes 1, p. 20, 3 à 5, p. 23-24, et 7, p. 26.

■ **Océan :** étendue d'eau salée ininterrompue qui couvre une grande partie du globe, et qui encercle les continents et les archipels. L'océan est communément divisé en cinq océans (Pacifique, Atlantique, Indien, Arctique, Antarctique) et en plusieurs dizaines de mers.
→ Analyses doc. 1, p. 10, 3, p. 12, 5, p. 14, et 6, p. 15.
→ TP 2 à 4, p. 17 à 19. → Problèmes 1, p. 20, 3 à 5, p. 23-24, et 7, p. 26.

■ **Pile à combustible :** générateur électrochimique qui transforme l'énergie chimique de ses réactifs en énergie électrique. Une pile à combustible se distingue d'une pile classique par l'apport continu des réactifs aux électrodes. Le combustible (le plus souvent le dihydrogène, mais ce peut être l'éthanol, le méthanol, le gaz naturel, etc.) est oxydé à l'anode et le comburant (généralement le dioxygène, le plus souvent apporté par l'air) est réduit à la cathode.
→ Analyse doc. 3, p. 52. → TP 2, p. 56. → Problèmes 1, p. 56-57, 3, p. 61, et 4, p .61.

■ **Pluie acide :** précipitation (pluie, neige, brouillard, etc.) dont le pH est anormalement bas. Les pluies acides endommagent l'environnement. Deux polluants atmosphériques participent plus particulièrement à l'acidification : le dioxyde de soufre (SO_2) et les oxydes d'azote (NO_x).
→ Analyse doc. 2, p. 11. → TP 1, p. 16. → Problème 6, p. 25.

■ **Pollution :** altération des conditions de vie, dégradation de l'écosystème par l'introduction d'espèces chimiques, de radiations, de bruit, etc. Le mot pollution est souvent assimilé à la pollution d'origine humaine. Elle peut avoir des conséquences sur la santé (les oxydes d'azote affectent les voies respiratoires), sur le bien-être (les nuisances sonores entraînent irritabilité, insomnie, etc.), sur l'environnement (la pollution au dioxyde de carbone conduit au réchauffement climatique).
→ Analyses doc. 2, p. 11, 5, p. 14, et 6, p. 15. → TP 1, p. 16, et 3, p. 18. → Problèmes 6 et 7, p. 25-26.

■ **Production de dihydrogène :** ensemble des procédés qui permettent d'obtenir du dihydrogène à partir d'espèces d'origine diverse contenant l'élément hydrogène, tels que les combustibles fossiles, l'eau, les matières organiques végétales, etc.
→ Analyses doc. 1, p. 48, et 2, p. 50. → TP 1, p. 54.
→ Problèmes 2, p. 58, et 5, p. 61.

■ **Ressources minérales et organiques des océans :** espèces organiques ou minérales (gaz naturel, pétrole, métaux, uranium, matériaux de construction, eau, sel, etc.) essentielles au bien-être des hommes. Généralement, on parle de ressources quand elles correspondent à une matière première d'intérêt économique identifiée dans un gisement, et présentant des perspectives d'ex-

traction rentable (on parle de réserves prouvées lorsque le volume économiquement exploitable est mesuré).
→ Analyses doc. 1 à 5, p. 28 à 32. → TP 1, p. 34. → Problèmes 4 et 5, p. 42-43.

■ **Traceur chimique :** un traceur est une espèce chimique, identifiable et mesurable par des méthodes physico-chimiques. Par exemple, l'oxygène 18 (^{18}O) est un traceur isotopique : sa mesure dans les carottes glaciaires permet de reconstituer les variations de la température de l'air au cours des 400000 dernières années. Le carbone 14 (^{14}C) est également un traceur isotopique dont la mesure peut permettre de dater des eaux.
→ Analyse doc. 4, p. 13. → Problèmes 2 et 3, p. 22-23.

■ **Traitement des eaux :** mise en œuvre de toutes les techniques nécessaires pour s'assurer que l'eau distribuée répond à des normes de qualité. Il existe de nombreuses méthodes de traitement des eaux adaptées à chaque pollution et à chaque usage (eaux domestiques, eaux industrielles, eaux agricoles, etc.). On distingue le traitement des eaux brutes (qui dépend de sa qualité, laquelle est fonction de son origine et peut varier dans le temps) et celle des eaux usées (le niveau de traitement est défini en fonction de la qualité requise par le type d'usage).
→ Analyses doc. 2 à 4, p. 29 à 31. → TP 1, p. 34. → Problème 5, p. 43.

Thème 2
Son et musique

■ **Acoustique active :** modification des propriétés acoustiques d'une pièce par la présence d'éléments réglables d'électronique dans les parois du local.
→ Analyse doc. 3, p. 110.

■ **Acoustique musicale :** discipline qui étudie, au moyen des méthodes de la physique, les sons musicaux et leur émission par des instruments de musique.
→ Chapitre 5.

■ **Acoustique physiologique :** discipline qui étudie, au moyen des méthodes de la physique, le fonctionnement des organes permettant la perception des sons chez les animaux.
→ Analyse doc. 1, p. 68. → TP 2, p. 78. → Problèmes 1, p. 80, 2, p. 82, et 7, p. 86.

■ **Auditorium :** salle destinée à l'écoute ou l'enregistrement d'œuvres musicales et théâtrales.
→ Analyses doc. 1 et 2, p. 106 à 108. → Problèmes 1, p. 118, et 5, p. 121.

■ **Casque audio :** dispositif constitué de deux écouteurs et qui sert à restituer des informations sonores.
→ Analyse doc. 3, p. 72.

■ **Enceinte acoustique :** coffret contenant des haut-parleurs et un système électronique permettant de gérer les signaux électriques reçus. Les matériaux de fabrication et les traitements électroniques du signal audio sont choisis de manière à optimiser la restitution des sons.
→ Analyse doc. 3, p. 72. → TP 3, p. 79. → Problèmes 5, p. 85, et 7, p. 86.

■ **Gamme :** succession de notes dont les combinaisons produisent des effets sonores agréables.
→ Analyse doc. 1, p. 88. → Problème 2, p. 102. → **Fiche 5**, p. 202.

■ **Harmonie :** ensemble de sons émis simultanément dont le résultat est agréable à entendre.
→ Analyse doc. 1, p. 88. → Problème 2, p. 102.

■ **Instrument à cordes :** instrument de musique possédant une ou plusieurs cordes, plus ou moins tendue(s), dont les vibrations sont à l'origine de l'émission de sons par l'instrument.
→ Analyse doc. 2, p. 90. → TP 1, p. 93, 2, p. 94, et 6, p. 98. → Problème 1, p. 100.

■ **Instrument à percussion :** instrument de musique dans lequel les vibrations d'une membrane, plus ou moins tendue, ou d'un matériau résonant sont à l'origine de l'émission de sons par l'instrument.
→ Analyse doc. 3, p. 92. → Problème 3, p. 103.

■ **Instrument à vent :** instrument de musique dans lequel les vibrations d'une ou plusieurs colonnes d'air, plus ou moins longue(s), sont à l'origine de l'émission de sons par l'instrument.
→ TP 3, p. 95. → Problème 4, p. 104.

■ **Instrument électronique :** instrument de musique qui utilise un ou plusieurs circuits électroniques pour produire des sons.
→ TP 4, p. 96, et 5, p. 97.

■ **Isolation phonique** (ou isolation acoustique) **:** isolation ayant pour objectif d'éviter la propagation du bruit.
→ Analyse doc. 4, p. 112. → TP 1 et 2, p. 114 à 116. → Problèmes 3, p. 120, et 6, p. 122.

■ **Microphone :** dispositif de conversion des ondes sonores acoustiques en signaux électriques. Il en existe de divers types. Les microphones électrodynamiques sont les plus utilisés dans le domaine musical.
→ Analyse doc. 2, p. 70. → TP 1, p. 76. → Problème 3, p. 83.

■ **Reconnaissance vocale :** ensemble des techniques permettant de faire reconnaître par un ordinateur des mots ou des phrases prononcés par un ou plusieurs locuteurs. Le terme désigne aussi la fonctionnalité de certains appareils électroniques (smartphones, etc.) d'être commandés par la voix.
→ Analyse doc. 4, p. 74. → Problème 4, p. 84.

■ **Réverbération** (d'un son) : ensemble des réflexions sonores qui provoquent la perception indirecte d'un son après sa perception directe depuis la source.
→ Analyses doc. 1 et 3, p. 106 et 110. → Problèmes 2 à 7, p. 120 à 123.

■ **Salle sourde** (ou chambre anéchoïque) : salle d'expérimentation dont les parois sont totalement absorbantes aux ondes sonores. On y réalise des expériences pour lesquelles aucun écho ni aucun son extérieur ne doivent perturber les mesures.
→ Analyse doc. 4, p. 112.

■ **Traitement du son** : ensemble des modifications d'un son par un système électronique ou numérique. Il est utilisé pour la création et la production musicales.
→ TP 7, p. 99. → Problème 3, p. 103.

■ **Voix** : ensemble des sons produits par l'air sortant des poumons et du larynx de l'être humain. Certaines publications utilisent également ce terme pour désigner l'organe de la parole ou du chant (poumons, cordes vocales, gorge, nez et bouche).
→ Analyse doc. 1, p. 68. → Problème 6, p. 85.

Thème 3
Matériaux

■ **Céramique** : matériau obtenu par cuisson, ou par chauffage avec un liant, d'une poudre minérale.
→ Problème 1, p. 178.

■ **Colle et adhésif** : substance liquide ou gélatineuse permettant de lier des matériaux entre eux. L'adhésion des colles aux matériaux peut faire intervenir des liaisons covalentes, des liaisons ioniques, des liaisons hydrogène et des interactions de van der Waals.
→ Problème 3, p. 161.

■ **Conducteur électrique** : matériau qui contient des porteurs de charges électriques mobiles, par opposition à un isolant. Lorsqu'on applique un champ électrique à un conducteur, le mouvement des porteurs de charges devient partiellement ordonné et un courant électrique apparaît. Les principaux conducteurs électriques sont les métaux tels que le cuivre.
→ Analyse doc. 1, p. 148.

■ **Corrosion** : ensemble des phénomènes par lesquels un métal ou un alliage métallique est naturellement oxydé. La corrosion est humide lorsque les réactifs oxydants sont en solution et sèche dans le cas contraire. En présence d'air humide, le fer métallique est corrodé : il rouille; il se forme alors un mélange d'oxydes et d'hydroxydes de fer (III).
→ Analyse doc. 1, p.130-131.

■ **Cristal liquide** : état de la matière qui présente à la fois des caractéristiques des liquides et des solides. Il est souvent constitué de molécules organiques dissymétriques, généralement polaires, relativement « rigides » allongées en bâtonnets qui, selon les conditions expérimentales, peuvent se déplacer et s'orienter parallèlement les unes aux autres donnant ainsi un ordre local comme dans un solide.
→ Analyse doc. 4, p. 152. → TP 5, p. 157.

■ **Élaboration** : ensemble des étapes permettant de passer de la matière première (minerais, produits pétroliers, etc.) au matériau fini (métal, alliage, matière plastique) éventuellement mis en forme.
→ Analyse doc. 1, p. 130-131. → TP 1 et 2, p. 135-136.
→ Problèmes 2, p. 142, 5, p. 144, et 6, p. 144.

■ **Élimination** : destination finale d'un matériau qui, après usage, ne peut être ni réutilisé en l'état, ni recyclé. Ce matériau peut alors être détruit par incinération, ce qui en assure une valorisation énergétique, ou mis en décharge.
→ Analyse doc. 2, p. 132-133. → TP 1 et 2, p. 135-136.
→ Problèmes 2, p. 142, 5, p. 144, et 6, p. 144.

■ **Émulsion** : dispersion d'un liquide en fines gouttelettes au sein d'un autre liquide dans lequel il n'est pas miscible.
→ Analyse doc. 3, p. 151. → Problème 1, p. 158-159.

■ **Matériau biocompatible** : matériau dont la structure et la composition le rendent compatible avec un organisme vivant. Il peut alors être utilisé pour réaliser des prothèses ou des implants.
→ Analyse doc. 6, p. 172. → TP 3, p. 177.

■ **Matériau composite** : matériau solide obtenu par l'association d'au moins deux constituants capables de se lier entre eux ou auquel est ajouté un liant. Le matériau obtenu a des propriétés qu'aucun des constituants pris séparément ne possède.
→ Analyse doc. 7, p. 173.

■ **Matériau nanostructuré** : matériau contenant des nano-objets (particules, fibres, tubes, films, etc. dont l'une des dimensions au moins est comprise entre 1 et 100 nm). Quand les nano-objets sont répartis à la surface du matériau, il est dit nanostructuré en surface; quand les nano-objets sont répartis dans le volume du matériau, il est dit nanostructuré en volume.
→ Analyse doc. 3, p. 169. → TP 2, p. 176.

■ **Membrane** : mince paroi d'une substance poreuse séparant deux milieux; il s'agit souvent d'un polymère qui peut être naturel ou synthétique. Certaines membranes sont semi-perméables et ne laissent, par exemple, passer que le solvant ou que les cations.
→ Problèmes 1, p. 158-159, et 4, p. 161.

■ **Mousse** : gaz dispersé dans un liquide ou un solide. Les mousses savonneuses par exemple sont constituées de bulles de savon : des bulles d'air reliées entre elles par des films d'eau savonneuse.
→ Analyse doc. 3, p. 151. → TP 4, p. 156.

■ **Nanoparticule :** particule dont les trois dimensions sont comprises entre 1 et 100 nm.
→ Problème 4, p. 181.

■ **Nanotube :** structure cristalline en forme de tube creux. Le tube peut être fermé ou ouverts à ses extrémités selon l'usage qui en sera fait. Les nanotubes les plus couramment fabriqués et utilisés sont, à l'heure actuelle, les nanotubes de carbone, mais il est possible d'obtenir des nanotubes avec d'autres éléments.
→ Analyses doc. 1, p. 166, et 2, p. 168. → TP 1, p. 174-175.

■ **Photovoltaïque :** l'effet photovoltaïque est l'apparition d'un courant électrique obtenu lors de l'absorption de photons par un matériau constitué, entre autres, de deux couches de semi-conducteurs, l'une dopée n et l'autre dopée p. Les panneaux solaires, constitués de cellules photovoltaïques, produisent du courant électrique par effet photovoltaïque.
→ Analyse doc. 2, p. 150. → TP 3, p. 155. → Problème 7, p. 164.

■ **Protection :** ensemble des techniques mises en œuvre pour éviter la corrosion des métaux ou leurs alliages et ralentir le vieillissement des matières plastiques. Le dépôt d'une fine couche protectrice (peinture, vernis, autre métal plus réducteur) peut assurer la protection d'objets métalliques alors que l'inclusion d'anti-UV ou d'antioxydants prolonge la vie des matières plastiques.
→ Analyse doc. 1, p. 131. → TP 3 et 4, p. 137-138.
→ Problèmes 1, p. 140-141, 3, p. 143, et 4, p. 143.

■ **Recyclage :** ensemble des opérations mises en œuvre, en fin de vie d'un objet, pour récupérer les différents matériaux qui le constituent. Le recyclage des matériaux métalliques et des matières plastiques permet de préserver les ressources naturelles, de réduire la consommation d'énergie en diminuant l'émission de gaz à effet de serre.

Les logos du recyclage : **a.** Produit recyclable. **b.** Point vert : le fabricant adhère à un système contribuant au recyclage des déchets issus des emballages. **c.** Contient des produits recyclés.

→ Analyses doc. 1 à 3, p. 130 à 134. → TP 5, p. 139.
→ Problème 7, p. 145.

■ **Semi-conducteur :** conducteur dont la conductivité électrique est intermédiaire entre celle d'un conducteur et celle d'un isolant. La conductivité électrique d'un semi-conducteur varie sous l'influence de paramètres externes tels que la température, l'éclairement, la présence d'un champ électrique, etc. Les principaux semi-conducteurs sont le silicium Si, le germanium Ge et le sélénium Se. Ils sont à la base du fonctionnement de nombreux composants électroniques tels que les diodes, les transistors, les cellules photovoltaïques, etc.
→ Analyse doc. 1, p. 148. → TP 1, p. 153, et 2, p. 154.
→ Problèmes 5 et 6, p. 162-163.

■ **Supraconducteur :** conducteur dont la résistance électrique peut devenir nulle, c'est-à-dire que sa conductivité électrique devient extrêmement grande. La supraconductivité apparaît en-dessous d'une certaine température, appelée température critique, qui dépend de la nature du matériau.
→ Analyse doc. 1, p. 148. → Problème 2, p. 160.

■ **Tensioactif :** espèce faisant baisser la tension superficielle du liquide dans laquelle elle est dissoute. Une molécule de tensioactif est *amphiphile*, c'est-à-dire qu'elle est constituée d'une tête, extrémité polaire, *hydrophile* donc *lipophobe*, susceptible de se lier à l'eau et d'une queue, partie apolaire, *lipophile* donc *hydrophobe*, susceptible de se lier aux chaînes carbonées des espèces organiques.
→ Analyse doc. 3, p. 151. → TP 4, p. 156. → Problème 1, p. 158-159.

■ **Textile innovant :** textile formé de fibres synthétiques ou de fibres naturelles dont les propriétés ont été modifiées pour s'adapter à un besoin particulier. Ces fibres confèrent ainsi au textile des propriétés nouvelles : hydrofuges, anti-taches, anti-odeurs, antibactériennes, antifongiques, parfumées, hydratantes, etc. Ces textiles sont utilisés dans l'habillement, l'ameublement, l'industrie automobile ou aéronautique, la construction, les équipements médicaux, militaires, sportifs, etc.
→ Analyses doc. 4, p. 170, et 5, p. 171. → Problème 3, p. 180.

■ **Verre :** matériau amorphe, transparent à la lumière visible, dur et cassant, obtenu par chauffage d'un mélange contenant de la silice et un fondant dont le rôle est d'abaisser la température de fusion de la silice.
→ Analyse doc. 7, p. 173.

■ **Vieillissement :** altération lente d'un matériau au cours du temps conduisant à une dégradation de ses propriétés : de tous les matériaux, les matières plastiques sont les plus sensibles au vieillissement. Dû à l'action de la lumière, des variations de température, des contraintes mécaniques ou d'agents corrosifs, il peut se traduire par des changements de couleurs, des pertes éventuelles de transparence, des craquèlements, voire par la destruction de l'objet.
→ Analyse doc. 2, p. 132-133.

Programme

L'enseignement de spécialité de Physique Chimie prépare l'élève à une poursuite d'études scientifiques dans ce domaine en consolidant son choix d'orientation. Il lui permet en effet d'affirmer sa maîtrise de la démarche scientifique ainsi que celle des pratiques expérimentales et lui offre le moyen de tester ses goûts et ses compétences.
En plaçant l'élève en situation de recherche et d'action, cet enseignement lui permet de consolider les compétences associées à une démarche scientifique. L'élève est ainsi amené à développer trois activités essentielles chez un scientifique :

- la pratique expérimentale ;
- l'analyse et la synthèse de documents scientifiques ;
- la résolution de problèmes scientifiques.

Pour cela le programme de spécialité fait appel à l'étude de trois thèmes, un thème de chimie (l'eau), un thème de physique (son et musique) et un thème (matériaux) qui conjugue des apports de chimie et de physique.
Pour chacun des trois thèmes le professeur aborde tous les domaines d'étude en développant son enseignement à partir de quelques mots-clés choisis parmi ceux de la colonne de droite du programme.
Ces mots-clés sous-tendent des connaissances nouvelles complétant l'enseignement spécifique. Nécessaires à la compréhension des sujets étudiés, elles ne sont cependant pas exigibles au baccalauréat.
La pratique expérimentale doit être soutenue et diversifiée, et favoriser l'initiative des élèves. Pour chaque thème, elle doit prendre en compte leurs centres d'intérêt.
L'analyse et la synthèse de documents scientifiques prolongent les compétences « extraire et exploiter » mises en œuvre dans l'enseignement spécifique. Elles conduisent l'élève à présenter de façon objective et critique, structurée et claire, les éléments qu'il aura extraits et exploités des documents scientifiques mis à sa disposition.
Lors de la démarche de résolution de problèmes scientifiques, l'élève analyse le problème posé pour en comprendre le sens, construit des étapes de résolution et les met en œuvre. Il porte un regard critique sur le résultat, notamment par l'évaluation d'un ordre de grandeur ou par des considérations sur l'homogénéité. Il examine la pertinence des étapes de résolution qu'il a élaborées et les modifie éventuellement en conséquence. Il ne s'agit donc pas pour lui de suivre les étapes de résolution qui seraient imposées par la rédaction d'un exercice, mais d'imaginer lui-même une ou plusieurs pistes pour répondre à la question scientifique posée. C'est sur la façon d'appréhender une question scientifique, sur le choix raisonné de la méthode de résolution et sur les moyens de vérification qu'est centrée la formation de l'élève lors de la démarche de résolution de problème.
Les situations rencontrées par l'élève en cours de formation ainsi qu'au baccalauréat se limiteront aux domaines d'étude des trois thèmes de l'enseignement de spécialité. Le professeur fera largement appel à des situations comportant une dimension expérimentale.

Thème 1 : L'eau

Domaines d'étude	Mots-clés	Chapitres du manuel
Eau et environnement	Mers, océans ; climat ; traceurs chimiques. Érosion, dissolution, concrétion. Surveillance et lutte physico-chimique contre les pollutions ; pluies acides.	Chapitre 1
Eau et ressources	Production d'eau potable ; traitement des eaux. Ressources minérales et organiques dans les océans ; hydrates de gaz.	Chapitre 2
Eau et énergie	Piles à combustible. Production de dihydrogène.	Chapitre 3

Thème 2 : Son et musique

Domaines d'étude	Mots-clés	Chapitres du manuel
Instruments de musique	Instruments à cordes, à vent et à percussion. Instruments électroniques. Acoustique musicale ; gammes ; harmonies. Traitement du son.	Chapitre 5
Émetteurs et récepteurs sonores	Voix ; acoustique physiologique. Microphone ; enceintes acoustiques ; casque audio. Reconnaissance vocale.	Chapitre 4
Son et architecture	Auditorium ; salle sourde. Isolation phonique ; acoustique active ; réverbération.	Chapitre 6

Thème 3 : Matériaux

Domaines d'étude	Mots-clés	Chapitres du manuel
Cycle de vie	Élaboration, vieillissement, corrosion, protection, recyclage, élimination.	Chapitre 7
Structure et propriétés	Conducteurs, supraconducteurs, cristaux liquides. Semi-conducteurs, photovoltaïques. Membranes. Colles et adhésifs. Tensioactifs, émulsions, mousses.	Chapitre 8
Nouveaux matériaux	Nanotubes, nanoparticules. Matériaux nanostructurés. Matériaux composites. Céramiques, verres. Matériaux biocompatibles, textiles innovants.	Chapitre 9

Crédits photographiques

Couverture h : Seth Resnick/Corbis ; bg : artjazz/shutterstock.com ; bm : Andrew Brookes, National Physical Laboratory/Science Photo Library ; bd : Laguna Design/Science Photo Library. **6 et 7** Mana Photo/shutterstock.com. **6** Mark A. Johnson/Flirt/Photononstop . **7** h : Véronique Durruty/Rapho ; m : Michel Gounot/Godong/Photononstop ; b : Daimler AG. **11** Voir p. 7 (h). **12 à 17** lafoto/shutterstock.com. **12** Marcel Clemens/shutterstock.com ; David Xu/shutterstock.com ; Art Jazz/shutterstock.com ; Fremme/shutterstock.com ; Mark Yarchoan/shutterstock.com. **16** g : Pierre Huguet/Biosphoto ; d : Sylvain Cordier/Biosphoto. **17** US Coast Guard/Sipa. **19** d : Kavring/fotolia.com. **24** Tatiana Popova/shutterstock.com. **26** Stephan Kerkhofs/shutterstock.com. **27** Jarry/Tripelon/Top. **28** Jörn Buchheim/fotolia.com. **29** Voir p. 7 (m). **30 à 35** Philippe Leridon/fotolia.com. **30** Jean-Marc Blache/Gamma. **31** gezinvlad1975/fotolia.com. **34** Institute of Oceanographic Sciences/NERC/Science Photo Library. **35** Ifremer. **36** h : Visibilis/fotolia.com. **38** Gilles M./Urba Images Server. **40** John Cooke/OSF/Biosphoto. **47** h : voir p. 6 ; bg : voir p. 7 (b) ; Gilles Rolle/Rea. **48 à 53** Mana Photo/shutterstock.com. **48** Patrick Chevrolat/Photo-France. **50** GEPEA-UMRS CNRS 6144 Université de Nantes. **51** Massachussets Institute of Technology. **52** Power System_United Technology. **53** h : CEA ; b : Didier Maillac/Rea. **58** h : Nasa/Novapix ; m : voir p. 52. **60** CETH2 SA. **62 et 63** Stéphane Allaman/Hoa Qui. **62** drubig-photo/fotolia.com. **63** h : Darrin Henry/shutterstock.com ; m : Sam72/shutterstock.com ; b : photobank.ch/shutterstock.com. **67** Phily G. **67 à 75** Daboost/shutterstock.com. **68** h : Sukhonosova Anastasia/shutterstock.com ; b : voir p. 63 (h). **70** Artashes Ogandzhanyan/shutterstock.com. **71** winnond/shutterstock.com. **72** Vladru/shutterstock.com. **75** GPS : kaczor58/shutterstock.com ; traitement de texte : Marion Materac ; domotique : Craig/Rea ; smartphone : Maël Kerneis ; Kinect XBox 360 ; b : Jean-Claude Moschetti/Rea. **78** hg : Voronin76/shutterstock.com ; m : Corbis/fotolia.com ; d : Michel Ribette/Biosphoto. **83** Rode. **86** lamax/fotolia.com. **87** Voir p. 62 et 63. **88 à 92** Sam72/shutterstock.com. **90** g : Gilly Smith/fotolia.com ; md : Andriano/shutterstock.com ; bd : donatas1205/shutterstock.com. **92** C Squared Studios. **95** g : Venus Angel/shutterstock.com. **98** h : TIPS/Photononstop. **100** Voir p. 62. **102** CALT/DIES IRÆ. **103** h : Philip Sowels/Rhythm Magazine via Getty Images ; b : DR. **104** hd : Juan Jose Gutierrez/fotolia.com ; mg : Arunas Gabalis/shutterstock.com. **105** Les Chorégies/Culturespaces. **106 à 113** Voir p. 63 (b). **106** Lin Yongjie/Xinhua Press/Corbis. **108** Gérard Sioen/Rapho. **109** Cerimes. **110** Vendéspace. **111** JC.Vinag/L'Agence. **113** CNRS Photothèque/Emmanuel Perrin. **114** g : Richard Thornton/shutterstock.com ; d : schankz /shutterstock.com. **116** Stéphane Duclos. **118** Françoise Sylvie/Sipa. **121** Charlie Edward/shutterstock.com. **123** b : RATP/Minoli René. **124 et 125** Igor Iakovlev/shutterstock.com. **124** Shilova Ekaterina/shutterstock.com. **125** h : Noël Moore/fotolia.com ; m : GorillaAttack/shutterstock.com ; b : CNRS Photothèque/Didier Cot. **129** jordache/shutterstock.com) ; chocorange/shutterstock.com. **130 à 134** Voir p. 124 et 125. **130** Willem Havenaar/shutterstock.com. **131** g : photofun/shutterstock ; d : Maël Kerneis. **133** Carlos Litulo/Redux-Rea. **135** John Cancalosi/Biosphoto. **136** Martin Bond/Science Photo Library. **138** Artedia/Leemage. **139** Scott Van Dyke/Beateworks/Corbis. **140** Monkey Business Images/shutterstock.com. **142** h : DEA/A. Rizzi/De Agostini/Getty ; b : Mark Peterson/Redux-Rea. **143** h : Ingrid Gantner/Rea ; Carlos Caetano/shutterstock.com. **144** h : James L. Arnos/Corbis ; b : David Chang/Report Digital-Rea. **145** Richard Damoret/Rea. **147** g : Toshiyuki Aizawa/Reuters ; d : CNRS Photothèque/Julien Bobroff. **148 à 152** Pedro Salaverría/shutterstock.com. **149** « Ame en Science »/CNRS Photothèque. **150** Mile Atanasov/shutterstock.com. **152** CNRS Photothèque/Jean-Claude Rouillon. **156** Subbotina Anna/shutterstock.com. **157** h : SinseDavid/fotolia.com. **160** CNRS Photothèque/Cyril Fresillon. **164** h : Pedro Salaverría/shutterstock.com ; Marc Cecchetti/fotolia.com. **165** hg : William Tielicke ; d : voir p. 125 (b) ; bg : M. Mayne et M. Pinault, Laboratoire Francis Perrin, CEA Saclay/CNRS. **166 à 173** Shilova Ekaterina/shutterstock.com. **166** g : Charles Winters BSIP ; bg et d : mstroek/Wikipedia. **169** hg : David Sieren/GettyImages ; mg : Uni. Bonn/Michael Krug. **171** Société Euracli. **172** hg : DR P. Marazzi/Science Photo Library ; hm : Alchimer ; bg : LISMMA (Sup Méca) et Laboratoire CSPBAT UMR CNRS 7244. **173** Priva-lite. **174** Voir p. 165 (bg). **178** Centre Européen de la Céramique/UMR 7315/Limoges. **180** DR/Futura Sciences. **184** Yann Keromnes. **187** g : moodboard/Corbis ; m : Tyler Marshall/Rubberball/Corbis ; d : PhotoPQR/La Provence/Nosetto Patrick/maxppp. **188** Gilles Rolle/Rea. **190** Pr. L. Rome/illustration by Dr. E. Goldmann. **218** Voir p. 11. **219** Voir p. 63 (h). **220** Voir p. 125 (h).
Photographies non référencées : Alain Béguerie et Philippe Burlot.

Index

Achevé d'imprimer en Italie par L.E.G.O. S.p.A. - Dépôt légal : 06/2018 - Édition n° 05 - Collection n° 53 -13/5580/9

Utilisation des produits chimiques : consignes de sécurité

Le système européen de classification et d'étiquetage des produits chimiques, basé sur le Système Général Harmonisé (SGH), est entré en vigueur en décembre 2010.

L'étiquette du produit doit obligatoirement porter les indications suivantes :

– un ou plusieurs pictogrammes SGH de DANGER choisi(s) parmi les 9 pictogrammes du tableau ci-contre ;
– une mention d'avertissement en rouge :
ATTENTION pour les produits les moins agressifs et
DANGER pour les produits les plus agressifs ;
– une ou plusieurs mention(s) de danger. Chaque phrase correspond à un code formé par la lettre H suivie de 3 chiffres.
L'étiquette peut comporter aussi une mention additionnelle de danger dont le code est EUH suivi de 3 chiffres ;
– un ou plusieurs conseil(s) de prudence pour manipuler le produit en toute sécurité. Chaque conseil correspond à un code formé par la lettre P suivie de 3 chiffres.

 SGH01 DANGER D'EXPLOSION	 SGH02 DANGER D'INCENDIE
 SGH03 PRODUITS COMBURANTS	 SGH04 GAZ SOUS PRESSION
 SGH05 DANGER DE CORROSION	 SGH06 DANGER DE TOXICITÉ AIGUË
 SGH07 DANGER SUR LA SANTÉ	 SGH08 DANGER POUR LA SANTÉ
 SGH09 DANGER POUR L'ENVIRONNEMENT	

Exemples de mentions de danger :

H224 : Liquides et vapeurs extrêmement inflammables.
H302 : Nocif en cas d'ingestion.
H304 : Peut être mortel en cas d'ingestion et de pénétration dans les voies respiratoires.
H315 : Provoque une irritation cutanée.
H319 : Provoque une sévère irritation des yeux.
H336 : Peut provoquer somnolence et vertiges.
H350 : Peut provoquer le cancer.
H373 : Risque présumé d'effets graves pour les organes.
H410 : Très toxique pour les organismes aquatiques, entraîne des effets néfastes à long terme.
EUH014 : Réagit violemment au contact de l'eau.
EUH031 : Au contact d'un acide, dégage un gaz toxique.
EUH059 : Dangereux pour la couche d'ozone.

Exemples de conseils de prudence :

P102 : Tenir hors de portée des enfants.
P210 : Tenir à l'écart de la chaleur / des étincelles / des flammes nues / des surfaces chaudes. Ne pas fumer.
P262 : Éviter tout contact avec les yeux, la peau ou les vêtements.
P273 : Éviter le rejet dans l'environnement.
P280 : Porter des gants de protection / des vêtements de protection / un équipement de protection des yeux / du visage.
P310 : Appeler immédiatement un CENTRE ANTIPOISON ou un médecin.
P351 : Rincer avec précaution à l'eau pendant plusieurs minutes.
P403 : Stocker dans un endroit bien ventilé.

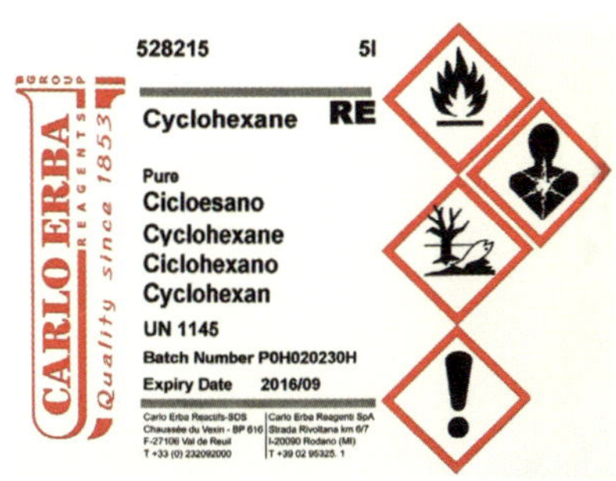

@ Liste complète sur le site de l'UNECE ***annexe 3*** :
http://www.unece.org/trans/danger/publi/ghs/ghs_rev02/02files_f.html

Jusqu'en juin 2015, l'ancien système de classification et d'étiquetage des produits est toléré. Cet étiquetage associe un ou plusieurs pictogrammes avec des phrases de risque (notées R) et des conseils de sécurité (notés S).

 MATIÈRES EXPLOSIVES (E)		
 MATIÈRES INFLAMMABLES (F)	 MATIÈRES CORROSIVES (C)	 MATIÈRES TOXIQUES (T)
 MATIÈRES COMBURANTES (O)	 DANGEREUX POUR LA SANTÉ (X)	 DANGEREUX POUR L'ENVIRONNEMENT (N)

Nomenclature en chimie organique

Fonction	Groupe caractéristique	Formule et nom génériques	Exemples, noms, formules semi-développées et topologiques	
Alcane	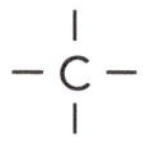	C_nH_{2n+2} alc**ane**	CH_3 $CH_3-CH_2-CH-CH_3$ 2-méthylbutane	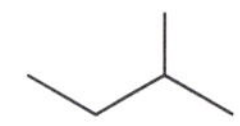
Alcène	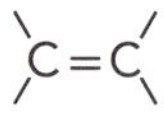	C_nH_{2n} alc-x-**ène** (éventuellement *Z* ou *E*)	$H_5C_2 \quad CH_3$ $C=C$ $H \quad H$ (*Z*)-pent-2-ène	
Alcool	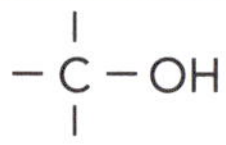 Primaire RCH_2–OH Secondaire RR′CH–OH Tertiaire RR′R″C–OH	R – OH alcan-x-**ol**	CH_3 $CH_3-CH-CH_2-OH$ 2-méthylpropan-1-ol	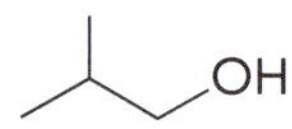
Aldéhyde	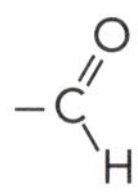	R – CHO alcan**al**	CH_3 O $CH_3-CH-CH_2-C$ H 3-méthylbutanal	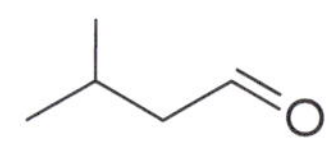
Cétone	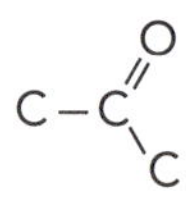	R – CO – R′ alcan-x-**one**	O $CH_3-C-CH_2-CH_2-CH_3$ pentan-2-one	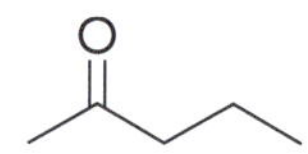
Acide carboxylique	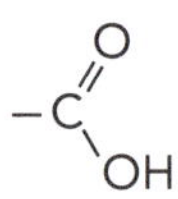	R – COOH **acide** alcan**oïque**	O CH_3-CH_2-C OH acide propanoïque	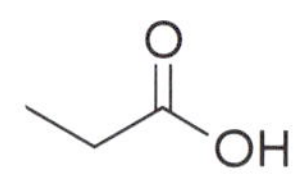
Ester	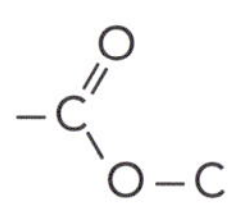	R – COOR′ alcan**oate** d'alk**yle**	O CH_3-CH_2-C $O-CH_3$ propanoate de méthyle	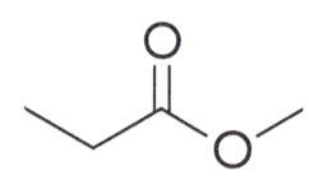
Amine	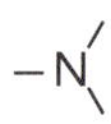	$R-NH_2$ alcan-**x**-**amine** RR′NH **N**-alk**yl**-alcan-**x**-**amine** RR′R″N **N**-alk**yl**-**N**-alk**yl**-alcan-**x**-**amine**	NH_2 $CH_3-CH_2-CH-CH_3$ butan-2-amine $CH_3-CH_2-CH_2-N-CH_3$ C_2H_5 N-éthyl-N-méthyl-propan-1-amine	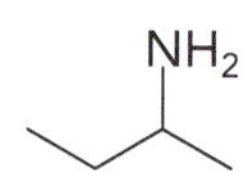 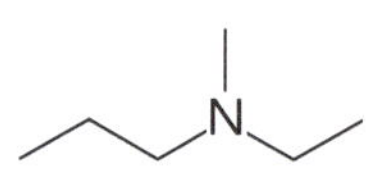
Amide	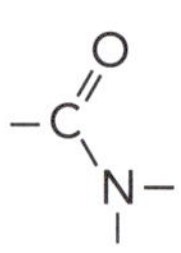	$R-CO-NH_2$ alcan**amide** R – CO – NHR′ **N**-alk**yl**-alcan**amide** R – CO – NR′R″ **N**-alk**yl**-**N**-alk**yl**-alcan**amide**	O CH_3-CH_2-C NH_2 propanamide O CH_3-C $NH-CH_3$ N-méthyl-éthanamide	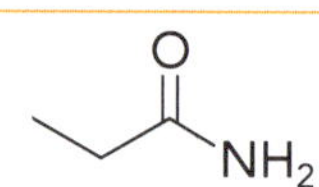 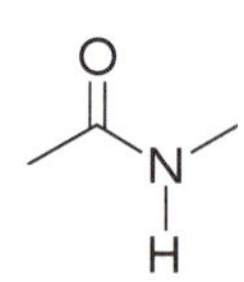